Innovationsorientierung und Erfolg

Europäische Hochschulschriften

Publications Universitaires Européennes
European University Studies

Reihe V
Volks- und Betriebswirtschaft

Série V Series V
Sciences économiques, gestion d'entreprise
Economics and Management

Bd./Vol. 2500

PETER LANG
Frankfurt am Main · Berlin · Bern · Bruxelles · New York · Wien

Roland Spahr

Innovationsorientierung und Erfolg

Eine Inhaltsanalyse von Geschäftsberichten deutscher Aktiengesellschaften

PETER LANG
Europäischer Verlag der Wissenschaften

Die Deutsche Bibliothek - CIP-Einheitsaufnahme

Spahr, Roland:

Innovationsorientierung und Erfolg : eine Inhaltsanalyse von Geschäftsberichten deutscher Aktiengesellschaften / Roland Spahr. - Frankfurt am Main ; Berlin ; Bern ; Bruxelles ; New York ; Wien : Lang, 1999
(Europäische Hochschulschriften : Reihe 5, Volks- und Betriebswirtschaft ; Bd. 2500)
Zugl.: Kiel, Univ., Diss., 1999
ISBN 3-631-34955-6

D 8
ISSN 0531-7339
ISBN 3-631-34955-6

Meinen Eltern
Hans und Lisa

Geleitwort

In der vorliegenden Untersuchung geht es um die Frage, ob das im Geschäftsbericht dargestellte Innovationsgeschehen eines Unternehmens eine Beziehung zum Erfolg der Berichtsperiode und der Folgeperioden aufweist. Tradition haben Untersuchungen, die diese Fragestellungen als Beziehung zwischen F&E-Aufwand und Unternehmenserfolg beleuchten und eine positive Beziehung gesichert haben. In der vorliegenden Arbeit wird der neuartige Versuch unternommen, das Innovationsgeschehen durch die Berichterstattung zu bestimmen.

Die Arbeit steht damit auf drei theoretischen Pfeilern:

- Theoretische Basis für *die untersuchte Kausalität* ist die Rollentheorie der Bilanzierung, wonach der Bilanzierende sich verpflichtet fühlt, in Wort und Kontoausweis seinen Share- und Stakeholdern Rechenschaft abzulegen. Gesetzliche Berichtspflicht und steigende Aufmerksamkeit für die Innovations-, insbesondere für die Forschungs- und Entwicklungstätigkeit haben zu reichhaltiger Dokumentation geführt. Zugleich kommt damit eine interessengeprägte Informationsgestaltung ins Spiel, deren Effekte zu entschlüsseln eine reizvolle theoretische Aufgabe darstellt.

- Theoretische Basis für die *Inhaltsanalyse* des Innovationsgeschehens ist die betriebswirtschaftliche Innovationstheorie. Sie liefert die Abgrenzungen und Unterscheidungen, wenngleich sie auch erleben und erleiden muß, daß die Realität viele traditionsreiche Differenzierungen mißachtet.

- Theoretische Basis für die *Bilanzanalyse* sind weithin bewährte Kennzahlen zum Erfolg, zur Rationalisierung und zum Wachstum.

Die vorliegende Arbeit integriert somit die theoretischen Vorleistungen unterschiedlicher Gebiete unseres Faches. Sie ist in hohem Maße theoriegeleitet und in ihren Messungen theoriegestützt.

Jede Dokumentenanalyse/Inhaltsanalyse steht und fällt mit den verwendeten Kategorien. Gegenstand seiner Auswertungen sind einzelne schriftliche Artikulationen zum Innovationsgeschehen (die sog. „Impulse"). Jeder dieser Impulse wird nach neun Kriterien bewertet. Jedes dieser Kriterien wird ausführlich diskutiert, d.h., es wird belegt, welche sprachlichen Wendungen den einzelnen Kriterien zugeordnet sind. In der Entwicklung dieses Kategorienschemas liegt eine besonders originelle Leistung dieser Arbeit. An dieser Beurteilung ändert sich nichts, auch wenn man sich durchaus über einzelne Worte und ihre Zuordnungen streiten kann.

Die so entwickelte Meßtechnik wird auf ein konkretes Feld angewendet: 31 größere deutsche Aktiengesellschaften des produzierenden Gewerbes aus festgelegten Branchen mit relativ stetiger Erfolgsentwicklung werden für acht Jahre, also in 248 Geschäftsberichten, betrachtet. Das ist nicht weniger als 23,9 km Text mit etwa 10.000 Überschriften. Aus diesem Material werden 27.367 „Impulse" im oben genannten Sinne extrahiert. Man steht voller Staunen vor der Vielfalt – und Komplexität – des Innovationsgeschehens, ein Eindruck, der einem verwehrt ist, wenn man – wie weithin üblich – nur einen einzelnen Innovationsprozeß betrachtet.

Diese Datenbasis stellt erhebliche Anforderungen an die Datenverdichtung und -interpretation. Spahr beschränkt sich auf die signifikanten Ergebnisse. Selbst damit bleiben 233 Zusammenhänge zu erklären. Über alles scheint eine Beobachtung bemerkenswert: Es gibt eine deutliche Wirkungsveränderung zwischen dem 2. und dem 3. Jahr nach der Berichterstattung – und zwar tendenziell zum Negativen. Diese Befunde zu negativen Beziehungen zwischen Innovationsbericht und Unternehmenserfolg machen nachdenklich. Eine Reihe dieser Feststellungen lassen sich sicherlich auf Rechtfertigungen oder Altlasten zurückführen. Aber es werden gründliche Zweifel an der Vorstellung aufgeworfen, daß Unternehmen mit *einzelnen* Innovationen in einzelnen Jahren nachhaltig erfolgreich sein können. Insgesamt belegt diese Untersuchung die These, daß Unternehmenserfolg, wenn er denn überhaupt auf Innovation zurückgeht, nur auf *kontinuierliche Innovationsaktivität* gegründet sein kann.

Kiel, 12.04.99

Prof. Dr. Dr. h.c. Jürgen Hauschildt

Inhaltsübersicht

Inhaltsverzeichnis

1. Einleitung

1.1 Innovation und Erfolg

Die Wettbewerbsfähigkeit hängt immer mehr von der Innovationsfähigkeit der Unternehmen ab.[1] Diese und ähnliche Aussagen gehören wohl mit zu den aktuell am häufigsten verwendeten, wenn in einem Satz das skizziert werden soll, was die Überlebensfähigkeit eines Unternehmens auszeichnet. Indes ist es nicht so einfach, diese allgemeine Behauptung auch zu belegen. Die Problematik, die sich hinter diesem Satz verbirgt, kann an der Preisentwicklung des Megabit-Chips aufgezeigt werden. Die Preisentwicklung stellt eine Art Metagröße dar, die das Innovationspotential einer Branche zum Ausdruck bringt und gleichzeitig die Konsequenzen für die Wettbewerbsfähigkeit andeutet.

Jahr	Preis in DM	Jahr	Preis in DM
1973	150.000,-	1995	1,00
1977	10.000,-	1998	0,26*
1981	800,-	2001	0,11*
1984	240,-	2009	0,015*
1987	60,-	2013	0,008*
1990	10,-	2017	0,003*
* prognostizierte Preise			

Tabelle 1: Preisentwicklung des Megabit-Chips[2]

Die Tabelle 1 zeigt ein erhebliches Gefälle in der Preisentwicklung, von 150.000 DM im Jahr 1973 auf weniger als einen halben Pfennig im Jahr 2017. Mit der Entwicklung des Preises können sowohl die Chancen als auch die Risiken von Innovationszyklen aus der Sicht eines Unternehmens aufgezeigt werden:

In der Preisentwicklung ist ein gewaltiges Entwicklungspotential zu sehen. Dieses ist die *Chance* zur Steigerung der Wettbewerbsfähigkeit. Ein Unternehmen der Mikroelektronikbranche, das 1973 den Megabit-Chip der Öffentlichkeit als Neu-

---

1 Vgl. ALBACH (1989) S. 1338.

2 Vgl. SIEMENS AG (1997).

entwicklung präsentierte, konnte ein konkurrenzloses Produkt anbieten und zum damaligen Preis die Chance auf einen entsprechenden Absatz erwarten. Ein Unternehmen der gleichen Branche kann im Jahr 1995 seine Chance darin sehen, durch Entwicklung sowie Investitionen in neuartige, effizientere Produktionsmethoden eine Senkung des Deckungsbeitrages zu erreichen. Dieses Unternehmen wird aufgrund der prognostizierten Preisentwicklung einen Wettbewerbsvorteil mit Möglichkeiten zur Gewinnabschöpfung erwarten.

Hinter der Preisentwicklung des Megabit-Chips läßt sich also ein Innovationszyklus in Form von vielen effizienzsteigernden Maßnahmen erkennen. Mit dieser Sichtweise stellt sich die Frage nach der Ursache für diese Entwicklung. Sie kommt in der sogenannten Schumpeter-Hypothese zum Ausdruck: Die Möglichkeit der Unternehmen durch monopolistische Preissetzung Gewinne zu erwirtschaften, erhöht die Bereitschaft zur Übernahme des Innovationsrisikos und begünstigt die Durchsetzung neuer Kombinationen von Produktionsfaktoren mit einem positiven Effekt auf das Innovationstempo.[3] Die Aussicht, daß bei einigen Innovationen weitaus größere Gewinne zu erzielen sind, als zur Veranlassung der damit verbundenen Investition eigentlich notwendig gewesen wären, liefert „den Köder, der das Kapital auf unerprobte Bahnen lenkt."[4] Eine Innovation initiiert also, wer hoffen kann, sich Innovationsgewinne anzueignen.[5]

Doch noch etwas anderes ist bei dem hinter der Preisentwicklung in Tabelle 1 stehenden Innovationszyklus zu beachten. Das Unternehmen, welches im Jahr 1973 den Megabit-Chip anbieten konnte, muß nicht zwingend auch dasselbe sein, welches im Jahr 1995 über das effizienteste Produktionsverfahren verfügt, um das mittlerweile ausgereifte Produkt konkurrenzlos günstig anbieten zu können.

Der Innovationszyklus beinhaltet also nicht nur die Chance auf überdurchschnittliche Gewinne, sondern auch das *Risiko* von der Konkurrenz durch leistungsfähigere Produkte und effizientere Produktionsmethoden aus dem Markt gedrängt zu werden. Die Möglichkeit eines anderen Unternehmens, sich am Innovationszyklus derart zu beteiligen, daß durch Imitation und effizientere Produktionsmethoden dem Produktinnovator ein bestimmter Marktanteil abgerungen wird, gebietet ein ständiges Bemühen um Innovationen. Das gilt für jedes Unternehmen, welches durch manifeste oder latente Innovationspotentiale zeitlich befristete

---

3 Vgl. WITT (1987) S. 48.

4 SCHUMPETER (1975) S. 148.

5 Vgl. SCHMOOKLER (1966); LITTLE (1967); VON HIPPEL (1988) S. 43ff.

Wettbewerbsvorteile innehat. Das einzelne Unternehmen ist einem ständigen Innovationsdruck ausgesetzt, dem es zur Aufrechterhaltung seiner Wettbewerbsfähigkeit gerecht werden muß. Im voraus ist es schwer einschätzbar, wie groß dieser Innovationsdruck auf das einzelne Unternehmen sein wird und wie schnell diesem Druck zum Erhalt der Wettbewerbsfähigkeit nachgegeben werden muß. An der Preisentwicklung des Megabit-Chips läßt sich erkennen, daß keinem Unternehmen zum Zeitpunkt seiner Investitionen auch eine Garantie gegeben ist, die Kosten durch zukünftige Umsätze und Gewinne zu decken. Ein anderes Unternehmen kann zum gleichen Zeitpunkt in eine weitaus effizientere Produktionsmethode investiert haben, um seinerseits einen Marktanteil mit Gewinnaussicht zu erobern.

Daraus wird nun vor allem eines deutlich: Der Weg zu Innovationen birgt nicht nur Chancen, sondern auch Risiken in Form von Fehlschlägen und zu hohen Investitionen. Die Risiken haben ihre Ursache in Prozeßtechnologien, die durch Neuentwicklungen schneller altern als erwartet oder die unerwartet durch leistungsfähigere Konkurrenzprodukte vom Markt substituiert werden. Neben den Investitionskosten sind Innovationen zusätzlich mit Kosten der Instabilität der Organisation verbunden. Eine Innovationsrate, bezogen auf alle Aktivitäten des Unternehmens, die keine bessere Anpassung an die Umwelt bewirkt als der Zustand vor der Innovation, kann sich nachteilig auf die Wettbewerbsfähigkeit auswirken.[6]

Die spezielle Sichtweise der Wirkung von Innovationen auf den Unternehmenserfolg und die Wettbewerbsfähigkeit wird damit zur interessanten und komplexen Fragestellung und zum Untersuchungsgegenstand dieser Arbeit, dem **Explanandum**:

Die Innovationstätigkeit begünstigt die Wettbewerbsfähigkeit eines Unternehmens.

Übersicht 1: Explanandum

Hierbei ist von einem beliebigem Unternehmen die Rede. Für eine empirische Betrachtung ist zu beachten, daß die Wirkungsbeziehung zwischen Innovation

6 Vgl. KIESER (1969) Sp. 749.

und betrieblicher Wettbewerbsfähigkeit wegen der Chancen und Risiken nicht deterministisch sein kann. Zudem muß der Zusammenhang nicht zwingend positiv linear sein und kann auch zeitlich verzögert erfolgen.[7] Es gibt also weder eine Erfolgsgarantie für Innovationen, noch gilt der Grundsatz: Je innovativer ein Unternehmen ist, desto erfolgreicher ist es. Auch der Moment einsetzender oder durchgreifender Erfolgseffekte kann schwer abschätzbar sein, denn der Effekt einer Innovation auf die Wettbewerbsfähigkeit kann zeitlich verzögert auftreten. Das empirische Ziel, allgemeingültige „Gesetzmäßigkeiten" aufzudecken, erfordert demnach eine komplexe Untersuchungsmethodik.

Diese Arbeit möchte sich zwei der drei genannten Problembereiche widmen: Der fehlenden Deterministik und der zeitlichen Verzögerung. Die unzureichende Deterministik wird durch das Aufdecken von statistischen Zusammenhängen zwischen den Maßen der Innovationsorientierung und der Wettbewerbsfähigkeit substituiert. Hierdurch bleibt die Möglichkeit erhalten, sowohl positive als auch negative Zusammenhänge aufzudecken. Die zeitliche Verzögerung möglicher Erfolgseffekte soll durch eine dynamisch-flexible Betrachtung über einen Zeitraum von bis zu sechs Jahren untersucht werden. Damit soll insbesondere das Defizit vermieden werden, den Zeitraum der Verzögerung „pauschal" im voraus festzulegen.[8] Nicht betrachtet wird in dieser Arbeit die Problematik nicht-linearer Zusammenhänge.

Eine große Anzahl von Studien hat sich dem Zusammenhang zwischen Innovation und Erfolg bereits mit sehr unterschiedlichen Betrachtungsweisen gewidmet.[9] Nach dem Meßbereich lassen sich die Studien einteilen in Untersuchungen der Zusammenhänge auf Projektebene und die Zusammenfassung vieler Projekte auf die Unternehmens- und Branchenebene oder die volkswirtschaftliche Ebene. Für die Dimensionen des Innovationserfolges lassen sich technische, ökonomische und sonstige Effekte unterscheiden.[10]

In dieser Arbeit soll dem grundlegenden Gedanken der Wettbewerbsfähigkeit durch Innovation, welcher sich explizit auf das Unternehmen als Ganzes bezieht,

---

7 Vgl. BROCKHOFF (1987) S. 54.

8 Auf dieses Defizit weist Hauschildt als Fazit aus der Betrachtung einer großen Anzahl von Studien zum Zusammenhang von Innovation und Erfolg hin. Vgl. HAUSCHILDT (1990) S. 469.

9 Vgl. stellvertretend die Sammlung in HAUSCHILDT (1993A) S. 298ff.

10 Vgl. HAUSCHILDT (1990) S. 454ff.

Rechnung getragen werden. Damit stellt hier die Unternehmensebene die nützliche Aggregationsstufe dar. Für die Dimension des Innovationserfolges soll angenommen werden, daß die technischen und die sonstigen Effekte auf der Unternehmensebene letztlich in die ökonomischen Effekte eingehen.

Die Unternehmung als eine kontinuierlich nach Wettbewerbsfähigkeit strebende Institution wird sich ständig neuen Herausforderungen stellen oder diese selbst initiieren müssen, um der langfristigen Existenzsicherung gerecht zu werden. Inwieweit das gelingen kann, soll in dieser Arbeit untersucht werden.

1.2 Innovation und Erfolg als Inhalte des Geschäftsberichts

Für die empirische Analyse des Zusammenhangs zwischen Innovation und Wettbewerb werden Informationen über Unternehmen benötigt, die dem externen Beobachter zugänglich sind und die die Messung des Innovationsgeschehens und des Erfolges auf möglichst vergleichbaren Ebenen ermöglichen. Dafür soll der von den Aktiengesellschaften jährlich zu veröffentlichende Geschäftsbericht[11] herangezogen werden.

Er ist zur Messung des Unternehmenserfolges eine häufig genutzte Informationsquelle. Weitestgehend unerschlossen ist jedoch der *textliche Teil des Geschäftsberichts* als Informationsquelle zur Messung des Innovationsgeschehens. Ein Schwerpunkt dieser Untersuchung liegt daher in der Aufgabe, das Innovationsgeschehen an der Berichterstattung *inhaltsanalytisch* festzumachen, es also mittels qualitativer Daten quantitativ meßbar zu machen. Dafür wird hier erstmals der Versuch unternommen, ein weites Spektrum an textlichen Informationen zum Innovationsgeschehen auf das Potential zur Erklärung des Erfolges zu prüfen. Aus der Erstmaligkeit ergibt sich die Notwendigkeit eingehender Prüfungen, inwieweit dieser Versuch gelingen kann. Die Notwendigkeit wird in dem **Preexplanandum** dieser Arbeit festgehalten:

---

11 Als Geschäftsbericht wird hier das gesamte Druckerzeugnis verstanden, das von Unternehmen im Zusammenhang mit dem Jahresabschluß veröffentlicht wird. Vgl. zu dieser Abgrenzung CASTAN (1981) Sp. 606f. Die Begriffe „Geschäftsbericht“ und „Berichterstattung“ werden in dieser Arbeit synonym verwendet.

Die Geschäftsberichtsinhalte sind geeignet, das reale Innovationsgeschehen wiederzugeben.

Übersicht 2: Preexplanandum

Das Preexplanandum und das Explanandum verkörpern die zwei Ziele dieser Arbeit. Ihnen soll gleichermaßen entsprochen werden: Zum ersten soll der Zusammenhang zwischen dem Innovationsgeschehen und dem Erfolg *herausgearbeitet* werden. Zum zweiten müssen die Ergebnisse jedoch stets auf Plausibilität *geprüft* werden. Die Plausibilitätsprüfung ergibt sich aus der notwendigen Fragestellung, ob die Darstellung der Innovationstätigkeit in Geschäftsberichten ein zutreffendes, also ein valides Bild der tatsächlichen Innovationstätigkeit liefern kann.

Grundlage für die Validitätsprüfung ist die ausführliche Darstellung der inhaltsanalytischen Aspekte zur Messung des Innovationsgeschehens. Das Kriterium der intersubjektiven Nachvollziehbarkeit der Messung[12] erhält hierbei eine weitaus stärkere Gewichtung als in anderen Forschungsarbeiten, die sich nicht mit inhaltsanalytischen Problemen auseinandersetzen müssen.

Zudem stellt das Preexplanandum ein wichtiges Untersuchungsziel dar, weil der Geschäftsbericht der Kritik erlegen ist, ein nach dem pflichtgemäßen *Ermessen des Berichterstatters* gestaltetes Werk zu realen Begebenheiten zu sein, was eine objektive Beurteilung der Unternehmenslage nicht begünstigt.[13] Somit muß sich auch die Messung der Innovationsorientierung dieser Kritik stellen, indem beobachtbare Zusammenhänge zwischen der Innovationsorientierung und dem Erfolg auf ihre Gültigkeit geprüft werden.

---

12 Die Erfüllung der intersubjektiven Nachvollziehbarkeit ist die grundlegendste Forderung der Inhaltsanalyse. Vgl. FRÜH (1991) S. 24ff.

13 „Ziemlich sicher sein dürfte, daß Jahresabschlüsse auch künftig nur selten ein wirklich zuverlässiges Urteil über [...] die „Gesamtsituation" erlauben werden." BUDDE ET AL. (1995) S. XII. Für ein, auf das Finden von Mängeln ausgerichtetes Untersuchungsziel, für das die Qualität von Informationen im Lagebericht an einer maximal erreichbaren Qualität bewertet wird, wird das Fazit gezogen, „daß sich den lageberichterstattenden Unternehmen ein großes Potential bietet, die Qualität ihrer Lageberichte zu verbessern." KRUMBHOLZ (1994) S. 267. Eine relativierende Kritik jedoch lautet: „Trotz der Lücken, Schwachstellen, Mängel und Unzulänglichkeiten der Jahresberichterstattung von Kapitalgesellschaften, verfügen externe Betrachter über kein anderes, objektiveres oder konstruierbares Ausgangsmaterial als in Geschäftsberichten offengelegt." HOFMANN (1992) S. 180.

In der Vermessung der textlichen Berichterstattung deutscher Unternehmen läßt sich eine Pionierarbeit erkennen, bei der es in hohem Maße darum geht, die Möglichkeiten zur Messung der Innovationsorientierung auszuloten. Diese Vorgehensweise verleiht der Arbeit einen explorativen Charakter. Die Untersuchung orientiert sich dafür an der Beschaffenheit der Informationsquelle. Konsequent bedeutet dies, daß die Inhalte der Geschäftsberichte die Informationswahl bestimmen und damit auch die Auswahl untersuchbarer Zusammenhänge zwischen der Innovationsorientierung und dem Erfolg vorgeben.

Die Geschäftsberichte enthalten in großem Umfang Informationen, die das Innovationsgeschehen repräsentieren. Für 31 Unternehmen wurden über einen Zeitraum von acht Jahren in 248 Geschäftsberichten insgesamt 27.367 Informationen gemessen, die auf bestimmte Arten der Innovationsorientierung hinweisen.[14] Diese werden auf 21 Indikatoren der Innovationsorientierung verdichtet. Zusätzlich werden vier Indikatoren der Wettbewerbsfähigkeit bestimmt. Die Entwicklung dieser Indikatoren, ihre unternehmensspezifischen Eigenschaften und die Wirkungszusammenhänge untereinander werden in dieser Arbeit ausführlich dargestellt.

Der Nutzen dieser Arbeit wird dabei vor allem in einem Erkenntnisgewinn über die Ausgestaltung der textlichen Berichterstattung im allgemeinen und über die Zusammenhänge der Indikatoren der Innovationsorientierung und des Erfolges im besonderen gesehen. Damit wird das Berichtsverhalten der Unternehmen beschrieben, und zudem lassen sich Tendenzen erfolgreicher und erfolgloser Innovationsorientierung aufzeigen. Vor dem Hintergrund des Preexplanandums werden somit Erkenntnisse über die Suffizienz der veröffentlichten Informationen bereitgestellt. Mit dem Explanandum wird zugleich die Effizienz der Innovationsorientierung herausgearbeitet.

---

14 Die 248 Geschäftsberichte ergeben aufeinandergelegt eine Höhe von 1,3 Metern. Die gemessenen Informationen sind auf einen Text im Umfang von 23.932 Metern Länge verteilt. Das entspricht etwa dem Textumfang des Grundlagenwerkes von WÖHE (1990): Einführung in die allgemeine Betriebswirtschaftslehre, mit 1.400 bedruckten Seiten, wenn WÖHE auf Textfreiräume, Tabellen und Abbildungen verzichtet hätte.

1.3 Aufbau der Arbeit

Im zweiten Kapitel wird der Begriff der Innovationsorientierung inhaltlich entwickelt. Diese Entwicklung erfolgt im Hinblick auf die Messung der Innovationsorientierung speziell in den Geschäftsberichten. Besondere Relevanz genießen dafür die im Schrifttum genannten Ordnungssysteme zur Innovationsthematik und die gebräuchlichen Indikatoren zur Messung des Innovationsgeschehens anderer empirischer Studien. Mit diesem Überblick soll es gelingen, eine Ordnung unterschiedlicher Innovationsaktivitäten zu bilden, die der Messung der Innovationsorientierung an den tatsächlichen Inhalten der Geschäftsberichte dienlich ist.

Zur weiteren Vorbereitung der Messung wird im dritten Kapitel herausgearbeitet, welche Eigenschaften der Berichterstattung in bezug auf die Darstellung der Innovationsorientierung zu erwarten sind. Wesentliche Anhaltspunkte liefern dafür die aus dem Gesetz abgeleiteten Anforderungen an den Lagebericht.[15] Aus den gesetzlichen Anforderungen läßt sich schließen, welchen Anforderungen die Inhaltsanalyse genügen muß. Zudem geben die gesetzlichen Anforderungen Hinweise auf konkret darzustellende Inhalte zur Innovationsorientierung. Daneben ist zu beachten, daß der Berichterstatter den Inhalt der Geschäftsberichte wesentlich bestimmt. Daher soll seine Einflußnahme auf den Inhalt durch seine Kommunikationsstrategie beleuchtet und im Berichtsverhalten erklärt werden.

Mit den Erkenntnissen aus Kapitel zwei und drei läßt sich sodann im vierten Kapitel ein inhaltsanalytisches Kategoriensystem entwickeln, welches das Messen der innovationsorientierten Sachverhalte auf Basis von elf Kriterien ermöglicht. Das vierte Kapitel bildet die Schnittstelle zum empirischen Teil dieser Arbeit.

Im empirischen Teil folgt im fünften Kapitel zunächst eine Deskription der durchgeführten Messung. Es wird dargestellt, welche Unternehmen zur Messung herangezogen werden und welche Häufigkeiten sich in den Geschäftsberichten für die Ausprägungen der elf Kriterien ergeben. Um den Fragen der Meßgenauigkeit nachzugehen, wird die Reliabilität überprüft. Abschließend werden im fünften Kapitel pragmatische Validitäten getestet. Dafür soll mit dem textlichen Umfang der Berichterstattung der inhaltliche Umfang der Berichterstattung zur Innovationsorientierung erklärt werden. Zudem wird ein fundamentaler Zusammenhang

---

15 Der Lagebericht ist ein wesentlicher Teil der Berichterstattung. Die gesetzlichen Anforderungen an den Lagebericht bestimmen somit wesentlich die erwarteten Angaben zur Innovationsorientierung.

zwischen der Unternehmensgröße und dem Umfang der Berichterstattung herausgearbeitet. Die Validitätsprüfungen liefern wesentliche Erkenntnisse darüber, wie die gemessenen Daten sinnvoll aufbereitet werden müssen, um sie zur Erklärung der Wettbewerbsfähigkeit heranziehen zu können. Das fünfte Kapitel ist somit wesentlicher Bestandteil des Preexplanandums.

Durch die Kombination verschiedener Ausprägungen der elf Kategorien werden im sechsten Kapitel 43 Arten der Innovationsorientierung gebildet und ausführlich beschrieben. Die 43 Arten werden mit Beispielen aus den Geschäftsberichten belegt. Damit wird im sechsten Kapitel der Grundstein für die intersubjektive Nachvollziehbarkeit der Messung gelegt. Abschließend erfolgt eine faktorenanalytische Verdichtung der 43 Arten auf 21 Indikatoren der Innovationsorientierung.

Im siebten Kapitel werden die 21 Indikatoren der Innovationsorientierung in bezug auf die im dritten Kapitel erarbeiteten Merkmale des Berichtsverhaltens untersucht. Es handelt sich dabei um eine statische Betrachtung, die die unternehmensspezifischen Merkmale der Berichterstattung für die innovationsorientierten Inhalte herausarbeitet.

Im achten Kapitel wird mit der Entwicklung relevanter Erfolgsmaße für die Wettbewerbsfähigkeit das Explanandum in einem letzten Schritt vorbereitet. Auch die Erfolgsmaße werden in bezug auf unternehmensspezifische Merkmale untersucht. Aufgrund weit gebräuchlicher Methoden zur Ermittlung von Erfolgsmaßen aus der Bilanz soll diesem Kapitel geringere Ausführlichkeit gewidmet werden, als der eigens für diese Untersuchung entwickelten Messung der Innovationsorientierung.

Das neunte Kapitel beinhaltet die ausführliche Darstellung des Explanandums, stets mit dem kritischen Blick auf das Preexplanandum. Die Zusammenhänge zwischen den Indikatoren der Innovationsorientierung und den Indikatoren der Wettbewerbsfähigkeit werden dafür in zwei Schritten untersucht. Zunächst werden für jeden Indikator der Innovationsorientierung univariate Zusammenhänge zu den Erfolgsindikatoren herausgestellt. Im zweiten Schritt wird versucht, jeden Erfolgsindikator durch gemeinsame Betrachtung aller Indikatoren der Innovationsorientierung zu erklären. Der zweite Schritt ist somit ein multivariater Ansatz zur Erklärung der Wettbewerbsfähigkeit.

Im zehnten Kapitel werden die wesentlichen Ergebnisse der Arbeit zusammengefaßt. Es wird beurteilt, inwieweit die Berichterstattung als Informationsquelle dem Explanandum dienlich ist, und welche weiterführenden Arbeiten zusätzliches Licht in das Dunkel des Preexplanandums und des Explanandums bringen können.

Mit der Abbildung 1 werden die wesentlichen Momente der empirischen Arbeit, entsprechend der Abfolge geordnet, skizziert. Zudem sind die Elemente des Preexplanandums und des Explanandums markiert. Daraus wird ersichtlich, daß sich das Preexplanandum über alle empirische Kapitel erstreckt, auch über dasjenige, das dem Explanandum gewidmet ist.

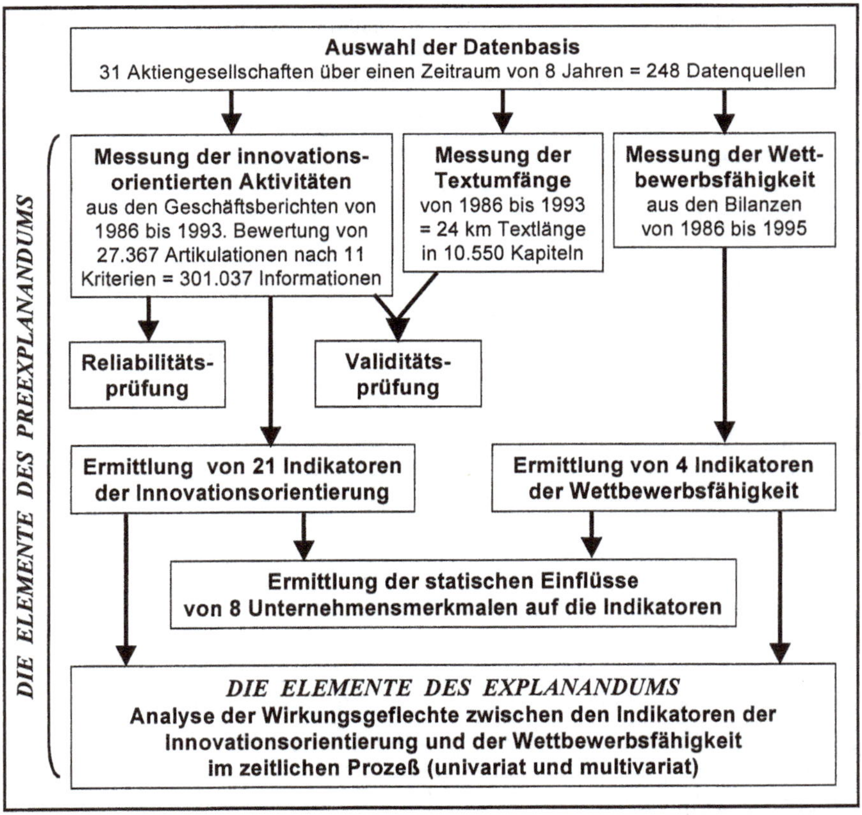

Abbildung 1: Wesentliche Schritte der empirischen Arbeit

2. Innovationsorientierung und Innovationstypologien

In diesem Kapitel werden die vielfältigen Eigenschaften, die eine Innovation aufweisen muß, herausgearbeitet. Mit der anschließenden Klärung des Begriffes der Orientierung kann dann der besondere Inhalt der Innovationsorientierung herausgestellt werden. Die Entwicklung des Begriffes erfolgt in Voraussicht auf die vielfältigen Informationen in der Berichterstattung, deren möglicher Innovationsgehalt erkannt werden muß. In diesem Kapitel wird damit ein Filter für die Messung der Innovationsorientierung entwickelt, der in den nachfolgenden Kapiteln zur Anwendung kommt.

Anschließend werden Innovationstypologien des Schrifttums vorgestellt. Damit soll es gelingen, eine erste Ordnung der Gegenstände der Innovationsorientierung zu entwickeln. Mit der Bestimmung der Innovationsorientierung und den Typologien aus der Literatur wird der inhaltliche Spielraum erarbeitet, in dem sich die Messung sinnvollerweise zu bewegen hat.

2.1 Innovationsorientierung

2.1.1 Innovationsdimensionen

Der Begriff der Innovation bedeutet Neuerung, Neueinführung, Erneuerung oder auch die Neuheit selbst.[16] Damit ist die wesentliche Eigenschaft der Innovation ausgemacht. Indes läßt die Vielfalt der Definitionen zur Innovation, wie das Schrifttum zur Innovationsforschung sie anbietet,[17] erkennen, daß stets die Problemstellung der Untersuchung für die Abgrenzung des Innovationsbegriffes ausschlaggebend ist. In Ermangelung passenderer Begriffe für die speziellen Fragestellungen steht so der Begriff „Innovation" Pate für letztendlich schwer vergleichbare Studien zur Innovationsthematik.[18] Auch hier soll der Begriff der Innovation gebraucht werden, um eine spezielle Fragestellung vor dem Hinter-

---

16 Vgl. Kluge (1995) S. 401; Carstensen/Busse (1993) S. 703; Strauß/Haß/Harras (1989) S. 636-639.

17 Vgl. die Sammlung von Innovationsdefinitionen in HAUSCHILDT (1993B) S. 5f. und MUESER (1985) S. 163ff.

18 Vgl. TORNATZKY/KLEIN (1982) S. 31f.

grund „gewisser" Innovationen betrachten zu können. Damit trägt auch diese Arbeit dazu bei, die vielfältige Nutzung des Innovationsbegriffes auszubauen.

Wesentlicher als der Effekt definitorischer Vielfalt ist jedoch der in den Definitionen enthaltene Konsens, der den Wert des Begriffes auszeichnet. Dieser Konsens wird in einer Untersuchung von 350 Quellen zum Thema Innovation als hoch eingestuft.[19] Mit der hier vorzunehmenden Abgrenzung des Innovationsbegriffes soll eine in diesem Konsens liegende Begriffsbestimmung vorgenommen werden, aus der sich die untersuchungsrelevante Sichtweise der Innovationsorientierung ableiten läßt.

Für die Abgrenzung sind einige Kriterien beachtenswert.[20] Sie können nach den Dimensionen der Innovation[21] geordnet werden. Der durch die Dimensionen der Innovation aufgespannte Kriterienraum erlaubt eine ausführliche Betrachtung der Abgrenzungsproblematik des Innovationsbegriffes.[22] Folgende Dimensionen werden zur Diskussion gestellt.[23]

- Die inhaltliche Dimension,
  mit der Frage: Was ist der Tatsache oder dem Grade nach neu?

- Die prozessuale Dimension,
  mit der Frage: Wo beginnt, wo endet die Neuerung?

- Die subjektive Dimension,
  mit der Frage: Neu für wen?

- Die normative Dimension,
  mit der Frage: Ist neu gleich erfolgreich?

---

19 Vgl. MUESER (1985) S. 159f. Es werden 350 Quellen hinsichtlich der Begriffsabgrenzung der technischen Innovation verglichen. Dabei wurde ein großer Konsens der Abgrenzungen beobachtet.

20 „Eine Nominaldefinition, die auf einem einzelnen Merkmal beruht, erscheint für eine allgemeine Definition von Innovation wenig zweckmäßig, da eine Eindimensionalität die unterschiedlichen Erscheinungsformen von Innovation in verschiedenen sozialen Kontexten nicht erfassen kann, und die Auswahl eines Merkmals aus den vielfältigen Definitionsvorschlägen willkürlich wäre." MÜLLER/SCHIENSTOCK (1978) S. 21.

21 Vgl. TROMMSDORFF/SCHNEIDER (1990) S. 4ff.

22 Vgl. MÜLLER/SCHIENSTOCK (1978) S. 22.

23 Vgl. HAUSCHILDT (1993B) S. 7.

Bei der Begriffsbestimmung geht es daher nicht um eine Neubelegung des Innovationsbegriffes, sondern um eine im Konsens mit anderen Begriffsbestimmungen liegende Betonung bestimmter Kriterien. Aus ihr erwächst die spezielle Messung der Innovationsorientierung deutscher Unternehmen an ihren Geschäftsberichten.

2.1.2 Inhaltliche Dimension der Innovation

Die inhaltliche Dimension soll helfen, den Innovationsgegenstand abzugrenzen. Grundsätzlich kann jeder *geistig faßbare* Gegenstand einer Unternehmung verändert, erneuert, ausgetauscht oder neu in das betriebliche Geschehen eingeführt werden. Somit kann jeder Gegenstand stets auch Gegenstand einer Innovation sein. Im Hinblick auf die zu erwartenden vielfältigen Unterschiede solcher geistig faßbaren Gegenstände in der Berichterstattung ist daher besondere Vorsicht für einen allzu engen Innovationsbegriff geboten. Dennoch erweisen sich einige Abgrenzungen als nützlich.

Das Hauptaugenmerk soll auf betriebswirtschaftliche Aspekte der Innovation gerichtet sein. Da Innovationen auch technische Eigenschaften aufweisen,[24] muß dafür Sorge getragen werden, daß die technischen Aspekte derart reduziert werden, daß einer betriebswirtschaftlichen Betrachtung entsprochen werden kann.[25] Bei diesem *Abbildungsvorgang* geht ein Teil technischer Informationen in den zu bildenden betriebswirtschaftlichen Typologien verloren. Es entsteht ein kognitives Realitätsmodell, welches die Realität lediglich simulieren kann.[26] Die Abbildung der technischen Aspekte einer Innovation in betriebswirtschaftliche geschieht in dem Maße, wie es der Untersuchungsfrage dienlich ist. Mit der Reduktion der technischen Informationen wird der technische Wandel nur der Tatsache nach

---

24 Unter dem Aspekt geistig faßbarer Innovationsgegenstände können neben betriebswirtschaftlichen und technischen Aspekten zusätzlich sämtliche geistige Disziplinen zur Aspektbildung herangezogen werden. Die technischen Aspekte spielen in der Berichterstattung aber eine dominante Rolle, weshalb nur sie zur Diskussion gestellt werden.

25 So sind ein bestimmtes neues Produkt oder ein bestimmtes neues Produktionsverfahren durch ihre technischen Eigenschaften spezifiziert. Die Informationen aus den technischen Eigenschaften werden durch die Abbildung derart reduziert, daß eine betriebswirtschaftliche Betrachtung der Gegenstände möglich wird. Eine Form dieser Abbildung in eine betriebswirtschaftliche Ordnung ist die Identifizierung von *Produkten*. Damit wird das Pharmazeutikum eines Pharmaunternehmens neben den Mega-Chip eines Elektronikunternehmens gestellt.

26 Vgl. FRÜH (1991) S. 19ff.

relevant. Damit wirkt die Abbildung technischer Informationen in betriebswirtschaftliche nicht nur stark vereinfachend, sondern wird auch *dynamisch robust*.[27] Der Verlust an technischen Informationen ist immens, doch der betriebswirtschaftliche Innovationsindikator tritt damit um so deutlicher hervor.

Die geistig faßbaren Innovationsgegenstände sollen nach betriebswirtschaftlichen Gesichtspunkten in Typologien *effizient* abgebildet werden. Effizienz soll hier der Grad des Gelingens sein, anhand einer bestimmten Ordnung der Gegenstände deren Einfluß auf den Unternehmserfolg zu beurteilen. Grundlage einer effizienten Abbildung und der strukturierenden Inhaltsanalyse im allgemeinen ist die Existenz einer Theorie, aus der sich ein Konstrukt zur Ordnung der Innovationsgegenstände ableiten läßt.[28]

Für das Geflecht der Zusammenhänge zwischen Innovation und Innovationserfolg existiert jedoch kein allgemein verwendbarer theoretischer Ansatz.[29] Zum einen kann man sich daher nicht sicher sein, daß alle relevanten Einflußfaktoren erfaßt sind. Zum anderen ist man nicht in der Lage, bestimmte, immer wieder als bedeutungslos erkannte Variablen endgültig auszusteuern und in der weiteren Forschung zu vernachlässigen. Die betriebswirtschaftliche Innovationsforschung dürfte auf dem Gebiet effizienter Innovationsordnungen durch die Generierung vieler Erkenntnisse vorangekommen sein. Die Innovationsforschung ist jedoch von der Begründung einer pareto-optimalen Ordnung weit entfernt. Als Ursache für dieses Manko ist die Ungewißheit über die relevanten Einflußfaktoren genau so zu sehen wie die friedliche Koexistenz unterschiedlicher Innovationstypologien. Die Innovationsgegenstände werden auf Basis unterschiedlicher kognitiver Realitäten immer wieder anders und auch nicht überschneidungsfrei in Typologien geordnet. Zudem legitimieren sich die Typologien meist mit belegten Erklärungseigenschaften, also mit Effizienzen. Der Fundus an Innovationstypologien erleichtert es damit nicht, eine allgemeingültige Ordnung aufzudecken.

Diese Arbeit kann sich daher nur an bewährten, aber keineswegs endgültigen betriebswirtschaftlichen Ordnungen der Innovationsgegenstände ausrichten. Die Abbildung der Innovationsinformationen wird daher unter gleichzeitiger Beachtung der Innovationstypologien des Schrifttums und der zu erwartenden Inhalte in

---

27 Die Entwicklung der digitalen Armbanduhr erhält so den gleichen Stellenwert, wie die Entwicklung des Sekundenklebers oder die Entwicklung des Telefons.

28 Vgl. FRÜH (1991) S. 132ff.; MAYRING (1991) S. 213.

29 Vgl. HAUSCHILDT (1993B) S. 320.

der Berichterstattung vorzunehmen sein. Dabei ist es das vorrangige Ziel, diejenigen Ordnungen auszuwählen und zu kombinieren, die einen Teil zur Erklärung des Unternehmenserfolges beitragen könnten und damit zumindest *potentiell effizient* sind.

Es sollen die geistig faßbaren Innovationsgegenstände betrachtet werden, für die ein Einfluß auf die Unternehmung als Ganzes vermutet werden kann. Dabei ist nicht entscheidend, ob die einzelne Innovation einen tatsächlichen Einfluß auf den Unternehmenserfolg hat, sondern vielmehr, ob für die Zusammenfassung der Innovationen gleichen Typs ein Einfluß vermutet werden kann. Die Frage nach der inhaltlichen Dimension lautet daher nicht mehr: „Was ist neu?“, sondern: „Wieviel einer bestimmten Innovationsart ist neu?“. Diese spezielle Betrachtungsweise ist die Unternehmensebene. Über die Unternehmensebene hinausgehend gibt es höhere Aggregationszustände, mit denen die Innovationsaktivität ganzer Branchen oder gar Nationen beleuchtet wird.[30] Während die Branchenspezifität auch in dieser Untersuchung nicht unbeachtet bleibt, so wird die branchenunabhängige Betrachtung der Innovationen auf Unternehmensebene dennoch das endgültige Untersuchungsziel sein. Die Bedeutung von Innovationen für Nationen wird indes keine Beachtung finden.

Aufgrund des weiten Feldes möglicher Innovationsgegenstände müssen mit der inhaltlichen Dimension somit folgende Aufgaben bewältigt werden:

- Die Abgrenzung von innovativen zu nicht innovativen geistig faßbaren Gegenständen,
- die Abbildung der technischen Aspekte in vereinfachende betriebswirtschaftliche und
- die Ordnung der betriebswirtschaftlich ausgerichteten Informationen in potentiell effizienten Typologien.

Die Kriterien der *Durchsetzung* und der *Andersartigkeit* geben weitere Anhaltspunkte zur Bestimmung des Innovationsbegriffes. Das Kriterium des geistig faßbaren Gegenstandes kann indes nur abstrakt erfolgen. Für die Diskussion konkreter Innovationsgegenstände müssen zunächst die zu erwartenden Informationen zur Innovationsorientierung in der Berichterstattung erarbeitet werden. Erst

30 Vgl. HAUSCHILDT (1993B) S. 320f.

dann lassen sich die konkreten Innovationsgegenstände ordnen und ein inhaltsanalytisches Konstrukt zur Messung der Innovationsorientierung entwickeln.

Eine Innovation ist nach Schumpeter die *Durchsetzung* neuer Kombinationen von vorhandenen Dingen und Kräften[31] im Unternehmen. Entscheidend ist hier das Kriterium der Durchsetzung. Die Innovation ist gekennzeichnet durch Verkauf oder Nutzung,[32] durch Investitionen für Fertigungsvorbereitung und Markterschließung mit dem Ergebnis der Markteinführung oder dem innerbetrieblichen Einsatz[33] oder durch die Erreichung einer Anwendung oder Verwendung[34]. Der Aspekt der Durchsetzung soll die Innovation von der bloßen Idee, aber auch von der Erfindung, der sogenannten Invention, abgrenzen.

Die neue Kombination von vorhandenen Dingen und Kräften darf nicht kontinuierlich erfolgen, sondern muß *diskontinuierlich* auftreten.[35] Sie muß sich von dem vorangehenden Zustand „merklich“[36], „signifikant“[37] oder „qualitativ“[38] unterscheiden. Das Kriterium der Andersartigkeit wird zudem durch seine Erstmaligkeit bestimmt: Eine Innovation ist für eine Unternehmung und die relevante Umgebung neu,[39] oder sie ist im Ergebnis neu[40]. Sie wird zum ersten Mal genutzt.[41] Sie ist die erste oder frühzeitige Nutzung einer Idee.[42] Die konkrete Festlegung dessen, was letztlich andersartig sein soll und wer dieses bestimmt, ist somit nicht unproblematisch.[43] Das Kapitel zur subjektiven Dimension wird sich damit auseinandersetzen.

---

31 Vgl. SCHUMPETER (1931) S. 100. Der Sachverhalt wird hier nicht ausdrücklich als Innovation bezeichnet. Dennoch besteht kein Zweifel darüber, daß diese gemeint ist. Vgl. HAUSCHILDT (1993B) S. 7; SCHWITALLA (1992) S.1; SCHEDLBAUER (1988) S. 2109; MUESER (1985) S. 158.

32 Vgl. MUESER (1985) S. 158ff.

33 Vgl. BROCKHOFF (1994) S. 28; OECD (1993) S. 19, Anm. 20.

34 Vgl. PFEIFFER/STAUDT (1975) Sp. 1943f.

35 Vgl. SCHUMPETER (1931) S. 100.

36 Vgl. MUESER (1985) S. 158ff.

37 Vgl. AREGGER (1976) S. 118; OECD (1993) S. 19, Anm. 20.

38 Vgl. BARNETT (1953) S. 7.

39 Vgl. KNIGHT (1967) S. 478.

40 Vgl. RICKARDS (1985) S. 28; PFEIFFER/STAUDT (1975) Sp. 1944.

41 Vgl. VEDIN (1980) S. 22; KIESER (1969) Sp. 742.

42 Vgl. AREGGER (1976) S. 118.

43 Vgl. MUESER (1985) S. 158ff.

Schumpeters Bezeichnung der „vorhandenen Dinge und Kräfte" ist so allgemein, daß davon kaum ein geistig faßbarer Gegenstand eines Unternehmens ausgeschlossen werden kann. Die Umsetzung des Kriteriums der geistig faßbaren Sache setzt voraus, daß der Innovationsgegenstand in einem kognitiven Realitätsmodell abgebildet werden kann. Die „vorhandenen Dinge und Kräfte" sind dabei nicht die Innovation selber, sondern erst aus einer bestimmten Kombination derselben erwächst die Innovation. Die „vorhandenen Dinge und Kräfte" sind somit die Ursprungskomponenten der Innovation. In der dynamischen Betrachtung wird die Innovation selbst zu einem „vorhandenen" Teil der „Dinge und Kräfte" und kann wiederum einer neuen Kombination, einer folgenden Innovation als Ursprungskomponente zugeführt werden. Damit ist die Unterscheidung der „vorhandenen Dinge und Kräfte" und der Innovation nur graduell. Die Ursprungskomponenten stellen demnach den Anhaltspunkt dar, die Innovationsgegenstände aufzuspüren. Das kognitive Realitätsmodell ist deshalb so zu wählen, daß darin sowohl die „vorhandenen Dinge und Kräfte" als auch die aus ihnen erwachsende Innovation abgebildet werden können. Mit der Erfüllung dieser Anforderung wird das zu bildende Modell dynamisch robust.

2.1.3 Prozessuale Dimension der Innovation

Der Innovationsgegenstand ist das Ergebnis eines Prozesses, welcher als Innovation im weiteren Sinne bezeichnet wird.[44] Es handelt sich dabei um die Bemühungen, die angestellt werden, um die Innovation zur Durchsetzung zu bringen. Idealtypisch läßt sich dieser Prozeß in die folgenden Phasen unterteilen:[45]

Am Anfang steht die Idee, eine vage Vorstellung, der bewußte oder unbewußte Entschluß, sich mit einem Gegenstand auseinanderzusetzen. Auf die Idee folgt der Moment der Entdeckung oder der Beobachtung. Es ist die Feststellung einer bestimmten Beziehung, Auffälligkeit oder Existenz. Damit wird der Forschungsprozeß eingeleitet. Er hat die Ziele, theoretische Fundierungen aufzustellen oder empirische Überprüfungen der Entdeckung durchzuführen. Aufbauend auf die gewonnenen Erkenntnisse folgt die Entwicklung mit der Umsetzung des Wissens in Konstruktionen, Versuchsanlagen oder Prototypen mit dem Ziel, das Wissen für einen bestimmten Zweck nutzbar zu machen. Am Ende der Entwicklung steht

---

44 Vgl. BROCKHOFF (1994) S. 28.

45 Vgl. HAUSCHILDT (1993B) S. 16f.

die Erfindung, welche durch die Festlegung auf eine bestimmte Alternative gekennzeichnet ist. Darauf folgt die Einführung des neuen Produktes in den Markt oder des neuen Verfahrens in die Fertigung mit der Konsequenz der laufenden Verwertung, wie Serienproduktion oder Produktionsanlauf. Die Innovation diffundiert schließlich.

Der idealtypische Innovationsprozeß beschreibt Phasen, die das Bemühen um Innovationen kennzeichnen. Beachtenswert ist dabei, daß nicht jeder Innovationsprozeß letztlich auch in einer Innovation mit erfolgreicher Diffusion enden muß. Vielmehr wird der Innovationsprozeß von Abbruchentscheidungen[46] begleitet, welche zur frühzeitigen Beendigung führen können und somit das Hervorbringen der Innovation verhindern.[47] Eine im Geschäftsbericht genannte Phase eines bestimmten Innovationsprozesses kennzeichnet das Bemühen um eine Innovation. Die Nennung einer Innovationsphase in der Berichterstattung wird daher als ein Innovationsindikator verstanden und zwar unabhängig davon, ob letztendlich der Prozeß tatsächlich in einer Innovation enden wird. Nicht nur die Innovationen als das Ergebnis von Tätigkeiten, sondern auch die Bemühung um dieselben, werden als relevante Informationen betrachtet, und zwar unabhängig davon, ob tatsächlich eine Innovation das Ergebnis der Bemühungen sein wird.

Einige idealtypische Phasen des Innovationsprozesses finden sich im Forschungs- und Entwicklungsprozeß wieder. Hiernach können die Grundlagenforschung, die angewandte Forschung und die experimentelle Entwicklung unterschieden werden.[48] Damit sind Angaben zur Forschung und Entwicklung in der Berichterstattung per se Indikatoren für das Bemühen um Innovationen. Die prozessualen Phasen der Forschungs- und Entwicklungstätigkeit stellen jedoch lediglich eine Teilmenge der Innovationsbemühungen eines Unternehmens dar.[49] Einige Aktivitäten, welche ebenfalls Gegenstand des Bemühens sind, Innovationen zu schaffen, sind jedoch nicht dem Forschungs- und Entwicklungsbereich zurechenbar. So muß die Entscheidung zum Bau einer hochmodernen Produktionsstätte nicht das Resultat langjähriger Forschungsarbeit sein. Diese Veränderung ist vielmehr durch die Einführung externer Technologie in das Unternehmen gekennzeichnet.

---

46 Zur Untersuchung von Projektabbrüchen vgl. die Studie von LANGE (1993).

47 Daraus resultieren steuerbare und optimierbare Elemente des Innovationsprozesses, die Gegenstand des Innovationsmanagements sind. Vgl. HAUSCHILDT (1993B).

48 Vgl. OECD (1993) S. 68ff. Anm. 224, 229 u. 233.

49 Vgl. HAUSCHILDT (1993B) S. 25; BROCKHOFF (1994) S. 50.

Die prozessuale Dimension verdeutlicht auf der Unternehmensebene, daß nicht die einzelne Innovationstätigkeit oder das einzelne Innovationsprojekt, sondern die Summe ähnlicher und vergleichbarer Projekte den Untersuchungsgegenstand bilden. Die Zusammenstellung befristeter Projekte zu einer Kette aufeinander folgender, gleichzeitig laufender oder sich zeitlich überschneidender Projekte und Prozesse wird zu einer ganzheitlichen Innovationstätigkeit.[50] Die Innovationstätigkeit wird damit als eine Dauerverpflichtung aller Beteiligten im Unternehmen angesehen. Sie ist der Untersuchungsgegenstand.

2.1.4 Subjektive Dimension der Innovation

Die Bestimmung dessen, was innovativ ist, „ist naturgemäß subjektgebunden und kann allenfalls objektiviert, nicht aber objektiv bestimmt werden.“[51] Damit stellt sich die *Frage, welchem Subjekt* die Aufgabe zukommen soll, dieses zu beurteilen. Dafür kommen ein beliebiges Individuum oder alle Subjekte in Betracht, welche im direkten Bezug zur Innovation stehen. Dazu gehören bestimmte Gruppen, wie etwa die Verwender, Experten oder befähigte Instanzen wie das Patentamt sowie die Initiatoren, die Fach- oder Machtpromotoren[52] oder die Unternehmensleitung.

Da Innovationen in Relation zu einem anderem Zustand wahrgenommen werden, stellt sich außerdem die *Frage nach dem räumlichen und zeitlichen Bezugsraum* für eine Innovation. Räumliche Bezugsräume sind zum Beispiel das Unternehmen, die Branche, die Nation und die Welt. Eine Innovation kann danach ganz unterschiedlich beurteilt werden, ob der Gegenstand zum erstenmal im Unternehmen, in der Branche, in einer Nation oder auf dieser Welt auftritt. Zeitliche Bezugsräume sind Perioden nach beliebig festlegbaren Zeiträumen. Ein Gegenstand kann demnach als innovativ gelten, wenn er zum Beispiel erstmalig in der gesamten Menschheitsgeschichte wahrgenommen wird oder etwa nachdem er von niemandem mehr benutzt worden ist.[53]

---

50 Vgl. HAUSCHILDT (1989) S. 259.

51 HAUSCHILDT (1993B) S. 13. Vgl. auch TORNATZKY/KLEIN (1982) S. 28.

52 Vgl. HAUSCHILDT/CHAKRABARTI (1988) S. 384; WITTE (1973).

53 So kann ein Modetrend, der nach 50 Jahren von einem Designer wieder aufgegriffen wird, hinsichtlich des Neuheitsgrades unterschiedlich beurteilt werden.

Mit den Gestaltungsmöglichkeiten der subjektiven Dimension wird vor allem eines deutlich: Nicht der technische Wandel, sondern der Wandel des Bewußtseins des Wahrnehmenden ist maßgeblich für die Festlegung dessen, was innovativ sein soll.[54]

In Hinblick auf das Explanandum dieser Arbeit lassen sich die Kriterien der subjektiven Dimension in einer nützlichen aber auch konsequenzreichen Weise einengen: Das Ziel der Untersuchung ist die Darstellung der Innovationsorientierung im Geschäftsbericht der Unternehmen. Die Inhaltsanalyse bildet dafür die methodische Grundlage. Dabei ist darauf zu achten, daß der interpretatorische Spielraum der Messung möglichst klein gehalten wird, um eine hohe Reliabilität und Validität gewährleisten zu können. Diese Anforderungen erzwingen die hier relevante subjektive Dimension der Innovation:

> *Als innovativ kann hier nur das angesehen werden, was aus der Sicht des Berichterstatters als innovativ bezeichnet und gleichermaßen von ihm veröffentlicht wird.*

Um einen Konflikt bei der Bewertung der Inhalte zu vermeiden, müssen andere individuelle, räumliche und zeitliche Bezugsräume, wie sie oben beschrieben wurden, der Beurteilung der Unternehmensleitung untergeordnet werden. Dieses ist deshalb zu fordern, weil die Geschäftsberichte stets nicht ausreichende Informationen zur Verfügung stellen, um eine andere, ergänzende oder zusätzlich objektivierende Beurteilung vorzunehmen, die möglichst unabhängig von dem Werturteil des Berichterstatters ist.

Die Beurteilung der Innovation über die Angabe im Geschäftsbericht hinaus ist mit dem Meßverfahren der Inhaltsanalyse also kaum vereinbar. Innovativ sei daher das, was das Unternehmen, genauer *der Berichterstatter* als innovativ einschätzt. Die relevanten Informationen im Geschäftsbericht gelten als Innovationen und Innovationsbemühen, unabhängig davon, wie der Gegenstand von einer anderen Person als dem Verfasser beurteilt werden würde und unabhängig davon, ob an einem anderen Orte zu einer anderen Zeit Vergleichbares wahrnehmbar ist. Die entwickelte subjektive Dimension birgt somit die Gefahr der verzerrten Messung realer Sachverhalte.[55]

---

54 Vgl. HAUSCHILDT (1986) S. 62.

55 Die Lösung des Problems der subjektiven Dimension zugunsten der Durchführbarkeit der Inhaltsanalyse ist eng mit dem Problem verbunden, daß der Berichterstatter auch ohne die Existenz von Innovationen die Innovativität seines Unternehmens vermitteln will. Damit ist

Diese Entwicklung der subjektiven Dimension ist keineswegs neu und ungewöhnlich: „Für die Unternehmung ist eine Innovation dann zu konstatieren, wenn sie eine technische Neuerung erstmalig nutzt, unabhängig davon, ob andere Unternehmungen den Schritt vor ihr getan haben oder nicht.“[56] Diese Ansicht zu einem sinnvollen räumlichen und zeitlichen Bezugsraum kann um die des Subjektes ergänzt werden: „Aus betriebswirtschaftlicher Sicht sind es die Führungskräfte eines Unternehmens, die Träger des Innovationsbewußtseins sind und Projekte als innovativ kennzeichnen oder nicht. Dieses ist der im strengen Sinne ‚betriebswirtschaftliche‘ Innovationsbegriff.“[57]

Es bleibt zu klären, ob der Berichterstatter auch tatsächlich eine Führungskraft ist. Zu diesem Zwecke wurde eine schriftliche Befragung durchgeführt:[58] Es wurde die offene Frage gestellt: „Wer ist kompetent zu entscheiden, was im Forschungs- und Entwicklungsbericht veröffentlicht werden soll?“

Die Tabelle 2 gibt Aufschluß über die Häufigkeiten der Antworten von 39 Unternehmen in ungewichteter und gewichteter Form.[59]

Deutlich sind die Führungskräfte in der Überzahl als Entscheider zur Verfassung des Forschungs- und Entwicklungsberichts genannt. Aus der Sicht einer sinnvoll ausgestalteten subjektiven Dimension erfüllt der Forschungs- und Entwicklungsbericht damit idealerweise die Voraussetzung für die Analyse der Innovationsorientierung in betriebswirtschaftlicher Hinsicht. Es wird zudem angenommen, daß der Befund für den Forschungs- und Entwicklungsbericht auch auf die anderen Teile der Berichterstattung übertragbar ist.

---

mit der gewählten subjektiven Dimension ein Verzerrung in den Daten zu erwarten. Auf diese Meßproblematik wird im Kapitel zu den Eigenschaften der Berichterstattung eingegangen, und sie wird in den empirischen Analysen entsprechend berücksichtigt. Hier sei bereits angemerkt, daß diese Verzerrung kein unlösbares meßtechnisches Problem darstellt.

56 WITTE (1973) S. 3.

57 HAUSCHILDT (1993B) S. 15.

58 Im Februar 1995 wurde ein Fragebogen an 155 deutsche Unternehmen des produzierenden Gewerbes versandt. Davon wurden 39 Fragebögen zurückgesendet. Das entspricht einer Rücklaufquote von 34,8 %. Insgesamt wurden auf dem Fragebogen fünf offene Fragen zur Erstellung des Forschungs- und Entwicklungsberichts formuliert. Die frei formulierten Antworten wurden inhaltsanalytisch zusammengefaßt. An geeigneten Stellen in dieser Arbeit wird auf die Ergebnisse dieser Befragung eingegangen.

59 Einige Unternehmen nennen mehr als eine kompetente Person. In diesen Fällen wird eine Gleichgewichtung der Antworten mit der Summe 1 vorgenommen.

Antworten	**Anzahl**	**gewichtet**
Vorstand (Konzern oder Tochter)	31	21,8
Leiter der Forschungs- und Entwicklungsabteilung	15	9,2
Öffentlichkeitsabteilung	7	3,5
Aufsichtsrat	2	1,0
Sonstiges	3	1,5
Keine Angabe	2	2,0
Summe:	**60**	**39,0**

Tabelle 2: Kompetenzen zur Gestaltung des Forschungs- und Entwicklungsberichts

Weiterhin zeigt die Tabelle 2, daß die Öffentlichkeitsabteilung, der Aufsichtsrat und sonstige Personen stets nur als zusätzlich kompetent, jedoch niemals als allein kompetent genannt werden. Das ist der Halbierung der gewichteten Anzahl gegenüber der ungewichteten Anzahl zu entnehmen. Die Einbeziehung mehrerer Führungskräfte in den Gestaltungsprozeß des Forschungs- und Enwicklungsberichts wird im Hinblick auf die subjektive Dimension als Qualitätsverbesserung gesehen, weil die Bestimmung der Innovationsgegenstände unabhängiger von der Willkür einer Person wird.[60]

2.1.5 Normative Dimension der Innovation

Die normative Dimension wirft die Frage auf, ob Innovationen erfolgreich sein müssen, um als solche bezeichnet werden zu dürfen. Der Erfolg kann sich einstellen, wenn eine Verbesserung des bisherigen Zustands erreicht wird. Problematisch wird nun an der Bestimmung des Erfolges, daß dieser nach dem Interessenstandpunkt des Betrachters höchst unterschiedlich beurteilt werden kann. So dürfte zum Beispiel die Atomkraft dabei im Kreuzfeuer von ökonomischen und

---

60 Als repräsentativ für dieses Argument wird die folgende Antwort gesehen: „In unserem Geschäftsbericht stellen wir FuE-Aktivitäten auf einem hoch aggregierten Niveau dar, wobei die entsprechenden Passagen ***wechselseitig mit den FuE-Verantwortlichen*** in den Tochtergesellschaften abgestimmt werden." Antwort des ***Vorstandes*** der Viag AG vom März 1995 auf die Frage nach der Kompetenz.

ökologischen Interessen stehen und daher keineswegs immer als erfolgreiche Innovation bezeichnet werden.[61]

Von Bedeutung ist hier jedoch allein die betriebswirtschaftliche Perspektive. Die Innovation kann danach beurteilt werden, ob durch sie Gewinne erzielt, Umsätze realisiert oder Kostensenkungen bewirkt werden. Die Beurteilung der Innovation nach diesen Kriterien ist jedoch erst ex post möglich, weil sich erst nach der Durchsetzung der Innovation ein derartiger Erfolg abzeichnen wird. Damit müßte auch das, was im Geschäftsbericht als Innovation herausgestellt wird, stets auf den langfristigen betriebswirtschaftlichen Erfolg hin überprüft werden, bevor es als meßrelevant klassifiziert wird. Die Fragestellung der normativen Dimension erübrigt sich somit, weil das Explanandum gerade diese Dimension abdecken will. Eine vorheriges Ausklammern nicht erfolgreicher Innovationen erscheint hier unzweckmäßig und eher hinderlich für eine repräsentative und willkürfreie Auswahl relevanter Sachverhalte.

2.1.6 Innovation und Orientierung

In einem ursprünglichen Sinne bedeutet Orientierung, die Himmelsrichtung nach der aufgehenden Sonne zu bestimmen.[62] Wird der Begriff der Orientierung von seiner konkreten Bedeutung losgelöst, dann ließe er sich allgemeiner durch „die Bestimmung einer Richtung unter Zuhilfenahme von zu einem bestimmten Zeitpunkt feststehenden Objekten" beschreiben. Für den Untersuchungsgegenstand der Innovationsorientierung folgt daraus „die Bestimmung der Innovationsrichtung unter Zuhilfenahme von zu einem bestimmten Zeitpunkt feststehenden Ereignissen". Die Richtung ist dabei von bereits Zurückgelegtem, Erreichtem, aber auch von noch Zurückzulegendem, also noch nicht Erreichtem, gekennzeichnet. Nicht alleine die Innovationen, sondern zusätzlich auch das gesamte Bemühen, das auf Innovationen gerichtet ist, sind die hier relevanten Ereignisse zur Bestimmung der Innovationsorientierung.

Durch die Orientierung wird eine Richtung bestimmt. Eine Richtung wird durch das Abstrahieren einer großen Anzahl von Einzelereignissen erkennbar. Konkret wird hier die einzelne Innovation zugunsten einer Gesamtbetrachtung aller Inno-

---

61 Vgl. HAUSCHILDT (1993B) S. 20.

62 Vgl. KLUGE (1995) S. 604; RÖHRICH (1992) S. 1123f.; PFEIFER (1993) S. 956.

vationen bestimmter Arten aufgegeben. Die Bestimmung des Einflusses der einzelnen Innovation rückt hinter die Bestimmung des Einflusses aller Innovationen einer bestimmten Art. Der Begriff der Orientierung bringt den speziellen Meßbereich der Unternehmensebene zum Ausdruck.

Beachtenswert erscheint auch ein symbolträchtiger Gehalt der ursprünglichen Wortbeschreibung: Die zu einem bestimmten Zeitpunkt feststehenden Ereignisse, die Innovationen, sind nach der aufgehenden Sonne, dem Erfolg, ausgerichtet. Die Orientierung impliziert somit die Ausrichtung auf ein erfolgversprechendes Ziel. Das Explanandum läßt sich in einer kritischen Frage neu formulieren: Wird die Innovationsorientierung tatsächlich stets mit Erfolg gekrönt?

2.2 Innovationstypologien

Im Kapitel zur inhaltlichen Dimension der Innovation wurde als Aufgabe herausgestellt, die betriebswirtschaftlich ausgerichteten Informationen in potentiell effiziente Typologien zu ordnen. Diese Ordnung ist eine notwendige Vorstufe für die Bildung eines inhaltsanalytischen Kategoriensystems. Da in der Literatur nützliche Erfahrungswerte enthalten sind, mit denen die Innovationsorientierung auf dem Stand bisheriger Kenntnisse sinnvoll geordnet werden kann, soll hierauf zurückgegriffen werden. Die im folgenden vorgestellten Innovationstypologien werden auf ihre potentielle Effizienz, also ihren Grad möglicher Erklärungsgüte, und ihre dynamische Robustheit hin betrachtet. Bei Eignung wird die Typologie in die Entwicklung des Kategoriensystems eingehen.

Ein Beispiel für die Bedeutung der potentiellen Effizienz einer Typologie kann mit der Unterscheidung in ‚demand pull'- und ‚technology push'-Innovationen[63] genannt werden. Mit dieser Typologie wurde versucht, die Vermutung zu belegen, daß nachfrageinduzierte Innovationen erfolgreicher als angebotsinduzierte sind. Es mußte jedoch erkannt werden, daß die erfolgreiche Innovation letztlich durch eine Vielzahl von Anstößen sowohl von der Angebots- als auch von der Nachfrageseite bestimmt wird.[64] Der Erfolg ließ sich also nicht durch die Unterscheidung dieser zwei Typen erklären.

---

63 Vgl. UTTERBACK (1971) S. 126ff.; WALTER (1979) S. 425f.

64 Vgl. HAUSCHILDT (1993B) S. 7.

Diese Typologie erlaubt es, die technischen Aspekte in dynamisch robuste und zugleich betriebswirtschaftliche Aspekte abzubilden. Die Innovationsarten, die diese Typologie herausstellt, sind jedoch hier ineffizient, da sie den Erfolg nicht erklären.

Welche Typologie auch immer zu rechtfertigen ist, sie hat dem Effizienzkriterium zumindest potentiell zu genügen. Potentiell effizient heißt, daß es zumindest nicht belegt sein darf, daß der Erfolg nicht durch die Typologie erklärbar ist. Dafür gibt es vier Vorschläge: Die Zweck-Mittel-Typologie, die Produkt-Prozeß-Typologie, die wettbewerbliche und die organisatorische Typologie.[65] Diese vier Vorschläge werden für die Entwicklung einer Typologie der Innovationsorientierung im folgenden beschrieben.

2.2.1 Zweck-Mittel-Typologie

Die Zweck-Mittel-Typologie[66] unterscheidet inkrementale, mittelinduzierte, zweckinduzierte und radikale Innovationen.[67] Als Zweck kann dabei etwa die Befriedigung der Nachfrage gesehen werden. In beliebiger Kombination von alten oder neuen Mitteln werden alte oder neue Zwecke beim Abnehmer angesprochen.

Die Typologie ist betriebswirtschaftlich und dynamisch robust, da Innovationen stets relativ zum Vorhandenen beurteilt werden. Jedoch läßt sich aus der Typologie nicht erkennen, inwieweit neue Mittel oder neue Zwecke gerade den Erfolg erklären sollen. Aus der gestuften Unterscheidung von inkrementalen bis hin zu radikalen Innovationen werden die Innovationen nur hinsichtlich ihres Neuheitsgrades unterschieden.[68] Damit bleiben zu viele beachtenswerte Kriterien der inhaltlichen Dimension unberücksichtigt. Diese Typologie kann somit dem Explanandum allein nicht gerecht werden. Sie ist allein nicht potentiell effizient.

---

65 Vgl. die ausführliche, jedoch inhaltlich anders ausgerichtete Darstellung in HAUSCHILDT (1993B) S. 7ff.

66 Vgl. BAKER/SIEGMANN/RUBENSTEIN (1967) S. 160.

67 Radikale Innovationen sind zweck- und mittelinduziert, inkrementale Innovationen sind weder zweck- noch mittelinduziert.

68 In ähnlicher Weise lassen sich technische Innovationen einteilen in: „1. Routine Improvements, 2. Major advances, 3. Technical Breakthrough, 4. Blue-Sky Projects." BRIGHT (1964) S. 18.

Das Ausmaß des Innovationsschrittes,[69] welches in der Zweck-Mittel-Typologie zum Ausdruck kommt, stellt indes ein sinnvolles Kriterium einer Innovation dar. So lassen sich doch immer wieder Innovationen wahrnehmen, die einen hohen Innovationsgrad aufweisen und auch mit einem durchschlagenden Erfolg assoziiert werden können.[70] Radikale Innovationen weisen somit möglicherweise größere Wettbewerbseffekte auf als inkrementale Innovationen. Der Neuheitsgrad der Innovation soll daher in einer einfachen Form in die Konstruktentwicklung eingehen.

2.2.2 Produkt-Prozeß-Typologie

Eine allgemein vorherrschende Typologie unterscheidet Produkt- und Prozeßinnovationen. Produktinnovationen sind diejenigen Innovationen, welche am Markt eingeführt werden. Prozeßinnovationen werden hingegen innerbetrieblich verwertet. Sie sind neuartige Faktoren oder Faktorkombinationen, welche es erlauben, ein Gut anders zu produzieren als zuvor. Das Produzieren kann hierbei in einem sehr weiten Sinne verstanden werden, so daß alle innerbetrieblichen Vorgänge dem Prozeßbegriff zuzuordnen sind. Lediglich dem Ergebnis der Bemühungen gebührt besondere Beachtung in der Produktinnovation. Die Typologie ist damit vereinfachend und dynamisch robust.

Unter dem Zielaspekt kann angenommen werden, daß die Prozeßinnovation der Effizienzsteigerung genügen soll,[71] während die Produktinnovation vorrangig der Effektivität durch Umsatz- oder Marktanteilserweiterung Rechnung tragen will.[72] Hinter der Zielunterscheidung von Effektivität und Effizienz der Innovationen läßt sich somit ein Optimierungskalkül der zu kombinierenden Faktoren im Unternehmen erkennen. Die Wahl der Faktorkombination wiederum bestimmt den Erfolg. Mit dieser Sichtweise ist diese Typologie betriebswirtschaftlich und auch potentiell effizient.

---

69 Vgl. HAUSCHILDT (1993B) S. 11.

70 Es ist die normative Dimension, die hier angesprochen wird. Beispiele sind die Erfindung des Dynamits durch Nobel, der Glühlampe durch Edison und der synthetischen Faser durch Du Pont.

71 Etwa durch einen kostengünstigeren, schnelleren, besseren oder sichereren Produktionsprozeß.

72 Vgl. HAUSCHILDT (1993B) S. 9.

Die Produkt-Prozeß-Typologie hat jedoch Schwächen: Nicht untypisch ist der Fall, daß Produkt und Produktionsverfahren derart eng miteinander verknüpft sind, daß eine eindeutige Zuordnung des Innovationsgegenstandes schwer fällt.[73] Hierin zeigt sich der Mangel einer inhaltsanalytisch von der Typologie zu fordernden Trennschärfe.[74] Die Ursache des Zuordnungsproblems ist in der vereinfachten Abbildung der technischen Informationen in betriebswirtschaftliche zu sehen. Der vereinfachte Eigenschaftsraum ist nicht mehr eineindeutig einem Prozeß oder einem Produkt zuordenbar.[75]

Im Auswahlprozeß ist der Mangel vollständiger Trennschärfe gegen die Vorteile der Typologie abzuwägen. Da gerade die unterschiedlichen Zielaspekte von Prozeß- und Produktinnovationen[76] ein vielversprechendes Potential an Typologieeffizienz erkennen lassen, werden die Vorteile im Übergewicht gesehen.

Die Produktinnovationen können mit all ihren technischen Produkteigenschaften im betriebswirtschaftlichen Produktbegriff vereinfacht abgebildet werden.[77] Prozeßinnovationen hingegen lassen sich unter betriebswirtschaftlichen Gesichtspunkten differenzierter betrachten. Hier bietet sich eine weitere Untergliederung der Prozeßaktivitäten nach ihren betrieblich-funktionalen Bereichen an.[78] Diese Untergliederung ermöglicht die differenzierte Betrachtung der Prozeßinnovationen nach ihren Wirkungsbereichen. Damit wird der differenzierten Betrachtung des Effizienzgedankens prozessualer Innovationen Rechnung getragen.

Die Kombination der Typologien Produkt- und Prozeßinnovation mit der Untergliederung in die funktionalen Bereiche findet sich auch bei Schumpeter wieder.

---

73 Man denke an ein Unternehmen der chemischen Industrie, bei dem die Änderung eines Produktionsverfahrens mit der Änderung bestimmter Produkteigenschaften einhergeht.

74 Vgl. FRÜH (1991) S. 80.

75 Dieses Problem dürfte jedoch für jede vereinfachende Abbildung grundsätzlich existieren. Somit wird eher die Methode als die spezielle Innovationstypologie in Frage zu stellen sein.

76 Gemeint sind hier der Gewinn als Maßstab der *Effizienz* im Prozeß und der Umsatz als Maßstab der *Effektivität* von Produkten.

77 Vgl. etwa die Produktinnovationsrate als betriebswirtschaftliche Kennzahl für die Abbildung vieler technischer Eigenschaften unterschiedlicher Produkte in einer Kennzahl: BROCKHOFF (1981) S. 433ff.

78 Eine Typologie, die sich am idealen Prozeßablauf orientiert, könnte die funktionalen Unternehmensbereiche Forschung und Entwicklung, Beschaffung, Produktion und Vertrieb und angegliederte Bereiche, wie etwa Verwaltung und Unternehmensleitung, unterscheiden. Diese Subordnung ist beliebig weiter differenzierbar, allerdings mit negativen Effekten auf die Trennschärfe bei der Zuordnung realer Sachverhalte zur Typologie.

Seine Typologie wird als weitere Vorbereitung für die Bildung einer für diese Arbeit zweckmäßigen Typologie im folgenden Kapitel untersucht.

2.2.3 Wettbewerbliche Innovationstypologie

Schumpeter bildet eine Innovationstypologie, die fünf Typen unterscheidet:[79]

1. Die Herstellung eines neuen Produkts bzw. einer neuen Produktqualität,
2. die Einführung einer neuen Produktionsmethode,
3. die Erschließung eines neuen Absatzmarktes,
4. die Eroberung neuer Bezugsquellen und
5. die Durchführung einer Neuorganisation.

Mit dem Ziel die wirtschaftliche Entwicklung zu erklären kommt diese Typologie dem Wettbewerbsgedanken sehr nahe. Zudem ordnet Schumpeter die Innovationsarten auf der für diese Arbeit relevanten Meßebene, der Unternehmensebene. Die Typologie läßt damit einen hohen Grad an potentieller Effizienz erkennen.

Die Punkte zwei bis vier der Schumpeterschen Typologie lassen sich den funktionalen Unternehmensbereichen Produktion, Vertrieb und Beschaffung zuordnen und bilden somit Bereiche prozessualer Innovationen ab. Werden die Innovationstypen unter 2. bis 4. dem Typ unter 1. gegenübergestellt, dann läßt sich auch hier die Unterscheidung in Produkt- und Prozeßinnovationen erkennen. Die bereits vor 70 Jahren erkannte Unterscheidung von Innovationen hat ihre Gültigkeit bis heute nicht verloren. Die dynamische Robustheit der Produkt-Prozeß-Typologie wird damit in besonderer Weise unterstrichen.

Der Begriff der Neuorganisation (5.) wird von Schumpeter mit der Schaffung einer Monopolstellung durch Trusts oder dem Durchbrechen eines Monopols belegt. Die Bildung von Trusts, seien es aus heutiger Sicht Mehr- oder Minderheitsbeteiligungen an anderen Unternehmen oder Kooperationen, stellt nicht wirklich einen von den anderen Typologien andersartigen Innovationstyp dar. Vielmehr verbirgt sich hinter dieser Abgrenzung die Erkenntnis, daß für den

---

79 Vgl. SCHUMPETER (1931) S. 100f.

externen Beobachter wahrnehmbare Aktivitäten des Unternehmens existieren, die gleichzeitig mehrere Innovationstypen betreffen. Die Akquisition eines Unternehmens beinhaltet vielfältige Innovationstypen, bezogen auf prozessuale, produktspezifische, marktbezogene als auch organisatorische Aspekte. Da es nicht möglich ist, die Akquisition in ihre Einzelbestandteile zu zerlegen, ist es erforderlich, einen neuen Innovationstyp zu bilden. Der neue Typ unterscheidet sich von den anderen darin, daß er ein bestimmtes Bündel an Innovationstypen repräsentiert und somit einen anderen geistig faßbaren Innovationsgegenstand darstellt.

Von der Schumpeterschen Innovationstypologie wird nun der Sprung zu einer jüngeren Typologie gemacht, die die Unternehmensebene zur Ordnung der Innovationsgegenstände nutzt.

2.2.4 Organisatorische Innovationstypologie

Die organisatorische Innovationstypologie unterscheidet vier Innovationstypen:[80]

1. Produkt- oder Angebotsinnovationen,
2. Verfahrensinnovationen,
3. Strukturinnovationen und
4. personelle Innovationen,

wobei Strukturinnovationen (3.) Änderungen in der Zuordnung von Teilaufgaben und Aufgabenträgern, Änderungen der Autoritätsbeziehungen oder des Entlohnungssystems sind. Personelle Innovationen (4.) erfolgen durch Ein- beziehungsweise Freistellung von Mitarbeitern oder Veränderung der Verhaltensweisen durch Fort- und Weiterbildung.[81]

Auch in dieser Typologie findet sich der Ansatz der Produkt-Prozeß-Typologie in den ersten beiden Punkten wieder, was den in den Typologien liegenden Konsens zum Ausdruck bringt. Aufgrund der bisherigen Darstellungen erweitern die personellen Innovationen den geistig faßbaren Gegenstand von Innovationen. Andererseits läßt sich dieser Gegenstand auch den prozessualen Innovationen aus

---

80 Vgl. KIESER (1969) Sp.743. in Anlehnung an KNIGHT (1967).

81 Vgl. KIESER (1969) Sp.743f.

der Produkt-Prozeß-Typologie zurechnen.[82] Die Strukturinnovationen betreffen den Bereich der Aufbauorganisation und fallen somit in das Ressort organisatorischer Maßnahmen. Ebenso wie die personellen Innovationen lassen sich die Strukturinnovationen dem Typ der Prozeßinnovationen zurechnen.

Mit dieser differenzierten Betrachtung soll die organisatorische Innovationstypologie nicht an sich kritisiert werden. Die Typologie kann für eine organisatorische Betrachtungsweise der Innovationsgegenstände durchaus relevant und effizient sein. Die Zuordnung der organisatorischen Typen zu den vorhergenannten Innovationstypologien zeigt jedoch, daß die Möglichkeiten zur Typologienbildung erschöpfbar sind. Ungeachtet dessen ist die organisatorische Innovationstypologie ein Beleg dafür, daß der geistig faßbare Gegenstand von Innovationen nicht in endgültige, pareto-optimale Typologien geordnet werden kann. Aus Gründen der Praktikabilität ist deshalb die Diskussion über die Typologienbildung hinter die zu klärende Untersuchungsfrage zu stellen.

Daher wird an dieser Stelle die Betrachtung weiterer Möglichkeiten zur Ordnung des Innovationsgegenstandes abgebrochen. Im folgenden Kapitel wird die Entwicklung einer zweckmäßigen Typologie der Innovationsorientierung vorgestellt.

2.2.5 Typologie der Innovationsorientierung

Alle behandelten Typologien haben die Innovation zum Ordnungsgegenstand. Die Ausführungen zur Innovationsorientierung haben aber gezeigt, daß nicht allein „Durchgesetztes" meßrelevant ist, sondern auch das Bemühen um Innovationen bei der Messung berücksichtigt werden soll. Demnach erscheint es notwendig, aus den hier vorgestellten Innovationstypologien eine der Messung der Innovationsorientierung adäquate Typologie zu bilden. Sie umfaßt die in der Übersicht 3 zusammengestellten fünf Typen.

Auffällig an dieser Typologie ist, daß die „Forschung und Entwicklung" (1.) und die „unternehmensbezogene Innovationen" (5.) als gesonderte Arten der Innovationsorientierung betrachtet werden, obwohl der erste Punkt zumindest im zweiten

82 Die Einstellung von Mitarbeitern für die Produktion kann als eine Erweiterung der Produktionskapazitäten gesehen werden. Ebenso stellt die Einstellung von Mitarbeitern für die Forschung eine Erweiterung der Forschungskapazitäten dar oder kann als Zufluß von Know-how interpretiert werden.

und dritten enthalten sein kann und ebenso der fünfte in allen anderen. Die Unterscheidung wird deshalb getroffen, weil der Bereich der Forschung und Entwicklung ebenso ein Bündel an innovationsorientierten Aktivitäten darstellt wie das der Neuorganisation bei Schumpeter. Die Indikatoren der Forschung und Entwicklung sind aggregierte Größen, die schwerlich einem der anderen Bereiche zugeordnet werden können und deshalb als ein eigener Typ behandelt werden. Damit wird aus dieser Typologie deutlich, daß sie nicht dem Versuch erlegen ist, einer theoretisch trennscharfen Ordnung zu entsprechen, sondern eine meßtechnisch zweckmäßige Lösung darstellt.

1. Forschung und Entwicklung,
2. Prozeßinnovationen,
3. Produktinnovationen,
4. marktbezogene Innovationen,
5. unternehmensbezogene Innovationen
und jeweils die sie initiierenden Aktivitäten

Übersicht 3: Typologie der Innovationsorientierung

Die Abbildung 2 zeigt die Typen der Innovationsorientierung in bezug auf die Abgrenzung der zu betrachtenden Gegenstände des Innovationsgeschehens.

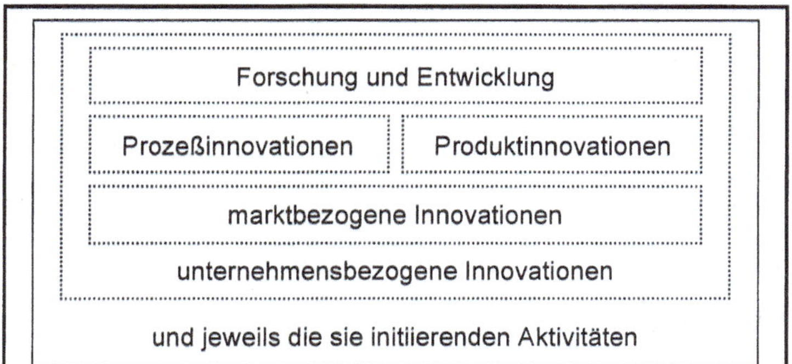

Abbildung 2: Abgrenzung der Typen der Innovationsorientierung

Für den Typ „**Forschung und Entwicklung**“ (1) existieren Innovationsindikatoren aus forschungs- und entwicklungsnahen Bereichen, die in empirischen Untersuchungen häufig anzutreffen sind.[83] Allen diesen Indikatoren ist gemeinsam, daß sie kardinal skaliert sind. Mit diesem Skalenniveau lassen sich statistische Probleme vermeiden und der Meßvorgang im Vergleich zur Inhaltsanalyse erheblich vereinfachen. Der Nachteil dieser Innovationsindikatoren ist jedoch darin zu sehen, daß nur für eine eingeschränkte Anzahl von Unternehmen eine gleichartige Messung der Indikatoren vorgenommen werden kann. Zudem können diese kardinal skalierten Innovationsindikatoren nur einen Teil der Innovationsorientierung aus Forschung und Entwicklung wiedergeben. Wenigstens zwei Arten des Typs „Aktivitäten der Forschung und Entwicklung“ lassen sich identifizieren, die nicht den kardinal skalierbaren Indikatoren zuzurechnen sind:

- Die bewußte Übernahme der Innovation Dritter durch Innovationseinkauf, Lizenznahme oder Kauf innovativer Unternehmen und
- die Ausgliederung der Innovationsfunktion durch Auftragsforschung, Gemeinschaftsforschung oder auf Verbundunternehmen.[84]

So sehr die Aktivitäten der Forschung und Entwicklung auf Produkt- und Prozeßinnovationen ausgerichtet sind, sie können dennoch in vielen Fällen nur losgelöst von konkreten Innovationsgegenständen betrachtet werden.

Der Typ „**Prozeßinnovationen**“ (2.) beinhaltet Maßnahmen der Innovationsorientierung, die auf konkrete Prozeßgegenstände gerichtet sind und die sich so von den allgemeinen Aktivitäten der Forschung und Entwicklung unterschei-

---

83 Vgl. stellvertretend für viele Studien folgende Indikatoren: Anzahl der Mitarbeiter in der Forschung und Entwicklung: Vgl. SCHERER (1965). Ausgaben für Forschung und Entwicklung. Vgl. BROCKHOFF (1970), (1972), PAVITT (1982), SCHERER (1983), CHAKRABARTI/HALPERIN (1990), BLACKMANN/SELIGMAN/SOGLIERI (1973). Investitionen: Vgl. MEYER-KRAHMER (1984), OPPENLÄNDER (1976). Forschungs- und Entwicklungszuwendungen von außen: Vgl. SCHWITALLA (1992). Wünschenswerte Indikatoren sind zudem differenziertere Aufschlüsselungen der Anzahl der Mitarbeiter, Ausgaben und Investitionen nach den Gebieten Grundlagenforschung, angewandte Forschung und experimentelle Entwicklung: Vgl. OECD (1993) S. 68ff. Anm. 224, 229 u. 233. Zunehmender Beliebtheit erfreuen sich durch die erst seit jüngerer Zeit verfügbaren Patentdatenbanken Vgl. PAVITT (1985) S. 78. Anzahl der Patente: Vgl. ERNST (1996); ZIMMERMANN/SCHWALBACH (1991); SCHMOOKLER (1966); SCHMOCH ET AL. (1988), BOUND ET AL. (1984), GREIF (1985), FREEMAN (1970). Patentierneigung: Vgl. MANSFIELD (1985).

84 Vgl. HAUSCHILDT (1989) S. 259ff.

den.[85] Der zweite Typ wird, entsprechend möglicher Wirkungsbereiche der Aktivitäten, nach den funktionalen Unternehmensbereichen untergliedert, um die potentielle Effizienz der Typologie zu erhöhen. Damit gehen die Schumpeterschen Innovationstypen „Eroberung einer neuen Bezugsquelle“ in den Bereich Beschaffung und „Einführung einer neuen Produktionsmethode“ in den Bereich Produktion ein. Ebenso werden in den zweiten Typ die „Verfahrensinnovationen“, die „Strukturinnovationen“ und die „personellen Innovationen“ der organisatorischen Typologie aufgenommen.

Die Zweck-Mittel-Typologie findet ihre Berücksichtigung, indem zwischen Prozeßinnovationen und den sie begünstigenden Aktivitäten unterschieden wird. Insgesamt ergibt sich damit ein reichhaltiges Potential an Informationen zur Abbildung der Innovationsorientierung aus Prozessen.[86]

Der Typ **„Produktinnovationen“** (3.) umfaßt, entsprechend der Zweck-Mittel-Typologie, die Produktinnovationen, aber auch die auf ein spezielles Produkt gerichteten Forschungs- und Entwicklungsleistungen. Demnach werden auch Weiterentwicklungen und Einführungen von Produkten auf den Markt als Indikatoren produktspezifischer Innovationsorientierung aufgefaßt, ohne daß diese Aktivitäten ausdrücklich als Innovationen erkannt werden können. Mit dieser Sichtweise wird eine allzu enge Sicht von ausschließlich Produktinnovationen vermieden.[87] Die Innovationsorientierung ist somit eine Betrachtungsweise des

---

85 Die OECD weist auf sechs technologische Innovationsaktivitäten hin, welche nicht durch den Bereich der Forschung und Entwicklung erfaßt werden: 1. Entwicklung und Aufbau von Produktionsanlagen, 2.Produktionsanlauf und die Vorproduktionsentwicklung, 3. Marketing für neue Produkte, 4. Kauf von intangibler Technologie, 5. Kauf von tangibler Technologie, 6. technisches Design als Aufbau- und Ablaufplanung. Freie Übersetzung aus OECD (1993) S. 20.

86 THOM nennt dafür Management-Neuordnungen wie Entlastung und Konzentration auf bestimmte Aufgaben, fertigungs- und produktbezogene Motivationen, wie Eigen- oder Fremdfertigung und die Gestaltung der Fertigungstiefe. Vgl. THOM (1976) S. 447.

Als geistig faßbare Gegenstände prozessualer Innovationsorientierung können weiterhin genannt werden: Mitarbeiterschulung, Aus- und Weiterbildungsförderung, betriebliches Vorschlagswesen, Grundlagenforschung und Forschung in Prozessen, Prozeßentwicklungen in Produktion oder anderen funktionalen Bereichen, Einführung von Prozeßtechnologien und damit verbundene Investitionen, Prozeßinnovationen, aber auch Rationalisierungsbestrebungen, Veränderungen von Prozeßabläufen, Joint-Ventures und Kooperationen im Prozeß- oder spezieller im Produktionsbereich sowie der Erwerb von Unternehmen, um sich Zugang zu Prozeßtechnologien oder Produktionskapazitäten zu verschaffen.

87 Regelmäßig werden in der Literatur ausschließlich Innovationen betrachtet: Anteil neuer Produkte am Umsatz: Vgl. MEYER-KRAHMER (1984). Technometrische Spezifikationen: GRUPP ET AL. (1987); ACS/AUDRETSCH (1988).

Innovationsgeschehens, von der erwartet wird, daß sie eher der Erfolgserklärung dienlich ist, als es die isolierte Analyse von Produktinnovationen erlaubt.[88]

Der Typ „**marktbezogene Innovationen**" (4.) beinhaltet den Schumpeterschen Innovationstyp „Erschließung eines neuen Absatzmarktes". Als Indikatoren werden solche Aktivitäten subsumiert, die im geographischen Bereich anzusiedeln sind und dabei primär Absatzzwecken dienen. Dazu gehören regionale und segmentale Innovationen und vertriebsorganisatorische Innovationen, zu denen auch Joint-Ventures und Kooperationen gerechnet werden können, wenn mit ihnen der Zweck verbunden ist, neue Absatzwege und Märkte zu erschließen. Auch bestimmte Arten struktureller Innovation fallen in diese Kategorie.[89]

Der Typ „**unternehmensbezogene Innovationen**" (5.) umfaßt ebenfalls einen Teil struktureller Innovationen.[90] Die unternehmensbezogenen Innovationen beinhalten wie der Typ „Aktivitäten der Forschung und Entwicklung" Innovationsbündel. So werden der Aufbau neuer Geschäftsfelder, die Akquisition anderer Unternehmen, aber auch die Schließung von Betrieben und der Verkauf von Unternehmen als Innovationsbündel gesehen, die sowohl Aspekte der Forschung und Entwicklung als auch der Produkte und der Prozesse aufweisen. Die Einleitung solcher Neuordnungsprozesse kann idealerweise in mehrere Phasen untergliedert werden.[91]

---

88 Vgl. zur Kritik der erfolgsorientierten Innovationsforschung bei isolierter Betrachtung von Innovationen HAUSCHILDT (1993A) S. 321f.

89 Eine strukturelle Innovation ist in diesem Zusammenhang die Intensivierung der Marktpräsenz durch Errichtung von Zweigniederlassungen, Betriebsstätten oder Tochterunternehmen im In- und Ausland. Vgl. THOM (1976) S. 447.

90 Der Bereich struktureller Innovationen umfaßt folgende Indikatoren: Profit-Center- oder Dezentralisierungsbestrebungen, Konsolidierungstendenzen, Risikodiversifikation versus Risikoabschottung, zukunftsorientierte Unternehmensstrategien, insbesondere alternative Wachstumsmöglichkeiten. Vgl. THOM (1976) S. 447.

91 Dazu gehören das planerische Stadium mit der Ideengewinnung, Ideenprüfung, Erforschung aller relevanten Einflußfaktoren, die Implementationsphase mit der Ideenumsetzung mit allen erforderlichen Vorbereitungen, wie Aktionen der Gesellschaftsgründung, Personalsuche, Werbung und die Realisation des Erneuerungsprozesses durch seine Eingliederung in das vorhandene Strukturgefüge. Vgl. BLEICHER (1979) Sp. 803.

2.3 Zusammenfassung

Die Innovationsorientierung umfaßt gleichermaßen Innovationen und Innovationsbemühungen als Indikatoren des Innovationsgeschehens. Die Nennungen von Bemühungen im Geschäftsbericht müssen dabei vermutbar auf eine Innovation gerichtet sein. Eine Innovation ist die „Durchsetzung neuer Kombinationen"[92]. Sie kann in jeder geistig faßbaren Sache einer Unternehmung anzutreffen sein. Unerheblich ist, ob die Innovation bereits zuvor von einem anderen Unternehmen zu einer anderen Zeit hervorgebracht wurde. Unerheblich ist auch, ob von einem anderen als dem Berichterstatter die Innovation nicht als solche bezeichnet wird.

Die Innovationsorientierung soll hier allein nach betriebswirtschaftlichen Gesichtspunkten untersucht werden. Die technischen und sonstigen Informationen fließen dabei reduziert in das kognitiv-betriebswirtschaftliche Realitätsmodell ein. Das Realitätsmodell wird an der Beschaffenheit der Inhalte in den Geschäftsberichten auszurichten sein. Die Innovationsorientierung hat keine normativen Kriterien zu erfüllen. Vielmehr ist es das Untersuchungsziel dieser Arbeit, einen solchen Zusammenhang herauszuarbeiten.

In der Innovationsorientierung kommen das Bemühen eines Unternehmens, innovativ sein zu wollen, als auch die Innovationsergebnisse zum Ausdruck. Dieses Bemühen ist latent. Es ist weder direkt meßbar noch direkt wahrnehmbar. Dennoch hinterläßt die Innovationsorientierung sichtbare Spuren. So soll angenommen werden, daß die Innovationsorientierung in folgender Typologie erkennbar und effizient meßbar wird:

1. Im Bereich der Forschung und Entwicklung,

   zum Beispiel an den Forschungs- und Entwicklungsleistungen,
   an Forschungskooperationen und technologischen Akquisitionen,

2. im Prozeßbereich,

   zum Beispiel an den Investitionen in moderne Maschinen als Aufnahme
   externen Wissens, organisatorischen Maßnahmen oder Rationalisierungen,

3. im Produktbereich,

   zum Beispiel an neuentwickelten oder neu eingeführten Produkten,

---

92 SCHUMPETER (1931) S. 100.

4. im Marktbereich,

   zum Beispiel an marktbezogenen Expansionsbemühungen,

5. im Unternehmensbereich,

   zum Beispiel an der Gründung neuer Unternehmensbereiche, aber auch der Schließung von Betriebsteilen.

Alle diese Tätigkeiten und Ergebnisse sind sichtbare Teilaspekte der latenten Innovationsorientierung. Sowohl die Typologien als auch die große Anzahl geistig faßbarer Innovationsgegenstände haben gezeigt, daß es eine endgültige, pareto-optimale Ordnung der Sachverhalte zur Messung der Innovationsorientierung schwerlich geben kann. Die für diese Untersuchung gewählte Typologie erhebt nicht diesen Anspruch. Trotzdem wird das meßrelevante inhaltsanalytische Konstrukt Trennschärfe und Vollständigkeit gewährleisten müssen.

Die Entwicklung des inhaltsanalytischen Konstruktes soll an den Inhalten der Berichterstattung ausgerichtet werden. Dazu werden im folgenden Kapitel zunächst die Eigenschaften der Berichterstattung und die Konsequenzen für die inhaltsanalytische Messung der Innovationsorientierung erarbeitet.

3. Eigenschaften der Berichterstattung und Konsequenzen für die Messung der Innovationsorientierung

Dieses Kapitel beschäftigt sich mit den Fragestellungen,

- welche Eigenschaften die Berichterstattung[93] aufweist

  und

- wie die Messung der Innovationsorientierung an den Eigenschaften auszurichten ist.

Die Eigenschaften der Berichterstattung lassen sich einerseits in den hermeneutischen[94] Vorgaben zur Lageberichterstattung erkennen, da die Beachtung der Vorschriften ihren Eingang in Form und Inhalt der Berichterstattung nimmt. Dafür werden die Vorgaben für die Lageberichterstattung und empirische Befunde zur Beachtung dieser Vorgaben in der Praxis herausgearbeitet und auf Konsequenzen für die Messung der Innovationsorientierung geprüft.

Andererseits können die gesetzlichen Vorgaben und ihre Auslegungen die Eigenschaften der Berichterstattung nicht erschöpfend erklären. Gesetzliche Vorgaben gelten für den Lagebericht, jedoch nur eingeschränkt für den freien Teil der Berichterstattung.[95] Zudem werden die hermeneutischen Vorgaben lediglich zum Schutz der Informationsinteressen bestimmter Berichtsempfänger entwickelt. Unberücksichtigt bleiben dabei die Möglichkeiten der Einflußnahme externer Gremien auf die Berichterstattung sowie die Kommunikationsziele des Berichterstatters, die in den über die gesetzlichen Vorgaben hinausgehenden Freiräume zum Tragen kommen. Es ist daher notwendig, mögliche Kommunikationsziele und -strategien der Berichterstatter aufzuzeigen, um die Eigenschaften der Berichterstattung zu vervollständigen.

---

93 Die Messung der Innovationsorientierung beschränkt sich auf den textlichen Berichtsteil des Druckberichts. Zur Kennzeichnung des überwiegend in Worten verfaßten Berichtsteils, wird der Begriff der Berichterstattung benutzt. Dieser Wortbericht läßt sich in den Lagebericht und den freien Berichtsteil untergliedern. Andere Teile des Druckberichts werden als Jahresabschluß, bestehend aus Bilanz, Gewinn- und Verlustrechnung und Anhang, bezeichnet.

94 Im Sinne von verbindlichen Auslegungen des Gesetzes und herrschenden Meinungen.

95 Die Einschränkung ergibt sich daraus, daß die Lageberichterstattung und die freie Berichterstattung nicht immer getrennt voneinander erfolgen. Auf diesen Sachverhalt wird an geeigneter Stelle eingegangen.

Insgesamt ergibt sich aus den folgenden Darstellungen ein Eigenschaftsraum der Berichterstattung, der für die Messung der Innovationsorientierung beachtet werden muß. Als wesentlicher Bestandteil des Preexplanandums wird der Eigenschaftsraum am Ende dieses Kapitels in testbaren Hypothesen formuliert.

3.1 Eigenschaften der Berichterstattung aus hermeneutischer Sicht

Der Gesetzgeber hat den Inhalt des Lageberichts für Kapitalgesellschaften in § 289 HGB festgelegt:[96]

> Sechster Titel. Lagebericht
> § 289. (1) Im Lagebericht sind zumindest der Geschäftsverlauf und die Lage der Kapitalgesellschaft so darzustellen, daß ein den tatsächlichen Verhältnissen entsprechendes Bild vermittelt wird.
>
> (2) Der Lagebericht soll auch eingehen auf:
> 1. Vorgänge von besonderer Bedeutung, die nach dem Schluß des Geschäftsjahrs eingetreten sind;
> 2. die voraussichtliche Entwicklung der Kapitalgesellschaft;
> 3. den Bereich Forschung und Entwicklung;
> 4. bestehende Zweigniederlassungen der Gesellschaft.[97]

---

96 Zusätzlich regelt § 315 HGB den Inhalt des Konzernlageberichts. Er entspricht materiell den Regelungen des Lageberichts einer Kapitalgesellschaft nach § 289 HGB Vgl. COENENBERG (1989) S. 544; KRAWITZ (1988) S. 225. § 315 HGB ist auf die besonderen Verhältnisse des Konzerns abgestellt und die Berichterstattung über Zweigniederlassungen, wie in § 289 Abs. 2 Nr. 4 gefordert, entfällt in § 315 HGB. Vgl. ELLROTT (1995) § 315, Anm. 1. Aus § 315 HGB können daher keine zusätzlichen Aspekte zur Messung der Innovationsorientierung gewonnen werden. Auf die explizite Darstellung des § 315 HGB wird verzichtet.

97 Angaben zu Zweigniederlassungen sind in Lageberichten für Geschäftsjahre, die nach dem 31.12. 1992 beginnen, zu machen. Die Messung der Innovationsorientierung erstreckt sich über die Jahre von 1986 bis 1993. Aus der Änderung der Anforderungen an die Berichtsinhalte kann sich somit auch ein Einfluß auf die Messung ergeben. Sowohl die Beobachtungen während der Messung der Innovationsorientierung als auch die Auslegungen des Schrifttums zu § 289 HGB, Abs. 2, Nr. 4 zeigen jedoch, daß der Einfluß auf eine veränderte Berichterstattung zur Innovationsorientierung vernachlässigbar ist. Vgl. die Auslegung von FEY (1994) S. 485ff. und weitergehende Forderungen von VEIT (1997) S. 461ff. § 289 HGB, Abs. 2, Nr. 4 wird daher nicht weiter betrachtet.

Da das Gesetz nicht sagt, welche Inhalte nach § 289 HGB konkret darzulegen sind, müssen diese durch Auslegung ermittelt werden. Die konkreten Inhalte sind dafür an den Informationsbedürfnissen derjenigen Interessenten auszurichten, für die ein gesetzlich sinnvolles schutzwürdiges Interesse begründet werden kann.[98] Als schutzwürdig gelten die Lageberichtsinteressenten, deren wirtschaftliche Entscheidungen wesentlich von der Lage des Unternehmens abhängen und die bei der Gewinnung von Informationen über das berichterstattende Unternehmen im wesentlichen auf die externe Informationsvermittlung über den Geschäftsbericht angewiesen sind.[99] Der so abgegrenzte Interessentenkreis ist die Gruppe der Lageberichtsadressaten.[100]

Die Bestimmung der individuellen Informationsinteressen der Lageberichtsadressaten ist für die Festlegung relevanter Inhalte jedoch nicht bedeutsam,[101] da alle Adressaten gleichermaßen daran interessiert sind, das Unternehmen nach seinen Überlebenschancen zu beurteilen. Daraus läßt sich für die Innovationsorientierung folgern: Wenn die Innovationsorientierung als ein Maßstab zur Begründung von Wettbewerbsfähigkeit gesehen wird, dann ist sie ebenso vom Informationsinteresse der Lageberichtsadressaten eingenommen.

Der Lagebericht hat somit die Eigenschaft, Informationen zur Thematik der Innovationsorientierung bereitzustellen.

Um dem Adressaten die vielfältigen Ereignisse und Absichten, die das Unternehmen betreffen, vermitteln zu können, wird der Lagebericht als Wortbericht abgefaßt. Wörtliche Darstellungen[102] lassen sich jedoch nicht so sehr präzisieren und schematisieren wie die Bilanz und die Gewinn- und Verlustrechnung als Zahlensystem.[103] Damit bleibt ein erheblicher Gestaltungsspielraum, welcher sich in

---

98 Vgl. SPRENGER (1976) S. 40-42.

99 Vgl. BAETGE/FISCHER/PASKERT (1989) S. 11.

100 Vgl. MOXTER (1976) S. 95. Adressaten sind die Anteilseigner, Gläubiger, Lieferanten und Arbeitnehmer. Vgl. VOLK (1987) S. 723ff.; STOBBE (1988) S. 303ff.; COENENBERG (1989) S. 739ff. Weiterhin sind zu nennen potentielle, also mögliche zukünftige Anteilseigner, Gläubiger, Lieferanten, Kunden und Arbeitnehmer. Vgl. STOBBE (1988) S. 304f. Jedoch sind nur Kleinaktionäre und Gelegenheitskunden *tatsächlich* wesentlich auf den Geschäftsbericht als Informationsquelle angewiesen, weil andere Adressatengruppen sich auch anderer Informationsquellen bedienen können. Vgl. STOBBE (1988) S. 303ff.

101 Vgl. BAETGE/FISCHER/PASKERT (1989) S. 12.

102 Gemeint sind solche Darstellungen, die auf die Angabe von Zahlen verzichten.

103 Vgl. REITTINGER (1986) Abt. IV/3, Anm. 8.

subjektiven Wertungen durch den gesetzlichen Vertreter einer Kapitalgesellschaft im Lagebericht niederschlagen kann.[104]

Die Eigenschaft, daß der Lagebericht ein Wortbericht ist, begründet die Inhaltsanalyse als Methode zur Bestimmung der Innovationsorientierung. Der Gestaltungsspielraum, der dem Berichterstatter dabei verbleibt, ist ein ernstes Problem für die inhaltsanalytische Messung. Im zweiten Kapitel wurde jedoch die Meinung und Beurteilungskraft des Berichterstatters als die sinnvollste subjektive Dimension herausgestellt, um zu bestimmen, was innovativ ist und was nicht. Die Eigenschaft der Lageberichte, mit subjektiven Wertungen versetzt zu sein, stellt demnach zumindest nicht grundsätzlich ein Problem, sondern eine sinnvolle Notwendigkeit dar.

> *Der Lagebericht ist ein Wortbericht. Das adäquate Meßinstrument ist daher die Inhaltsanalyse. Mit der subjektiven Dimension der Geschäftsleitung als Berichterstatter bildet der Bericht eine Quelle zur inhaltsanalytischen Messung der Innovationsorientierung.*

Damit der Inhalt des Lageberichts jedoch nicht allein durch das pflichtgemäße Ermessen der Geschäftsleitung geprägt wird und dem Adressaten eine nützliche Beurteilungsgrundlage zu Verfügung gestellt werden kann, müssen die in § 289 HGB enthaltenen unbestimmten Rechtsbegriffe konkretisiert werden. Diese inhaltsrelevante Konkretisierung erfolgt allgemein in den Grundsätzen der Berichterstattung[105] und speziell für bestimmte Textabschnitte des Lageberichts.

Die zentralen Grundsätze der Berichterstattung besagen, daß der Lagebericht vollständig, wahr und klar sein soll.[106] Darüber hinaus erfolgt die Konkretisierung für die nach § 289 HGB gesetzlichen Bestandteile des Lageberichts in den „Angaben zum Geschäftsverlauf und zur Lage der Kapitalgesellschaft", im Nachtragsbericht, im Prognosebericht, im Forschungs- und Entwicklungsbericht und im freien Berichtsteil.

Die Grundsätze werden unter Einbindung weiterer Grundsätze im folgenden beschrieben und im Hinblick auf ihre Bedeutung für die Messung der Innovations-

---

104 Vgl. MOXTER (1986) S. 107.

105 Ausführlich zu den synonym bezeichneten Grundsätzen ordnungsgemäßer Lageberichterstattung vgl. TICHY (1979) S. 27-160; UNSELD (1976) S. 62-75.

106 Vgl. LÜCK (1990) § 289 Anm. 16; REITTINGER (1986), Abt. IV/3, Anm. 8.

orientierung diskutiert. Anschließend erfolgt die Darstellung der Anforderungen an die gesetzlichen Textabschnitte mit den gleichen Zielen.

3.1.1 Grundsatz der Vollständigkeit

Vollständig ist ein Lagebericht, wenn alle Angaben enthalten sind, die für die Gesamtbeurteilung der wirtschaftlichen Lage und des Geschäftsverlaufes nötig sind.[107] Hierbei ist einschränkend der Grundsatz der Wesentlichkeit zu beachten.[108] Mit ihm soll die Gefahr vermieden werden, daß eine zu detaillierte, der Gesamtbeurteilung undienliche Berichterstattung erfolgt. Die Berichterstattung über einen bestimmten betrieblichen Sachverhalt muß sich nach dessen quantitativer und qualitativer Bedeutung richten.[109] Wesentliche Angaben im Lagebericht sind solche, die den Adressaten bei ihrem Fehlen schädigen würden.[110] Der Grundsatz der Wesentlichkeit wird durch die jeweiligen Verhältnisse wie Größe, Branche und andere unternehmensspezifische Merkmale mitbestimmt[111] und hat sich an den ebenfalls von Unternehmen zu Unternehmen unterschiedlichen Informationsbedürfnissen der Adressaten zu orientieren.[112] Demnach müssen größere Unternehmen und solche mit breiterer Produktpalette detaillierter berichten als kleinere und wenig diversifizierte Unternehmen, damit die Adressaten in beiden Fällen Lageberichtsangaben mit jeweils gleich hohem Informationsgehalt erhalten.[113] Die Wesentlichkeit bleibt damit ein im Einzelfall nach dem pflichtgemäßen Ermessen des Berichterstatters zu entscheidender Sachverhalt.[114]

---

107 Vgl. ADLER/DÜRING/SCHMALTZ (1987), § 289, Anm. 44.

108 Vgl. ELLROTT (1995) § 264, Anm. 58; LÜCK (1990) § 289, Anm. 19.

109 Vgl. REITTINGER (1983) S. 37. Ausschließlich quantitative Maßstäbe mit definierten Schwellenwerten befürworten LEKER/MÖHLMANN (1997) S. 4.

110 Vgl. LEFFSON (1987) S. 183.

111 Vgl. REITTINGER (1983) S. 34; KROPFF (1980) S. 523; SIEBEN (1987) S. 588. Gegen eine größenabhängige Berichterstattung plädieren jedoch ADLER/DÜRING/SCHMALTZ (1987), § 289, Anm. 60.

112 Vgl. ELLROTT (1995) § 289, Anm. 7; TICHY (1979) S. 42.

113 Vgl. BAETGE/FISCHER/PASKERT (1989) S. 25. Zu beachten ist hierbei jedoch die Problematik beschränkter Anforderungen an die Segmentberichterstattung. Die Beschränkung verhindert, daß diversifizierte Unternehmen zwingend über Unternehmensbereiche ausführlich berichten müssen. Vgl. VEIT/BERNARDS (1995) S. 493 und BERNARDS (1994) S. 1368.

114 Vgl. OSSADNIK (1993) S. 1763.

Zwischen der Größe der Unternehmen und der Qualität bestimmter Lageberichtsinformationen konnte ein Zusammenhang belegt werden. So wurde gezeigt, daß größere Unternehmen quantifizierbare Angaben auch eher als Zahlenangabe präsentieren, während mittlere und kleinere Unternehmen eher unter Verzicht von Zahlenangaben berichten.[115] Dieser Befund ist somit ein stützendes Indiz für die tatsächliche Anwendung der hermeneutischen Forderung nach detaillierter Berichterstattung bei größeren Unternehmen.

Die Angaben über die wirtschaftliche Lage der Gesellschaft nach § 289 Abs. 1 HGB sind jedes Jahr erneut zu machen. So sind ausdrückliche oder indirekte Verweise auf frühere Jahre nicht zulässig.[116] Weiterhin ist nach dem Vollständigkeitsgrundsatz sowohl über positive als auch negative Ereignisse und Entwicklungen zu berichten. Diese dürfen nicht zu einer Information saldiert werden.[117]

Von den Angaben im Lagebericht sind solche ausgenommen, die bei der Veröffentlichung nach vernünftiger kaufmännischer Beurteilung zu einem erheblichen Nachteil für die berichterstattende Gesellschaft führen würden.[118] Diese Einschränkung der Berichtspflicht darf allerdings nicht in einer Unterlassung bestehen, sondern lediglich zu einer Vergröberung der Berichtsform führen, so daß die Schädigung auf ein Minimum zurückgeführt wird.[119]

Um herauszufinden, inwieweit die Berichterstattung über negative Ereignisse tatsächlich zum Tragen kommt, wurden 39 Unternehmen befragt:[120] „Sind Sie der Meinung, daß Mißerfolgsmeldungen im Bericht über Forschung und Entwicklung (zum Beispiel Forschungs- oder Entwicklungsstop, Laborschließung) ebenso berücksichtigt und veröffentlicht werden wie Erfolgsmeldungen?“ In 35 Fällen wurden offene Antworten formuliert. Diese sind inhaltsanalytisch zusammengefaßt in Tabelle 3 wiedergegeben.

Die Relevanz von Mißerfolgen in der Forschungs- und Entwicklungspublizität wird von einem großen Teil der Befragten eher verneint. Darüber hinaus läßt sich

---

115 Vgl. KRUMBHOLZ (1994) S. 268.

116 Vgl. ELLROTT (1995) § 289, Anm. 4; REITTINGER (1986) Abt. IV/3, Anm. 11.

117 Vgl. BAETGE/FISCHER/PASKERT (1989) S. 19.

118 Vgl. LÄTSCH (1986) S. 290f.; KRAWITZ (1988) S. 226; LÜCK (1989) § 315 HGB, Anm. 29.

119 Vgl. BAETGE/FISCHER/PASKERT (1989) S. 15; LÄTSCH (1986) S. 290.

120 Eigene Erhebung. Zum Erhebungsvorgang siehe die Erläuterungen zu Tabelle 2 in Kapitel 2.1.4.

für diejenigen, die Mißerfolgsmeldungen für relevant halten, eine latente Neigung vermuten, die Antwort nur gegeben zu haben, um gesetzeskonform zu bleiben. Unter Berücksichtigung solcher Fälle ist der Anteil derjenigen, die die Relevanz negativer Ergebnisse im Forschungs- und Entwicklungsbericht als gering ansehen, noch größer als angegeben. Allein aufgrund der tatsächlichen Verteilung ist für den Inhalt des Forschungs- und Entwicklungsberichts eine Verzerrung zugunsten einer positiven Darstellung zu erwarten. Es wird angenommen, daß dieser Befund auf die gesamte Berichterstattung übertragen werden kann. Die Messung der Innovationsorientierung hat sich demnach an diesen Begebenheiten auszurichten.

Antworten auf die Frage	Anzahl
Nein und eher nein (= 15+6)	21
Ja und eher ja (= 8+4)	12
Eventuell (ungenaue Angabe)	2
Keine Angabe	4
Summe:	39

Tabelle 3: Mißerfolge als relevante Information im Forschungs- und Entwicklungsbericht

Ungeachtet dessen sind die Grundsätze der Vollständigkeit und der Wesentlichkeit für die Betrachtung der Innovationsorientierung von allgemeiner Bedeutung. Die Vollständigkeitsforderung ermöglicht den Zugriff auf bestimmte Informationen mit innovationsorientiertem Charakter, während der Grundsatz der Wesentlichkeit dabei die Vorauswahl relevanter Informationen begünstigt. Bei der Messung der Innovationsorientierung ist demnach nicht mehr zu entscheiden, ob ein dargelegter Sachverhalt dem Wirkungsausmaß nach als unternehmensrelevante Information oder als unbedeutende Nebensache verstanden werden soll. Mit dem Grundsatz der Wesentlichkeit wird der betriebswirtschaftlich nützlichen subjektiven Dimension der Innovation entsprochen:

Das, was vom Berichterstatter als wesentlich angesehen wird, soll auch als solche Information verstanden und gemessen werden.

3.1.2 Grundsatz der Wahrheit

Wahr ist ein Lagebericht, wenn darin keine objektiv[121] falschen Angaben enthalten sind, die im einzelnen oder insgesamt einen falschen Eindruck erwecken können. Darunter fallen auch das Verschweigen und die Schönung einer krisenhaften Situation.[122] Für Verlaufs- und Zustandsangaben gilt, daß die Kapitalgesellschaft nicht gegen ihr subjektiv vorhandenes Wissen oder gegen ein objektives, also ein im Umfang als angemessen geltendes Wissen berichten darf.[123]

Der Grundsatz der Wahrheit begünstigt die Darstellung der Innovationsorientierung im Sinne von Validität. Erwähnenswert ist in diesem Zusammenhang das im zweiten Kapitel dargelegte subjektive Dimensionskriterium, daß Innovationen nicht objektiv, sondern allenfalls objektiviert bestimmbar sind. Der Grundsatz der Wahrheit erhebt damit genau den notwendigen Anspruch, der vom Datenmaterial erfüllt werden muß, um die Innovationsorientierung sachgerecht messen zu können.

> *Nicht der objektive Sachverhalt ist für die Messung der Innovationsorientierung von Bedeutung, sondern der nach dem Grundsatz der Wahrheit objektivierte Sachverhalt.*

3.1.3 Grundsatz der Klarheit

Klar ist ein Lagebericht, wenn er keinen falschen Eindruck von der Kapitalgesellschaft vermittelt.[124] Darunter fallen auch die Qualitätsmerkmale Verständlichkeit, Nachvollziehbarkeit, Eindeutigkeit und Übersichtlichkeit[125] sowie keine Widersprüchlichkeit, keine Verharmlosung und keine Übertreibung der Sachverhalte und Beurteilungen.[126] Die Formulierung oder der Umfang einer Angabe dürfen

---

121 Objektivität ist in diesem Zusammenhang gegeben, wenn nach bekannten Regeln die Angaben im Lagebericht nachprüfbar sind. Vgl. BAETGE (1987) Anm. 111.

122 Vgl. CLEMM/REITTINGER (1980) S. 500.

123 Vgl. KRAWITZ (1988) S. 231.

124 Vgl. GLADE (1986) § 289, Anm. 6.

125 Vgl. BAETGE/FISCHER/PASKERT (1989) S. 20.

126 Vgl. ELLROTT (1995) § 289, Anm. 9.

seine tatsächliche Bedeutung nicht verschleiern.[127] Vielmehr dürfen die Lageberichtsangaben nur ein „unvermeidliches Minimum an Interpretationsspielraum bieten“.[128] Für die Form der Darstellung im Lagebericht ist auch der Grundsatz der Vergleichbarkeit zu beachten.[129] Dieser Grundsatz soll gewährleisten, daß die Aussagen im Lagebericht mit denen früherer Geschäftsjahre verglichen werden können,[130] denn ohne Vergleichbarkeit kann der Lagebericht seine Informationsfunktion[131] nicht gewährleisten.[132] Damit eng verbunden ist der Grundsatz der Stetigkeit.[133] Er soll die zeitliche Vergleichbarkeit sicherstellen. Stetig ist ein Lagebericht, wenn über die Jahre die gleichen Informationskriterien verwendet werden, gleiche Begriffe für gleiche Sachverhalte und die gleiche Darstellungs- und Gliederungsform verwendet werden.[134] Um zusätzlich zwischenbetriebliche Vergleiche zu ermöglichen, wird für den Inhalt des Lageberichts ein bestimmtes Grundmuster bezüglich der Darstellungs- und Gliederungsform gefordert. Ein zwischenbetrieblicher Vergleich ist nur möglich, wenn die Auswahl und die Präsentation der Angaben anhand gleicher Kriterien vorgenommen werden.[135]

Die zu erwartende Umsetzung der Qualitätsmerkmale Verständlichkeit, Nachvollziehbarkeit und Eindeutigkeit in der Berichterstattung hat wichtige Konsequenzen für die inhaltsanalytische Messung:[136]

Die Eigenschaft der Lageberichte, ein hohes Maß an Sachlichkeit bei den Darstellungen anzuwenden, läßt es nützlich erscheinen, die Messung allein an den

---

[127] Vgl. REITTINGER (1983) S. 42.

[128] MOXTER (1976) S. 93.

[129] Vgl. TICHY (1979) S. 110ff.

[130] Vgl. LÜCK (1990) § 289, Anm. 27.

[131] Gemäß § 289 HGB ist der Lagebericht ein eigenständiger Teil, der neben dem Jahresabschluß einer Kapitalgesellschaft steht und diesen durch zusätzliche Informationen allgemeiner Art ergänzen soll. Vgl. Begründung der Regierungsentwürfe zum Bilanzrichtlinien-Gesetz: Bundestags-Drucksache 10/317 zum Einzelabschluß, S. 93f.; REITTINGER (1986) Abt. IV/3, Anm. 4; ADLER/DÜRING/SCHMALTZ. (1987) § 289 Anm. 20.

[132] Vgl. TICHY (1979) S. 129.

[133] Vgl. ELLROTT (1995) § 289, Anm. 10; REITTINGER (1986) Abt. IV/3, Anm. 21; LÜCK (1990) § 289, Anm. 27.

[134] Vgl. REITTINGER (1983) S. 42; CLEMM/ELLROTT (1986) §289, Anm. 10.

[135] Vgl. BAETGE/FISCHER/PASKERT (1989) S. 21.

[136] Die Übersichtlichkeit ist hier nicht von Bedeutung. Sie stellt auch keine Einschränkung für die Detaillierung der Berichtspflichten dar, solange allein sachverhaltsrelevante Informationen in einer zugleich nachvollziehbaren Gestaltungsform vermittelt werden. Vgl. LEKER/MÖHLMANN (1997) S. 5.

manifesten Inhalten auszurichten.[137] Damit erfordert die Messung eine geringe Interpretationsleistung, was letztendlich die Meßgenauigkeit erhöht. Die erwartete Sachlichkeit der Berichterstattung ermöglicht es zudem, daß sich die Inhaltsanalyse dem *qualitativen* Gehalt der Aussagen widmen kann.[138] Damit wird das Auszählen von isolierten Wortinhalten vermieden.[139]

Ebenso wäre es eine Fehlentscheidung für die Messung der Innovationsorientierung, die große Zahl sachlicher Inhalte zu vernachlässigen, um sich dem semantischen oder pragmatischen Gehalt von Lageberichtsangaben zu widmen. Wegen der Nützlichkeit der Anforderungen der Klarheit, ist der Messung qualitativer und manifester Inhalte der Vorrang einzuräumen.

> *Die Messung der Innovationsorientierung wird ausschließlich an manifesten und qualifizierbaren Berichtsinhalten vorgenommen, welche durch den Grundsatz der Klarheit bereitgestellt werden.*

Aus der Sicht des Preexplanandums ist diese Vorgehensweise dennoch nicht ganz unproblematisch. Es ist zu klären, inwieweit nominal skalierte Informationen gleichartiger Innovationsaktivitäten zu einer Anzahl an Nennungen zusammengefaßt werden dürfen, um zu einer Gesamtbetrachtung zu gelangen. An diesem Aggregationsproblem wird deutlich, daß das Preexplanandum als eine Prüfung der Brauchbarkeit der Inhaltsanalyse für die Messung der Innovationsorientierung unumgänglich ist.

Entscheidend für die Bestimmung der Innovationsorientierung ist der Grundsatz der Klarheit in dem Sinne, daß der Lagebericht keinen falschen Eindruck von der Kapitalgesellschaft vermitteln darf. Ebenso spielt der Grundsatz der Stetigkeit eine Rolle, zumal die Innovationsorientierung dynamisch über einen Zeitraum von acht Jahren betrachtet werden soll. Ein hohes Maß an Unstetigkeit würde dem-

---

137 Alternativ ließe sich die Messung an latenten Inhalten, also dem Lesen zwischen den Zeilen mit der Frage: Welche Absichten verfolgt der Berichterstatter mit seinen Darstellungen? ausrichten. Wäre die Messung latenter Inhalte erforderlich, dann hätte der Lagebericht jedoch seine Informationsfunktion verfehlt.

138 Mit der Messung qualitativer Inhalte wird die Kontroverse um „qualitative" und „quantitative" Verfahren der Inhaltsanalyse angesprochen. Vgl. die Kontroverse auslösende Literatur von KRACAUER (1952) und BERELSON (1952) Vgl. die Kontroverse fortführende Literatur KRAKAUER (1972) S. 53-58; GEORGE (1959); HOLSTI (1968) S. 596-692; RITSERT (1972).

139 Die Messung isolierter Wortinhalte führt zu erheblichen Meßungenauigkeiten. Beispiel: Die Aussage „wirtschaftliche *Entwicklung*" hat in bezug auf die Innovationsorientierung keinen gemeinsamen Nenner mit der „*Entwicklung* eines Produktes".

nach die Güte der Messung beeinträchtigen. Die Bestimmung der Wesentlichkeit eines Sachverhaltes basiert letztendlich auf einer Entscheidung, die nach dem pflichtgemäßen Ermessen der Unternehmensleitung erfolgt. Da diese Wesentlichkeit grundsätzlich von jedem Unternehmen anders ausgelegt werden kann, wird es schwerfallen, die Innovationsorientierung der Unternehmen anhand der absoluten Anzahl von Nennungen zu bewerten. Vielmehr wird es nur möglich sein, mit der Annahme einer *latenten, unternehmensspezifischen Wesentlichkeitsstruktur* für jedes Unternehmen die Abweichung von dieser zu bestimmen, um so die Unternehmen auf vergleichbare Meßniveaus zu heben. Die erforderliche Methodik dafür wird durch die Panel-Analyse bereitgestellt.

> *Die Messung der Innovationsorientierung ist auf die Beachtung des Grundsatzes der Stetigkeit angewiesen. Die unternehmensspezifischen Wesentlichkeiten haben indes keine Relevanz für die Messung. Die Problematik unterschiedlicher Wesentlichkeiten wird durch das statistische Verfahren der Panel-Analyse behoben.*

3.1.4 Angaben zum Geschäftsverlauf und zur Lage der Kapitalgesellschaft nach § 289 Abs. 1 HGB

Die Begriffe „Geschäftsverlauf" und „Lage" werden im HGB nicht definiert. Dem „Geschäftsverlauf" werden zeitraumbezogene vergangenheitsorientierte und der „Lage" zeitpunktbezogene gegenwartsorientierte Angaben zugeordnet.[140] So muß aus den Angaben ersichtlich sein, wie das Geschäftsjahr aus der Sicht der Kapitalgesellschaft verlaufen ist und wie sich ihre Situation am Abschlußstichtag darstellt. Der Geschäftsverlauf und die Lage sind eng miteinander verknüpft.[141] Daher wird vorgeschlagen, die Berichterstattung über den Geschäftsverlauf und die Lage als ein Element zusammenzufassen.[142] Dieser Schritt ist auch im Hinblick auf die zu messende Innovationsorientierung zweckmäßig, da es für sie unerheblich ist, ob sie durch eine ex-post beschriebene Handlung oder durch eine Zustandsbeschreibung am Ende des Berichtszeitraums zum Ausdruck gebracht wird.

---

140 Vgl. MOXTER (1986) S. 108; LÜCK (1987) § 289, Anm. 14; BIENER/BERNEKE (1986) S. 276.

141 Vgl. ADLER/DÜRING/SCHMALTZ (1968) § 160, Anm. 21.

142 Vgl. LÄTSCH (1984) S. 280.

Interessant ist die Frage, welche konkreten Inhalte der Lagebericht erwarten läßt. Die inhaltliche Konkretisierung ist durch die Verdichtungs- und Ergänzungsaufgabe des Lageberichts festgelegt.[143] So hat der Lagebericht zum einen die Angaben des Jahresabschlusses zur Vermögens-, Finanz- und Ertragslage wörtlich zu verdichten,[144] zum anderen jedoch diese um zusätzliche Angaben zu ergänzen, damit die Leistungen, Zukunftsaussichten und Risiken eines Unternehmens umfassend erkennbar werden.[145] Für die Beurteilung der Innovationsorientierung wird der inhaltliche Schwerpunkt durch die Ergänzungsfunktion begünstigt, zumal der Jahresabschluß nur in sehr beschränktem Umfang Informationen zur Innovationsorientierung bereitstellen kann.

Sowohl der Berichtsteil über den Geschäftsverlauf als auch über die Lage der Gesellschaft lassen durch die Ergänzungsfunktion des Lageberichts zahlreiche Informationen zur Innovationsorientierung erwarten und werden daher in die Messung einbezogen.

3.1.5 Einzelangaben nach § 289 Abs. 2 Nr. 1 HGB - Nachtragsbericht

Das Eingehen auf Vorgänge von besonderer Bedeutung, die nach dem Schluß des Geschäftsjahrs eingetreten sind, betrifft Entwicklungen und Tendenzen im neuen Geschäftsjahr, insbesondere wenn sie von der im Jahresabschluß vorgezeichneten Linie abweichen. Dabei sind sowohl positive als auch negative Vorgänge zu berücksichtigen.[146] Zu den Vorgängen gehören auch einzelne Geschäftsvorfälle, wenn diese von besonderer Bedeutung sind.[147] Sie müssen geeignet sein, das tatsächliche Bild zu beeinflussen, das der Jahresabschluß zum Abschlußstichtag vermittelt.[148]

Über den Zeitraum über den nach Schluß des Geschäftsjahres zu berichten ist, herrscht keine einheitliche Meinung. Der Endzeitpunkt variiert vom „Aufstel-

---

143 Vgl. REITTINGER (1986) Abt. IV/3, Anm. 4.

144 Vgl. BAETGE/FISCHER/PASKERT (1989) S. 9; ELLROTT (1995) § 289, Anm. 16.

145 Vgl. SEMLER (1980) S. 200.

146 Vgl. ELLROTT (1995) § 289, Anm. 30; KROPFF (1980) S. 530.

147 Vgl. BAETGE/FISCHER/PASKERT (1989) S. 37.

148 Vgl. LÜCK (1990) § 289, Anm. 54; REITTINGER (1986) Abt. IV/3, Anm. 48; MÜLLER (1987A) B 510, Anm. 61.

lungszeitpunkt des Lageberichts",[149] über den „Zeitpunkt der Feststellung des Jahresabschlusses"[150] bis zum „Zeitpunkt der Auslieferung des Lageberichts an die Adressaten".[151]

Die Qualität des Nachtragsberichts wurde anhand der Geschäftsberichte von 120 Aktiengesellschaften aus den Jahren 1990 und 1991 empirisch geprüft:[152] In 42 Fällen wurde dabei durch eine Negativanzeige auf keine Vorgänge mit besonderer Bedeutung nach dem Geschäftsjahr hingewiesen. Hiermit stellt sich einerseits die Frage, ob damit tatsächlich dem Grundsatz der Vollständigkeit und der Wesentlichkeit entsprochen wurde. Andererseits zeigt dies schlicht die Bedeutung, die dem Prognosebericht real von den Berichterstattern beigemessen wird. Die Geringschätzung des Nachtragsberichts ist sicherlich auch durch die zusätzlichen Kosten der Informationsbeschaffung und die erhöhten Anforderungen an die Flexibilität der Berichterstatter erklärbar.

Das Fehlen eines Nachtragsberichts stellt für die Untersuchung der Innovationsorientierung dann ein Problem dar, wenn die Grundsätze der Vollständigkeit und Wesentlichkeit zusammen mit dem Grundsatz der Stetigkeit in der Berichterstattung für den Nachtragsbericht verletzt werden. Eine Verletzung liegt vor, wenn über die Jahre häufig zwischen einer Negativanzeige und einem Nachtragsbericht gewechselt wird, ohne daß tatsächlich die Ereignisse im Unternehmen nach Schluß des Geschäftsjahres den Wechsel rechtfertigen würden.

Es ist zu vermuten, daß sich die Uneinigkeit der Hermeneutiker über den relevanten Zeitraum nachzutragender Ereignisse auch in einer uneinheitlichen Anwendung in den Lageberichten niederschlägt. Die uneinheitliche Anwendung hat Konsequenzen für die Messung innovationsorientierter Ereignisse. Die Ereignisse können sich auf unterschiedliche Zeiträume beziehen. Dieses Problem wird jedoch als geringfügig eingeschätzt, weil die Zahl relevanter Ereignisse nach Ablauf des Geschäftsjahres im Verhältnis zu der des Geschäftsjahres eher klein ist. Zudem wurde bereits darauf hingewiesen, daß die Unterscheidung zwischen zeitpunkt- und zeitraumbezogenen Ereignissen für die Messung der Innovations-

---

149 Vgl. ADLER/DÜRING/SCHMALTZ (1987) § 289, Anm. 112; SCHULZE-OSTERLOH (1988) Anm. 458.

150 Vgl. ELLROTT (1995) § 289, Anm. 32; STOBBE (1988) S. 307; LÜCK (1990) § 289 Anm. 58; REITTINGER (1986) Abt. IV/3, Anm. 48; KROPFF (1980) S. 530f.; POHL (1983) S. 179.

151 Vgl. BAETGE/FISCHER/PASKERT (1989) S. 39.

152 Vgl. KRUMBHOLZ (1994) S. 266.

orientierung nicht bedeutsam ist.[153] Einzelne Ereignisse können also grundsätzlich kaum einem bestimmten Zeitpunkt zurechenbar sein. Der Ursprungsmoment eines Ereignisses ist dabei schon gar nicht aus den Angaben im Lagebericht ermittelbar.

Zur Lösung dieses Problems erscheint es daher angemessen, sich an das Geschäftsjahr, für das der Lagebericht steht, zu halten. Diese Zuordnung begünstigt die Bestimmung des Gesamtbildes des Lageberichts, welches dieser nach dem Gesetz in bestimmter Weise inklusive des Nachtragsberichts zu erzeugen hat.[154] Der Vorteil weiterer Informationen zur Innovationsorientierung des Geschäftsjahres durch den Nachtragsbericht wird größer angesehen als der Nachteil uneinheitlicher zeitlicher Abgrenzung.

Die Informationen des Nachtragsberichts werden als Ereignisse der Innovationsorientierung des Geschäftsjahres interpretiert und gehen so in die Messung ein.

3.1.6 Einzelangaben nach § 289 Abs. 2 Nr. 2 HGB - Prognosebericht

Das Eingehen auf die voraussichtliche Entwicklung der Kapitalgesellschaft erfolgt, nach dem Grundsatz der Klarheit abgegrenzt, im Prognosebericht.[155] Der Prognosebericht ist eine Fortsetzung des Berichts nach § 289 Abs. 1 HGB[156] und sollte daher auch auf die gleichen Bereiche eingehen,[157] wobei der Inhalt und der Umfang des Prognoseberichts in engen Grenzen gehalten werden kann.[158] So ist nach dem Grundsatz der Vollständigkeit umfassend, jedoch weniger detailliert zu berichten.[159] Zahlenmäßige Prognosen sind zugunsten von Tendenzaussagen ent-

---

153 Der Nennung eines Unternehmenserwerbs im Nachtragsbericht geht ein Prozeß der Entscheidungsfindung voraus. Dieser Prozeß kann sich bereits im Geschäftsjahr abgespielt haben.

154 Die Zuordnung der Informationen des Nachtragsberichts zum nächsten Geschäftsjahr stellt keine Alternative dar, weil dadurch das Gesamtbild des Lageberichts zerstückelt würde.

155 Vgl. BAETGE/FISCHER/PASKERT (1989) S. 44.

156 Vgl. BAETGE/FISCHER/PASKERT (1989) S. 41.

157 Vgl. KOMMISSION IM VERBAND DER HOCHSCHULLEHRER FÜR BETRIEBSWIRTSCHAFT E.V. (1979) S. 38f.

158 Vgl. ELLROTT (1995) § 289, Anm. 35; SAHNER/KAMMERS (1984) S. 2313.

159 Vgl. BAETGE/FISCHER/PASKERT (1989) S. 41.

behrlich,[160] um den Aufwand zur Erstellung von Prognosen gering halten zu können.[161] Diese Erleichterung wird offenbar soweit ausgeschöpft, daß die Qualität des Prognoseberichts für die Dispositionen des Adressaten in einer empirischen Untersuchung als wenig brauchbar beurteilt wurde.[162]

Für den Prognosezeitraum werden Perioden von eher zwei Jahren als einem Jahr als sinnvoll erachtet.[163] Der Grundsatz der Wahrheit findet für die Prognose besondere Beachtung. Die zukünftige Entwicklung darf nicht in ein zu günstiges Licht dargestellt werden.[164] Der Grundsatz der Vollständigkeit hat dort seine Grenzen, wo dem Unternehmen durch die Bekanntgabe noch vertraulicher Informationen Nachteile entstehen können.[165]

Die Innovationsorientierung kann, wie die Ausführungen im zweiten Kapitel gezeigt haben, nicht nur an tatsächlich Umgesetztem gemessen werden, sondern auch an dem, was das Unternehmen beabsichtigt. Die Angaben zu geplanten Maßnahmen offenbaren bereits jetzt das Bewußtsein, in der Zukunft innovationsorientiert sein zu wollen. Das Bewußtsein ist somit ein Indikator der Bemühung um Innovation.

Weiterhin ist das Ergebnis einer empirischen Untersuchung erwähnenswert: Es wurde beobachtet, daß die Zeithorizonte zukunftsorientierter Aussagen in 84,2 % aller Fälle im Jahr 1981 und in 81,5 % aller Fälle im Jahr 1992 kürzer als ein Jahr waren.[166] Damit wird die Meßproblematik für weit in die Zukunft reichende Aussagen entschärft. Eine mögliche Verfälschung der Messung tatsächlich umgesetzter Innovationsorientierung durch die Einbeziehung geplanter Maßnahmen

---

160 Vgl. ELLROTT (1995) § 289, Anm. 35; ADLER/DÜRING/SCHMALTZ (1987) § 289, Anm. 118; REITTINGER (1986) Abt. IV/3, Anm. 51; KAMP (1988) S. 131. Mit dieser Forderung deckt sich der empirische Befund, daß Prognosen ohne Angabe von Zahlenmaterial von 86,1 % der befragten Berichterstatter bevorzugt werden. Vgl. KRUMBHOLZ (1994) S. 266.

161 Vgl. BAETGE/FISCHER/PASKERT (1989) S. 41.

162 Vgl. KRUMBHOLZ (1994) S. 266.

163 Vgl. BAETGE/FISCHER/PASKERT (1989) S. 44; So auch das Ergebnis einer Befragung von 38 Wirtschaftsprüfern und 29 Wertpapieranalysten. Vgl. KRUMBHOLZ (1994) S. 265.

164 Vgl. CLEMM/REITTINGER (1980) S. 499f.

165 Vgl. BRETZKE (1979) S. 344f.

166 Untersucht wurden für das Geschäftsjahr 1981 insgesamt 429 zukunftsorientierte Aussagen in 253 Geschäftsberichten. Vgl. SORG (1984) S. 1041. Diese Untersuchung wird zu einem späteren Zeitpunkt wiederholt: Im Jahr 1992 hatten in 285 Geschäftsberichten von 1.351 zukunftsorientierten Aussagen 81,5 % einen Zeithorizont von weniger als einem Jahr. Vgl. SORG (1994) S. 1966.

kann daher als unbedeutender angesehen werden als der Vorteil zusätzlicher Informationen zur Innovationsorientierung, die sich aus den Zielen und dem Bewußtsein der Berichterstatter ableiten lassen.

Da alle Unternehmen einen Prognosebericht zu erstellen haben, tritt zudem das Meßproblem in allen Lageberichten gleichermaßen auf. Gerade hierdurch wird der Aspekt realitätsfremder Willensäußerungen vernachlässigbar.

Die relevanten Inhalte des Prognoseberichts gehen ohne Einschränkung in die Messung der Innovationsorientierung ein.

3.1.7 Einzelangaben nach § 289 Abs. 2 Nr. 3 HGB - Forschungs- und Entwicklungsbericht

Kapitalgesellschaften, die selbst forschen und entwickeln oder durch Dritte für sich forschen und entwickeln lassen, müssen über diese Sachverhalte berichten.[167] Eine Berichterstattung über die Forschungs- und Entwicklungstätigkeit kann jedoch entfallen, wenn sie nicht branchenüblich ist.[168] Ist sie branchenüblich, wird aber im Unternehmen nicht betrieben, ist darauf durch eine Fehlanzeige hinzuweisen.[169] Inhalt und Umfang der Berichterstattung können in Grenzen gehalten werden,[170] und eine verbale Berichterstattung wird als ausreichend angesehen.[171]

Da die Grenzen zwischen den idealen Phasen des Innovationsprozesses fließend sind, wird eine scharfe Abgrenzung der Aktivitäten, die dem Forschungs- und Entwicklungsbericht zuzurechnen sind, nicht möglich sein.[172] Im Bericht über Forschung und Entwicklung ist das schutzwürdige Interesse der Kapitalgesell-

---

167 Vgl. ELLROTT (1995) § 289, Anm. 40; ADLER/DÜRING/SCHMALTZ (1987) § 289, Anm. 125; KUHN (1993) S. 491.

168 Vgl. BAETGE/FISCHER/PASKERT (1989) S. 46.

169 Vgl. FORSTER (1982) S. 1633; GLADE (1986) § 289, Anm. 18; TREUHAND-VEREINIGUNG (1987) S. 179.

170 Vgl. ELLROTT (1995) § 289, Anm. 42; FORSTER (1982) S. 1633; SAHNER/KAMMERS (1984) S. 2311.

171 Vgl. EMMERICH/KÜNNEMANN (1986) S. 152; KUHN (1993) S. 494. Mit „verbal" ist eine in Worten verfaßte Berichterstattung gemeint, die auf die Angabe von Zahlen verzichtet.

172 Vgl. DELLMANN (1982A) S. 560.

schaft bedeutsam. In Anbetracht der Möglichkeit, daß sich Konkurrenzunternehmen rechtzeitig auf eine im Lagebericht angekündigte Innovation einstellen können,[173] sollen durch Forschung und Entwicklung geschaffene Wettbewerbsvorteile nicht durch das Offenlegen gefährdet werden.[174] Somit kann auf die Angabe von unternehmensschädigenden Detailangaben verzichtet werden.[175] Zusätzlich dürfen kleinere, weniger diversifizierte Unternehmen auf Detailinformationen verzichten, wenn sie im Vergleich zu größeren Unternehmen sonst erheblich informativere Angaben machen müßten.[176] Hier genügt eine verbale Berichterstattung.[177] Der Spielraum der Berichterstattung wird jedoch durch das Postulat formaler Stetigkeit begrenzt. Abweichungen von dem Vorgehen in der Vorperiode sind daher offenzulegen.[178]

Informationen, die wettbewerbsrelevantes technologisches Know-how begründen, dürfen also regelmäßig verschwiegen werden. Ihre Veröffentlichung liegt im freien Ermessen des Unternehmens. Angaben zu Vorhaben mit innovationsorientiertem Gehalt, die sich in der Anbahnung befinden, werden jedoch nicht allein aus Gründen des Wettbewerbs verschwiegen. Eine Berichterstattung über solche Vorhaben ist auch schon deshalb abzulehnen, weil das Unternehmen an Glaubwürdigkeit verlieren würde, wenn es über viele Projekte berichtet, die aus unvorhersehbaren Gründen nicht beendet werden. Im Lagebericht sind daher nur solche Informationen zu erwarten, die entweder in unkonkreter Weise Forschungsprojekte beschreiben oder erfolgreich abgeschlossene oder fortgeführte Forschungs- und Entwicklungsvorhaben beinhalten.

Diese Einschränkung des Grundsatzes der Vollständigkeit stellt indes kein unlösbares Problem zur Messung der Innovationsorientierung dar. Es reicht aus, das Ereignis erst dann zu messen, wenn sie vom Unternehmen als unschädlich angesehen und veröffentlicht wird. Dieses wird regelmäßig für Maßnahmen der Fall sein, die im Geschäftsjahr marktnah umgesetzt und damit auch der Öffentlichkeit bekannt werden. Die Innovationsorientierung läßt sich demnach nur an erfolgreich

---

173 Vgl. BROCKHOFF (1982) S. 240; SAHNER/KAMMERS (1984) S. 2311.

174 Vgl. KUHN (1993) S. 492.

175 Vgl. REITTINGER (1986) Abt. IV/3, Anm. 56.

176 Vgl. BAETGE/FISCHER/PASKERT (1989) S. 48.

177 Vgl. MÜLLER (1987A) B 510, Anm. 87 und 89. Auch hier bezeichnet das Adjektiv „verbal" eine Berichterstattung, die auf die Angabe von Zahlenmaterial verzichtet. Siehe auch Fußnote 171.

178 Vgl. VEIT (1994A) S. 592.

durchgeführten Forschungs- und Entwicklungsvorhaben messen. Die Nennung ausschließlich erfolgreicher Projekte kann ebenso als Indikator einer bestimmten Art der Innovationsorientierung angenommen werden wie die latente Zahl aller Forschungs- und Entwicklungsprojekte. Hiermit zeigt sich, daß die normative Dimension der Innovation zwar unwesentlich für die Bestimmung der Innovationsorientierung ist, jedoch durch die Eigenschaft der Berichterstattung Eingang in die Messung findet.

In einer empirischen Untersuchung von 120 Geschäftsberichten aus den Jahren 1990 und 1991 berichteten 78 Unternehmen über Forschung und Entwicklung.[179] Dieses geschah jedoch in Form von allgemeinen globalen Aussagen. Die Ziele und die Schwerpunkte bildeten dabei häufig einen Diskussionsansatz, während über die Einsatzfaktoren und die Ergebnisse der Forschung und Entwicklung nur selten berichtet wurde. Damit wird die Qualität der Inhalte des Forschungs- und Entwicklungsberichts als Grundlage für die Beurteilung der Zukunftsvorsorge des Unternehmens angezweifelt.[180] Diese Untersuchung läßt jedoch außer acht, daß Unternehmen regelmäßig an anderen Stellen der Berichterstattung ausführlich über Ergebnisse der Forschung und Entwicklung berichten. Daraus wird einmal mehr deutlich, daß nicht einzelne Berichte, wie der Forschungs- und Entwicklungsbericht, sondern nur die gesamte Berichterstattung als Informationsquelle zur Beurteilung der Innovationsorientierung herangezogen werden kann. Weil die Abhandlung darzustellender Ereignisse in beliebiger Reihenfolge und Zuordnung erfolgt, wird angenommen, daß nur die Berichterstattung in ihrer Gesamtheit die Wesentlichkeit der Forschungs- und Entwicklungstätigkeit des Geschäftsjahres wiedergeben kann.

> *Die Messung der Forschungs- und Entwicklungsaktivitäten wird sowohl im Forschungs- und Entwicklungsbericht als auch in allen anderen Berichtsteilen vorzunehmen sein.*

Trotz aller Kritik an dem Befund über die Qualität der Informationen des Forschungs- und Entwicklungsberichts wird damit ein wichtiger Warnhinweis bereitgestellt: Eine Messung der Forschungs- und Entwicklungsaktivitäten kann für alle Unternehmen wohl kaum auf einem einheitlichen Meßniveau mit kardinaler Skalierung erfolgen. Vielmehr muß ein niedrigeres Meßniveau, die ordinale oder nominale Skalierung, angestrebt werden, um der Informationsqualität in

---

179 Vgl. KRUMBHOLZ (1994) S. 267 stellvertretend für andere Studien.

180 Vgl. ebenda.

allen Geschäftsberichten eher gerecht zu werden. Der anderenorts vielbeachteten kardinalen Skalierung der Angaben zum Forschungs- und Entwicklungsaufwand, zur Anzahl neuer Patente und zur Investitionssumme kommt in dieser Arbeit keine Bedeutung zu. Hier wird das Meßniveau, einheitlich zu allen anderen Informationen zur Innovationsorientierung, auf eine ordinale Skalierung begrenzt.

> *Die Messung innovationsorientierter Nennungen erfolgt wegen uneinheitlicher Darstellungen in der Berichterstattung auf dem für alle Informationen gleichermaßen adäquaten Niveau höchstens ordinaler Skalierung.*

3.1.8 Freiwillige Berichterstattung nach § 289 HGB

Um den *Lagebericht* als solchen erkennen zu können, muß dieser explizit als Lagebericht gekennzeichnet sein.[181] Der Inhalt des Lageberichts ist dem Umfang nach nicht begrenzt. § 289 HGB gibt nur den Mindestumfang an. Demzufolge kann er um freiwillige Angaben erweitert werden, was gegebenenfalls auch geboten sein kann.[182] Um dem Grundsatz der Klarheit zu genügen, dürfen die freiwilligen Angaben im Lagebericht jedoch nicht so umfangreich sein, daß die Gefahr besteht, von den Pflichtangaben abzulenken.[183] Dann ist eine gesonderte Darstellung oder gar Veröffentlichung erforderlich,[184] wie etwa unter der Überschrift „Ergänzende Angaben außerhalb des Lageberichts".[185]

Damit sind für die freiwillige Berichterstattung zwei Fälle zu unterscheiden: Der für die Berichterstattung im Lagebericht und der für die Berichterstattung neben dem Lagebericht.

- Für freiwillige Angaben im Lagebericht sind die Grundsätze der Wahrheit und der Klarheit relevant:[186] Der Grundsatz der Wahrheit muß beachtet werden,

---

181 Vgl. ELLROTT (1995) § 289, Anm. 5; REITTINGER (1986) Abt. IV/3, Anm. 22.

182 Vgl. ELLROTT (1995) § 289, Anm. 4 und Anm. 47; ADLER/DÜRING/SCHMALTZ (1987) § 289, Anm. 93; LÜCK (1990) § 289, Anm. 30; BIENER/BERNEKE (1986) S. 276.

183 Vgl. ADLER/DÜRING/SCHMALTZ (1987) § 289, Anm. 17.

184 Vgl. KROPFF (1980) S. 527.

185 Vgl. BAETGE/FISCHER/PASKERT (1989) S. 70.

186 Vgl. BAETGE/FISCHER/PASKERT (1989) S. 49; ADLER/DÜRING/SCHMALTZ (1987) § 289, Anm. 96.

damit nicht durch zahlreiche freiwillige positive Angaben eventuelle negative Pflichtangaben relativiert werden.[187] Zudem gilt der Grundsatz der Klarheit, wie einleitend beschrieben. Die Grundsätze der Wesentlichkeit und der Stetigkeit können indes nicht gefordert werden, da sie den freiwilligen Charakter der Angabe einschränken würden.[188]

- Freiwillige Angaben, die durch eine entsprechende Überschrift so kenntlich gemacht sind, daß sie klar vom Lagebericht abgegrenzt sind und somit neben diesem veröffentlicht werden, liegen im freiem Ermessen des Unternehmens. Sie unterliegen weder dem Gesetz noch den Grundsätzen ordnungsgemäßer Berichterstattung. Sie sind weder prüfungs- noch publizitätspflichtig.[189] Die freiwillige Berichterstattung ist somit dem Vorwurf ausgesetzt, Werbe- und Public Relations-Zwecken zu dienen.[190] Gerade aus diesem Grund wird gefordert, daß, neben einer deutlichen Abgrenzung dieses Berichtsteils, die Lagedarstellung durch die übrigen Teile des Druckberichts nicht verfälscht werden darf.[191]

Der Grundsatz der Wesentlichkeit ist nicht für die freiwilligen Angaben zu beachten. Für die Messung der Innovationsorientierung hat er dennoch seine Gültigkeit nicht verloren. So muß für den Einzelfall entschieden werden, ob der freiwillige Berichtsinhalt zumindest für die Messung der Innovationsorientierung relevant ist. Dabei fällt den Grundsätzen der Stetigkeit und der Wesentlichkeit eine besondere Rolle zu. Erfolgt eine stetige freiwillige Berichterstattung für den betrachteten Zeitraum von acht Jahren, dann muß der Aspekt der Wesentlichkeit im Hinblick auf die Innovationsorientierung beurteilt werden. Im Falle einer fehlenden Stetigkeit kann der freiwillige Berichtsinhalt nur dann meßrelevant sein, wenn die Außerordentlichkeit der Ereignisse deutlich wird. So ist es durchaus denkbar, das Ereignis organisatorischer Umstrukturierungen als wesentlichen Pflichtbestandteil kurz zu erwähnen und zusätzlich freiwillig ausgiebig über Einzelmaßnahmen zu berichten.

---

187 Vgl. REITTINGER (1986) Abt. IV/3, Anm. 57; CLEMM/ELLROTT (1986) § 289, Anm. 33.

188 Vgl. BAETGE/FISCHER/PASKERT (1989) S. 49.

189 Vgl. BIENER/BERNEKE (1986) S. 247; MÜLLER (1986) § 289, Anm. 7; CLEMM/ELLROTT (1990) § 289, Anm. 5; VON WYSOCKI (1990) S. 268.

190 Vgl. BAETGE/FISCHER/PASKERT (1989) S. 70.

191 Vgl. VON WYSOCKI (1990) S. 268; ADLER/DÜRING/SCHMALTZ (1987) § 289, Anm. 97; CLEMM/REITTINGER (1992) Sp. 1182.

Die klare Trennung von Pflicht- und freiwilligen Angaben findet in der Praxis wenig Beachtung:[192] So werden sowohl die Komponenten des Druckberichts[193] in vielfältigen Reihenfolgen präsentiert, keine klaren Trennungen zwischen Pflicht- und freiwilligen Angaben vorgenommen und nicht auf die Art der Angabe hingewiesen. Es wird aufgezeigt, daß der Grundsatz der Klarheit in der Praxis erhebliche Gestaltungsfreiheiten für den Berichterstatter aufweist,[194] welche sich damit auch in einer schwer abgrenzbaren Prüfungspflicht niederschlagen. Erklärbar ist dieses dadurch, daß die gleichzeitige Forderung von einerseits Verständlichkeit und Übersichtlichkeit und andererseits einer klaren Trennung von Pflicht- und freiwilligen Angaben nicht konfliktfrei umsetzbar ist. Stets können Pflichtangaben um weitere freiwillige Angaben ergänzt werden, um der Verständlichkeit und Übersichtlichkeit zu genügen.

Die Konsequenz der komplexen Klarheitsproblematik kann für diese Untersuchung daher nur sein, daß die Lageberichte und die freiwilligen Berichtsteile gemeinsam als eine Einheit betrachtet und analysiert werden. Schließlich soll die Berichterstattung in ihrer Gesamtheit ein Urteil über den Zustand des Unternehmens erlauben.

> *Die klare Trennung von freiwilligen und Pflichtbestandteilen der Berichterstattung ist nicht möglich. Es wird angenommen, daß die Berichterstattung in ihrer Gesamtheit eine Beurteilungsgrundlage darstellt. Die Messung der Innovationsorientierung wird somit uneingeschränkt an der gesamten Berichterstattung vorgenommen.*

3.1.9 Zusammenfassung

Die hermeneutischen Ansichten haben gezeigt, daß die Lageberichterstattung ein sachlich ausgelegter Wortbericht sein muß, was sich aus dem Grundsatz der Klarheit ergibt. Auf der Basis der als sinnvoll erachteten subjektiven Dimension der

---

192 Vgl. WENZLER (1994) S. 25ff. und S. 30ff. in einer empirischen Bestandsaufnahme zur Abgrenzung von Berichtsteilen im Druckbericht.

193 Gemeint sind hier Lagebericht mit Prognosebericht, Nachtragsbericht, Forschungs- und Entwicklungsbericht, freiwillige Berichtsteile, Bericht des Aufsichtsrates, Bilanz, Gewinn- und Verlustrechnung, Anlagenspiegel und Anhang.

194 Vgl. WENZLER (1994) S. 32ff.

Geschäftsführung bietet der Lagebericht ein hohes Potential zur inhaltsanalytischen Aufbereitung der erwarteten Innovationsorientierung.

Einige Berichtsteile weisen Eigenschaften auf, die die Messung der Innovationsorientierung beeinträchtigen können. Diese werden jedoch als vernachlässigbar angesehen. Zudem werden keine Berichtsteile aus der Messung ausgeschlossen, da die Berichterstattung in ihrer Gesamtheit einen Eindruck von der Unternehmenssituation vermitteln soll. Die Ausgrenzung von Berichtsteilen ist wegen inhaltlicher Überschneidungen schwierig und würde somit willkürlich erscheinen. Der Grundsatz der Klarheit verliert seine Bedeutung für diese Untersuchung in dem Sinne, daß freiwillige und Pflichtbestandteile voneinander getrennt darzustellen sind.

Der Lagebericht mit seinen Pflichtbestandteilen geht zusammen mit der freiwilligen Berichterstattung in die Messung ein.

Da den Berichterstattern individuelle Beurteilungen der Wesentlichkeit zugebilligt werden müssen, kann der Versuch eines absoluten Vergleiches der Innovationsorientierung zwischen den Unternehmen im Hinblick auf das Explanandum nicht sinnvoll sein. Deshalb wird mit der Berücksichtigung der individuellen Wesentlichkeiten ein Vergleich der Änderungen in der Berichterstattung angestrebt. Unverzichtbar ist für diese Methode jedoch eine stetige Beurteilung der Wesentlichkeit für das einzelne Unternehmen. Nur so lassen sich aus den Abweichungen der Berichterstattung Rückschlüsse auf die Änderung der realen Innovationsorientierung des Unternehmens ziehen. Vor diesem Hintergrund ist es auch erforderlich, daß der Grundsatz der Wahrheit eingehalten wird.

3.2 Eigenschaften der Berichterstattung unter dem Einfluß externer Gremien

In diesem Kapitel wird der Einfluß externer Gremien auf die Eigenschaften der Berichterstattung untersucht. Als externe Gremien werden die Abschlußprüfer und der Börsenvorstand betrachtet.

3.2.1 Einfluß des Abschlußprüfers auf die Berichterstattung

Der Abschlußprüfer muß nach § 317 Abs. 1 Satz 3 HGB den Lagebericht darauf prüfen, ob dieser mit dem Jahresabschluß im Einklang steht und die sonstigen Angaben im Lagebericht keine falsche Vorstellung von der Lage des Unternehmens erwecken. Nach § 321 HGB Abs. 1 Satz 2 hat er zudem festzustellen, ob der Lagebericht den gesetzlichen Vorschriften entspricht. Der Befund ist gemäß § 322 HGB im Bestätigungsvermerk festzuhalten. Der uneingeschränkte Bestätigungsvermerk für den Lagebericht lautet nach § 322 Abs. 1 Satz 4 HGB: „Der Lagebericht steht im Einklang mit dem Jahresabschluß."[195] Gemäß § 322 Abs. 2 HGB kann dieser Bestätigungsvermerk ergänzt werden, um einen falschen Eindruck über die Prüfung und die Tragweite des Bestätigungsvermerks zu vermeiden. Bei Einwendungen gegen den Inhalt des Lageberichts kann der Abschlußprüfer durch § 322 Abs. 3 HGB den Bestätigungsvermerk einschränken oder auch versagen.

Der Einfluß des Abschlußprüfers auf die Berichterstattung kann nur für den Fall, die Erteilung des Vermerks, dargestellt werden. Die Ergänzung, Einschränkung und Versagung des Vermerks stellen Ausnahmezustände dar, welche andeuten, daß ein Einfluß des Abschlußprüfers auf den zu fordernden Lageberichtsinhalt gerade nicht geltend gemacht werden konnte. Die Ergänzung, Einschränkung und Versagung des Vermerks und die damit verbundenen möglichen Sanktionen[196] sind hier somit nur unter dem Aspekt ihrer potentiellen Anwendung von Bedeutung.[197] Es reicht aus, den Sachverhalt des Einflusses des Abschlußprüfers mittels der latenten Androhung der geringfügigsten Sanktion - der Einschränkung des Vermerks - darzustellen.

Der uneingeschränkte Bestätigungsvermerk ist eine Art Gütesiegel eines unternehmensexternen Sachverständigen. Der Vermerk dokumentiert gegenüber der Öffentlichkeit das Gesamturteil des Abschlußprüfers über die Gesetz- und Ord-

---

195 Die Formulierung des Bestätigungsvermerkes ist unvollständig. Der Vermerk muß dahingehend interpretiert werden, daß der Gegenstand und der Umfang der Prüfung über den Inhalt des Wortlautes hinausgehen. Vgl. zu dieser Irrtumsgefahr LUDEWIG (1986) S. 379f.

196 Wenn im Lagebericht die Verhältnisse der Kapitalgesellschaft unrichtig wiedergegeben oder verschleiert werden, werden die Mitglieder des Geschäftsführungsorgans oder des Aufsichtsrates gemäß § 331 Nr. 1 HGB mit Freiheitsstrafe oder mit einer Geldstrafe bestraft. Als Ordnungswidrigkeit gemäß § 334 Abs. 1 Nr. 3 HGB kann geahndet werden, wenn bei der Aufstellung des Lageberichts einer Vorschrift des § 289 HGB Abs. 1 über den Mindestpflichtinhalt des Lageberichts zuwidergehandelt wird. Vgl. ELLROTT (1995) § 289, Anm. 49.

197 Vgl. zur Notwendigkeit der Androhung von Sanktionen für die Durchsetzung der Publizitätspflichten APELT (1991) S. 22f.; BIENER (1983) S. 26.

nungsmäßigkeit der Rechnungslegung des geprüften Unternehmens.[198] Er vermittelt damit den Eindruck der richtigen Darstellung der Ereignisse, vorbehaltlich der Prüfungskompetenzen des Abschlußprüfers. Ein eingeschränkter Bestätigungsvermerk würde Zweifel an der Richtigkeit der Lageberichtsinhalte wecken. Der Berichterstatter würde sein Berichtsziel, die Überzeugung des Lesers, verfehlen.

Somit resultiert der Einfluß des Abschlußprüfers zum einen aus der mit dem Sanktionsbewußtsein des Berichterstatters einhergehenden Berichterstattung. Dieses ist der passive Einfluß des Abschlußprüfers.

Zum anderen soll der Prüfer die Unternehmensleitung entweder zur Korrektur der unrichtigen Darstellungen oder zur Ergänzung der Angaben im Lagebericht auffordern, bevor er den Bestätigungsvermerk einschränkt oder versagt.[199] Je gravierender die Widersprüche sind, um so deutlicher hat die Korrektur zu erfolgen. Dieses kann von der Forderung des Abschlußprüfers zum Publizieren eines berichtigenden Hinweises bis hin zur erneuten Veröffentlichung des gesamten Druckberichts mit korrigiertem Inhalt reichen.[200] Dieses ist der aktive Einfluß des Abschlußprüfers auf die Berichterstattung.

Der latente passive und der manifeste aktive Einfluß des Abschlußprüfers werden durch seine Prüfungskompetenz begrenzt. Diese muß in zweierlei Hinsicht konkretisiert werden. Es ist zu klären, auf welche Teile der Berichterstattung sich die Prüfung erstreckt und ab wann eine Einschränkung des Bestätigungsvermerks durch eine vom Abschlußprüfer wahrgenommene verfälschte oder falsche Lage des Unternehmens möglich wird.

Zusätzlich zum Lagebericht muß sich der Prüfer einen Gesamteindruck darüber verschaffen, ob die sonstigen Angaben im Lagebericht keine falsche Vorstellung von der Lage des Unternehmens erwecken.[201] Das geschieht unbestritten im Lagebericht, unabhängig davon, ob die Angabe Pflicht ist oder freiwillig erfolgt. Für die freiwillige Berichterstattung neben dem Lagebericht indes wird die

---

198 Vgl. RÄUBER (1988) S. 1291.

199 Vgl. BAETGE/FISCHER/PASKERT (1989) S. 66; CLEMM/REITTINGER (1980) S. 511; auf Meinungsunterschiede zwischen Abschlußprüfer und Geschäftsleitung, speziell im Hinblick auf die Beurteilung der künftigen Entwicklung, weist RÄUBER (1988) S. 1291 hin.

200 Vgl. MÜLLER (1990) § 328, Anm. 3; ADLER/DÜRING/SCHMALTZ (1987) § 328, Anm. 113.

201 Vgl. WENZLER (1994) S. 34ff.

Prüfungspflicht nach enger Rechtsauslegung abgelehnt.[202] Hierbei ist jedoch folgendes anzumerken: Die Forderung nach einer widerspruchsfreien Berichterstattung im Pflicht- und im freiwilligen Teil impliziert, daß der Gesamteindruck vom freiwilligen Teil mitbestimmt wird und daher ebenfalls als prüfungsrelevant anzusehen ist.[203] Indes ist es unbestritten, daß in den freiwilligen Teil ausgelagerte Pflichtbestandteile der Prüfungspflicht unterliegen.[204] Die Prüfung erstreckt sich demnach, um es vage auszudrücken, zumindest über wesentliche Teile der Berichterstattung.

Die Prüfungsnorm verlangt indirekt die Prüfung der Grundsätze ordnungsgemäßer Berichterstattung.[205] Hierbei ist anzumerken, daß gerade die Vollständigkeit der Nennung aller positiven und negativen Aspekte der Lage des Unternehmens schwer zu beurteilen ist, da die Möglichkeit zur Aufnahme freiwilliger Angaben die Geschäftsleitung in die Lage versetzt, bestimmte Aussagen nach ihren Interessen zu betonen.[206] Für die Pflicht zur Prüfung des Grundsatzes der Vollständigkeit gibt es kein einheitliches Meinungsbild.[207] Somit wird auch hier der Gesamteindruck des Abschlußprüfers für die Entscheidung zur Erteilung eines uneingeschränkten Bestätigungsvermerks entscheidend sein. Der Gesamteindruck als direkter Prüfungsgegenstand ist jedoch nicht faßbar. Somit kann eine Prüfung der Berichterstattung nur durch die Untersuchung gravierender Einzelangaben erfolgen, welche letztlich den Gesamteindruck bestimmen.[208]

Wenn auch der Prüfungsvorgang der Einzelangaben latent bleibt, so ist dennoch davon auszugehen, daß die Informationen zur Innovationsorientierung in den Beurteilungsbereich des Abschlußprüfers fallen. Das ergibt sich daraus, daß die Informationen der Innovationsorientierung in den Mindestanforderungen zur Lageberichtsinhalten zumindest teilweise vertreten sind.

---

202 Vgl. die Ausführungen im Kapitel: Die freiwillige Berichterstattung nach § 289 HGB.

203 Vgl. WENZLER (1994) S. 40.

204 Sonst könnte der Lageberichtsverfasser prüfungsrelevante Inhalte in freiwillige Berichtsteile mit dem Ziel auslagern, gerade der Prüfungspflicht zu entgehen. Vgl. WENZLER (1994) S. 64f.

205 Vgl. BAETGE/FISCHER/PASKERT (1989) S. 53.

206 Vgl. VON WYSOCKI (1990) S. 271.

207 Für die Pflicht zur Prüfung sprechen sich aus: BAETGE/FISCHER/PASKERT (1989) S. 60 und WENZLER (1994) S. 34ff. Gegen die Pflicht zur Prüfung des Grundsatzes der Vollständigkeit sind ELLROTT (1995) § 289, Anm. 49 und BIENER/BERNEKE (1986) S. 160.

208 Vgl. CLEMM/REITTINGER (1992) Sp. 1190.

Die Einschränkung des Vermerks kann nur erfolgen, wenn der Abschlußprüfer zu dem Urteil gelangt, daß aufgrund fehlender gesetzlicher Pflichtangaben oder grober Verstöße gegen das Gesetz[209] eine falsche Vorstellung von der Lage der Gesellschaft vermittelt wird. Ein falscher Eindruck wird erst dann erweckt, wenn der Leser des Lageberichts zu dem Ergebnis kommen kann, daß sich die Lage der Gesellschaft gegenüber dem Vorjahr zum Beispiel verbessert hat, obgleich sie in Wirklichkeit eher schlechter geworden ist.[210]

Der uneingeschränkte Bestätigungsvermerk ist somit ein Gütesiegel mit einem weit dehnbaren Qualitätsanspruch.[211] Für die prüfungsrelevanten Angaben zur Innovationsorientierung ist nicht ermittelbar, inwieweit der Abschlußprüfer die Kompetenz hat, einen dargelegten Sachverhalt als falsch zu beurteilen, wenn doch gerade die subjektive Dimension der Berichterstatter als sinnvoll erachtet wird. Es wird schwierig sein, den Angaben zur Innovationsorientierung vorzuwerfen, sie würden die tatsächliche Lage des Unternehmens verschleiern. Der Zusammenhang zwischen der Innovationsorientierung und der wirtschaftlichen Lage des Unternehmens ist eben nicht offensichtlich. Ein Unternehmen kann schließlich wegen erheblicher Innovationsbemühungen besonders erfolglos sein.

Ein gewisser Einfluß des Abschlußprüfers auf innovationsorientierte Inhalte wird daher wohl durch die latente Androhung von Maßnahmen vorhanden sein. Indes stellt der Einfluß keine konkret bestimmbare und nützliche Größe dar, die die Qualität der Inhalte zur Innovationsorientierung offenlegen.[212]

> *Der Einfluß des Abschlußprüfers auf die Qualität der Berichterstattung wird somit in erster Linie die Messung der Innovationsorientierung verbessernd, jedoch als nur latent existent angenommen.*[213]

---

209 Vgl. KUPSCH (1993) S.496.

210 Vgl. ADLER/DÜRING/SCHMALTZ (1968) § 162, Anm. 414.

211 Die Dehnbarkeit ist die Erwartungslücke zwischen den öffentlichen Erwartungen an eine Jahresabschlußprüfung und der wahrgenommenen Prüfungsrealität. Vgl. die Ausführungen zur Erwartungslücke von RUHNKE/DETERS (1997) S. 923ff.

212 Diese Schlußfolgerung wird auch durch empirische Analysen gestützt, die den Einfluß des Wirtschaftsprüfers durch die Größe der Prüfungsgesellschaft auf bestimmte Qualitätsmerkmale und Umfänge der Berichterstattung untersuchen und dafür keine oder nur schwach signifikante Zusammenhänge aufdecken können. Vgl. JÄCKEL/LEKER (1995) S. 304f. mit einem Überblick über die Ergebnisse anderer Studien.

213 Es ist möglich, den Einfluß des Prüfers auf die Berichterstattung zu messen, indem Lageberichte mit uneingeschränktem Bestätigungsvermerk solchen mit eingeschränktem oder ohne Bestätigungsvermerk gegenübergestellt werden. Diese Vorgehensweise ist für den Fortgang

3.2.2 Einfluß des Börsenvorstandes auf die Berichterstattung

Unternehmen, die ihre Aktien zum amtlichen Handel zulassen möchten, müssen für einen positiven Bescheid des Börsenvorstandes die Geschäftsberichte der vorhergehenden drei Jahre vorlegen. Die Zulassungsstelle prüft dabei die Vollständigkeit notwendiger Angaben.[214]

Mit dieser Art der Prüfung zeigt sich, daß die Zulassungsstelle keinen aktiven Einfluß auf die Berichterstattung hat wie etwa der Wirtschaftsprüfer. Dennoch läßt sich für die Zulassungsstelle ein passiver Einfluß auf die Berichterstattung vermuten. Es ist davon auszugehen, daß Unternehmen, deren Aktien zum amtlichen Handel zugelassen sind, bemüht sind, die Anforderungen der Zulassungsstelle zu erfüllen. Die Bemühung kann sich in einer offeneren, ausgiebigeren Berichterstattung niederschlagen.[215]

> *Der Einfluß der Zulassungsstelle auf die Berichterstattung ist latent und passiv. Für die Messung der Innovationsorientierung wird eine ausführlichere Berichterstattung bei den Unternehmen erwartet, deren Aktien zum Handel an der Börse zugelassen werden können.*

Im Gegensatz zum Einfluß des Abschlußprüfers läßt sich der Einfluß der Börsenaufsicht tatsächlich messen, indem Geschäftsberichte von solchen Unternehmen, die zum amtlichen Börsenhandel zugelassen sind mit denen verglichen werden, die nicht zugelassen sind.

In Anbetracht der Tatsache, daß die Zulassungsstelle keine gesetzliche Handhabe hat, um auf die Berichterstattung einzuwirken, kann es sich nicht um einen kausalen Zusammenhang zwischen dem Berichtsumfang und den Anforderungen der Zulassungsstelle handeln. So wird vielmehr nach dem Kommunikationsziel des Berichterstatters zu fragen sein. Eines der Ziele kann dann auch sein, daß ausführlicher berichtet wird, um zum Börsenhandel zugelassen zu werden. Diese und andere Vermutungen, werden im folgenden Kapitel diskutiert. Damit werden insbesondere die aus den Vorgaben resultierenden Berichtseigenschaften um

---

dieser Arbeit jedoch wenig nützlich, weil damit neue Problematiken für die Messung der Innovationsorientierung entstehen, die dem Explanandum nicht zuträglich sind.

214 Notwendige Angaben sind solche, die den Aktionär vor Übervorteilung und Vermögensschäden schützen sollen. Vgl. GRILL/PERCZYNSKI (1992) S. 406f.

215 So auch die Vermutung von FRINGS (1975) S. 295f. in seinem empirischen Vergleich der Berichterstattung deutscher und amerikanischer Aktiengesellschaften.

diejenigen ergänzt, die aus dem real anzunehmenden Berichtsverhalten ableitbar sind. Die Ergänzung ist notwendig, weil die Innovationsorientierung an tatsächlich veröffentlichten Geschäftsberichten gemessen werden soll und dafür das Berichtsverhalten bedeutsam ist.

Abschließend werden die als wichtig erachteten Eigenschaften in zu prüfende Hypothesen formuliert. Die Hypothesen sind ein wesentlicher Bestandteil des Preexplanandums.

3.3 Eigenschaften der Berichterstattung unter dem Einfluß der Kommunikationsziele des Berichterstatters

Im folgenden werden die Kommunikationsziele des Berichterstatters betrachtet, um aus ihnen ein Berichtsverhalten und weitere Eigenschaften der Berichterstattung ableiten zu können. Die Darstellungen manifestieren sich in den Aspekten der sogenannten Berichtspolitik und in einer Kosten-Nutzen-Theorie für den Umfang der Berichterstattung.

3.3.1 Einfluß der Berichtspolitik auf die Berichterstattung

Der Begriff der Berichtspolitik wird im Schrifttum nicht verwendet. An seiner Stelle ist aber die Rede von der Bilanzpolitik, die sich auf die Bilanz und nicht auf den Lagebericht bezieht. Da der Adressatenkreis und der Berichterstatter für die Wortberichterstattung und für die Bilanz die gleichen Personen sind, kann unterstellt werden, daß auch die Ziele für den textlichen Berichtsteil mit den Zielen der Bilanzpolitik übereinstimmen. Somit läßt sich die Bilanzpolitik zur Bestimmung der Berichtspolitik verwenden.

Mit den gesetzlichen Vorgaben und Mindestansprüchen soll nur den schutzwürdigen Interessen der Adressaten entsprochen werden. Die Interessen des Berichterstatters sind davon nicht betroffen. Daher kann das Berichtsverhalten nicht aus den gesetzlichen Vorgaben erklärt werden. Da ein Kommunikationsziel stets auf einen Empfänger ausgerichtet ist, muß für die Bestimmung der Berichtspolitik der Kreis der Empfänger ermittelt werden. Dafür ist der Adressatenkreis um diejenigen Berichtsempfänger zu erweitern, deren Interessen zwar nicht als schutzwürdig angesehen werden, die aber dennoch vom Berichterstatter erreicht werden sollen. Zu diesem erweiterten Kreis gehören, neben den Adressaten, öffentliche Kontrollinstanzen, wie Aufsichtsbehörden und Gerichte, Meinungsbildner, wie Presse, Analysten, Verbände sowie die sonstige interessierte Öffentlichkeit und auch die Konkurrenz des berichtenden Unternehmens.

Die Berichtspolitik läßt sich aus den Zielen der Bilanzpolitik ableiten. Dazu wird ein rollentheoretischer Ansatz der Bilanzpolitik verwendet. „Die Bilanzpolitik ist die systematische Gestaltung der Bilanz in der Absicht, das Urteil der Bilanzempfänger[216] zu beeinflussen und sie zu einem gewünschten Verhalten zu bewegen."[217] Das gewünschte Verhalten ist durch Leistungen des Empfängers gekennzeichnet, die dem Zielkonzept des Unternehmens dienlich sind.[218] Das zu begünstigende Zielkonzept schließlich ist die nachhaltige und sichere Gewinnerzielung sowie die Erhaltung der Unternehmensposition auf den Güter- Personal- und Kapitalmärkten.[219] Ihrerseits stellen die Empfänger gewisse Anforderungen an das Verhalten der Unternehmung, welche letztere durch die Vorlage ihres Geschäftsberichts nachzuweisen sucht.[220] Anhand der einzelnen Empfängergruppen lassen sich nun Metaziele formulieren, die das Zielkonzept der Unternehmung für die Berichterstattung zur Innovationsorientierung mitbestimmen.

- *Gegenüber den Aktionären* hat der Vorstand das Bestreben, seine Handlungen zu rechtfertigen, um die Unternehmung weiter führen zu dürfen. Das Berichtsverhalten kann sich demnach dadurch äußern, daß Erfolge als eigene Leistungen vermittelt werden, während Mißerfolge als Folge nicht beeinflußbarer und externer Begebenheiten dargestellt werden.[221] Jedenfalls kann eine rücksichtslose und ausführliche Selbstkritik für Maßnahmen der Unternehmensleitung, die sich im nachhinein als falsch erwiesen haben, in der Berichterstattung nicht erwartet werden.

---

216 Änderung des Originalzitates durch Ersetzung des Wortes „Bilanzadressat" in „Bilanzempfänger" durch den Autor.

217 SANDIG (1970) S. 233. Vgl. auch VEIT (1994B) S. 2509.

218 Vgl. WITTE (1979) S. 331ff.

219 Vgl. KOFAHL/POHMER (1950) S. 540; HARDER (1962) S. 29. Allgemeiner zu den Zielen der Unternehmung als Instrumentalfunktion vgl. SCHMIDT (1976) S. 48ff.

220 Vgl. HAUSCHILDT (1977) S. 660.

221 Diese Vermutung läßt sich aus dem Interessenkonflikt zwischen Management und den Eigenkapitalgebern ableiten. Vgl. HAUSCHILDT (1971) S.337.

- *Gegenüber den anonymen Aktionären*[222] wird die Berichterstattung besonders ausführlich sein, da ihre Informationsinteressen vielfältig und daher besonders schwer für das Unternehmen eingrenzbar sind. Damit werden auch die Darstellungen zur Innovationsorientierung mit einer steigernden Wirkung auf die Ausführlichkeit beeinflußt.[223] Zudem sieht der Berichterstatter im anonymen Aktionär einen Investor, der im wesentlichen den Geschäftsbericht verwendet, um sich über das Unternehmen zu informieren. Um den anonymen Aktionär am hochliquiden Aktienmarkt als Investor des Unternehmens halten zu können, wird der Berichterstatter besonders ansprechend berichten müssen.[224] Es ist somit die Konkurrenz am Kapitalmarkt, die eine besonders überzeugende Berichterstattung erzwingt, um den gegenwärtigen Investor halten oder den potentiellen Investor zum Kauf bewegen zu können.[225]

Im folgenden werden nun die berichtspolitischen Ziele gegenüber den anderen Berichtsempfängern kurz dargestellt. Die Ausführungen werden jedoch kurz gehalten, da die weiteren Berichtsempfänger grundsätzlich zu jedem Unternehmen gehören. Die auf sie gerichteten Berichts- und Metaziele zeigen damit allgemeine Eigenschaften der Berichterstattung auf und können nicht zur Differenzierung der Berichterstattung bestimmter Unternehmen beitragen. Die folgenden Empfängergruppen legen dennoch wichtige Eigenschaften der Berichterstattung im allgemeinen offen.

- *Gegenüber den Lieferanten* ist die Stärke des Unternehmens darzustellen, um diese in eine langfristige Geschäftsbeziehung einbinden zu können.

- *Gegenüber den Kunden* erfolgt die Darstellung der Produkt- und Kundenorientierung des Unternehmens, um die Leistungsfähigkeit der Produkte in den Vordergrund zu stellen.

---

222 Der dem Unternehmen bekannte Aktionär wird über das betriebliche Geschehen per se anderweitig unterrichtet. Zumindest der textliche Teil des Geschäftsberichts hat für ihn eine weniger beanspruchte Informationsfunktion als für den anonymen Aktionär.

223 In einer empirischen Untersuchung wurde der Einfluß der Existenz dieser Empfängergruppe auf die Qualität der Lageberichtsinhalte signifikant bestätigt. Vgl. KRUMBHOLZ (1994) S. 268.

224 Ansprechend ist hier ein anderes Wort für das Erreichen des Kommunikationsziels.

225 Es ist die Meinung des Autors, daß weniger die Zulassungsstelle der Börse und weniger die Existenz des anonymen Aktionärs die Ausführlichkeit in der Berichterstattung begründet, als vielmehr das an den Kapitalmarkt geknüpfte Berichtsziel des Berichterstatters.

- *Gegenüber den Gläubigern* geht es um die Vermittlung allgemeiner Stärke und Kontinuität, um damit Finanzierungsmöglichkeiten offen zu halten.

- *Gegenüber den Mitarbeitern* tritt die Darstellung von Sozialkompetenz in den Vordergrund. Aber auch die Härten betriebswirtschaftlicher Rahmenbedingungen, mit denen unnachgiebig und bestimmt Rationalisierungen zu fordern sind, können in der Berichterstattung als Mittel eingesetzt werden, um die Mitarbeiter auf anstehende Entlassungen vorzubereiten.

- *Gegenüber den öffentlichen Kontrollinstanzen* werden aufgrund möglicher Sanktionsmaßnahmen die gesetzlichen Vorschriften in der Rechnungslegung beachtet. Somit werden auch Verheimlichungen negativer Tatsachen vermieden. Zudem hat auch der Staat ein Interesse an der Existenz des Unternehmens sowohl als Steuerquelle[226] als auch als Institution zur Sicherung von Arbeitsplätzen. Der Berichterstatter wird also bemüht sein, auch diese volkswirtschaftlichen und politischen Informationsinteressen abzudecken.

- *Gegenüber den sonstigen öffentlichen Instanzen* wurde beobachtet, daß sich die Unternehmen mit ihrer Umwelt durch politische Bezugnahmen und Werturteile im Lagebericht auseinandersetzen.[227] Davon betroffen sind auch staatliche Maßnahmen, die das Innovationsgeschehen im Unternehmen beeinflussen können.

- *Gegenüber Meinungsbildnern* treten Aspekte der Imagepflege hervor, denen durch die Vermittlung von externer Sozial- und Umweltkompetenz entsprochen werden kann. Das Credo dieser Darstellungen ist, „daß man sich darüber bewußt ist, ein Teil des Geschehens dieser Welt zu sein und damit verantwortungsvoll und im Sinne einer staatlichen Gemeinschaft zu handeln“[228]. Die Berichterstattung wird dadurch zu einem Imageträger des Unternehmens.[229]

---

226 Vgl. SCHLOEN (1988) S. 1661.

227 Vgl. PENSEL (1975) S. 1325-1329.

228 Spiegelung der Meinung des Autors.

229 Vgl. BUNK (1993) S. 54f. Die Imagefunktion gipfelt in der Diskussion über das richtige Erscheinungsbild des Geschäftsberichts, vgl. BALMER (1987) S. 104ff., KULMBURG (1995) S. 5ff., LEWALD (1996) S. 420ff., MORSCHHÄUSER (1995) S. 4 sowie in der Wahl der richtigen Schriftart im Geschäftsbericht, vgl. HAREN (1995) S. 13ff. und Kunsteinlagen zur Auflockerung der Berichtsinhalte, vgl. REITZE (1990) S. 74-77.

- *Gegenüber der Konkurrenz*, die eher als nicht beabsichtigter, trotzdem aber als Empfänger in Erwägung gezogen wird, ergibt sich somit ein eher zurückhaltendes Berichtsverhalten.[230] So wird aus Gründen des Wettbewerbs weniger detailliert berichtet, um zu verhindern, daß vorteilhaftes Wissen in die Hände der Konkurrenz gelangt.

Alle diese in der Berichtspolitik liegenden Metaziele werden ihre Auswirkungen auf eine positivierte und ausgiebige Berichterstattung zur Innovationsorientierung haben. Die Berücksichtigung der Konkurrenz vermindert den Detaillierungsgrad der Berichterstattung auf ein nicht mehr technisch aussagefähiges Niveau. Da die technischen Aspekte jedoch für die Messung der Innovationsorientierung weitestgehend in betriebswirtschaftliche transformiert werden, bleibt diese konkurrenzbedingte Einschränkung technischer Detailbeschreibungen ohne Folgen für die Messung.[231]

> *Einer innovationsorientierten Berichterstattung wird aus der Sicht der Unternehmensleitung entsprochen. Denn, „wer sich nicht prinzipiell zur Innovation bekennt, kommt schnell in den Ruf, ein bloßer Verwalter zu sein, nicht aber ein kreativer, eben »dynamischer Unternehmer«"*[232].

Wie die Unternehmensleitung versucht, diesem selbstgestellten Berichtsziel und auch den von den Empfängern erwarteten Informationen gerecht zu werden, läßt sich mittels einer weiteren Frage der durchgeführten Befragung belegen:[233] „Nach welchen Kriterien wird über die Relevanz zur Veröffentlichung einer Aktivität des Bereichs Forschung und Entwicklung des abgelaufenen Geschäftsjahres entschieden?" Die Antworten auf diese Frage sind in der Tabelle 4 inhaltsanalytisch verdichtet dargestellt. 33 von 39 Unternehmen beantworteten diese Frage. Die Anzahl der Nennungen der Kriterien wurde auf zwei Arten berechnet. Da in 33 Antworten insgesamt 60 unterscheidbare Kriterien genannt wurden, erfolgt neben der absoluten Anzahl an Nennungen eine gewichtete Angabe, deren Summe gleich der Anzahl der antwortenden Unternehmen ist. Mehrfache Nennungen pro Unternehmen werden gleichgewichtet.

---

230 Vgl. FRINGS (1975) S. 285.

231 Es ist unerheblich, ob die technischen Informationen bereits durch den Berichterstatter oder erst beim Meßvorgang betriebswirtschaftlich abgebildet und reduziert werden.

232 HAUSCHILDT (1989) S. 257f. in Anlehnung an SCHUMPETER (1912) S. 110ff.

233 Eigene Erhebung. Zum Erhebungsvorgang siehe die Erläuterungen zu Tabelle 2 in Kapitel 2.1.4.

Antworten	Anzahl	gewichtet
Grad der allgemeinen Bedeutung	13	9,6
Grad der wirtschaftlichen Bedeutung	12	5,9
Grad und Art der Öffentlichkeitswirkung	7	2,8
Neuheitsgrad	6	3,0
Bedeutung für die Zukunft	6	3,4
Grad der technischen Bedeutung	5	1,8
Bedeutung für F&E Abteilung	4	3,5
Verständlichkeitsgrad	3	1,0
Grad der Erfolgswirkung der Neuheit	2	1,5
Qualitätsgrad des Bildmaterials	2	0,5
Keine Angabe	6	6,0
Summe:	66	39,0

Tabelle 4: Kriterien zur Offenlegung einer Aktivität im Forschungs- und Entwicklungsbericht

Es ist zu erkennen, daß die Auswahlkriterien keineswegs immer mit denen des § 289 HGB und den Grundsätzen ordnungsgemäßer Lageberichterstattung übereinkommen. Die Nennung des „Grades der allgemeinen Bedeutung“ und des „Grades der wirtschaftlichen Bedeutung“ lassen sich als berichtspolitisches Ziel auslegen. Das Kriterium „Grad und Art der Öffentlichkeitswirkung“ belegt indes sehr deutlich die Verfolgung berichtspolitischer Ziele. Zudem wurde in keiner der Antworten explizit auf § 289 HGB oder auf die Grundsätze ordnungsgemäßer Lageberichterstattung verwiesen. Die Befunde legen für den Forschungs- und Entwicklungsbericht offen, wie bedeutsam dem Berichterstatter berichtspolitische Ziele sind und zudem vielleicht auch, für wie unbedeutend er die gesetzlichen Anforderungen hält, außer daß sie als Mindestanforderungen einzuhalten sind.

Abschließend soll auf ein allgegenwärtiges, aber schwerlich belegbares berichtspolitisches Ziel hingewiesen werden. Es ist zu vermuten, daß in schlechten Zeiten eher besser und in guten Zeiten eher schlechter berichtet wird, als es der tatsächlichen Situation entspricht. Der Wunsch nach berichtspolitischer Gestaltung wird um so höher sein, je stärker sich die Entwicklung der tatsächlichen Lage von ihrem erwünschten Anspruchsniveau entfernt.[234] Die Berichtspolitik wird sich

234 In Anlehnung an HAUSCHILDT (1977) S. 660.

dann genau in den Stellen des Berichts niederschlagen, wo der Gesetzgeber hierfür die Möglichkeit offengelassen hat. Diese Art der Berichtspolitik muß insbesondere für die Analyse des Zusammenhangs zwischen der Darstellung der Innovationsorientierung und dem Erfolg berücksichtigt werden. Sie ist Bestandteil des Preexplanandums.

Im nächsten Kapitel werden die Eigenschaften der Berichterstattung aus einer Kosten-Nutzen-theoretischen Abwägung des Berichterstatters erklärt.

3.3.2 Einfluß von Kosten-Nutzen-Abwägungen auf die Berichterstattung

Die Publizitätspflicht ist durch eine finanzielle Belastung für das Unternehmen gekennzeichnet.[235] Allgemeiner läßt sich sagen, daß die Informationssammlung, die Berichterstellung und die Informationsvermittlung Transaktionskosten verursachen. Diese Kosten sind durch die gesetzliche Pflicht zu einem Teil fix. Alle Angaben, die über den gesetzlich geforderten Mindestinhalt hinausgehen, verursachen variable Kosten. Der Anteil der variablen Kosten kann nun so gestaltet werden, daß ein optimales Verhältnis zwischen den variablen Transaktionskosten und einem erwarteten Nutzen erreicht wird. Als Nutzen ist die Erzeugung eines bestimmten Verhaltens des Empfängers zu sehen. Der Kosten-Nutzen-Aspekt in der Kommunikationsstrategie führt nun dazu, daß in einem größeren als dem gesetzlich geforderten Mindestumfang berichtet wird. Der Pflichtteil verursacht nur fixe Kosten und kann daher nicht optimal sein.

In bezug auf den Aktionär als primären Kommunikationspartner erscheint ein ‚benchmarking'-Konzept zur Entwicklung einer ‚shareholder-value'-konformen Kommunikationsstrategie erwähnenswert.[236] Die Entscheidungsnützlichkeit stellt das primäre Kriterium bei der Auswahl zusätzlicher, über den Mindestinhalt hinausgehender Informationen dar. Die Entscheidungsnützlichkeit trägt den Kriterien Verständlichkeit, Glaubwürdigkeit und Nachvollziehbarkeit Rechnung[237]

---

235 Vgl. BAETGE/FISCHER/PASKERT (1989) S. 70; MÜLLER (1987B) § 289, Anm. 10.

236 Vgl. KÜTING/HÜTTEN/LORSON (1995A) und (1995B).

237 Vgl. KÜTING/HÜTTEN/LORSON (1995A) S. 1809.

und offenbart mit dem Prozeß der Informationsauswahl ein Optimierungsproblem, dem man sich in einer ersten Betrachtung mittels ‚Benchmarks' nähert.

Die Berichtspolitik gebietet daher eine ausführlichere, aber nicht zu ausführliche Berichterstattung. Entscheidend ist dafür das Prinzip der Wirtschaftlichkeit.[238] Danach ist der Umfang der Lageberichtsangaben so weit zu steigern wie der in Geldeinheiten bewertete Nutzen der Informationsvermittlung, der Informationsertrag der Adressaten, die entstehenden Aufwendungen beim Berichterstatter übersteigt. Diese Optimierung kann so praktisch nicht angewendet werden, da der komplexe Gesamtnutzen aller Adressatengruppen nicht bestimmbar und auch nicht in Geldeinheiten ausdrückbar ist. Dennoch läßt sich aus dem Prinzip der Wirtschaftlichkeit für die Entscheidungsziele des Berichtenden ein Berichtsverhalten in allgemeiner Form ableiten. Die Grenztransaktionskosten der Berichterstattung werden solange erhöht, wie sie den in Geldeinheiten bewerteten, erwarteten Nutzen der Informationsvermittlung für den Berichterstatter nicht übersteigen. Die Imagefunktion des Geschäftsberichts und die damit eng verbundene Kommunikationsstrategie des Unternehmens trägt dazu bei, den erwarteten Nutzen über den fixen Transaktionskosten liegen zu lassen.[239] Um wieviel der Nutzen höher ist als die fixen Transaktionskosten, läßt sich nicht bestimmen. Das Unternehmen wird über das intuitive Abschätzen der Transaktionskosten und des erwarteten Nutzens den Umfang der Berichterstattung in einer kaum nachvollziehbaren Weise festlegen.[240]

Die Ausführungen zeigen, daß die ausschließliche Beachtung der Mindestanforderungen den Geschäftsbericht noch nicht zum *nützlichen* Imageträger macht. Zu viele Informationen erhöhen jedoch den Umfang der Berichtsinhalte derart, daß der Nutzen eingeschränkt werden kann. In dieser Betrachtungsweise findet sich der Grundsatz der Wesentlichkeit wieder. Seine Beachtung läßt sich demnach nicht nur als gesetzliche Mindestanforderung, sondern auch Kosten-Nutzen-theoretisch rechtfertigen.

In den Transaktionskosten des Lageberichts lassen sich Opportunitätskosten berücksichtigen. So werden technisch detaillierte Informationen zu einem neuem

---

238 Vgl. BAETGE/FISCHER/PASKERT (1989) S. 21.

239 Diese Vermutung teilen auch KELLINGHUSEN/IRRGANG (1978) S. 2277: Da mit der Erfüllung der gesetzlichen Publizitätspflichten bereits Kosten entstehen, können weitere Kosten für eine verbesserte Publizität zu einer überproportionalen Image-Steigerung beitragen.

240 Die Verwirklichung einer nachfragegerechten Publizität wird dabei als Oberziel bei der Festlegung des Berichtsumfangs erkannt. Vgl. KELLINGHUSEN/IRRGANG (1978) S. 2277.

Produkt nicht veröffentlicht, wenn diese einen Wettbewerbsvorteil gegenüber Konkurrenten zunichte machen und somit zu entgangenen Gewinnen führen. Die Berichtspolitik gegenüber der Konkurrenz wird damit Kosten-Nutzen-theoretisch begründbar.

Zudem läßt sich die Beachtung des Grundsatzes der Wahrheit begründen: Sollte ein Unternehmen im Geschäftsbericht bewußt „mauern" oder unwahre Angaben machen, so muß es mit negativen Auswirkungen hinsichtlich des Vertrauens bezüglich zukünftiger Angaben rechnen.[241] Darin ist die Gefahr eines Mißverhältnisses zwischen Kosten und Nutzen der Berichterstattung zu erkennen, die der Berichterstatter für sich wohl zu vermeiden sucht.

Der Grundsatz der Stetigkeit läßt sich ebenfalls Kosten-Nutzen-theoretisch betrachten. Ein Wechsel in der Informationsdarstellung verursacht zusätzliche Transaktionskosten durch die Neugestaltung des Berichts. Die Einhaltung des Grundsatzes der Stetigkeit erscheint daher effizient für die Berichtsgestaltung. Ein einmal formal gestalteter Geschäftsbericht kann in den darauffolgenden Jahren mit aktuellem Inhalt kostenminimal gefüllt werden.

Der Grundsatz der Vollständigkeit dürfte von Unternehmen unterschiedlicher Größe auch unterschiedlich ausgelegt werden. Große Unternehmen haben wohl eher ein größeres Budget zur Erstellung des Lageberichts, wodurch sie zumindest absolut mehr berichten können.[242] Größere Unternehmen können für die Berichterstattung aus einem größeren Ereignisraum mit mehr Wesentlichkeiten zurückgreifen als kleine Unternehmen. Zudem sind die Kosten der Berichterstattung für größere Unternehmen relativ kleiner. Andererseits wird der Umfang der Berichterstattung durch den erwarteten Empfängernutzen beschränkt. Größere Unternehmen werden daher mehr berichten, wobei sie die wesentlichen Ereignisse auf einem höheren Niveau aggregieren. Daraus läßt sich ableiten, daß größere Unternehmen mehr als kleine Unternehmen berichten, wobei der Umfang der Grenzberichterstattung abnimmt.

Unabhängig von der Größe kann ein Unternehmen eine ausführliche Berichterstattung über bestimmte Themen bevorzugen, während eine anderes Unternehmen diese Ausführlichkeit nicht als notwendig erachtet. So ergibt sich die

241 Vgl. SCHILDBACH (1988) S. 278.

242 Dieser Zusammenhang zur Größe findet sich auch in der Qualität betrachteter Lageberichte wieder. Hiernach weisen große Unternehmen qualitativ höherwertigere Lageberichtsinhalte auf als mittlere oder kleine Unternehmen. Vgl. KRUMBHOLZ (1994) S. 268.

Notwendigkeit, die Präferenzordnungen der Berichterstatter zu ergründen. Diese Ordnungen stehen in einem engen Zusammenhang mit der Art des Unternehmens. Die Art kann wiederum an einer Branchenzuordnung festgemacht werden. Für die Analyse des Explanandums ist es somit erforderlich, individuelle Effekte zu kontrollieren.

Die für die Messung der Innovationsorientierung relevanten gesetzlichen Anforderungen an die Berichterstattung lassen sich teilweise auch Kosten-Nutzen-theoretisch erklären. Die Grundsätze der Berichterstattung sind demnach nicht nur zu fordern, sondern sind zumindest im Ansatz konform zu den freien Entscheidungszielen des Berichterstatters.

Die Konformität begünstigt die Messung der Innovationsorientierung, wenn auch einige Besonderheiten im Preexplanandum für das Explanandum zu beachten sein werden.

3.4 Zusammenfassung und Hypothesenbildung

Das Unternehmen wird aus einer Vielzahl von möglichen Informationen diejenigen für die Berichterstattung auswählen,[243] die im Rahmen der gesetzlichen Vorschriften liegen und eine größtmögliche Wahrscheinlichkeit für das Erreichen der Kommunikationsziele versprechen. Unter dieser Prämisse ist es die Innovationsorientierung, die dem Berichterstatter zur Darstellung der Leistungsfähigkeit als besonders brauchbar erscheint. Die Inhalte zur Innovationsorientierung werden zugunsten einer positivierten Darstellung der Geschehnisse verzerrt erwartet.

Zudem besteht Anlaß zu der Vermutung, daß große Unternehmen mehr als kleine Unternehmen berichten und daß der Umfang der Grenzberichterstattung im Verhältnis zur Unternehmensgröße abnimmt.

Die Präferenzordnungen der Berichterstatter bestimmen unternehmensindividuelle Berichtsinhalte. Die Präferenzordnungen sollen durch Unternehmensmerkmale, wie sie sich aus Branchenzugehörigkeiten ergeben, manifestiert werden. Zudem

243 Die Auswahlmöglichkeit existiert auf Grund der Informationsasymmetrie zugunsten des Vorstandes und zum Nachteil des Adressaten.

wird angenommen, daß die Konkurrenz am Kapitalmarkt die Berichterstattung belebt.

Die ermittelten Eigenschaften der Berichterstattung sind wichtige Ansatzpunkte für das Preexplanandum. So lassen sich die Ansatzpunkte in Hypothesen formulieren. Die Aspekte Unternehmensgröße, Branchenzugehörigkeit und der Umstand, Aktien über den Handel an der Börse emittiert zu haben, sind Kriterien, die die Berichtspolitik, die Kosten-Nutzen-Gesichtspunkte und die Grundsätze der Berichterstattung offenlegen. Daraus lassen sich bestimmte Eigenschaften der Berichterstattung für bestimmte Unternehmen aufzeigen.

Hypothese 1.a:	Je größer ein Unternehmen ist, desto mehr wird auch über die Innovationsorientierung berichtet.
Hypothese 1.b:	Je größer ein Unternehmen ist, desto kleiner ist die Grenzberichterstattung über die Innovationsorientierung.
Hypothese 2:	Wenn ein Unternehmen am anonymen Kapitalmarkt als Emittent agiert, dann wird es ausführlicher über die Innovationsorientierung berichten als andere Unternehmen.
Hypothese 3:	Es existieren branchenspezifische Berichtseigenschaften.

Übersicht 4: Hypothesen des Preexplanandums

Mit den Darstellungen zur Innovationsorientierung und den Eigenschaften der Berichterstattung läßt sich im vierten Kapitel das inhaltsanalytische Konstrukt für die Messung der Innovationsorientierung entwickeln.

4. Inhaltsanalytische Konstruktentwicklung

Das Instrument zur Messung der Innovationsorientierung ist die Inhaltsanalyse. In diesem Kapitel wird das inhaltsanalytische Konstrukt entwickelt. Darin werden die relevanten Informationen zur Innovationsorientierung erfaßt, wie sie in der Berichterstattung angeboten werden.

Während im zweiten Kapitel bereits eine Typologie der Innovationsorientierung vorgestellt wurde, ist bisher nicht angesprochen worden, welche konkreten Inhalte die Berichterstattung zur Innovationsorientierung erwarten läßt. Im folgenden Kapitel werden daher die von den Hermeneutikern geforderten konkreten Inhalte vorgestellt. Da es sich dabei um Mindestanforderungen handelt, läßt sich aus ihnen eine vom Konstrukt mindestens zu erfüllende Vollständigkeit ableiten. Anschließend werden die zu beachtenden methodischen Aspekte der Inhaltsanalyse genannt. Zusammen aus den Mindestinhalten und den methodischen Grundlagen der Inhaltsanalyse wird ein Konstrukt zur Messung der Innovationsorientierung entwickelt, das sich zur Abbildung der Innovationsorientierung in einem Modell eignet. Die Entwicklung erfolgt auch unter der Prämisse, daß die Abbildung einer betriebswirtschaftlichen und dynamisch robusten Betrachtung des Explanandums potentiell dienlich ist. Damit stellt die Konstruktentwicklung die Schnittstelle zwischen theoretischer Vorarbeit und dem empirischen Teil dieser Arbeit dar.

4.1 Mindestanforderungen zur Innovationsorientierung

Die folgende Darstellung hermeneutischer Anforderungen an den Inhalt des Lageberichts gibt konkrete Hinweise auf das, was im Lagebericht zu nennen ist und zugleich hohe Relevanz für die Messung der Innovationsorientierung beinhaltet. Nach dem Grundsatz der Vollständigkeit sind hiervon Abweichungen möglich, da es einen für alle Unternehmen gültigen Katalog detaillierter Lageberichtsangaben nicht geben kann.[244] Zudem beschränkt sich die Messung der Innovationsorientierung nicht allein auf den Lagebericht, sondern ist auf die gesamte textliche Berichterstattung ausgedehnt. Der Nutzen der folgenden Aufstellung relevanter Inhalte liegt somit in einem Überblick über die in einem Kategoriensystem *mindestens* zu berücksichtigenden Inhalte. Die Mindestanfor-

---

244 Vgl. BAETGE/FISCHER/PASKERT (1989) S. 19; STOBBE (1988) S. 311.

derungen werden nach der Typologie der Innovationsorientierung geordnet vorgestellt.[245]

4.1.1 Mindestinhalte für den Forschungs- und Entwicklungsbereich

Im Forschungs- und Entwicklungsbericht sind die relevanten Gegenstände der Berichterstattung die Grundlagenforschung, die angewandte Forschung und die experimentelle Entwicklung.[246] Informationen mit innovationsorientiertem Gehalt sind Angaben zur unternehmensinternen Forschung und Entwicklung per se. Dazu gehören Angaben zu

- den Forschungs- und Entwicklungseinrichtungen mit der Art und der Größe der Einrichtung, dem Umfang der dort getätigten Investitionen und der Anzahl der in diesem Bereich tätigen Mitarbeiter,
- dem Umfang des Forschungs- und Entwicklungsbudgets und die von Dritten empfangenen größeren Zuwendungen,
- der Art und dem Umfang der staatlichen Förderung der Forschungs- und Entwicklungstätigkeit,
- unternehmensexternen oder überbetrieblichen Forschungsprojekten sowie
- Umweltschutzrestriktionen für die Forschungs- und Entwicklungstätigkeit.

Angaben zu Kooperationen für gemeinsame Forschungs- und Entwicklungsvorhaben fallen ebenfalls in diesen Bereich. Zudem sollen solche Beteiligungserwerbe dem Forschungs- und Entwicklungsbereich zugeordnet werden, die bei

---

245 Da diese Ordnung in weiten Teilen andersartig ist als die im Schrifttum verwendete, werden die herangezogenen Quellen zur Bestimmung innovationsorientierter Mindestangaben an dieser Stelle zusammengefaßt genannt: ADLER/DÜRING/SCHMALTZ (1987) § 289 Anm. 29, 76, 79, 82, 84, 125; BAETGE/FISCHER/PASKERT (1989) S. 32ff., 41, 46; CLEMM/ELLROTT (1986) § 289, Anm. 15, 30; DELLMANN (1982B) S. 590; ELLROTT (1995) § 289, Anm. 17-20, 22, 23, 35, 40, 42; EMMERICH/KÜNNEMANN (1986) S. 152; FEY (1989) S. 250; KOMMISSION IM VERBAND DER HOCHSCHULLEHRER FÜR BETRIEBSWIRTSCHAFT E.V. (1979) S. 38f.; FORSTER (1982) S. 1633; KROPFF (1980) S. 524; KUHN (1993) S. 491ff.; LÜCK (1990) § 289 Anm. 31, 34, 37, 39, 41; MÜLLER (1987A) B510, Anm. 61, 85; REITTINGER (1986) Abt. IV/3, Anm. 38, 55; SAHNER/KAMMERS (1984) S. 2311, S. 2313; TREUHAND-VEREINIGUNG (1987) S. 180; VEIT (1994A) S. 592; WIRTSCHAFTSPRÜFER-HANDBUCH (1992) F 660.

246 Vgl. die Definition der OECD (1971) S. 29.

ihrer Nennung im Geschäftsbericht zu erkennen geben, daß sie dem Zweck technologischer Erwerbungen dienen.

4.1.2 Mindestinhalte für den Prozeßbereich

Für folgende Unternehmensbereiche werden Mindestangaben gefordert:

- Beschaffung, Produktion, Absatz und Verwaltung,
- Personal- und Sozialangelegenheiten und
- Investitionen.

Aus dem Beschaffungsbereich ist über die Entwicklung der Versorgungslage für Roh-, Hilfs- und Betriebsstoffe sowie über die Vorratspolitik, die Lagerhaltung und langfristige Dispositionen zu berichten. Der Beschaffungsbereich beinhaltet damit die relevanten Informationen zu neuen Rohstoffmärkten und neuen Beschaffungslogistiken.

Aus dem Produktionsbereich soll über die Änderungen des Produktionsprogramms oder der Anlagen aufgrund von Investitionen und Rationalisierungsmaßnahmen berichtet werden.

Aus dem Absatzbereich ist über die Vorratspolitik und die Lagerhaltung zu berichten. Hier betreffen Angaben zu Änderungen der Vorratspolitik die Thematik der Innovationsorientierung, aber auch die Nennung neuer Vertriebskanäle und neuer Absatzstrategien.

Aus dem Verwaltungsbereich soll über organisatorische Maßnahmen, den Einsatz neuer Datenverarbeitungssysteme oder über größere Rationalisierungsmaßnahmen berichtet werden.

Darüber hinaus sind Informationen zur Innovationsorientierung in den funktionsübergreifenden Bereichen Personal- und Sozialangelegenheiten und Investitionen wie folgt zu erwarten:

Die Berichterstattung über die sozialen Verhältnisse und Leistungen soll Angaben über die Veränderung der Entlohnung und der Arbeitszeit beinhalten sowie über die Rationalisierung der Arbeit, die Mitarbeiterschulung und die Aus- und Fortbildung.[247]

Die Erläuterung der wesentlichen Investitionen soll den Schwerpunkt der Investitionstätigkeit erkennen lassen. Die Angaben sind entbehrlich, wenn bereits an anderer Stelle, wie etwa in den funktionalen Unternehmensbereichen, über bestimmte Investitionen berichtet wird. Investitionen werden in dieser Arbeit grundsätzlich als Indikator der Innovationsorientierung verstanden.[248]

Inhaltliche Relevanz genießen auch Angaben zum Beginn oder zum Abschluß wichtiger Prozesse. Diese Angaben sind entweder einem spezifischen funktionalen Unternehmensbereich zurechenbar oder sie sind allgemeiner Art.

Nennungen zum Abschluß oder zur Beendigung bedeutender Verträge wie Kooperationsvereinbarungen, sind für den Prozeßbereich bedeutsam, wenn aus der Angabe ersichtlich wird, daß es sich um Abkommen handelt, die einem der funktionalen Bereiche zuzurechnen sind. In Hinblick auf die Typologie der Innovationsorientierung sind jedoch solche Nennungen gesondert zu betrachten, die dem Forschungs- und Entwicklungsbereich oder dem Marktbereich zugeordnet werden können.

Weitere allgemeine Angaben des Prozeßbereichs sind die Änderung der Rechtsform, Änderungen in der Gesellschafterstruktur, Vermögensübertragungen und Umweltauflagen. Relevant sind nicht direkt die Umwelt*auflagen*, aber die berichteten Maßnahmen der Unternehmungen zur Erfüllung dieser Auflagen. Mit ihnen geht meist ein gewisses Maß der Modernisierung der Produktionsanlagen einher.

---

247 Hier finden sich die personellen Innovationen von KIESER (1969) in den Mindestangaben wieder, die jedoch dem prozessualen Typ der Innovationsorientierung zugeordnet werden.

248 Vgl. stellvertretend die Studie von OPPENLÄNDER (1976). Dort wird versucht, den technischen Fortschritt investitionsinduziert zu ermitteln.
In dieser Arbeit wird die Ansicht vertreten, daß durch Investitionen, egal welcher Art, im hohen Maße Neues geschaffen wird. Auch Erweiterungs- und Ersatzinvestitionen werden einbezogen. Erweiterungsinvestitionen verursachen prozessuale Veränderungen und Neugestaltungen. Ebenso erscheint es zweifelhaft, daß Ersatzinvestitionen für eine zehn Jahre alte Maschine tatsächlich wieder zum Erwerb einer Maschine gleichen Typs führen. Mit diesem Zweifel wird deutlich, daß auch Ersatzinvestitionen Modernisierungen bewirken und damit nicht von der Betrachtung der Innovationsorientierung auszuschließen sind. Nennungen zu Erweiterungs- und Ersatzinvestitionen übernehmen somit zumindest eine Indikatorfunktion für die Bestimmung der Innovationsorientierung.

4.1.3 Mindestinhalte für den Produktbereich

Zu den Mindestangaben mit innovationsorientiertem Gehalt, die dem Produktbereich zugeordnet werden können, gehören die Ergebnisse der Forschungs- und Entwicklungsaktivitäten, wie einzelne Ergebnisse, Verbundeffekte bei der Verwertung von Forschungs- und Entwicklungsresultaten, angemeldete Patente, neu entwickelte Produkte und Verfahren sowie Lizenzeinnahmen.

Ferner ist über den Auftragseingang und -bestand zu berichten. Solche Angaben sind immer dann relevant, wenn es sich bei der Auftragsbeschreibung um außerordentliche oder erstmalige, eben wesentliche Aufträge handelt. Die allgemeine Auftragslage des Unternehmens ist indes zur Bestimmung der Innovationsorientierung nicht relevant.

4.1.4 Mindestinhalte für den Marktbereich

Aus dem Absatzbereich sollte über die wichtigsten Exportländer, Exportbeschränkungen und den Verlust von Absatzmärkten berichtet werden. Angaben mit innovationsorientiertem Gehalt sind damit solche, die erkennen lassen, daß neue Absatzmärkte erschlossen oder alte aufgegeben werden.

Der Abschluß oder die Beendigung bedeutender Verträge sind für den Marktbereich bedeutsam, wenn aus der Angabe ersichtlich wird, daß es sich um Abkommen handelt, die Marktzwecken dienen. Die Vertragspartner müssen unternehmensextern sein. Ein marktbezogener Zweck liegt vor, wenn eine Erweiterung oder Einschränkung der Absatzgebiete betroffen ist. In diesen Bereich fallen auch marktbezogene Kooperationsaktivitäten.

4.1.5 Mindestinhalte für den Unternehmensbereich

Zum Unternehmensbereich gehören Angaben, die Bündel von Aktivitäten der Innovationsorientierung beinhalten, wie sie in den vorhergenannten Bereichen wiederzufinden sind, jedoch keine differenzierte Betrachtung erlauben. Daher werden diese Angaben gesondert betrachtet. Als Mindestangaben erscheinen für diesen Bereich folgende Ereignisse relevant: Der Erwerb oder die Veräußerung[249] von Beteiligungen sowie Unternehmensverschmelzungen und -spaltungen. Auch die Einrichtung neuer Unternehmensbereiche und die Schließung oder die Stillegung von Betriebsstätten werden dem Unternehmensbereich der Innovationsorientierung zugeordnet.

4.2 Methodik der Inhaltsanalyse

In diesem Kapitel werden die Ziele der hier verwendeten Inhaltsanalyse beschrieben. Aus den Zielen lassen sich Annahmen für die Messung formulieren. Aus den Annahmen wiederum werden methodische Anforderungen an die Inhaltsanalyse abgeleitet.

4.2.1 Ziele der Inhaltsanalyse

Die hier verwendete Inhaltsanalyse ist eine Forschungsmethode, mit der intersubjektiv-nachvollziehbar und systematisch eine quantifizierte Abbildung der Innovationsorientierung aus manifesten und qualitativen Inhalten der Berichterstattung erzeugt werden soll. Die Inhaltsanalyse ist als ein diagnostisches Werkzeug und damit als eine wissenschaftliche Analyseform zu verstehen,[250] die Merkmale der Innovationsorientierung auf der Grundlage von Kategorisierungsregeln ordnet.[251] Durch die Quantifizierung, also die Bestimmung der Häufigkeiten innerhalb der

---

249 Die Veräußerung von Beteiligungen kann als Ereignis so häufig auftreten, daß ihr eine Regelmäßigkeit unterstellt werden kann. Das dürfte insbesondere für große Kapitalgesellschaften gelten, welche in einem routineähnlichen Prozeß Beteiligungen erwerben und wieder veräußern. Dennoch liegt die Wesentlichkeit in dem jeweiligen Unternehmen, das erworben oder veräußert wird. Jedes dieser Ereignisse ist im Detail individuell und daher immer als neu und innovationsorientiert zu betrachten.

250 Der wissenschaftliche Forschungsprozeß wird nicht durch den Verzicht des Forschers auf bewußte Manipulation „objektiv", sondern durch die Offenlegung seiner Datengewinnung und -verarbeitung, also durch die Erfüllung des Kriteriums der intersubjektiven Nachvollziehbarkeit. Die Inhaltsanalyse ist daher *„eine empirische Methode zur systematischen, intersubjektiv nachvollziehbaren Beschreibung inhaltlicher und formaler Merkmale von Mitteilungen."* FRÜH (1991) S. 23f.

251 In Anlehnung an RUST (1981) S. 23.

Ordnungen, sollen Schlußfolgerungen auf nichtsprachliche Eigenschaften der Innovationsorientierung von Unternehmen gezogen werden.

Mit der hier angestrebten Inhaltsanalyse wird also der Grad der Innovationsorientierung anhand der Häufigkeiten der Nennungen in der Berichterstattung bestimmt. Damit wird ein hohes Meßniveau angestrebt. Darauf aufbauend sollen nicht nur die Verteilung einfacher Häufigkeiten dargestellt, sondern möglichst weitergehende statistische Verfahren angewendet werden, die das nomothetische Betrachten des Preexplanandums und des Explanandums ermöglichen.

Mit diesen Untersuchungszielen distanziert sich die Arbeit von der Darstellung eventueller Mängel in der Berichterstattung[252] und versucht vielmehr, in einer konstruktiven Weise die Berichterstattung als Quelle zur Bestimmung der Innovationsorientierung der Unternehmen zu erschließen.

4.2.2 Annahmen der Inhaltsanalyse

Die hier wesentliche Verfahrensform der Inhaltsanalyse ist die Zusammenfassung und der Vergleich von Berichtsinhalten mit Blick auf inhaltliche Zielvorstellungen des Forschers. Die inhaltlichen Zielvorstellungen des Forschers gehen auf sein kognitives Realitätsmodell zurück. Dieses Modell muß nicht unbedingt mit der objektiven Wirklichkeitsstruktur übereinstimmen. Es ist ein strukturierter Komplex von Vorstellungen, der die Realität nicht unmittelbar abbildet, sondern es ermöglicht, angemessen zu handeln. Das kognitive Realitätsmodell simuliert somit lediglich Realitätsbeziehungen; es verwendet keine realen Objekte, sondern Vorstellungen und folgt nicht notwendig den Gesetzen der Realität, sondern denen des Geistes.[253]

Die Grundannahme der hier verwendeten Inhaltsanalyse ist, daß aufgrund der Häufigkeit bestimmter, im kognitiven Modell des Forschers systematisierbare

---

252 Die Kritik richtet sich an den empirisch ermittelten niedrigen Grad der Quantifizierung quantifizierbarer Angaben im Lagebericht. Damit wird implizit belegt, daß den Beurteilungsmöglichkeiten erhebliche Grenzen gesetzt sind. Vgl. KRUMBHOLZ (1994) S. 267. Da in dieser Arbeit lediglich nominal skalierte Daten erfaßt werden, stellt sich der aufgedeckte Mangel als ein nicht relevantes Problem dar, wohl aber als ein grundsätzliches Problem der Inhaltsanalyse. Letzteres wird hier jedoch nicht weiter vertieft.

253 Vgl. FRÜH (1991) S. 19.

Nennungen Rückschlüsse auf die tatsächliche Bedeutung der Sachverhalte für das Unternehmen gezogen werden können. So wird angenommen, daß die Anzahl gleichartiger Nennungen die Bedeutung dieser Sachverhalte für das Unternehmen zum Ausdruck bringen kann. Insbesondere die Abweichung des Umfangs der Berichterstattung zu einem speziellen Sachverhalt der Innovationsorientierung von einem Jahr zum nächsten soll als eine Veränderung der Bedeutung dieses Sachverhaltes für das Unternehmen verstanden werden. Je ausführlicher über eine bestimmte Art der Innovationsorientierung berichtet wird, desto bedeutsamer ist er für das Unternehmen. Mit dieser Grundannahme für die inhaltsanalytische Interpretation läßt sich nun die Beziehung zwischen der Veränderung der Berichterstattung zur Innovationsorientierung als Maß der Veränderung der Bedeutung für das Unternehmen und dem Erfolg analysieren und auf Plausibilität prüfen. Die *qualitativen* Angaben werden nach dem kognitiven Realitätsmodell des Forschers geordnet und der Annahme folgend *quantifiziert*, um zu einer Aussage über die Innovationsorientierung zu gelangen.

4.2.3 Anforderungen an das Kategoriensystem

Die Inhaltsanalyse wird entscheidend von der Qualität der gebildeten Kategorien beeinflußt. „Content analysis stands or falls by its categories."[254] Versuche, allgemeine, abstrakte Kategorien für jede Inhaltsanalyse zu entwickeln, haben sich als nicht fruchtbar erwiesen. Jede Untersuchung stellt dem Forscher besondere Probleme, die für die jeweilige Fragestellung entsprechende Kategorien notwendig machen.[255] Dafür soll ein möglichst einfaches Kategoriensystem gewählt werden, weil sich unnötig komplexe Systeme als schlechte Meßinstrumente erweisen. Sie sind störanfälliger und beeinträchtigen die Verläßlichkeit des Kodiervorgangs.[256] Daraus ist abzuleiten, daß das Kategoriensystem gerade so anspruchsvoll und komplex sein soll, daß es die in der Problemstellung erkannten Konstrukte angemessen auf der Objektebene erfaßt und in eine adäquate Datenstruktur übersetzt.

Für die Inhaltsanalyse ist ein am Explanandum auszurichtendes Kategoriensystem aufzustellen. Mit sogenannten Korrespondenzregeln wird die Überführung der

---

254 BERELSON (1952) S. 147.

255 Vgl. HUBER/MANDL (1994) S. 27.

256 Vgl. FRÜH (1991) S. 76ff.

Informationen der Berichterstattung in das Kategoriensystem gewährleistet. Die Qualität der Korrespondenzregeln hängt von der Leistungsfähigkeit ab, die gewünschten Informationen in Daten so zu überführen, daß das empirisch-quantifizierende Datenmodell dem analysierten Ausschnitt des Realitätsmodells homomorph ist.[257] Das damit angesprochene Gültigkeitsproblem kann auf Gültigkeitskriterien basieren, welche sich auf eigene, plausibel dargelegte Erfahrungen des Forschers beziehen, sich auf die Fachkenntnisse von Experten stützen oder aufgrund einer Theorie eingesetzt werden.[258]

Der Nachweis der Homomorphie ist das Repräsentationsproblem.[259] Wird beim Messen eines empirischen Relativs ein beobachtbarer Realitätsausschnitt in ein numerisches Relativ überführt, so muß letzteres das empirische Relativ homomorph abbilden. Die Quantifizierung von Objektmerkmalen bietet die Möglichkeit der Relativierung, zumal die gesammelten Daten der Berichterstattung qualitative Strukturen annahmegemäß quantitativ repräsentieren.

Die Qualität des Korrespondenzsystems wird durch die Vollständigkeit, die Trennschärfe und die Exklusivität bestimmt.[260]

- Mit der Vollständigkeit wird gefordert, daß alle Merkmale des empirischen Relativs, die zum Untersuchungsgegenstand gehören, vollständig den Kategorien zugeordnet werden können. Gelingt dieses, ist das Kategoriensystem erschöpfend.

  Eng verbunden mit der Vollständigkeit ist die Exklusivität. Mit ihr wird gefordert, daß das Korrespondenzsystem nicht mehr als die für die Untersuchung des Explanandums notwendigen Informationen abdeckt. Vollständigkeit und Exklusivität lassen sich so in der Forderung „nicht weniger, aber auch nicht mehr als das Notwendige" zusammenfassen.

---

257 Vgl. FRÜH (1991) S. 27. Eine homomorphe Beziehung liegt vor, wenn vom numerischen auf das empirische Relativ geschlossen werden kann, jedoch nicht zwingend umgekehrt. Die Erstellung eines empirisch-quantifizierenden Datenmodells, das dem analysierten Ausschnitt des Realitätsmodells homomorph ist, wird für die Inhaltsanalyse als hinreichend angesehen. Vgl. ORTH (1974) S. 17.

258 Vgl. FRÜH (1991) S. 79. Für die Vollständigkeit läßt sich synonym der Begriff des „erschöpfenden Kategoriensystems" verwenden, für die Trennschärfe die „Überschneidungsfreiheit" und für die Exklusivität die „Präzision".

259 Vgl. SUPPES/ZINNES (1963) S. 5.

260 Vgl. FRÜH (1991) S. 80ff.

- Mit der Trennschärfe wird gefordert, daß jede Kategorie einen eindeutigen, klar abgrenzbaren Bedeutungsgehalt repräsentiert. Damit soll erreicht werden, daß das Kategoriensystem den spezifischen Informationsgehalt der Kategorien bei der Datenerhebung bewahrt.

Aus den Darstellungen der hier vorzunehmenden Inhaltsanalyse folgt, daß die Bildung eines vollständigen, trennscharfen und homomorphen Kategoriensystems erfahrungsgeleitet erfolgen muß. Dafür ist das Konstrukt unter Beachtung der Typologie und der Inhalte zur Innovationsorientierung zu entwickeln. Daraus läßt sich ein Korrespondenzsystem ableiten, welches der Untersuchung des Explanandums in differenzierter Form potentiell dienlich ist.

4.3 Kategoriensystem zur Messung der Innovationsorientierung

In diesem Abschnitt wird das Kategoriensystem vorgestellt, mit dem die Innovationsorientierung in der Berichterstattung möglichst vollständig und homomorph abgebildet werden soll. Die Innovationstypologien, der zu erwartende Inhalt, aber auch die während des Meßvorgangs gewonnene Erfahrung[261] bilden die Grundlage für das hier präsentierte Kategoriensystem.[262]

Im folgenden werden die Artikulationen, die in die Messung der Innovationsorientierung eingehen, als ***Impulse*** bezeichnet. Mit diesem Begriff wird die grundsätzliche Annahme betont, daß die Summe der Artikulationen gleicher Art in der Berichterstattung Ausdruck der Intensität einer bestimmten Art der Innovationsorientierung ist.[263] Somit wird aus einer Artikulation zur Innovationsorientierung ein Effekt mit einer Wirkung auf den Unternehmenserfolg angenommen. Je mehr Artikulationen gleicher Art auftreten, desto größer ist auch die Summe der gleichgerichteten Impulse und damit auch die Intensität der Impulse.

---

261 Das Konstrukt ist mit der Erfahrung, die während der Kodierung der Inhalte gewonnen werden konnte, verbessert worden. Dieser sehr langwierige und arbeitsintensive Vorgang wird hier nicht beschrieben.

262 Es handelt sich hierbei nicht um eine pareto-optimale Ordnung der geistig faßbaren Gegenstände der Innovationsorientierung als vielmehr um eine potentiell effiziente Ordnung für das Explanandum. Vgl. auch die Ausführungen in Kapitel 2.

263 Impulse können als physikalische Größe addiert werden, sofern diese den gleichen Richtungsvektor aufweisen. Ist der Richtungsvektor ähnlich, so lassen sich die Impulse gewichtet addieren.

Das Kategoriensystem beinhaltet neun Kriterien, die die Art der Innovationsorientierung beschreiben. Jede relevante Artikulation, die Auskunft über die gesuchte Innovationsorientierung liefert, also jeder Impuls, wird nach diesen neun Kriterien bewertet und im Kategoriensystem abgelegt. Die Übersicht 5 zeigt die Kriterien des Kategoriensystems.

Jedem Impuls wird zudem das berichtende Unternehmen und das Geschäftsjahr zugewiesen, um die unternehmensbezogene und dynamische Betrachtung des Explanandums zu ermöglichen. Da mit der Zuordnung der Impulse zum berichtenden Unternehmen und zum Jahr der Berichterstattung keine Schwierigkeiten verbunden sind, wird auf eine weitere Darstellung verzichtet. Der Inhalt der verbleibenden neun Kriterien wird im folgenden dargestellt.

1. Aktivität des Impulses,
2. Wirkungsbereich des Impulses,
3. Ursprung des Impulses,
4. organisatorischer Aspekt des Impulses,
5. Neuheitsgrad des Impulses,
6. Marktwirkung des Impulses,
7. Richtung und Stärke des Impulses,
8. Auftragsaspekt des Impulses und
9. umweltpolitischer Aspekt des Impulses.

Übersicht 5: Kriterien des Kategoriensystems

4.3.1 Aktivität des Impulses

Mit diesem Kriterium werden die der Innovation vorgelagerten Aktivitäten „Grundlagenforschen“, „Forschen“ und „Entwickeln“ unterschieden sowie die diese Aktivitäten zusammenfassende Ausprägungsart „Forschen und Entwickeln“, wenn die Artikulation nicht weiter differenziert werden kann. Weiterhin sind als Hinweis auf die Innovationsorientierung die Aktivitäten „Einführen“, „Verändern“, „Rationalisieren“ und „Erweitern“ als Ausprägung möglich. Wenn die Artikulation innovationsorientierten Gehalt aufweist, aber keiner bestimmten

Aktivität zugeordnet werden kann, dann wird ihr die Ausprägung „Allgemein" zugewiesen.[264] Die Tabelle 5 zeigt die Ausprägungen der Impulsaktivität.[265]

1. Kriterium	Ausprägungen
Aktivität des Impulses	• Allgemein • Forschen und Entwickeln • Grundlagenforschen • Forschen • Entwickeln • Einführen • Verändern • Rationalisieren • Erweitern

Tabelle 5: Kriterium der Aktivität

4.3.2 Wirkungsbereich des Impulses

In den Wirkungsbereich geht die Produkt-Prozeß-Typologie ein. Der Impulsbereich bestimmt den Ort des Geschehens. Jeder relevanten Artikulation zur Innovationsorientierung wird daher eine der Ausprägungen in Tabelle 6 zugeordnet.[266]

---

264 Hiervon sind Artikulationen zu Unternehmensakquisitionen betroffen, die keinem der differenzierten Aktivitäten zugewiesen werden können.

265 Hier ist auf eine scheinbar fehlende Trennschärfe der Aktivitäten „Verändern" und „Erweitern" hinzuweisen: Diese Ausprägungen werden unterschieden, weil das „Erweitern" in bezug auf die Innovationsorientierung anders zu verstehen ist als das „Verändern". Eine Veränderung ist unbestimmter als eine konkrete Maßnahme zur Erweiterung. Erweiterungen stellen zudem einen geringen Grad möglicher innovationsorientierter Effekte dar, weil sie nichts offensichtlich Neues schaffen. So bleibt hier festzuhalten, daß lediglich der manifeste Inhalt einer Artikulation entscheidend für die Messung ist und damit Trennschärfe gewährleistet. Über mögliche Zusammenhänge zwischen den Ausprägungen wird im 6. Kapitel zur Bildung der 43 Impulsarten der Innovationsorientierung eingegangen.

266 Besonders betont sei an dieser Stelle, daß der *Wirkungsbereich* „Forschung und Entwicklung" nicht der *Aktivität* „Forschen und Entwickeln" aus der Tabelle 5 entspricht.

2. Kriterium	Ausprägungen

Wirkungsbereich des Impulses	• Allgemein
	    • Prozeß
	        • Forschung und Entwicklung
	        • Beschaffung
	        • Produktion
	        • Vertrieb
	        • Verwaltung
	        • Führung
	    • Produkt

Tabelle 6: Kriterium des Wirkungsbereichs

Die Zuordnung der Ausprägung „Produkt" erfolgt, wenn der Impuls ein Produkt zum Gegenstand hat. Entsprechend der Darstellungen in der Berichterstattung ist es möglich, die Artikulationen des Prozeßbereichs nach funktionalen Impulsbereichen zu differenzieren. Dafür werden die funktionalen Bereiche „Forschung und Entwicklung", „Beschaffung", „Produktion", „Vertrieb", „Verwaltung" und „Führung" unterschieden.

Um bei der Zuordnung von Artikulationen dem Kriterium der Vollständigkeit zu genügen, werden zwei weitere Ausprägungsarten zugelassen: Ist eine Artikulation wegen fehlender Trennschärfe nicht nur einem funktionalen Prozeßbereich zuordenbar, erfolgt die Zuweisung zur übergeordneten Gruppe des Prozeßbereichs „Prozeß".[267] Die zweite zusätzliche Ausprägung ist noch allgemeiner. Sie heißt daher „allgemeiner Impulsbereich". Eine Artikulation wird dem „allgemeinen Impulsbereich" zugeordnet, wenn der Impuls eher dem Prozeß- und gleichzeitig auch dem Produktbereich zugewiesen werden kann.[268]

---

[267] Hiervon sind zum Beispiel Artikulationen zu organisatorischen Maßnahmen oder personelle Innovationen betroffen, wenn sie nicht genau einem funktionalen Bereich zugeordnet werden können, also bereichsübergreifend sind.

[268] Diese Ausprägung kann auftreten, wenn neue Unternehmenseinheiten gegründet werden oder Unternehmen akquiriert werden. In diesen Fällen sind sowohl direkte Effekte auf Prozeßbereiche als auch auf den Produktbereich anzunehmen.

4.3.3 Ursprung des Impulses

Das Kriterium des Ursprungs ist der Schumpeterschen Neuorganisation gewidmet. Hierbei wird gemessen, ob die Artikulation auf eine Aktivität der Innovationsorientierung schließen läßt, welche aus eigener Kraft erbracht wurde oder ob die Aktivität in Verbindung mit einem externen, gesellschaftsvertraglich unabhängigen Unternehmen steht. Für externe Bezüge kommen die Nennung von Mehrheits- und Minderheitsbeteiligungen, Gemeinschaftsgründungen oder Joint-Ventures und die Zusammenarbeit, also die Kooperation in Betracht. Auf diese Weise wird es möglich, den Impuls der Innovationsorientierung nicht allein auf eine Eigenleistung zurückzuführen, sondern auch den nicht unwesentlichen Effekt der Zuführung von Leistungen von außen zu berücksichtigen. Die Tabelle 7 zeigt die Ausprägungsmöglichkeiten.

3. Kriterium	Ausprägungen
Ursprung des Impulses	• intern • Mehrheits- oder Minderheitsbeteiligung • Gemeinschaftsgründung, Joint-Venture • Kooperation

Tabelle 7: Kriterium des Ursprungs

4.3.4 Organisatorischer Aspekt des Impulses

Die geistig faßbaren Innovationsgegenstände im Prozeßbereich können organisatorische Aspekte aufweisen. Die Gestaltung von Prozessen geht zwar häufig mit dem Entwickeln und Einführen neuer Technologien einher, dennoch können grundsätzlich organisatorische Maßnahmen von eher technischen und dinglichen Innovationsgegenständen unterschieden werden. Dingliche und organisatorische geistig faßbare Gegenstände ergänzen sich, dennoch soll auf diese Weise dem organisatorischen Aspekt, der Gestaltung von Aufbau- und Ablauforganisation besonders Rechnung getragen werden. Der organisatorische Aspekt wird dichotom gemessen.

4. Kriterium	Ausprägungen
Organisatorischer Aspekt des Impulses	• Der Impuls hat *einen* betrieblich-organisatorischen Effekt. • Der Impuls hat *keinen* betrieblich-organisatorischen Effekt.

Tabelle 8: Kriterium des organisatorischen Aspektes

4.3.5 Neuheitsgrad des Impulses

Auf Basis der im Kapitel zur subjektiven Dimension entwickelten Beurteilung von Innovationen soll mit dem Neuheitsgrad gemessen werden, ob der Gegenstand der Innovationsorientierung vom Berichterstatter als ein außerordentliches Ereignis, also als eine Innovation im engeren Sinne, bezeichnet wird. In bezug auf die Zweck-Mittel-Typologie handelt es sich hierbei um radikale Innovationen. Es wird angenommen, daß Unternehmen stets nur das als besonders innovativ in der Berichterstattung herausstellen, was auch vom Berichtsempfänger als innovativ nachvollzogen werden kann. Damit besteht ein Konsens zwischen der Ansicht des Berichterstatters und dem, was im engeren Sinne als innovativ bezeichnet werden kann. Die Messung radikaler Innovationen erfolgt ebenfalls dichotom.

5. Kriterium	Ausprägungen
Neuheitsgrad des Impulses	• Der Impuls wird vom Berichterstatter *ausdrücklich* als grundlegende Neuerung oder Innovation bezeichnet. • Der Impuls wird vom Berichterstatter *nicht ausdrücklich* als Neuerung oder Innovation bezeichnet.

Tabelle 9: Kriterium des Neuheitsgrades

4.3.6 Marktwirkung des Impulses

Weiterhin ist die Marktwirkung des Impulses für die Messung der Art der Innovationsorientierung von Bedeutung. Artikulationen des Produktbereichs sind häufig dadurch gekennzeichnet, daß nicht tatsächlich ein neues Produkt vorgestellt wird, sondern vielmehr die Nennung einer Region erfolgt, in der ein Produkt eingeführt wird. Solche Nennungen sollen daher durch dieses Kriterium besonders berücksichtigt werden. Damit lassen sich Verzerrungen bei der Messung von Innovationsraten vermeiden. Zusätzlich bietet dieses Kriterium die Möglichkeit, diejenigen Aktivitäten differenziert zu betrachten, welche ganz auf den Markt hin ausgerichtet sind.[269] Die Tabelle 10 zeigt die dichotomen Ausprägungsmöglichkeiten des Kriteriums.

6. Kriterium	Ausprägungen
Marktwirkung des Impulses	• Der Impuls hat *einen* territorialen Effekt. • Der Impuls hat *keinen* territorialen Effekt.

Tabelle 10: Kriterium der Marktwirkung

4.3.7 Richtung und Stärke des Impulses

Mit der Richtung und Stärke des Impulses werden zugleich zwei Kriterien gemessen. Dem Impuls kann für die *Richtung* einerseits die Ausprägung „weniger“ und andererseits die Ausprägung „gleich“ oder „mehr“ zugewiesen werden. Die *Stärke* eines Impulses wird nur für eine Richtung differenziert in „gleich“ oder „mehr“.

7. Kriterium	Ausprägungen
Richtung und Stärke des Impulses	• weniger • gleich • mehr

Tabelle 11: Kriterium der Richtung und Stärke

---

269 Die Erschließung neuer Vertriebswege, das Eingehen von Kooperationen und die Gründung von Joint-Ventures mit dem Ziel, einen Marktzugang zu erreichen oder zu sichern, mögen verdeutlichen, welche marktbezogene Expansionsstrategie das Unternehmen verfolgt.

Für eine quantitative Artikulation ist die Zuordnung einfach. Angaben zu Investitionen, Forschungs- und Entwicklungsaufwand oder der Anzahl von beantragten Patentrechten können in Relation zu den Angaben des vorhergehenden Jahres als vermehrt, gleichbleibend oder vermindert bewertet werden, wenn nicht bereits vom Berichterstatter selbst eine solche Bewertung vorgenommen wird. Für die überwiegende Anzahl an Artikulationen ohne quantitativen Bezug ergibt sich die Unterscheidung zwischen „gleich" und „mehr" folgendermaßen: Produkte, welche in einem technischen Kontext stehend *weiter*entwickelt werden, unterscheiden sich in der Stärke von technischen *Neu*entwicklungen. Ebenso unterscheiden sich *fortgeführte* von *neu begonnenen* Maßnahmen. Viele Artikulationen sind von vornherein der Ausprägung „mehr" zuzuordnen. Die Ausprägungen der Impulsstärke sind daher teilweise abhängig von anderen Kriterien.[270]

Die Ausprägung „weniger" ist nicht als eine durch den Erfasser vorgenommene Wertung bezüglich „besser" oder „schlechter" zu verstehen, sondern schlicht als eine manifeste Verringerung oder Einschränkung einer Aktivität.[271]

Die Impulsstärke ist eine Feinabstimmung gleichartiger Richtungen von Impulsen einer bestimmten Art. Die Impulsstärke dient dazu, den Intensitätsgrad der Innovationsorientierung genauer zu bewerten. Das gilt für die vermehrten und fortgeführten Bemühungen einer bestimmten Art der Innovationsorientierung, nicht jedoch für die Angaben zu Einschränkungen. Die differenzierte Bewertung der Angaben bezüglich „gleich" oder „mehr" und die undifferenzierte Bewertung der Angaben bezüglich „weniger" ergibt sich aus dem Berichtsverhalten, das zugunsten einer positivierten Berichterstattung verzerrt ist. Die wenigen Angaben zu verringerten Aktivitäten lassen es unnötig erscheinen, diese weiter in „stark" und „weniger stark verringerte" Impulse zu differenzieren.

Die Tragweite des einzelnen Impulses, also seine Wirkung relativ zur Unternehmensgröße auf das Unternehmen, wird nicht mit dem Kriterium der Richtung

---

270 So erklären die Eigenschaften der Berichterstattung die Abhängigkeit zum Beispiel zwischen der Impulsstärke „mehr" und der Impulsaktivität „Einführen". Diese Abhängigkeit wird nicht durch das Konstrukt, sondern durch die tatsächlichen Artikulationen in der Berichterstattung vorgegeben. Dort wird fast ausschließlich nur von neu eingeführten Produkten berichtet. Fast nie wird jedoch die Auskunft gegeben, wann ein Produkt wieder aus dem Markt genommen wird. Somit stellt die Abhängigkeit der Impulsaktivität „Einführen" und der Impulsstärke „mehr" nicht eine, durch das Konstrukt verursachte Verzerrung der Verteilung dar, sondern eine durch die Art der Berichterstattung erzwungene.

271 Wie etwa Desinvestitionen, Unternehmensverkäufe und die Verringerung der Forschungs- und Entwicklungsausgaben.

und Stärke bewertet. Die Tragweiten werden jedoch implizit durch die Bildung unterschiedlicher Arten der Innovationsorientierung berücksichtigt. Die Ähnlichkeit bestimmter Impulse erlaubt die Annahme ähnlicher Tragweiten. So hat ein Unternehmenserwerb eine andere Tragweite als die Entwicklung eines neuen Produktionsverfahrens. Die Aggregation der Nennung zu Unternehmensakquisitionen einerseits und die der Nennungen zu neu entwickelten Produktionsverfahren andererseits wird möglich, da die Tragweite der hinter den Artikulationen stehenden Aktivitäten als ähnlich angenommen werden können. Mit dieser Gleichschaltung wird das Meß- und Bewertungsproblem der Tragweite der Impulse umgangen.[272]

4.3.8 Auftragsaspekt des Impulses

Für die Nennungen von Produkteinführungen gibt es Grenzfälle, die besondere Beachtung verdienen. Diese sind dadurch gekennzeichnet, daß nicht die Einführung eines neuen Produktes genannt wird, sondern vielmehr der Erhalt eines Auftrages. Insbesondere bei größeren Projekten, wie dem Bau eines Schiffes oder einer Anlage, ist von Aufträgen und nicht von Produkteinführungen die Rede. Im Ergebnis entsprechen solche Aufträge Produkteinführungen. Da Unternehmen jedoch im unterschiedlichen Maße und teilweise auch gar nicht über Aufträge berichten, kann der Auftragsaspekt zu Meßfehlern führen. Mit der dichotomen Messung des Auftragsaspektes lassen sich jedoch die Meßfehler kontrollieren.

8. Kriterium	Ausprägungen
Auftragsaspekt des Impulses	• Der Impuls *wird* durch einen externen Auftraggeber verursacht. • Der Impuls *wird nicht* durch einen externen Auftraggeber verursacht.

Tabelle 12: Kriterium des Auftragsaspektes

[272] Hiermit wird auch die schwer ermittelbare Wesentlichkeit eines Sachverhaltes angesprochen. In vielen Fällen dürfte es sogar dem Berichterstatter schwerfallen, eine einheitliche Bewertung der Tragweite seiner Maßnahmen vorzunehmen. Die „Umstrukturierung der Aufbauorganisation" ist in ihrer Tragweite schwer mit der der „Investitionsmaßnahmen" vergleichbar. Diese meßproblematischen Überlegungen sind jedoch wenig konstruktiv, weil es für das angestrebte Meßverfahren keine exakte Gewichtung der Impulse nach ihrer Tragweite gibt.

4.3.9 Umweltpolitischer Aspekt des Impulses

Ähnlich wie beim Auftragsaspekt sind für den Prozeßbereich Nennungen mit umweltpolitischem Aspekt zu kontrollieren. Unternehmen bestimmter Branchen wie etwa die chemische Industrie, neigen dazu, dem Berichtsempfänger in besonderem Maße die Anstrengungen im Umweltschutzbereich zu vermitteln. Mit dieser aus dem Berichtsverhalten ableitbaren Darstellung bestimmter Sachverhalte ist eine Verzerrung prozessualer Innovationsorientierung möglich. Um die mögliche Verzerrung zu kontrollieren, wird der umweltpolitische Aspekt ebenfalls dichotom gemessen.

9. Kriterium	Ausprägungen
Umweltpolitischer Aspekt des Impulses	• Der Impuls hat *einen* umweltpolitischen Aspekt. • Der Impuls hat *keinen* umweltpolitischen Aspekt.

Tabelle 13: Kriterium des umweltpolitischen Aspektes

4.4 Zusammenfassung

Mit der Berücksichtigung der Typologie der Innovationsorientierung ist das gebildete Kategoriensystem betriebswirtschaftlich, vereinfachend, dynamisch robust und potentiell effizient. Da jede Artikulation nach insgesamt neun Kriterien mit jeweils einer geringen oder zumindest einer überschaubaren Anzahl an Ausprägungsmöglichkeiten bewertet wird, läßt sich das Problem abnehmender Trennschärfe bei Zunahme der Komplexität des Kategoriensystems[273] weitestgehend vermeiden.

Das System ist erschöpfend. Keine mögliche Information zur Innovationsorientierung muß im Sinne des kognitiven Realitätssystems des Forschers unberücksichtigt bleiben. Im diesem Sinne sei der Konstrukt-Validität entsprochen, welche die Beziehung zwischen dem Explanandum und dem gebildeten Erhebungsinstrument erfaßt.[274]

---

273 Vgl. FRÜH (1991) S. 79.

274 Vgl. MERTEN (1983) S. 309.

Das Kategoriensystem stellt eine Vorstufe zur Bestimmung relevanter Impulsarten der Innovationsorientierung dar. Es dient der Erstellung einer homomorphen Datenbank. Mit Hilfe sinnvoller Datenbankabfragen durch logische „Und-" und „Oder-"Verknüpfungen lassen sich die Impulsarten der Innovationsorientierung möglichst trennscharf für die Typologie der Innovationsorientierung ermitteln.

Das Kategoriensystem bildet die Schnittstelle zur empirischen Arbeit. Im folgenden Kapitel wird daher zunächst der Meßvorgang beschrieben und auf Reliabilität und Validität geprüft. Erst mit dem Beleg für eine brauchbare Messung können im übernächsten Kapitel die Arten der Innovationsorientierung gebildet werden

5. Stichprobe, Impulsmessung, Reliabilität und Validität

Dieses Kapitel beinhaltet grundlegende Arbeiten zur empirischen Messung der Innovationsorientierung. Dazu gehören die Bestimmung und Beschreibung der Stichprobe, die Darstellung der Häufigkeiten wie sie sich für die Kriterien des Kategoriensystems aus der Impulsmessung ergeben und die Reliabilitätstests zur Überprüfung der Meßgenauigkeit. Zusätzlich werden pragmatische Validitäten getestet, die die Eigenschaften der Berichterstattung zur Innovationsorientierung offenlegen und die weitergehenden Analysen für die Explanandien bestimmen werden.

5.1 Stichprobe

Die Untersuchungseinheit ist das Unternehmen. Da die Analyse des Preexplanandums und des Explanandums aus Gründen beschränkter Meßkapazitäten nicht an einer Grundgesamtheit vorgenommen werden kann, ist eine Stichprobe zu bestimmen. Für die Bildung der Stichprobe werden einige Auswahlkriterien beachtet. Sie werden im folgenden beschrieben. Mit der Anwendung dieser Kriterien ergibt sich eine Unternehmensstichprobe, die im zweiten Teil dieses Kapitels vorgestellt wird.

5.1.1 Auswahl der Stichprobe

Die Stichprobe ist so zu wählen, daß eine möglichst repräsentative Analyse vor dem Hintergrund der Explanandien möglich ist. Es sind daher Auswahlkriterien zu bestimmen, die für die Darstellung der Explanandien geeignet sind.

Die Unternehmen müssen

1. in der Rechtsform der Aktiengesellschaft oder
   der Kommanditgesellschaft auf Aktien firmieren,
2. ihren Haupt- oder Konzernsitz in Deutschland haben,

3. dem produzierenden Gewerbe zurechenbar sein[275] und
4. eine Bilanzsumme von mindestens 10 Millionen DM aufweisen.

Um die Hypothesen des Preexplanandums[276] prüfen zu können, muß in der Stichprobe

5. ein möglichst breites Spektrum an Unternehmensgrößen enthalten sein (notwendiges Kriterium für die Hypothesen 1.a und 1.b),
6. sowohl Emittenten als auch Nicht-Emittenten deutscher Aktienbörsen vertreten sein (notwendiges Kriterium für die Hypothese 2) und
7. sowohl die Branchen chemische Industrie, Elektroindustrie, Maschinenbau, Automobilbau und Konsumgüterindustrie enthalten sein als auch solche, die diesen Branchen nicht zuordenbar sind (notwendiges Kriterium für die Hypothese 3).

Für das Explanandum ist zu beachten, daß die zeitliche Verzögerung des Einflusses der Innovationsorientierung auf den Erfolg untersucht werden soll. Dafür bildet der aktuellste und zugleich nicht von gesetzlichen Veränderungen betroffene Zeitraum der Berichterstattung von 1986 bis 1993 den relevanten Zeitraum zur Messung der Innovationsorientierung. Um die möglichen Ursachen des Unternehmenserfolges aus der Sicht der Innovationsorientierung möglichst kontrastreich erforschen zu können, wurde das folgende Kriterium zur Bestimmung der Stichprobe gewählt:

8. Die Unternehmen der Stichprobe sollen eine stetige Entwicklung oder höchstens eine Richtungsänderung in der Entwicklung des Gewinns vor Steuern aufweisen.[277]

Unternehmen mit stetiger Erfolgsentwicklung können die kontrastreiche Darstellung der Bedeutung der Innovationsorientierung für typisch erfolglose oder typisch erfolgreiche Unternehmen begünstigen. Unternehmen mit genau einer Richtungsänderung in der Entwicklung des Erfolges bieten die Möglichkeit, den

---

275 Für das produzierende Gewerbe gelten die klassischen Produktionsfaktoren, wie Forschung und Entwicklung, Beschaffung, Produktion und Vertrieb, in besonderer Weise.

276 Vgl. die Entwicklung der Hypothesen des Preexplanandums im dritten Kapitel.

277 Gemessen an einem möglichst hohen Bestimmtheitsmaß R^2 einer linearen Regression für die Entwicklung des Gewinns vor Steuern über die Zeit.

Grund für die Richtungsänderung in der Innovationsorientierung zu finden. Unternehmen, die eine unstetige Entwicklung des Erfolges aufweisen, erschweren demnach die Analyse des Explanandums und sollen nicht betrachtet werden.

Für ein derartiges Auswahlverfahren wurde die Datenbank „dafne"[278] herangezogen. Mittels geeigneter Datenbankabfragen und weiterführender statistischer Analysen zur Bestimmung der Stetigkeit des Erfolgsmaßes wurden 137 Unternehmen ausgewählt und mit der Bitte um Zusendung der Geschäftsberichte von 1986 bis 1993 angeschrieben. 49 Unternehmen kamen dieser Bitte nach und sendeten Geschäftsberichtssammlungen der Jahre 1986 bis 1993 ohne fehlende Exemplare.[279]

Von diesen 49 Unternehmen wurden schließlich 31 in die Messung der Innovationsorientierung einbezogen. Diese Verringerung ergibt sich aus der Tatsache, daß mit einer Zahl von 31 Unternehmen bereits ein sehr hoher zeitlicher Meßaufwand notwendig ist.[280] Die 31 Unternehmen wurden derart bestimmt, daß sie der Aufrechterhaltung einer möglichst gleichverteilten Stichprobe in bezug auf die Auswahlkriterien der Explanandien genügen.

Im folgenden wird die Stichprobe bezüglich der Erfolgsbewertung über Gewinn vor Steuern, der Größe der Unternehmen, der Notierung am amtlichen Börsenhandel und der Branchenverteilung beschrieben.

---

278 CD-ROM VERLAG & VERTRIEB GMBH/VERBAND DER VEREINE CREDITREFORM E.V. (1992). Auf der CD-Rom sind die für das Auswahlverfahren relevanten Informationen für über 6.000 deutsche, öffentliche und private Unternehmen für den Zeitraum von 1986 bis 1991 gespeichert.

279 Da viele Unternehmen ihre Geschäftsberichte bereitwillig zu Verfügung stellen, soll die Analyse nicht bereits bei der Auswahl der Unternehmen durch fehlendes Quellmaterial beeinträchtigt werden. Die Stichprobe wird an dieser Stelle durch das radikale aber in Bezug auf das Untersuchungsziel eher unabhängige Auswahlkriterium, die Vollständigkeit der Geschäftsberichtssammlung, in nützlicher Weise gebildet.
Darüber hinaus sind zur Vervollständigung der Geschäftsberichtsserien keine Maßnahmen ergriffen worden, weil mit 49 vollständigen Serien bereits eine ausreichende Menge vollständigen Quellmaterials vorliegt.

280 Die Stichprobengröße von n = 31 beinhaltet über einen Zeitraum von acht Jahren die inhaltsanalytische Messung in 31*8 = 248 Geschäftsberichten. Mit der zeitlichen Befristung des Forschungsvorhabens wird auch der zeitliche Rahmen für die Messung festgelegt.

5.1.2 Stichprobenbeschreibung

Die Tabelle 14 zeigt die Verteilung der Erfolgstrends der Unternehmen der Stichprobe. 13 Unternehmen wurden nach dem Erfolgskriterium als erfolgreich und weitere sechs als erfolgreiche Trendumkehrer des Zeitraums von 1986 bis 1991 ausgewählt. Fünf Unternehmen sind im gleichen Zeitraum durchgängig erfolglos und weitere sieben verzeichnen eine Trendumkehr zur Erfolglosigkeit. Das mittlere Bestimmtheitsmaß von $R^{2*} = 0{,}749$ belegt, daß die Unternehmen die gewünschten stetigen Trends in hohem Maße aufweisen.[281]

Gewinn vor Steuern	1986 bis 1988 und 1989 bis 1991	1986 bis 1990 und 1991 bis 1995
in der 1. Periode ↑ und in der 2. ↑	13	9
in der 1. Periode ↓ und in der 2. ↑	6	6
in der 1. Periode ↓ und in der 2. ↓	5	1
in der 1. Periode ↑ und in der 2. ↓	7	15
Summe	31	31
Mittleres R^{2*} für beide Perioden	0,749	0,480
↑ = zunehmender Trend; ↓ = abnehmender Trend		

Tabelle 14: Erfolgstrends der Unternehmen aus der Stichprobe

Nachdem die 31 Unternehmen der Stichprobe ausgewählt wurden, konnten die Informationen zur Erfolgsbestimmung bis zum Jahr 1995 vervollständigt werden.[282] Anhand der von 1991 auf 1995 erweiterten Erfolgsinformationen kann erneut die Bestimmung eines Erfolgstrends vorgenommen werden. Die Tabelle 14 zeigt somit zusätzlich die Zuordnung der 31 Unternehmen nach der Entwicklung des Erfolgstrends in der Betrachtung der Perioden von 1986 bis 1990 und 1991 bis 1995. Die Verteilung der Unternehmen nach dem Auswahlkriterium unter-

281 Das mittlere Bestimmtheitsmaß R^{2*} wird aus den Gütemaßen der linearen Regression über die Perioden 1986 bis 1988 und 1989 bis 1991 für jedes Unternehmen errechnet. $R^{2*} = 1/(31*2)*\Sigma\Sigma R^2_{ip}$ für das i-te Unternehmen und die p-te Periode.

282 Da die Datenbank „dafne“ nur Informationen für den Zeitraum von 1986 bis 1991 enthält, mußte sich die *Auswahl* der Unternehmen der Stichprobe auf diesen Zeitraum beschränken.

scheidet sich demnach von der Verteilung für den längeren Zeitraum von 1986 bis 1995. Hierbei ist es nicht vermeidbar, daß das mittlere Bestimmtheitsmaß der linearen Regression von $R^{2*} = 0{,}749$ auf 0,480 abnimmt.[283] Die linearen Trends der Perioden von 1986 bis 1991 stellt das Auswahlkriterium dar und muß somit ein hohes R^{2*} aufweisen, quasi als Beleg für die Auswahl von Unternehmen mit den gewünschten Erfolgstrends. Für die Perioden von 1986 bis 1995 kann dieses Gütemaß jedoch nicht mehr auf dem gleichen hohen Niveau garantiert werden. Das Gütemaß $R^{2*} = 0{,}480$ wird jedoch als zufriedenstellend angesehen, mit dem die Auswahl im Trend erfolgreicher und erfolgloser Unternehmen herausgestellt wird.

Das Verhältnis von Unternehmen, die eine Erfolgszunahme zumindest in jüngeren Jahren aufweisen, zu solchen, die zumindest in jüngeren Jahren eher erfolglos sind, hat sich von 19 zu 12 auf 15 zu 16 verschoben. Diese zufällig erreichte Gleichverteilung erfolgreicher und erfolgloser Unternehmen wird als eine brauchbare Basis angesehen, die Ursachen des Erfolges aus dem Blickwinkel der Innovationsorientierung aufzuspüren, wenn der Zusammenhang denn existent ist und anhand der Berichterstattung aufgezeigt werden kann.

Die Tabelle 15 zeigt die Verteilung der Unternehmen nach ihrer Größe, gemessen an der Bilanzsumme.

Bilanzsumme in DM	Mittel		Pool	
Werte von 1986 bis 1995	Anzahl	Anteil	Anzahl	Anteil
ab 10 Mio. bis 100 Mio.	2	6,5%	24	7,7%
über 100 Mio. bis 1 Mrd.	9	29,0%	95	30,6%
über 1 Mrd. bis 10 Mrd.	15	48,4%	137	44,2%
über 10 Mrd. bis 100 Mrd.	5	16,1%	54	17,4%
Summe:	31	100,0%	310	100,0%

Tabelle 15: Bilanzsummen der Unternehmen in logarithmischen Intervallen

Für die Darstellung wurden exponentielle Intervalle zur Basis 10 gewählt. Die Zuordnung erfolgt zum einen nach den mittleren Bilanzsummen für die zehn

---

283 Das letztgenannte mittlere Bestimmtheitsmaß wird analog zum erstgenannten errechnet, jedoch über die Perioden 1986 bis 1990 und 1991 bis 1995.

Jahre von 1986 bis 1995 und zum anderen nach den 310 Bilanzsummen wie sie für die 31 Unternehmen zu zehn Zeitpunkten existieren.[284] In den exponentiellen Intervallen zeigt die Verteilung der Unternehmen nach der mittleren Bilanzsumme keine bedeutenden Randhäufigkeiten. Im Pool verschiebt sich die Größenverteilung unwesentlich zugunsten der Gruppen mit weniger als 1 Mrd. DM und mehr als 10 Mrd. DM Bilanzsumme. Auf Basis der logarithmischen Intervalle kann trotz erheblicher Größenunterschiede eine Normalverteilungsannahme getroffen werden.[285] Diese Normalverteilungsannahme der logarithmierten Bilanzsummen ist von weitreichender Bedeutung für die statistische Analyse dieser Arbeit.[286]

Die durchschnittlichen Bilanzsummen der 31 Unternehmen erstrecken sich von 27 Mio. DM bis 71 Mrd. DM. Für den Pool ergibt sich eine kleinste Bilanzsumme von 10 Mio. DM und eine größte von 94 Mrd. DM. Damit unterscheiden sich die kleinste und die größte Bilanzsumme der Stichprobe um das 9.400-fache.[287] Mit diesen erheblichen Größenunterschieden und der Normalverteilungsannahme wird dem Auswahlkriterium einer möglichst heterogenen Größenverteilung in einer nützlichen Weise entsprochen.

---

284 Wenn nicht die Mittelwerte der Unternehmen, sondern die Werte der 31 Unternehmen für jedes Jahr betrachtet werden, soll hier und zukünftig diese Datenmenge als „Pool" bezeichnet werden. Die Analyse des Pools wird grundsätzlich als vorteilhaft angesehen, da, anders als bei der Mittelwertbetrachtung, große Teile der Varianz in den Daten nicht ausgeblendet werden.

285 Der Test auf univariate Normalverteilung der logarithmischen Bilanzsummen des Pools ergibt ein Chi^2 von 0,889 bei einer Wahrscheinlichkeit von $P = 0{,}641$. Der Test, daß es sich nicht um eine Normalverteilung handelt, ist also im hohen Maße nicht signifikant. Der Test berücksichtigt sowohl Schiefe als auch Kurtosis und testet somit das 3. und 4. Moment der Verteilung in einem. Der benutzte Test wurde entwickelt von D'AGOSTINO (1986) S. 367-419 und wurde durchgeführt auf PRELIS 2, einem Programm zur Datenaufbereitung für LISREL. Vgl. JÖRESKOG/SÖRBOM (1995) S. 169f. mit weiteren Literaturangaben.

286 Mindestens zwei weitere Werte bestimmen ebenso die Größe eines Unternehmens wie die Bilanzsumme. Hier seien der Umsatz und die durchschnittliche Anzahl der Mitarbeiter im Unternehmen pro Geschäftsjahr herausgestellt. Auch für die logarithmierten Werte des Pools ergibt der Test auf eine univariate Normalverteilung eine hohe Insignifikanz für die Ablehnung der Normalverteilung: Umsatz: $Chi^2 = 0{,}270$ mit $P = 0{,}270$; Anzahl der Mitarbeiter: $Chi^2 = 0{,}314$ mit $P = 0{,}855$.

287 Der mittlere Umsatz erstreckt sich von 46 Mio. DM bis 87 Mrd. DM. Der kleinste Umsatz aller Jahre liegt bei 23 Mio. DM, der größte bei 104 Mrd. DM. Damit ist der größte Umsatz 4.500-mal größer als der kleinste.

Die kleinste Mitarbeiterzahl liegt bei durchschnittlich 136 Beschäftigten, die größte bei 378.340. Die geringste Anzahl Beschäftigter aller Jahre ist 76, die größte 417.800. Damit ist die größte Anzahl an Mitarbeitern 5.500-mal größer als die kleinste.

23 Unternehmen sind über den gesamten Zeitraum an der Börse mit Vorzugs- oder Stammaktien zum amtlichen Handel zugelassen. Ein weiteres Unternehmen führte seine Aktie im Jahr 1995 an der Börse ein.[288] Da sich der Untersuchungszeitraum über die Jahre von 1986 bis 1993 erstreckt, entsteht der auf die Börseneinführung zurückzuführende Einfluß auf die Berichterstattung formal frühestens 1992. Es wird vermutet, daß das Unternehmen auch bereits 1991 seine Berichterstattung an den Maßstäben eines börsennotierten Unternehmens ausgerichtet hat. Daraus ergibt sich eine Anzahl von 23 börsennotierten Aktiengesellschaften für den Zeitraum von 1986 bis 1990 und 24 von 1991 bis 1995.

Für die Zuordnung der Unternehmen zu Branchen ergibt sich die in Tabelle 16 dargestellte Verteilung.

Branchen	Anzahl	Anteil
Chemische Industrie	10	30,3%
Maschinen- und Anlagenbau	9	27,3%
Schienen-, Straßen-, und Luftfahrzeugbau	4	12,1%
Elektrotechnik und Datenverarbeitung	3	9,1%
Andere Branchen	7	21,2%
Summe:	33	100,0%

Tabelle 16: Branchenverteilung der Unternehmen der Stichprobe[289]

An der Summe der Branchenverteilung ist zu erkennen, daß für zwei Unternehmen zwei Branchenzuordnungen vorgenommen wurden. Grundsätzlich kann die Zuordnung eines Unternehmens oder Konzerns zu genau einer Branche nur selten ganz korrekt sein. Um die Zuordnung jedoch möglichst einfach zu gestalten, wurden zwei besonders schwer klassifizierbaren Unternehmen zwei Branchen zugewiesen.[290]

---

288 Die SKW Trostberg AG notierte erstmals am 24.05.1995 an der Börse.

289 Die Branchenzuordnung wurde entnommen aus COMMERZBANK (1994).

290 Die Felten & Guilleaume Energietechnik AG wurde den Branchen Maschinenbau und Elektrotechnik zugewiesen und die MAN AG den Branchen Maschinenbau und Automobilbau.

Unter den 31 Unternehmen sind ferner neun Unternehmen, die Produkte für eine breite Bevölkerungsschicht herstellen und damit der Konsumgüterbranche zugerechnet werden.

Die hier zusammengefaßten Merkmale der Stichprobe sind im Anhang 1 und 2 für jedes Unternehmen im Detail beschrieben.

Im nächsten Kapitel werden die Kodierung der Impulse und die sich daraus ergebenden Häufigkeiten nach den Kriterien des Kategoriensystems beschrieben.

5.2 Inhaltsanalytische Kodierung der Impulse

Beim Extrahieren der für die Untersuchung relevanten Daten werden nur Informationen berücksichtigt, die Auskunft über geistig faßbare Gegenstände der Innovationsorientierung geben. Die geistige Faßbarkeit stellt kein einschränkendes Auswahlkriterium dar, sondern ein beschreibendes Merkmal, denn alles, was in textlicher Form in der Berichterstattung zum Ausdruck gebracht wird, ist eine geistige Leistung zur Beschreibung bestimmter Sachverhalte.

Die Messung der Innovationsorientierung, also aller relevanten Informationen zur Untersuchung des Explanandums, basiert auf folgender allgemeiner Abgrenzung:

> *Im Kategoriensystem werden alle genannten und nicht offensichtlich durch externe Einflüsse erzwungenen Aktivitäten, die betriebswirtschaftlich innovationsorientierte Inhalte vermitteln und damit einen geistig faßbaren Gegenstand der Innovationsorientierung darstellen können, als Impulse kodiert.*

Es liegt nun nahe, einen ersten Querschnitt durch die kodierten Informationen der Berichterstattung, der Datenbasis für die Untersuchung der Innovationsorientierung, zu betrachten. Dazu sollen die Kriterien des Kategoriensystems bezüglich ihrer unbedingten Häufigkeiten dargestellt werden. Anhand der Häufigkeiten läßt sich erkennen, welche Arten der Innovationsorientierung untersucht werden können. Erforderlich ist eine gewisse Mindesthäufigkeit an Impulsen, weil die Analyse der Innovationsorientierung ohne oder mit nur geringer Varianz in den Angaben stark beeinträchtigt wird.

5.2.1 Unternehmensbezogene Impulshäufigkeiten

Insgesamt wurden 27.367 Aussagen aus 248 Geschäftsberichten von 31 Unternehmen über die acht Jahre von 1986 bis 1993 als Impulse kodiert. Im Mittel entfallen 883 Impulse auf ein Unternehmen und 110 auf einen Geschäftsbericht.

Für das kleinste Unternehmen, die Chemische Werke Brockhues AG, wurden 63 Impulse im gesamten Zeitraum kodiert. Für das größte Unternehmen, die Daimler-Benz AG, konnte mit 2.928 die größte Anzahl an Impulsen gemessen werden. Die kleinste Menge an Impulsen pro Geschäftsbericht entfällt auf die Chemische Werke Brockhues AG, und zwar auf den Geschäftsbericht des Jahres 1988 mit 5 Impulsen. Die größte Anzahl an Impulsen wurde mit 453 wiederum für die Daimler-Benz AG im Jahr 1991 kodiert.

In der Abbildung 3 sind die mittleren Häufigkeiten der kodierten Impulse für jedes Unternehmen dargestellt. Die Reihenfolge der Unternehmen ergibt sich aus der Rangordnung ihrer mittleren Bilanzsummen.[291] Die größeren Unternehmen halten demnach mehr relevante Informationen in der Berichterstattung bereit.

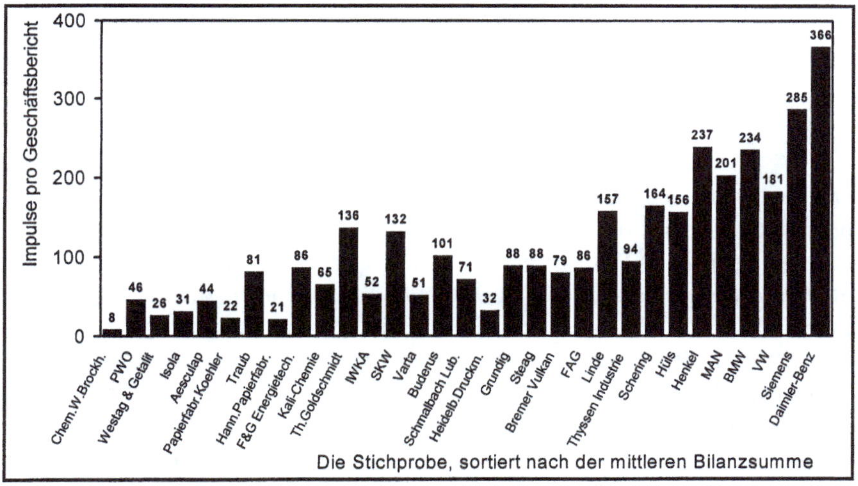

Abbildung 3: Anzahl der Impulse pro Unternehmen

291 Weil der Geschäftsbericht die Analyseeinheit darstellt, wird hier und in allen zukünftigen Abbildungen stets die mittlere Anzahl an Impulsen *pro Geschäftsbericht* genannt.

5.2.2 Impulshäufigkeiten im Zeitverlauf

Über die Jahre 1986 bis 1993 verteilt sich die Anzahl der Impulse pro Geschäftsbericht im Mittel entsprechend der Abbildung 4. Danach hat die Berichterstattung zu relevanten Informationen über die Jahre kontinuierlich zugenommen.[292]

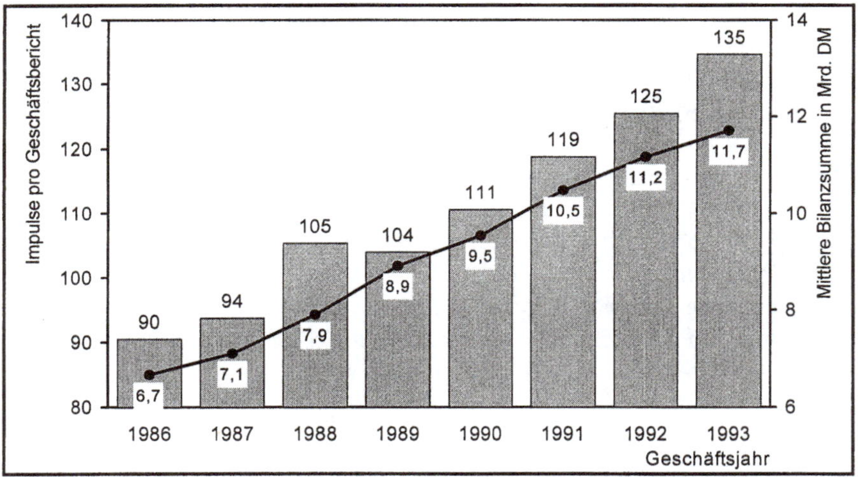

Abbildung 4: Anzahl der Impulse nach Jahren

Um den Zusammenhang zur Größe der Unternehmen auch hier andeuten zu können, wird zusätzlich die mittlere Bilanzsumme der 31 Unternehmen pro Jahr als Linie angegeben. Es läßt sich erkennen, daß nicht allein die Größe, sondern auch die Größenänderung, also das Wachstum der Unternehmen, die Entwicklung der Impulshäufigkeit bestimmen kann. Das mittlere Bilanzvolumen hat sich von 1986 auf 1993 um den Faktor 1,75 vergrößert. Im gleichen Zeitraum hat sich die Berichterstattung um den Faktor 1,5 erhöht. Daraus ergibt sich eine Elastizität der mittleren Impulshäufigkeit zur mittleren Bilanzsumme von 0,85: Erhöht sich die mittlere Bilanzsumme um eine Mrd. DM von einem Jahr zum nächsten, dann werden im Mittel pro Geschäftsbericht zusätzlich 8,5 Impulse meßbar.

---

292 Die Impulshäufigkeiten pro Jahr wurden aus den ungewichteten Häufigkeiten der Unternehmen bestimmt. Die Gleichgewichtung der Häufigkeiten der Unternehmen führt nur zu marginal anderen Ergebnissen, weshalb die zusätzliche Darstellung unterlassen wird.

5.2.3 Impulshäufigkeiten nach der Aktivität

Die Abbildung 5 stellt die Impulshäufigkeiten pro Geschäftsbericht für die möglichen Impulsaktivitäten dar. Die Impulsaktivitäten „Grundlagenforschen" und „Forschen" sind am seltensten anzutreffen. Eine Erklärung für das seltene Vorkommen ist, daß diese Aktivitäten eine klare Ergebnisorientierung entbehren. Fehlende oder schwer abschätzbare Ergebnisse wie sie sich aus der Natur der Forschung heraus ergeben, stehen im Konflikt mit den ergebnisorientierten Kommunikationszielen des Berichterstatters.

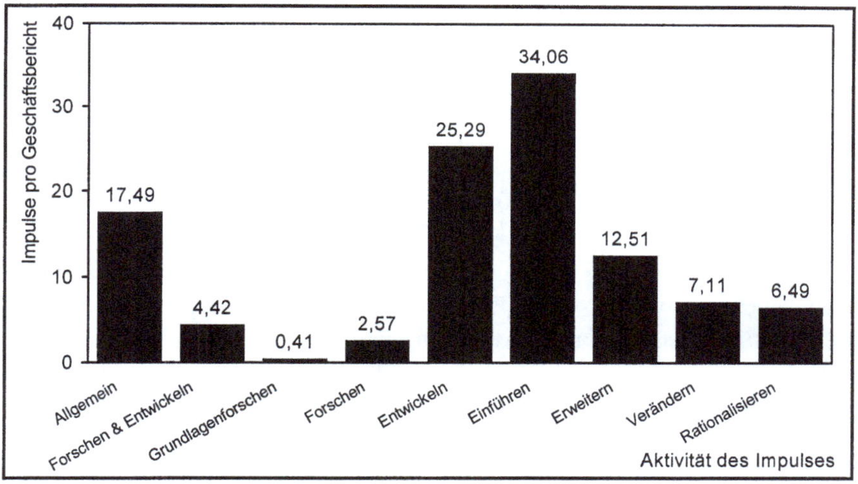

Abbildung 5: Impulshäufigkeiten nach der Aktivität

Die Anzahl der Nennungen zur Aktivität „Grundlagenforschen" stellt für die anstehenden statistischen Analysen eine bedrohlich niedrige Zahl dar. Zusätzlich ergab sich bei der Kodierung die Schwierigkeit, die Aktivitäten „Grundlagenforschen" und „Forschen" trennscharf zuzuordnen wie es im Sinne der Frascati-Definition notwendig wäre. Daher werden die Aktivitäten „Grundlagenforschen" und „Forschen" zusammengefaßt. Damit bleibt die Möglichkeit erhalten, die Forschungsleistung laut Berichterstattung als Indikator der Innovationsorientierung abgegrenzt von der allgemeinen Forschungs- und Entwicklungsleistung zu analysieren.

Die Anzahl der Nennungen zu den Aktivitäten „Forschen und Entwickeln", „Grundlagenforschen" und „Forschen" beträgt 7,4 Impulse pro Geschäftsbericht.[293] Bei einer durchschnittlichen Gesamtzahl von 110 Impulsen pro Geschäftsbericht[294] ergibt sich ein mittlerer Anteil von 6,7 % für die Berichterstattung zur allgemeinen Forschung und Entwicklung. Dieser mittlere Anteil ist Ausdruck der Bedeutung der Forschung und Entwicklung in der Berichterstattung. Der Anteil kann validiert werden, indem der Aufwand für Forschung und Entwicklung relativ zum Umsatz im Mittel für alle Unternehmen des produzierenden Gewerbes herangezogen wird. Dieser Aufwand beträgt in Deutschland 4,8 % relativ zum Umsatz für das Jahr 1993[295] und liegt somit nahe am Bedeutungsanteil der Berichterstattung über die Forschungs- und Entwicklungsimpulse. Branchenbezogen schwankt der Anteil der Aufwendungen am Umsatz zwischen 3,3 % im Maschinenbausektor, 6,6 % in der chemischen Industrie und 7,1 % in der Elektrotechnik.[296] Damit spiegelt die Bedeutung der Impulse zur Forschung und Entwicklung den Anteil der Aufwendungen am Umsatz wider. Diese Parallele bringt zum Ausdruck, daß der Forschung und Entwicklung in der Berichterstattung eine ähnliche Bedeutung beigemessen wird wie den Forschungs- und Entwicklungsaufwendungen im Verhältnis zum Umsatz.

Der Schwerpunkt der Darstellungen in der Berichterstattung liegt indes auf den Tätigkeiten „Entwickeln" und „Einführen", die gemeinsam mehr als die Hälfte aller Kodierungen der Impulsaktivitäten einnehmen und so das hohe Gewicht einer ergebnisorientierten Darstellung der Ereignisse im Unternehmen belegen. Zu diesen ergebnisorientierten Darstellungen gehören auch die Tätigkeiten „Erweitern", „Verändern" und „Rationalisieren".

---

293 Die Tätigkeit „Entwickeln" wird nicht hierzu gerechnet, weil sie hauptsächlich nicht durch experimentelle Entwicklung im Sinne der Forschung und Entwicklung nach dem Frascati-Handbuch gemeint ist, sondern schwerpunktmäßig von der Ergebnisbeschreibung der Forschungs- und Entwicklungsprozesse geprägt ist. Vgl. OECD (1971) und (1993).

294 27.367 Artikulationen aus 248 Geschäftsberichten ergeben im Mittel 110,35 Impulse pro Bericht.

295 Es ist der Anteil der internen Forschungs- und Entwicklungsaufwendungen und externen Zuwendungen des verarbeitenden Gewerbes am Umsatz. Vgl. SV – GEMEINNÜTZIGE GESELLSCHAFT FÜR WISSENSCHAFTSSTATISTIK MBH (1996) S. 17.

296 Vgl. ebenda.

5.2.4 Impulshäufigkeiten nach dem Wirkungsbereich

Für das Kriterium des Wirkungsbereichs ergibt sich die in der Abbildung 6 dargestellte Häufigkeitsverteilung. Bei der Zuordnung der mittleren 110 Impulse pro Geschäftsbericht zu Prozessen und Produkten dominiert der Prozeßbereich mit insgesamt 47 Nennungen,[297] dicht gefolgt von den Produktimpulsen mit knapp 43 Nennungen. Die restlichen 20 Impulse entfallen auf den allgemeinen Bereich.

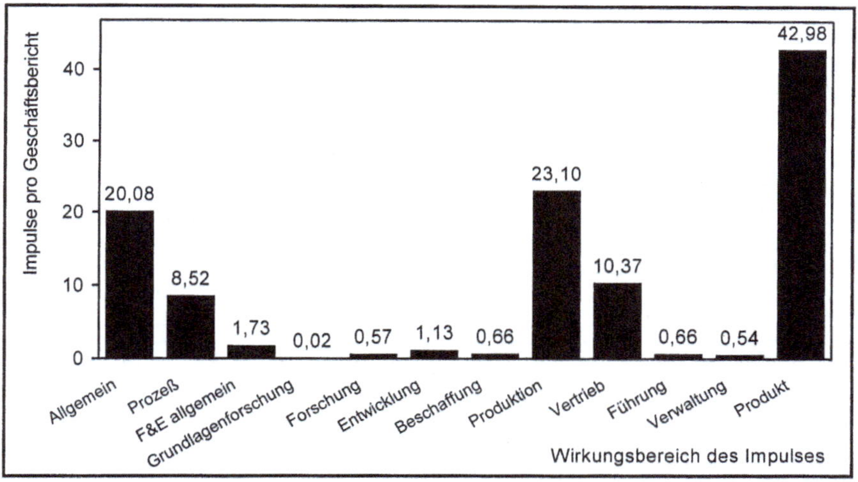

Abbildung 6: Impulshäufigkeiten nach dem Wirkungsbereich

Hinsichtlich des Prozeßbereichs dominieren die Impulse in der Produktion, gefolgt vom Vertrieb. Die geringste Zahl an Nennungen sind dem Unternehmensbereich Grundlagenforschung zuzurechnen. Ebenso unbedeutend sind die anderen funktionalen Bereiche der Forschung und Entwicklung. Eine getrennte Betrachtung der Forschungs- und Entwicklungsbereiche erscheint daher nicht erstrebenswert und ist auch nicht trennscharf möglich. Die Wirkungsbereiche „Forschung und Entwicklung allgemein", „Grundlagenforschung", „Forschung" und „Entwicklung" werden daher zusammengefaßt. Ähnliches deutet sich für die funk-

297 Gemeint ist hier die Summe der mittleren Anzahl an Impulsen pro Geschäftsbericht aus „Prozeß", „F&E allgemein", „Grundlagenforschung", „Forschung", „Entwicklung", „Beschaffung", „Produktion", „Vertrieb", „Führung" und „Verwaltung".

tionalen Bereiche „Beschaffung“, „Führung“ und „Verwaltung“ an. Sie werden dem allgemeinen Prozeßbereich „Prozeß“ zugeordnet.

Der Abbildung 6 kann entnommen werden, daß etwa doppelt so viel über Produkte berichtet wird wie über innovationsorientierte Maßnahmen im Produktionsbereich. Für dieses Verhältnis lassen sich Parallelen in der Verwendung des Innovationsbudgets finden. Die Tabelle 17 zeigt dessen Verwendung für das Jahr 1984.

Verwendungszweck	1984
Produktbezogener Aufwand	60,6%
Prozeßbezogener Aufwand im Produktionsbereich	32,2%
Prozeßbezogener Aufwand in Büro und Verwaltung	7,2%
Summe	100,0%

Tabelle 17: Verwendung des Innovationsbudgets[298]

Der produktbezogene Aufwand ist etwa doppelt so groß wie der prozeßbezogene Aufwand im Produktionsbereich. Dieser relative Leistungseinsatz weist somit eine Parallele zur Berichterstattung auf. Der prozeßbezogene Aufwand in Büro und Verwaltung findet sich in der Summe der Impulshäufigkeiten für die Bereiche „Vertrieb“, „Verwaltung“ und „Führung“ mit 11,6 Impulsen pro Geschäftsbericht im Mittel wieder. Die 11,6 Impulse haben eine mittlere relative Bedeutung von 10,5 % an der gesamten innovationsorientierten Berichterstattung.

Bei diesen Parallelen muß beachtet werden, daß für die Innovationsorientierung nicht die realisierten Aufwendungen gemessen werden. Diese Arbeit geht vielmehr weit über die Bestimmung der Innovationsleistung durch Aufwendungen hinaus, indem qualitative Angaben quantifiziert werden. Die Ähnlichkeiten zwischen der Bedeutung der Elemente der Berichterstattung und der Aufteilung des Innovationsbudgets werden wegen der gänzlich unterschiedlichen Meßmethoden als Validitätsindiz gewertet.

298 Vgl. SCHMALHOLZ (1986) S. 8.

5.2.5 Impulshäufigkeiten nach dem Ursprung

Die Abbildung 7 zeigt die Verteilung der Impulshäufigkeiten nach ihrem Ursprung. Hierbei ist zu beachten, daß 94,2 von 110 Impulsen dem internen Ursprung zugerechnet werden und in der Abbildung nicht erscheinen. Bei 8,7 von 110 Impulsen ist die Rede von Akquisitionen in Form von „Minder-" und „Mehrheitsbeteiligungen". Hierbei ist zu beachten, daß die Häufigkeiten sowohl Zugänge als auch Abgänge beinhalten.[299]

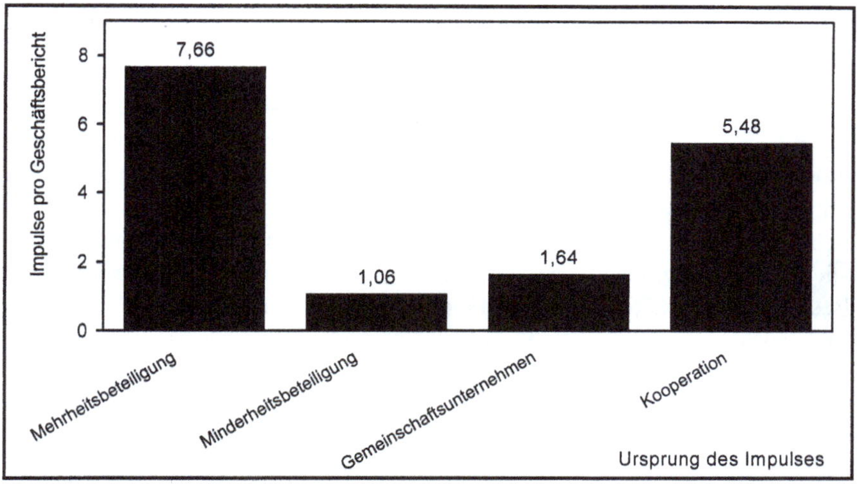

Abbildung 7: Impulshäufigkeiten nach dem Ursprung

Das Verhältnis der Nennungen von Mehr- und Minderheitsbeteiligungen ist zu hinterfragen. Es wurde etwa siebenmal so häufig von Mehrheitsbeteiligungen berichtet, wie von Minderheitsbeteiligungen. Dieses extreme Verhältnis ergibt sich aus den Eigenschaften der Berichterstattung. Nennungen, wie die Übernahme und der Erwerb eines Unternehmens, wurden als „Mehrheitsbeteiligung" ausgelegt, ohne daß im Moment des Kodierens Gewißheit darüber bestand, ob eine Mehr-

299 Diese inhaltlich sehr unterschiedlichen Sachverhalte können nur in Kombination mit dem Kriterium der Impulsrichtung getrennt werden. Kombinatorische Betrachtungen sind im Kapitel zur Bildung der 43 Impulsarten relevant.

heitsbeteiligung vorlag.[300] Aufgrund dieses Problems und der Überlegung, daß eine Mehr- und eine Minderheitsbeteiligung sich nur im Ausmaß der Beherrschung unterscheiden, sollen „Mehr-" und „Minderheitsbeteiligungen" zusammengefaßt als „Akquisitionen" betrachtet werden.

Die Nennungen der Gründungen von Gemeinschaftsunternehmen und Aktivitäten, die sich auf eine kooperative Basis mit einem unternehmens- oder konzernfremden Unternehmen stützen, bilden den gemeinschaftlich ausgerichteten Gegenpol zur „Akquisition". Wenn auch gesellschaftsrechtliche Unterschiede zwischen der Gründung eines Gemeinschaftsunternehmens und einer Kooperation bestehen, so tragen doch beide Sachverhalte den Aspekt der Zusammenarbeit in sich. Daher werden diese Ursprünge zu der Ausprägung „gemeinsam" zusammengefaßt.

Zusätzlich sei erwähnt, daß Unternehmensabgaben mit gesellschaftsrechtlicher Konsequenz als gesetzliche Mindestanforderung in der Berichterstattung genannt werden müssen. Die Beendigung von Kooperationsverhältnissen wird in nur 0,08 Impulsen pro Geschäftsbericht, also in nur 19 Impulsen aller 248 Geschäftsberichte, genannt. Diese Angaben können nicht als realistisch angenommen werden. Die Beobachtung muß somit aus dem Berichtsverhalten erklärt werden: Die Beendigung einer Kooperation paßt nicht in das Bild eines kooperativ nach Erfolg strebenden Unternehmens und wird deshalb unerwähnt bleiben. Zwei Beispiele bringen den negativen Ton, den es in der Berichterstattung zu vermeiden gilt, zum Ausdruck: „Nach dem Entschluß unseres langjährigen Importeurs Yanase, den Verkauf von Volkswagen- und Audi-Modellen mit Beginn dieses Jahres zu beenden, haben wir den Aufbau unserer eigenen Vertriebskanäle weiter vorangetrieben."[301] „Ein wichtiges Ziel konnte allerdings nicht verwirklicht werden: Die im Rahmen der neuen Unternehmensstrategie angekündigte Zusammenarbeit mit Sandoz beim Pflanzenschutz. In der Schlußphase der Gespräche ergaben sich neue grundlegende Gesichtspunkte, über die keine Einigung erzielt werden konnte, so daß die Verhandlungen aufgegeben werden mußten."[302] Das letzte Zitat zeigt, daß der Sachverhalt vielleicht nur deshalb erwähnt wird, weil er bereits vorab angekündigt wurde, und die Leser das Ergebnis der Verhandlungen erwarteten.

---

300 Die Berichterstatter differenzieren nur unzureichend zwischen Mehr- und Minderheitsbeteiligungen. Statt dessen wird der Begriff der Akquisition häufig verwendet.

301 Geschäftsbericht Volkswagen AG (1992) S. 47.

302 Geschäftsbericht Schering AG (1990) S. 2.

5.2.6 Impulshäufigkeiten nach dem organisatorischen Aspekt

Die Abbildung 8 zeigt die Impulshäufigkeit organisatorischer Aspekte. Die Darstellung ist nicht trennscharf. Das ist insofern nicht von Bedeutung, da in späteren Betrachtungen die organisatorischen Aspekte zu einem Indikator zusammengefaßt werden. Die Differenzierung dient hier jedoch einer detaillierten Beschreibung.

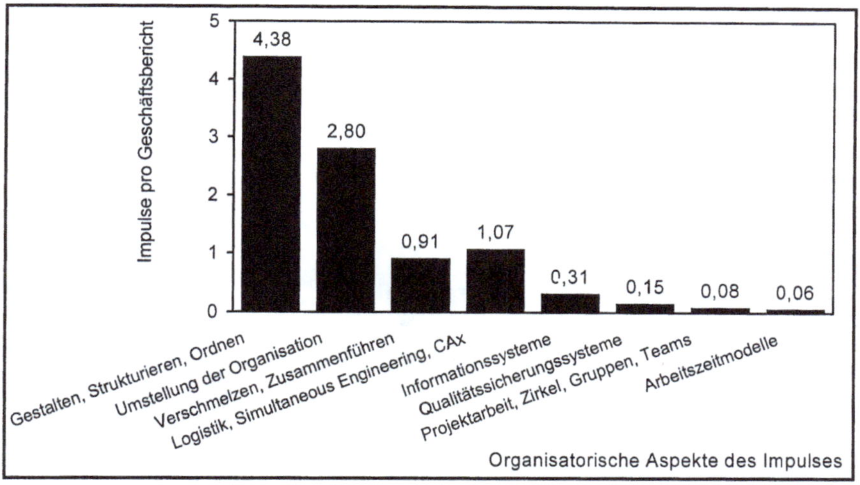

Abbildung 8: Impulshäufigkeiten organisatorischer Aspekte

Insgesamt wurden für 9,7 Impulse pro Geschäftsbericht organisatorische Aspekte erkannt. Der überwiegende Teil bezieht sich auf Angaben zum „Gestalten, Strukturieren, Ordnen“ und „Umstellen von organisatorischen Abläufen und Zuständigkeiten“ sowie das „Verschmelzen oder Zusammenführen von Unternehmensteilen und Bereichen“ mit insgesamt 8 Impulsen pro Geschäftsbericht. Die verbleibenden 1,7 Impulse sind stark technische Sachverhalte, denen hier jedoch ein hohes Maß an organisatorischen Effekten zugesprochen wird. So werden den Nennungen „Einführen neuer Logistikkonzepte und diverser ‚Computer-Aided-‘Techniken (CAx)“, „neuer Informationssysteme“, „neuer Qualitätssicherungssysteme“, „neuer Projektarbeiten“, aber auch „neuer Arbeitszeitmodelle“ organisatorische Aspekte unterstellt. Eine isolierte Betrachtung dieser Sachverhalte erscheint zudem nicht sinnvoll, weil die technischen Aspekte die dynamische Robustheit beeinträchtigen.[303]

5.2.7 Häufigkeiten nach dem Innovationsaspekt

Die Abbildung 9 beinhaltet ebenfalls inhaltlich nicht überschneidungsfreie Häufigkeiten von Impulsen radikaler Innovation.

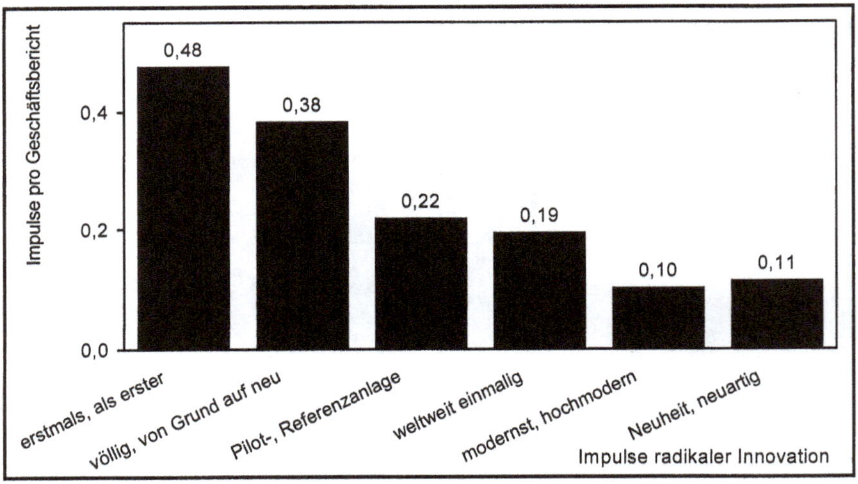

Abbildung 9: Impulshäufigkeiten radikaler Innovation

303 In einer linearen Regression über die Zeit wurde für organisatorischen Aspekte „Logistik, Simultaneous Engineering, CAx“ und „Informationssysteme“ eine signifikante Abnahme der Häufigkeiten festgestellt. Während die Zunahme der Berichterstattung über die Zeit bereits als allgemeine Tendenz erkannt wurde, stellt die signifikante Abnahme jedoch ein deutliches Indiz für die fehlende dynamische Robustheit der Aspekte dar. Die Abnahme der Häufigkeit wird darauf zurückzuführen sein, daß die Einführung von *Informationssystemen* in jüngeren Jahren mehr zum Alltäglichen gehört als in älteren Jahren und daher kein wesentliches Ereignis im Unternehmen mehr darstellt. So gesehen erklärt sich die Nützlichkeit, die organisatorischen Aspekte gemeinsam zu betrachten, weil damit der dynamischen Robustheit eher entsprochen wird. Die Summe der unterschiedlichen Angaben organisatorischer Aspekte ist unabhängiger von technischen Standards, die einem erheblichen Alterungsprozeß unterliegen.

Die detaillierte Aufteilung erlaubt jedoch einen Einblick in die Maßstäbe, die angesetzt werden, um eine Angabe als radikale Innovation einzustufen. Im Mittel beziehen sich 1,5 von 110 Impulsen im Geschäftsbericht auf radikale Innovationen. Das geringe Vorkommen deutet an, daß eine Analyse der Innovationsorientierung allein auf Basis radikaler Innovationen schwerlich zu einem repräsentativen Ergebnis führen kann. Die unterschiedlichen Ausprägungen radikaler Innovation werden für weitere Betrachtungen zu einem Aspekt zusammengefaßt.[304]

5.2.8 Impulshäufigkeiten nach der Richtung und Stärke

Die Verteilung der Impulsrichtungen und -stärken ist in der Abbildung 10 dargestellt. Sie ist deutlich zugunsten der Impulsrichtung „mehr“ verschoben. Die Verschiebung offenbart die positivierte Gestaltung der Berichterstattung.

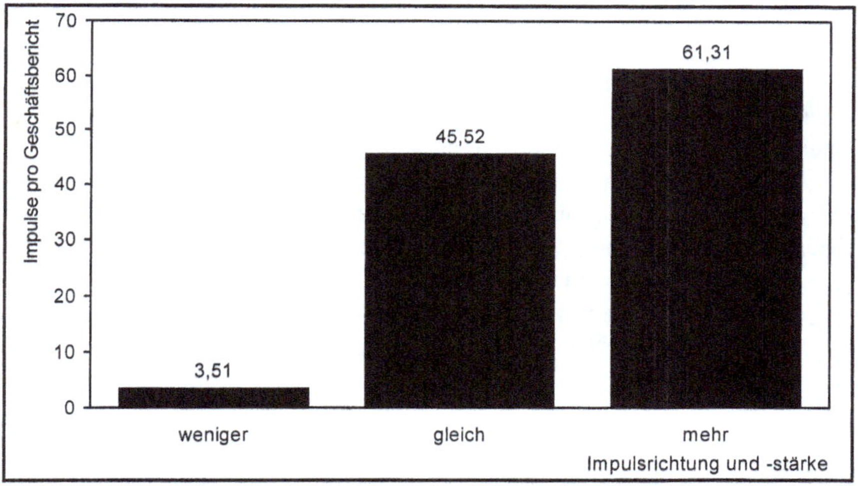

Abbildung 10: Impulshäufigkeit nach der Richtung und Stärke

---

304 Mit der Zusammenfassung gehen nicht die Ausprägungen anderer Kriterien zu diesen Impulsen verloren. Nach der Zusammenfassung kann daher zum Beispiel immer noch ermittelt werden, ob der Impuls mit der Eigenschaft radikaler Innovation dem Prozeß- oder dem Produktbereich zuzuordnen ist.

Nur in wenigen Fällen war es möglich, einem innovationsorientierten Sachverhalt die Ausprägung „weniger“ zuzuweisen. Die Entwicklung eines neuen Produktes, die Einführung einer neuen Maschine in den Produktionsprozeß oder die Neugestaltung organisatorischer Abläufe sind stets Impulse mit zusätzlicher Impulswirkung. So ist die Messung der Innovationsorientierung stark auf die Ausprägung „mehr“ ausgerichtet. Ereignisse, für die eine zusätzliche Impulswirkung nicht erkennbar ist, werden mit der Stärke „gleich“ versehen. Darunter fallen Weiterentwicklungen ebenso wie Nennungen zu Kooperationen, denen nicht entnommen werden kann, ob diese neu eingegangen oder fortgesetzt wurden. Wenigen Impulsen kann eine Richtung der Art „weniger“ zugesprochen werden. Hierzu zählen die Nennung von verringerten Investitionen, verringerten Forschungs- und Entwicklungsausgaben, Unternehmensabgaben, beendeten Kooperationen, die Schließung von Betriebsteilen oder die Aufgabe von ganzen Unternehmenszweigen. Die Impulsrichtung „weniger“ kann daher nicht mit den Angaben der Ausprägung „mehr“ aggregiert werden. Die qualitative Dimension der Messung erfordert die getrennte Betrachtung unterschiedlicher Richtungen.

Impulse mit den Stärken „gleich“ und „mehr“ lassen sich indes, bei sonst gleichen Impulskriterien, zu einer Ausprägung zusammenfassen, weil sie die gleiche Richtung aufweisen und sich nur der Stärke nach unterscheiden. Die Zusammenfassung der sonst gleichen Impulse erfolgt, indem Impulsen mit der Ausprägung „mehr“ die doppelte Stärke zugedacht wird wie Impulsen mit der Ausprägung „gleich“. Bei der Zusammenfassung der Impulse wird also eine Gewichtung der Angaben vorgenommen. Diese gewichtete Aggregation folgt der Grundannahme, daß aus der Anzahl der Nennungen einer bestimmten Art der Innovationsorientierung deren Bedeutung für das Unternehmen abgeleitet werden kann. Die gewichtete Summe der Ausprägungen „gleich“ und „mehr“ von sonst gleichartigen Impulsen stellt somit den Versuch dar, der realen Bedeutung der Sachverhalte besser zu entsprechen.

5.2.9 Impulshäufigkeiten nach regionalen, Auftrags- und umweltpolitischen Aspekten

Die Abbildung 11 zeigt die Häufigkeiten regionaler, Auftrags- und umweltpolitischer Aspekte der Impulse. Alle drei Kriterien sind unabhängig voneinander. Die Darstellung in einer Abbildung erfolgt hier deshalb, weil es sich jeweils um dichotome Ausprägungen handelt, für die eine getrennte Abbildung nicht notwendig ist.

Die regionalen Aspekte treten in 5,8 Impulsen von 110 pro Geschäftsbericht auf. Inhaltlich lassen sich davon die regionalen Aspekte getrennt betrachten, die sich auf die neuen Bundesländer beziehen. Sie sind dynamisch nicht robust, da der Anschluß der Deutschen Demokratischen Republik an die Bundesrepublik Deutschland am dritten Oktober 1990 als ein einmaliges und daher nicht zeitpunktunabhängiges Ereignis ist. Dennoch sollen die durch dieses Ereignis verursachten regionalen Aktivitäten nicht ausgeschlossen werden. Wie in den anderen Fällen regionaler Aktivitäten, so beinhalten auch die Bemühungen um den bisher völlig unerschlossenen Raum der neuen Bundesländer marktbezogene Indikatoreigenschaften.

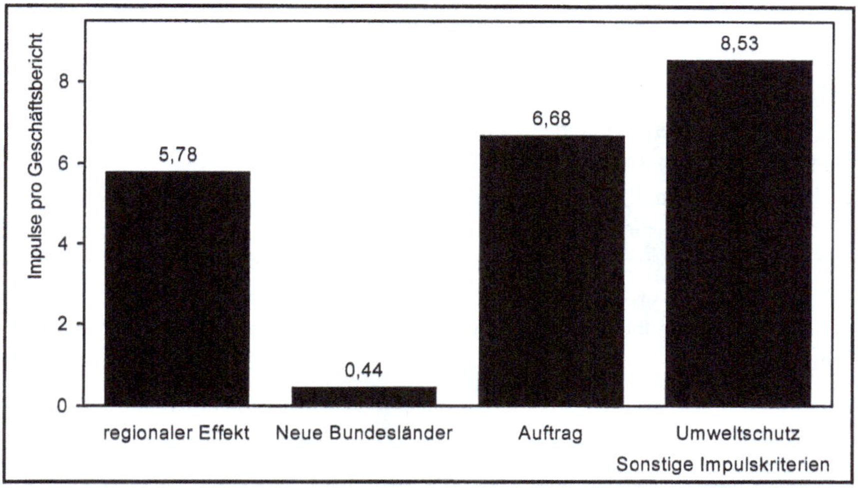

Abbildung 11: Impulshäufigkeiten regionaler, Auftrags- und umweltpolitischer Aspekte

Der Auftragsaspekt eines Impulses tritt in 6,7 Fällen von 110 Impulsen pro Geschäftsbericht auf. Umweltpolitische Aspekte wurden im Mittel für 8,5 Impulse pro 110 Nennungen gemessen. Die Auftrags- und umweltpolitischen Aspekte sind Kriterien, die dazu dienen werden, bestimmte Arten der Innovationsorientierung unverzerrter zu ermitteln. So werden in der Berichterstattung von einigen Unternehmen zusätzlich neue Aufträge genannt, während andere Unternehmen nur über die Einführung neuer Produkte berichten. Da in beiden Fällen von einem neuen Produkt die Rede ist, müssen solche Nennungen, die einen Auftragscharakter haben, an den Häufigkeiten relativiert werden, die keinen Auftragsaspekt beinhalten. Die Messung umweltpolitischer Aspekte erfolgt aus ähnlichen Überlegungen. Unternehmen aus Branchen mit eher umweltbelastenden Produktionen tendieren dazu, übermäßig viel von umweltpolitischen Projekten zu berichten. Da die Einführung von Umweltschutztechniken nicht als innovationsneutral beurteilt werden kann, sollen statistische Methoden benutzt werden, die übermäßige Berichterstattung einiger Unternehmen zu kontrollieren und zu relativieren.

Die Häufigkeit der Impulse mit Auftrags- und umweltpolitischen Aspekten zeigt, daß es sich um nicht vernachlässigbare Meßeinflüsse handelt.

5.2.10 Zusammenfassung der Impulshäufigkeiten

Die Häufigkeitsverteilungen der Kriterien weisen teilweise nur geringe Impulsmengen auf. Für die Analyse der Varianzen ist aber eine gewisse Mindestanzahl an Impulsen erforderlich. Zudem kann die Grundannahme der inhaltsanalytischen Betrachtung, daß die Anzahl bestimmter Nennungen die Bedeutung für das Unternehmen widerspiegelt, nur gesichert werden, wenn eine ausreichende Anzahl an Impulsen meßbar ist. Zur Erfüllung der Voraussetzungen für eine sinnvolle Analyse werden bestimmte Ausprägungen innerhalb eines Kriteriums zusammengefaßt:

- Beim Kriterium der Impulsaktivität werden die Aktivitäten „Grundlagenforschen" und „Forschen" zu einer Ausprägung „Forschen" zusammengefaßt. Es verbleiben somit acht von neun Ausprägungsmöglichkeiten.

- Beim Kriterium des Impulsbereichs werden alle funktionalen Bereiche der Forschung und Entwicklung zu einem Bereich der Forschung und Entwicklung zusammengefaßt. Zudem werden die wenigen Nennungen zum Bereich „Beschaffung", „Führung" und „Verwaltung" dem „allgemeinen Prozeßbereich" zugewiesen. Somit verbleiben sechs von zwölf Ausprägungsmöglichkeiten.

- Beim Kriterium des Impulsursprungs werden „Mehr-“ und „Minderheitsbeteiligungen“ zu „Akquisitionen“ zusammengefaßt und „Gemeinschaftsunternehmen“ und „Kooperationen“ zu „gemeinsamen Bemühungen“ zusammengefaßt. Inklusive der Ausprägungsmöglichkeit, daß der Ursprung „intern“ sein kann, verbleiben somit drei von fünf Ausprägungsmöglichkeiten.

- Das Kriterium organisatorischer Aspekte wird auf ein dichotomes Informationsniveau reduziert. Die Anzahl der möglichen Ausprägungen beträgt somit nur zwei von ursprünglich neun.

- Das Kriterium des Innovationsaspektes wird ebenso dichotom gebildet. Die Anzahl der Ausprägungen verringert sich hier von sieben auf zwei.

- Das Kriterium der Impulsrichtung und Stärke wird von drei Ausprägungsmöglichkeiten auf zwei zusammengefaßt. Das geschieht, indem der Impulsstärke „mehr“ doppelte Stärke beigemessen wird als der Impulsstärke „gleich“. Durch Aggregation sonst gleicher Arten der Innovationsorientierung erhalten diejenigen Impulse der Ausprägung „mehr“ somit doppeltes Gewicht als diejenigen mit der Ausprägung „gleich“. Die Ausprägung „weniger“ bleibt unverändert erhalten. Insgesamt ergeben sich somit zwei von ursprünglich drei Ausprägungsmöglichkeiten.

- Die Kriterien regionaler, Auftrags- und umweltpolitischer Aspekte werden ebenfalls dichotom behandelt. Es verbleiben jeweils zwei Ausprägungsmöglichkeiten.

Aus der Anzahl der Ausprägungen der neun Kriterien ergibt sich die Anzahl theoretisch möglicher Kombinationen von Ausprägungen: 8*6*3*2*2*2*2*2*2 = 9.216 für jedes Unternehmen zu jedem Zeitpunkt des Untersuchungszeitraums. Die Anzahl tatsächlich kodierter Kombinationsvarianten beträgt 358 für alle Unternehmen zu allen Zeitpunkten. Mit dieser sehr viel kleineren Zahl tatsächlicher Kombinationsvarianten wird deutlich, daß eine große Zahl theoretischer Kombinationsmöglichkeiten inhaltlich irrelevant ist. Allerdings zeigt die immer noch große Zahl von 358 Kombinationsvarianten die Dringlichkeit auf, weitere zusammenfassende Schritte vorzunehmen, um die Analyse verschiedener Arten der Innovationsorientierung auf ein überschaubares Maß zu reduzieren. Diese Aufgabe wird dem Kapitel zur Bildung der 43 Arten der Innovationsorientierung zukommen.

Im folgenden Kapitel wird die Reliabilität der Datenbasis ermittelt. Es soll untersucht werden, wie genau die Messung vorgenommen wurde.

5.3 Reliabilität der Impulsmessung

Die Dokumentenanalyse ermöglicht es, die Messung beliebig oft zu wiederholen. Die Wiederholbarkeit der Messung kann genutzt werden, um festzustellen, ob die mehrmalige Messung am gleichen Textmaterial zu den gleichen Ergebnissen führt. Das Ausmaß, in dem die wiederholte Messung der ursprünglichen gleicht, wird als Reliabilität bezeichnet. Im folgenden werden Reliabilitätsmaße entwickelt und getestet.

5.3.1 Entwicklung eines Reliabilitätsmaßes

Für die Entwicklung eines Reliabilitätsmaßes sind vor allem drei Fragen zu beantworten: *Wer, wann* erneut kodiert und *wie* die erneute Kodierung mit dem ursprünglich Erfaßtem verglichen werden soll. Diese drei Fragen werden in der intersubjektiven, temporalen und instrumentellen Reliabilität festgehalten. Diese Reliabilitäten bilden die Dimensionen der zu bestimmenden Reliabilitätsmaße.[305]

In bezug auf die Frage, *wer* erneut kodiert, werden zwei Subjekte unterschieden: Bei der ***Inter****koder*-Reliabilität wird die Übereinstimmung der Messung mehrerer Kodierer geprüft. Bei der ***Intra****koder*-Reliabilität wird die Übereinstimmung der Verschlüsselungen eines Kodierers, der dasselbe Textmaterial in zeitlichem Abstand zweimal kodiert hat, geprüft.[306] Interkoder-Reliabilitäten sind dann erforderlich, wenn eine Gruppe von Kodierern Texte für eine gemeinsame empirische Datenbasis verschlüsselt. Um Verzerrungen aufgrund unterschiedlicher Wahrnehmungen einzelner Kodierer kontrollieren zu können, muß in diesen Fällen mit einer Interkoder-Reliabilität geprüft werden, inwieweit die Kodierer gleiche Texte reliabel erfassen. In dieser Untersuchung wurde der gesamte Textbestand jedoch ausschließlich von einer Person verschlüsselt. Daher wird die

---

[305] Vgl. MERTEN (1983) S. 302ff.

[306] Vgl. FRÜH (1991) S. 168.

Darstellung von Intrakoder-Reliabilitäten als notwendig, aber auch als hinreichend angesehen.[307]

Die Frage, *wann* erneut kodiert wird, ist im Falle der Intrakoder-Reliabilität leicht zu beantworten. Die erneute Kodierung ist erst nach einer gewissen Zeit vorzunehmen, damit sichergestellt ist, daß der Kodierer sich nicht an die konkreten Erfassungen erinnern kann.

Somit bleibt die Frage zu klären, *wie* die Reproduzierbarkeit überprüft werden soll. Geprüft werden kann, ob eine bestimmte Aussage gleichermaßen kodiert wird oder ob die Anzahl gleicher Kodierungen pro Texteinheit übereinstimmen.[308] Da in dieser Arbeit die Summen gleichartiger Impulse von Bedeutung sind, ist allein die Überprüfung der Anzahl gleicher Kodierungen pro Geschäftsbericht aussagekräftig.

Zur Prüfung der ***Intra***reliabilität wird folgendes Maß benutzt:[309]

$$ICR_{k,i} = \frac{2 \cdot Minimum\{x_{k,i}; y_{k,i}\}}{x_{k,i} + y_{k,i}} \qquad \text{(Gleichung 1)}$$

mit

$ICR_{k,i}$: Intrakoder-Reliabilität des *k*-ten Kriteriums im *i*-ten Geschäftsbericht

$x_{k,i}$: Anzahl der Impulse des *k*-ten Kriteriums im *i*-ten Geschäftsbericht im Rahmen der ursprünglichen Kodierung

$y_{k,i}$: Anzahl der Impulse des *k*-ten Kriteriums im *i*-ten Geschäftsbericht im Rahmen der erneuten Reliabilitätskodierung

---

307 Zudem wird der Aufwand zur Einweisung eines zweiten Kodierers in die meßrelevanten Problematiken der Innovationsorientierung als hoch bewertet. Der Aufwand steht damit in keinem sinnvollen Verhältnis zum Nutzen einer Interkoder-Reliabilität. Zusätzlich würde gerade das Training eines Unerfahrenen seine Unabhängigkeit vom ersten Kodierer beeinträchtigen. Ohne Training wäre jedoch eine Kodierung auf einem hohen Meßniveau nicht möglich. Damit kollidiert das Meßniveau grundsätzlich mit dem Aussagegehalt der Interkoder-Reliabilität, wenn die Messung wie hier von nur einer Person durchgeführt wird.

308 Vgl. FRÜH (1991) S. 172. Mit der Überprüfung der Anzahl gleicher Kodierungen wird nicht getestet, ob auch genau die gleichen Artikulationen erneut gleich kodiert werden.

309 Vgl. NORTH ET AL. (1963) S. 49.

$ICR_{k,i}$ gibt an, wie hoch die Reliabilität pro Geschäftsbericht und pro Impulsart ist. Die Werte sind zwischen 0 und 1 normiert, wobei $ICR_{k,i} = 1$ die höchste und $ICR_{k,i} = 0$ die niedrigste Reliabilität beinhaltet.

Bei diesem Maß ist eine Einschränkung zu beachten: Eine Reliabilität von $ICR_{k,i} = 0{,}5$ für den Fall von genau zwei Ausprägungsmöglichkeiten innerhalb einer Kategorie besagt, daß die Reliabilität genau so hoch ist wie es einer zufälligen Gleichverteilung entsprechen würde. Die zufälligen Übereinstimmungen nehmen bei a Ausprägungsmöglichkeiten innerhalb einer Kategorie den Wert $1/a$ an.[310] Um ein gewisses Maß an Reliabilität testieren zu können, ist der Wert $1/a$ zu übertreffen. Überschaubar und aussagekräftig wird das Reliabilitätsmaß, wenn die Reliabilitäten für alle 31 Geschäftsberichte zu einem Mittelwert aggregiert werden. Gleichung 2 bestimmt die mittlere Reliabilität, die sich aus Gleichung 1 ergibt.

$$\overline{ICR}_k = \frac{1}{n}\sum_{i=1}^{n}\frac{2 \cdot Minimum\{x_{k,i}; y_{k,i}\}}{x_{k,i} + y_{k,i}} \qquad \text{(Gleichung 2)}$$

Das mittlere Reliabilitätsmaß $\overline{ICR}_k$ wird im nächsten Kapitel für ausgewählte Impulsarten k ermittelt.

5.3.2 Überprüfung der Reliabilität

Die Artikulationen der 248 Geschäftsberichte wurden von Januar bis August 1996 verschlüsselt. Die Verschlüsselung erfolgte in einer zufälligen Reihenfolge der Unternehmen, wobei jedoch für jedes Unternehmen die Geschäftsberichte sortiert nach dem Alter herangezogen wurden. Im Oktober 1996[311] wurde von jedem Unternehmen genau ein Geschäftsbericht für die Reliabilitätsstichprobe derart zufällig ausgewählt, daß die Anzahl über die Jahre gleichverteilt ist. Mit der Auswahl eines Geschäftsberichts pro Unternehmen wird gewährleistet, daß jeder Moment der Erfassungsabfolge berücksichtigt werden kann. Insgesamt wurden im

---

310 Vgl. MERTEN (1983) S. 303f.

311 Die Gefahr, daß die Rekodierung zu schnell auf die Erstkodierung folgt und der Kodierer sich so an die Erstkodierung erinnern kann, ist wegen der großen Zahl von 27.367 erfaßten Impulsen gering.

Oktober 1996 genau 31 Geschäftsberichte aus allen Jahren des Untersuchungszeitraumes erneut erfaßt.

Aus den Impulshäufigkeiten der Reliabilitätsstichprobe und denen der ursprünglichen Erfassung ergeben sich die in Tabelle 18 dargestellten mittleren Reliabilitäten. Es werden fünf Reliabilitäten präsentiert, die sich auf Kriterien beziehen, die in ihrer Häufigkeit derart mächtig sind, daß in jedem der 31 Geschäftsberichte Nennungen gemacht werden.[312] Die Reliabilität wurde für die Summe aller Impulse aus dem Kriterium des Impulsbereichs für die Ausprägungen „Produkt" und „Prozeß" und aus dem Kriterium der Impulsart für die Ausprägungen „Entwickeln" und „Einführen" ermittelt.

Kriterium *k*	*a* (1/*a*)	$\overline{ICR}_k$
Gesamt	2 (0,50)	0,873
Produkt	8 (0,13)	0,856
Prozeß	8 (0,13)	0,834
Entwickeln	6 (0,17)	0,837
Einführen	6 (0,17)	0,835

Tabelle 18: Mittlere Intrareliabilitäten

Die mittleren Reliabilitäten liegen zwischen $\overline{ICR}_k$ = 0,835 und 0,873 und sind somit von einem maximalen Wert 1 nicht weit entfernt.[313] Die unteren Grenzen zufälliger Reliabilitäten, 1/*a*, werden weit übertroffen.

Bevor jedoch die Reliabilität als gegeben angenommen wird, soll zusätzlich untersucht werden, wie sich die Reliabilitäten in der Erfassungsabfolge darstellen. Mit der Analyse des Kodierprozesses lassen sich systematische Erfassungsfehler aufdecken. Eine über den Kodierprozeß signifikant zunehmende Reliabilität bedeutet,

---

312 Die Reliabilität für einen selten vorkommenden Impuls zu bestimmen, ist nicht sinnvoll. Im Fall von null Nennungen pro Unternehmen wird die Reliabilität für die Nichtkodierung bestimmt. Gemessen werden soll aber die Güte der tatsächlich vorgenommenen Kodierungen.

313 Zum Vergleich sei ein Erfahrungswert für ein ähnlich komplexes Kategoriensystem zitiert: „[...] bei der Variable Alpha dürfte ein Wert zwischen *CR* = .75 und *CR* = .85 bei sorgfältiger Vorarbeit und intensiver Codierschulung erreichbar sein. Man müßte solches Ergebnis als guten bis sehr guten Qualitätsstandard für das vorliegende Kategoriensystem betrachten." FRÜH (1991) S. 171.

daß die Erfassung von einem Lernprozeß begleitet ist. Die zuerst erfaßten Geschäftsberichte haben einen größeren Meßfehler als die zuletzt erfaßten. Wenn dieser systematische Erfassungsfehler vorliegt, müssen die zuerst erfaßten Geschäftsberichte erneut kodiert werden, um die Reliabilität für jeden Moment der Erfassung in etwa in gleicher Höhe gewährleisten zu können.

Daher wird untersucht, ob die Reliabilität über die Erfassungsabfolge linear zunimmt. Klarheit zu dieser Fragestellung liefert die lineare Regression in Gleichung 3.

$$ICR_{k,t} = m_k \cdot t + c_k + \varepsilon \qquad \text{(Gleichung 3)}$$

mit

$ICR_{k,t}$: Intrakoder-Reliabilität des k-ten Kriteriums für den zum t-ten Zeitpunkt erfaßten Geschäftsbericht,

t: Rangfolge des Zeitpunktes der Erfassung, $t = \{1...31\}$,

m_k, c_k: zu schätzende Parameter des k-ten Kriteriums,

ε: Fehlerterm.

Gleichung 3 ist eine lineare Regression für das k-te Kriterium über 31 Reliabilitäten $ICR_{k,t}$. Die Reliabilitäten $ICR_{k,t}$ entsprechen der Erfassungsreihenfolge mit $t = 1$ für den zuerst und $t = 31$ für den zuletzt kodierten Geschäftsbericht. Die geschätzten Parameter und Gütemaße sind in der Tabelle 19 für jedes der ausgewählten Kriterien k angegeben.

	Erfassungsabfolge			Konstante			Funktion		
Impulse	$\hat{m}_k$	T-Wert	Sig. T	$\hat{c}_k$	T-Wert	Sig. T	R^2	F-Wert	Sig. F
Gesamt	0,010	+7,50	3E-08	0,711	+28,60	8E-23	0,660	56,2	3E-08
Produkt	0,010	+4,41	1E-04	0,702	+17,50	6E-17	0,401	19,4	1E-04
Prozeß	0,009	+3,97	4E-04	0,686	+16,14	5E-16	0,352	15,8	4E-04
Entwickeln	0,007	+3,09	0,004	0,723	+17,02	1E-16	0,248	9,6	0,004
Einführen	0,008	+2,60	0,014	0,710	+12,88	2E-13	0,189	6,8	0,014

$\hat{m}_k$, $\hat{c}_k$: Geschätzte Parameter, Sig. T: Signifikanz des T-Wertes,
R^2 = Bestimmtheitsmaß, Sig. F: Signifikanz des F-Wertes.

Tabelle 19: Entwicklung der Reliabilität im Erfassungsablauf

Mit den hochsignifikanten T-Werten für den Parameter $\hat{m}_k$ wird die Existenz einer linearen Steigerung der Reliabilitäten im Erfassungsprozeß belegt. Dabei verbessern sich die Reliabilitäten von einem erfaßten Unternehmen zum nächsten um $\hat{m}_k$ = 0,007 bis 0,010. Der signifikanten Schätzung zufolge unterscheiden sich das zuerst und das zuletzt kodierte Unternehmen um Reliabilitätsdifferenzen von 0,007*31 = 0,22 bis 0,01*31 = 0,31 im Falle aller Impulse. Damit zeigt sich, daß die Kodierung signifikant von einem linear verlaufenden Lernprozeß begleitet wird, welcher die Reliabilität älterer Kodierungen stärker beeinträchtigt als jüngere. Konsequent wurden daher die in der Erfassungsabfolge am Anfang stehenden Geschäftsberichte erneut kodiert, bis dieser lineare Lerneffekt nicht mehr signifikant ist. Im Ergebnis wurden dazu 15 Unternehmen, also 15*8 = 120 Geschäftsberichte erneut erfaßt. Das in der Erfassungsabfolge älteste Unternehmen wurde danach nicht mehr im Januar 1996, sondern erst Ende April 1996 kodiert.

Der darauf noch verbleibende lineare Lerneffekt über die Erfassungsabfolge ist in Tabelle 20 dargestellt.

	Erfassungsabfolge			Konstante			Funktion		
Impulse	$\hat{m}_k$	T-Wert	Sig. T	$\hat{c}_k$	T-Wert	Sig. T	R^2	F-Wert	Sig. F
Gesamt	-0,001	-1,42	0,165	+0,976	+61,47	3E-32	0,065	2,0	0,165
Produkt	-0,001	-0,55	0,585	+0,957	+55,07	7E-31	0,010	0,3	0,585
Prozeß	+0,001	+0,57	0,571	+0,914	+44,46	3E-28	0,011	0,3	0,571
Entwickeln	+0,004	+2,55	0,016	+0,841	+26,04	1E-21	0,183	6,5	0,016
Einführen	+0,003	+1,50	0,145	+0,870	+25,53	2E-21	0,072	2,2	0,145

$\hat{m}_k$, $\hat{c}_k$: Geschätzte Parameter, Sig. T: Signifikanz des T-Wertes,
R^2 = Bestimmtheitsmaß, Sig. F: Signifikanz des F-Wertes.

Tabelle 20: Entwicklung der Reliabilität im Erfassungsablauf nach der Rekodierung

Mit den Insignifikanzen für $\hat{m}_k$ zeigt sich, daß für die Erfassungsabfolge keine lineare Verbesserung der Reliabilität belegbar ist. Die Parameter $\hat{m}_k$ haben sich für die gesamten Impulse und Produkt-Impulse im Vergleich zur Tabelle 19 auf ein Zehntel des ursprünglichen Lerneffektes verringert und weichen nur noch geringfügig vom erwünschten Wert 0 ab. Lediglich für die Impulsaktivität „Entwickeln“ ist noch ein schwach signifikanter Lerneffekt beobachtbar. Dennoch hat sich der Lerneffekt von 0,007 auf 0,004 fast halbiert, so daß auch hier ein positives Ergebnis der Rekodierung erkennbar ist. Der Einfluß der Konstanten $\hat{c}_k$ ist im Vergleich der Tabellen 19 und 20 erheblich gestiegen. Diese Steigerung ist wünschenswert, weil damit für die Rekodierung geringere Abweichungen von einer konstanten Reliabilität belegt werden können. Zudem sind die Konstanten $\hat{c}_k$ höher als vor der Rekodierung. Die geringen F-Werte und deren überwiegende Insignifikanzen belegen, daß ein linearer Lerneffekt in der Erfassungsabfolge nicht mehr existent ist. Daher wird angenommen, daß nunmehr die Reliabilitäten für alle Geschäftsberichte etwa gleich hoch sind.

Die Verbesserung der Reliabilitäten im Rekodierungsprozeß lassen sich grafisch darstellen. Dafür wird nach jedem erneut erfaßten Geschäftsbericht eine mittlere Intrakoder-Reliabilität $\overline{ICR}_k$ bestimmt. Da insgesamt die Geschäftsberichte für 15 Unternehmen rekodiert wurden, lassen sich 15 zuzüglich einer anfänglichen mittleren Reliabilität bestimmen und als gleitender Durchschnitt darstellen. Die Abbildung 12 zeigt diese 16 mittleren Reliabilitäten $\overline{ICR}_k$ für jedes Kriterium k.

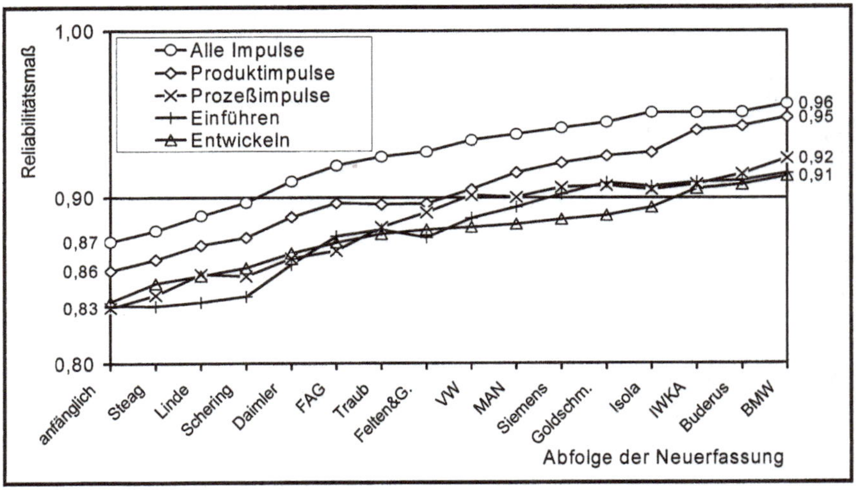

Abbildung 12: Verbesserung der mittleren Intrareliabilität durch Rekodierung

Auf der Abszisse sind die Unternehmen genannt, die rekodiert wurden. Die Reihenfolge ergibt sich aus der Erfassungsabfolge. Für alle Impulskriterien ist nach fast jeder erneuten Kodierung eine stetige Verbesserung der mittleren Reliabilität $\overline{ICR}_k$ als gleitender Durchschnitt über alle 31 Unternehmen erkennbar.

Ein endgültiger Vergleich der Reliabilitäten vor und nach der Rekodierung ist in der Tabelle 21 dargestellt. Hier zeigt sich, daß mit der Rekodierung das mittlere Reliabilitätsniveau um etwa 10 % gesteigert werden konnte.

	Mittlere Reliabilität		
Impulse	vor der Rekodierung	nach der Rekodierung	Verbesserung
Gesamt	0,873	0,957	+9,5%
Produkt	0,856	0,949	+10,8%
Prozeß	0,834	0,924	+10,8%
Entwickeln	0,837	0,913	+9,1%
Einführen	0,835	0,915	+9,6%

Tabelle 21: Reliabilitäten vor und nach der Rekodierung

Die Intrareliabilitätstests belegen für den endgültigen Datenbestand an Impulsen nunmehr eine sehr hohe mittlere Reliabilität mit zusätzlich hoher Konstanz über den Erfassungszeitraum. Eine ausreichende Genauigkeit der Messung innovationsorientierter Merkmale soll daher angenommen werden.

5.4 Validität der Impulsmessung

Mit der Validität wird geprüft, ob mit der Messung die Realität in der gewünschten Art abgebildet wird. Unbestritten ist die Schwierigkeit, die mit der Durchführung einer solchen Prüfung verbunden ist.[314] So läßt sich die Validität nicht verifizieren, sondern nur falsifizieren.[315] Diese Art des Validierens ist Gegenstand des Preexplanandums.

---

314 Vgl. RUST (1981) S. 180; MERTEN (1983) S. 311; LISCH/KRIZ (1978) S. 102.

315 Vgl. MERTEN (1983) S. 309. Ganz entgegen dem kritischen Rationalismus wird die Meinung vertreten, daß die Validität des Meßinstruments unterstellt werden kann, solange kein Einwand gegen seine Gültigkeit deutlich gemacht werden kann. Vgl. ZIMMERMANN (1972) S. 79.

Wird die Untersuchung allein auf die Impulse beschränkt, dann entsteht das Problem, daß die Validität selbst plausibler Befunde nur schwerlich belegt werden kann. Es ist daher notwendig, eine Außenvalidierung durchzuführen. Dafür wird ein unabhängiges Außenkriterium bestimmt und mit dem inhaltsanalytischen Konstrukt verglichen. Diese Außenvalidierung kann durch eine korrelationale Validität, also der Messung von Korrelationen zwischen dem Konstrukt und einem substitutionellen Meßinstrument, erfolgen. Die Außenvalidierung und die korrelationale Validierung sind Methoden der *pragmatischen Validität*.[316] Die pragmatische Validität ist Untersuchungsgegenstand folgender Ausführungen.

Es ist das Ziel, die Hypothesen des Preexplanandums zu testen und dabei die Ergebnisse über ein konstruktunabhängiges Meßinstrument zu bestätigen. Als konstruktunabhängiges Meßinstrument wird der Textumfang der Geschäftsberichte herangezogen. Der Textumfang wird als ein reliables Maß für den Umfang der Berichterstattung gesehen. Der Umfang des inhaltsanalytischen Konstruktes kann somit pragmatisch am Umfang der Berichterstattung validiert werden.

Im folgenden wird zunächst die Messung der Textumfänge beschrieben. Darauf aufbauend werden die Hypothesen 1.a und 1.b für das inhaltsanalytische Konstrukt getestet und an den Textumfängen überprüft. Mit der Prüfung der Zusammenhänge sind statistische Verfahren zu entwickeln, die geeignet sind, daß Explanandum zu untersuchen. Hierfür ist es erforderlich, eine geeignete Skalierung für die Meßinstrumente einzuführen. Schließlich werden auf Basis der entwickelten Skalierung alle Hypothesen des Preexplanandums getestet und am Textumfang validiert.

Mit den folgenden Abhandlungen werden somit drei Aufgaben erfüllt:

1. Die Entwicklung einer nützlichen Skalierung und die Überprüfung mittels statistisch-methodischer Validitäten,

2. die Überprüfung der Berichtsumfänge zur Innovationsorientierung an den Textumfängen mittels pragmatischer Validitäten und

3. das Testen der Hypothesen des Preexplanandums.

Zunächst wird nun die Messung der Textumfänge beschrieben.

---

316 Vgl. KRIPPENDORFF (1980) S. 157.

5.4.1 Messung des Textumfangs

Mit der Vermessung der Textlängen eines Geschäftsberichts wird ein Maß für den Berichtsumfang bestimmt.[317] Die Textlängen sollen den Berichtsumfang zur Innovationsorientierung pragmatisch validieren.

Die Messung der Längen der Geschäftsberichtstexte ist wegen ihrer einfachen Durchführbarkeit in hohem Maße reliabel. Der zu berücksichtigende Textraum erstreckt sich von der ersten bis zur letzten Innenseite des Geschäftsberichtsdeckblattes. Ein Textabschnitt ist durch eine zugehörige Überschrift gekennzeichnet. Bei der Messung der Textlänge wird jeder Textabschnitt hinsichtlich fünf Kriterien bewertet. Diese Kriterien sind in der Tabelle 22 dargestellt.

Kriterium	Mögliche Ausprägung
Unternehmen	• Name des Unternehmens
Berichtsjahr	• Jahr des Geschäftsberichts
Textart	• Bericht des Aufsichtsrats • Vorwort und Brief an die Aktionäre • Bericht des Vorstands • Weitere Informationen • Sonderbericht • sonstiges
Relevanz in bezug auf die Messung der Innovationsorientierung	• relevant, • nicht relevant.
Länge des Textabschnitts	• Länge in Meter

Tabelle 22: Messung formal-inhaltlicher Merkmale der Textabschnitte

Ein Textabschnitt wird dem berichtenden Unternehmen eines bestimmten Geschäftsjahres zugeordnet. Erfaßt wird auch, um welches Kapitel es sich dabei han-

317 Alternativ ist die Schätzung des Berichtsumfangs über die Anzahl der bedruckten Seiten mit weniger Aufwand, jedoch mit mehr Meßfehlern verbunden. Das Auszählen von Wörtern oder Buchstaben ist genauer als die Messung der Textlängen, jedoch auch erheblich aufwendiger. Die Textlängen sind daher ein Maß, das die effiziente Bestimmung des Berichtsumfangs ermöglicht.

delt und welche Länge der Text hat. Mit der Relevanz wird festgelegt, ob ein Textabschnitt geeignet ist, Inhalte zur Innovationsorientierung aufzuweisen oder nicht.[318]

Insgesamt wurden in 248 Geschäftsberichten etwa 23.932 Meter Text mit 10.555 Überschriften in ebenso vielen Textabschnitten vermessen. Jedem der 10.555 Textabschnitte wurde jeweils eine Textart zugewiesen. Die Tabelle 23 zeigt die Verteilung der Textarten pro Untersuchungseinheit, also pro Geschäftsbericht. Dabei ist die relative Häufigkeit, mit der eine bestimmte Textart im Geschäftsbericht erwähnt wird, angegeben. Maßstab ist hierfür das dichotome Kriterium der Existenz der Textart im Geschäftsbericht. Der Umfang in Meter ist die durchschnittliche Länge der Textart pro Geschäftsbericht. Der Anteil gibt an, wieviel des Gesamtumfangs der jeweiligen Textart zugewiesen wurde. Der Ausschluß gibt den Teil des Textumfangs an, der nicht als relevant bewertet ist.

Art des Textes	Vorkommen	gesamter Umfang in Meter	Anteil an Gesamt	relevanter Umfang in Meter	Ausschluß
Bericht des Aufsichtsrats	100%	4,07	4,2%	0,00	100,0%
Vorwort und Aktionärsbrief	21%	1,54	1,6%	1,52	1,0%
Bericht des Vorstands	100%	32,63	33,8%	31,83	2,5%
Weitere Informationen	69%	48,14	49,9%	47,36	1,6%
Sonderbericht	14%	7,66	7,9%	0,00	100,0%
Sonstiges	34%	2,46	2,5%	1,47	40,1%
Gesamter Textumfang	100%	96,50	100,0%	82,18	14,8%

Tabelle 23: Gesamter Textumfang im Mittel pro Geschäftsbericht

Die umfangreichsten Kapitelarten sind der „Bericht des Vorstands“ und die „Weiteren Informationen“. Die „Weiteren Informationen“ umfassen im Mittel die Hälfte der gesamten Textlänge eines Geschäftsberichts. Unter Berücksichtigung

318 Textabschnitte wie Sonderberichte, Berichte des Aufsichtsrats, Danksagungen an die Mitarbeiter, Berichte über Beziehungen zu verbundenen Unternehmen, Vorschläge auf Verwendung des Bilanzgewinns, Ausführungen zur Analyse der Aktionärsstruktur und Aktienkursentwicklungen, Kommentare und Analysen zum Jahresabschluß und andere wurden als in jedem Fall inhaltslos in bezug auf die Innovationsorientierung bewertet und daher als nicht relevant klassifiziert.

des geringen Ausschlusses der „Weiteren Informationen" zeigt sich, daß eine Messung der Innovationsorientierung allein am „Bericht des Vorstands" als gesetzlich vorgeschriebener Lagebericht, nicht repräsentativ gelingen kann.[319] Die „Weiteren Informationen" haben eine Ergänzungsfunktion. Die Möglichkeit zur Angabe weiterer Informationen wird in 69 % aller betrachteten Geschäftsberichte genutzt.

Der drittgrößte Textumfang wird im weiten Abstand zum „Bericht des Vorstands" und den „Weiteren Informationen" von den „Sonderberichten" beansprucht. In nur 14 % aller betrachteten Geschäftsberichte wird ausführlich zu ereignisunabhängigen Thematiken Stellung genommen.[320]. Die Sonderberichte sind in bezug auf inhaltliche Momente der Innovationsorientierung ohne Bedeutung, da in ihnen keine unternehmensrelevanten Aktivitäten des Geschäftsjahres behandelt werden. Der Ausschluß nicht relevanter Texte beträgt daher 100 %.

Der „Bericht des Aufsichtsrats" wird in allen Geschäftsberichten abgedruckt. Sein Umfang beträgt 4,2 % des gesamten Textumfangs. Der „Bericht des Aufsichtsrats" weist jedoch ebenfalls keine inhaltliche Relevanz für die Messung der Innovationsorientierung auf. Beliebt ist das „Vorwort" und der „Brief an die Aktionäre". Zumindest eines dieser Kapitel ist in jedem fünften Geschäftsbericht der Stichprobe anzutreffen. Mit einem Anteil von 1,6 % am Gesamtumfang sind sie jedoch quantitativ eher unbedeutend. Trotzdem weisen diese Berichtsteile mit einem Ausschluß von nur einem Prozent hohe Relevanz für die Messung der Innovationsorientierung auf. „Sonstige" Berichtsteile[321] sind mit 34 % relativ

---

319 Häufig ist zu beobachten, daß in diesem Kapitel kurz über Personalwesen, Investitionen oder Forschung und Entwicklung berichtet wird und im Kapitel „Weitere Informationen" diesen Themen umfangreiche Unterkapitel gewidmet werden. Beispiele aus Geschäftsberichten: Linde AG (1993) S. 16: „Zusätzliche Informationen über unsere Entwicklungstätigkeiten sind in dem Berichtsteil ‚III. Aus den Arbeitsgebieten' enthalten."; MAN AG (1993/94) S. 11 und S. 16f.: Erfüllung formeller Anforderungen im „Lagebericht", jedoch weit ausführlichere Angaben unter „Weitere Informationen zum Geschäftsjahr"; ebenso FAG Kugelfischer Georg Schäfer KGaA (1989) S. 7 und S. 20ff.: „Lagebericht - Konzern und Muttergesellschaft", und ausführlicher in: „Weitere Informationen zum Geschäftsjahr 1989".

320 Zum Beispiel: „China": Geschäftsbericht Volkswagen AG (1988) S. 77ff.; „BMW: Die ersten 75 Jahre": Geschäftsbericht Bayerische Motoren Werke AG (1990) S: 51ff.; „Akzente, Von Acrylsäure bis zu Superabsorbern": Geschäftsbericht Hüls AG (1992/93) S. 61ff.

321 Dazu zählen Unternehmensleitsätze am Anfang oder Beschreibungen des Produktsortiments am Ende des Geschäftsberichts.

häufig anzutreffen, beanspruchen jedoch nur unwesentlichen Textraum und weisen auch hohe Anteile nicht relevanter Passagen auf.[322]

In den nächsten Kapiteln soll untersucht werden, wie der Umfang bestimmter Textabschnitte im Zusammenhang zur Gesamtzahl der Impulse und zur Unternehmensgröße steht. Damit werden statistische Skalierungen entwickelt und validiert, pragmatische Validitäten offengelegt und zugleich die Hypothesen 1.a und 1.b des Preexplanandums getestet.

5.4.2 Entwicklung pragmatischer Validitätstests

Zu Bestimmung der Größe der Unternehmen werden drei Meßgrößen ausgewählt, die sich aus der Diskussion zur korrekten Messung des Unternehmenswachstums ergeben.[323] Die Unternehmensgröße soll durch folgende Indikatoren festgelegt werden:[324]

- Die Bilanzsumme als das bewertete Maß aller Vermögensgegenstände,[325]
- der Umsatz als das Maß aller extern umgesetzten Kapazitäten[326] und

322 Eine Analyse der Entwicklung der Textumfänge von 1986 bis 1993 hat folgende Tendenzen gezeigt: Der „Bericht des Aufsichtsrats" hat sich im Mittel um 0,1 Meter jedes Jahr schwach signifikant verlängert. „Vorwort und Aktionärsbrief" nahmen um 0,3 Meter jedes Jahr hochsignifikant zu. Der Umfang des „Berichts des Vorstands" entwickelte sich uneinheitlich. Die „Weiteren Informationen" wurden um 2,3 Meter jedes Jahr erweitert. Die „Sonderberichte" sind hochsignifikant verkürzt worden. Der Umfang für „Sonstiges" entwickelte sich uneinheitlich. Der gesamte Textumfang eines Geschäftsberichts ist im Mittel um 2,5 Meter pro Jahr hochsignifikant linear gewachsen.

323 Vgl. SCHYMANIETZ (1975) S. 1329ff.

324 Die Indikatoren sind jeweils für die größtmögliche Unternehmenseinheit zu bestimmen. Handelt es sich also um einen Konzern, dann werden die konsolidierten Angaben herangezogen. Diese Auswahl wird deshalb getroffen, weil sich auch die Berichterstattung auf die größtmögliche Unternehmenseinheit bezieht.

325 Alternativ zur Bilanzsumme sei das Anlagevermögen genannt. Für das Anlagevermögen wurden jedoch stets schlechtere Gütemaße zur Erklärung der gesuchten Zusammenhänge beobachtet. Daher wird auf Darstellungen dieses Indikators verzichtet.

326 Der Umsatz ist von Inflationseffekten betroffen und wurde daher alternativ mit dem Index der Nettoproduktion für das produzierende Gewerbe (Vgl. STATISTISCHES BUNDESAMT (1994) S. 224.) deflationiert. Die entsprechenden Gütemaße weichen jedoch nur marginal von denen des nicht deflationierten Umsatzes ab. Auf eine Darstellung des deflationierten Umsatzes als Größenindikator wird daher verzichtet.

- die Anzahl der Mitarbeiter als ein Maß interner Kapazitäten.

Als substitutionelle Berichtsumfänge kommen in Frage

- der Textumfang aus „Bericht des Vorstands" und „Weitere Informationen", resultierend aus einer formalen Zuordnung der Textabschnitte und
- der relevante Textumfang, resultierend aus der Bewertung aller Textabschnitte nach ihrem Gehalt innovationsorientierter Inhalte.[327]

Die Unternehmensgröße und die zwei Größen des Textumfangs sind reliable Außenmaße mit deren Hilfe pragmatische Validitäten für den Umfang der Berichterstattung zur Innovationsorientierung bestimmt werden können. Als zu validierende Größe geht daher

- die gesamte Zahl der Impulse

in die Analyse ein.

Alle Indikatoren werden pro Unternehmen und pro Jahr gemessen. Insgesamt ergibt sich somit eine Analyse des Pools über 31*8 = 248 Werte pro Indikator.

Die Abbildung 13 zeigt die möglichen Zusammenhänge. Durchgezogene Pfeile markieren direkte, gestrichelte Pfeile indirekte Zusammenhänge. Als Ursache für den Umfang der Berichterstattung wird der latente Ereignisraum der Innovationsorientierung gesehen. Der latente Ereignisraum wird wiederum wesentlich durch die Größe des Unternehmens bestimmt. Die explizit prüfbaren Zusammenhänge sind die indirekten zwischen den Indikatoren der Unternehmensgröße und der Berichtsumfänge und die direkten zwischen den Berichtsumfängen. Die Zusammenhänge zu dem latenten Ereignisraum der Innovationsorientierung lassen sich nicht explizit prüfen, weil der reale Ereignisraum unbekannt ist. Diese Latenz ist der Grund für das Heranziehen pragmatischer Validitätstests.

---

[327] Der gesamte Textbestand, unabhängig vom Kriterium der Relevanz wird als wenig nützlich erachtet, weil er gerade durch die Existenz von bedeutungslosen Sonderberichten einen fehlerhaften Umfang repräsentiert.

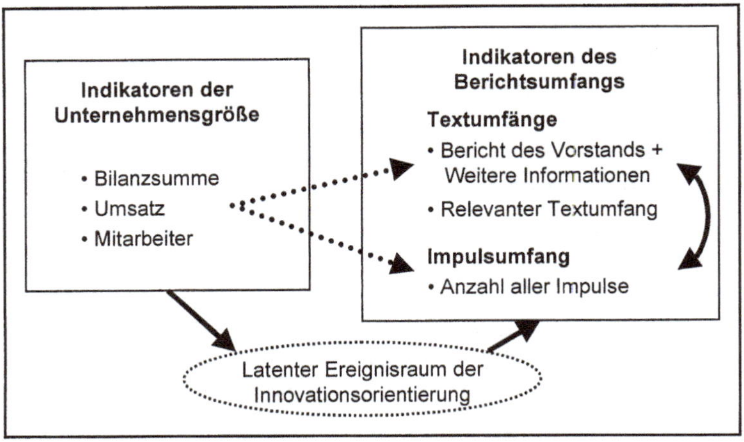

Abbildung 13: Zusammenhänge zwischen Unternehmensgröße und Berichtsumfang

Die Zusammenhänge können methodisch für den Pool und für das Panel untersucht werden. Im Pool werden die tatsächlichen Umfänge der Berichterstattung validiert, während im Panel die Änderungen der Meßwerte betrachtet werden. Im Panel ist daher die Analyse von statistischen Kausalitäten möglich. Das Panel liefert somit zusätzliche Erkenntnisse über die zu validierenden Zusammenhänge.

5.4.3 Pragmatische Validitäten der Berichterstattung im Pool

Zu prüfen sind die im Kapitel zu den Eigenschaften der Berichterstattung entwickelten Hypothesen

1.a Je größer ein Unternehmen, desto mehr wird berichtet.

1.b Der Umfang zusätzlicher Berichterstattung nimmt mit zunehmender Unternehmensgröße ab.

Getestet wird daher ein exponentielles Modell, wie in Gleichung 4 für die Werte des Pools dargestellt. Hierbei steht der zu schätzende Parameter m im Exponenten der Regressionsgleichung. Für einen positiven und abnehmenden Grenzberichtsumfang muß gelten: $0<\hat{m}<1$.

$$y_{it} = c \cdot x_{it}^{m} + \varepsilon_{it} \qquad \text{(Gleichung 4)}$$

mit

y_{it} : abhängiger Meßwert des i-ten Unternehmens zum t-ten Zeitpunkt,

x_{it} : unabhängiger Meßwert des i-ten Unternehmens zum t-ten Zeitpunkt,

m, c : zu schätzende Parameter und

ε_{it} : Fehlerterm.

Die Tabelle 24 zeigt die Gütemaße für alle elf Schätzungen. [328]

Abhängige:	Vorstandsbericht + Weitere Informationen			Relevanter Text			Impulse		
Unabhängige:	T	R^2	F	T	R^2	F	T	R^2	F
Bilanzsumme	24,36	0,707	593,4	25,33	0,723	641,6	23,22	0,687	539,3
Konstante	9,82			10,00			7,75		
Umsatz	22,79	0,679	519,4	23,61	0,694	557,5	22,40	0,671	501,9
Konstante	8,61			8,74			6,95		
Mitarbeiter	22,29	0,669	496,7	22,80	0,679	519,8	22,14	0,666	490,4
Konstante	7,08			7,12			5,76		
Impulse	31,73	0,804	1006,6	33,68	0,822	1134,3			
Konstante	9,76			10,14					
T = T-Wert. Alle T- und F-Werte signifikant mit P<<0,001									

Tabelle 24: Exponentielle Zusammenhänge auf Basis des Pools

Die Schätzungen weisen für die betriebswirtschaftliche Forschung astronomisch anmutende F-Werte auf. Alle Größenindikatoren zeigen etwa gleich hohe Bestimmtheitsmaße gegenüber dem formal bestimmten Berichtsumfang “Bericht des Vorstands und Weitere Informationen” auf, im Gegensatz zum relevanten Text und zu den Impulsen. Stets erweist sich die Bilanzsumme jedoch als besserer Schätzer als die anderen Größenindikatoren und stets läßt sich der relevante Text

328 Die Zusammenhänge aus Gleichung 4 lassen sich auf SPSS mittels einer sogenannten ‚power-function‘ schätzen. Vgl. SPSS (1993).

besser schätzen als der formal bestimmte Berichtsumfang. Damit ist die Bilanzsumme der bessere Größenindikator und der relevante Textumfang das geeignetere Maß, um den vom Unternehmen als nützlich erachteten Berichtsumfang zu bestimmen. Zudem schätzt die Bilanzsumme die Anzahl der Impulse besser als die anderen Größenindikatoren. Ebenso ist auch der relevante Textumfang besser als der formal bestimmte Textumfang geeignet, die Anzahl der Impulse zu schätzen. Somit ist der Umfang der Berichterstattung zur Innovationsorientierung in hohem Maße pragmatisch validiert. Die Hypothese 1.a ist bestätigt.[329]

Es bleibt daher nun zu klären, welchen Verlauf die geschätzten Kurven nehmen. Für die Bestätigung der positiven, aber abnehmenden Grenzberichterstattung muß $0<\hat{m}<1$ sein. Die Tabelle 25 zeigt deutlich, daß die geschätzten Werte für den Parameter $\hat{m}$ innerhalb dieser Grenze liegen. Damit ist auch die Hypothese 1.b bestätigt.

Abhängige: Unabhängige:	Vorstandsbericht + Weitere Informationen	Relevanter Text	Impulse
Bilanzsumme	0,322	0,329	0,389
Umsatz	0,334	0,341	0,406
Anzahl Mitarbeiter	0,336	0,341	0,410
Impulse	0,732	0,747	

Tabelle 25: Geschätzte Werte des exponentiellen Parameters $\hat{m}$

Zudem sind die Parameter für alle Zusammenhänge aus den Indikatoren der Unternehmensgröße und der Textumfänge etwa gleich groß. Die Ähnlichkeit der Parameter spricht ebenfalls für den generellen Zusammenhang zwischen der Unternehmensgröße und dem Umfang der Berichterstattung.

---

329 Zur Kontrolle der exponentiellen Zusammenhänge zwischen den Berichtsumfängen und den Größenindikatoren wurden auch lineare Zusammenhänge angenommen. Die F-Werte und die Bestimmtheitsmaße R^2 waren jedoch für die linearen Modelle weitaus geringer als die Werte für die exponentiellen. Zudem waren in den linearen Modellen die T-Werte der Konstanten c größer als die der Faktoren m. Mit diesem Verhältnis deutet sich an, daß nicht die Unternehmensgröße, sondern ein für alle Unternehmen fixer Berichtsumfang der ausschlaggebende Parameter ist. Die linearen Modelle können daher nicht die gesuchten Zusammenhänge abbilden.

Die Parameter für den Zusammenhang zwischen den Impulsen und den Textumfängen sind um einiges größer. Nimmt $\hat{m}$ den Wert 1 an, dann liegt eine lineare Beziehung vor. Damit liegen die Werte $\hat{m}$ = 0,732 und $\hat{m}$ = 0,747 in einer Größenordnung, die einer linearen Beziehung näher kommen.[330] Dennoch deuten die geschätzten Parameter $\hat{m}$ eine interessante Berichtseigenschaft an: Je mehr berichtet wird, desto eher geschieht dies in einer höheren Informationsdichte. Größere Unternehmen berichten nicht nur mehr, weil sie größer sind, sie stellen zusätzlich auch noch mehr Informationen zur Innovationsorientierung auf gleichem Textraum dar als es ein kleines Unternehmen vermag.

Zwischen der Unternehmensgröße, dem Textumfang und der Anzahl der Impulse sind exponentielle Zusammenhänge zu konstatieren. In der Abbildung 14 ist der exponentielle Zusammenhang zwischen der Bilanzsumme und dem relevanten Textumfang grafisch aufbereitet. Der Zusammenhang zwischen der Bilanzsumme und den Impulsen findet sich in Abbildung 15 wieder.

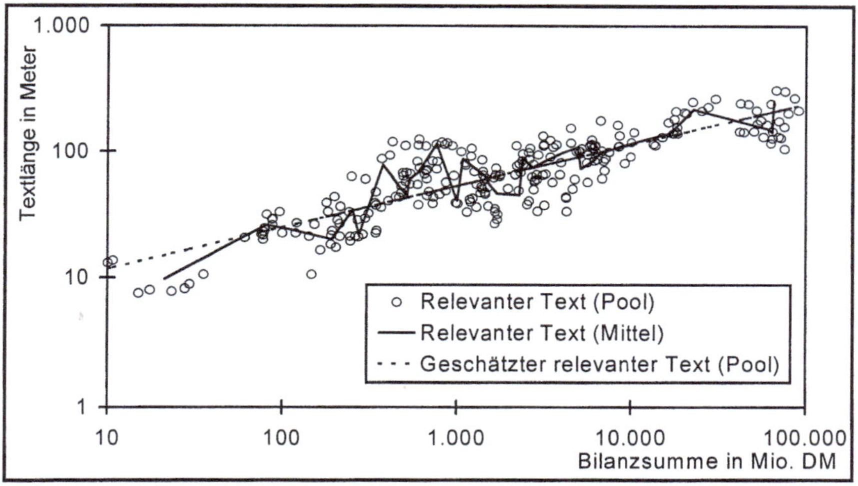

Abbildung 14: Zusammenhang zwischen dem Umfang des relevanten Textes und der Bilanzsumme bei doppelt logarithmischer Darstellung

330 Alternativ wurden lineare Modelle getestet. Die Gütemaße waren jedoch schlechter als die für die exponentiellen Modelle.

Jeder der 248 empirischen Zusammenhänge ist als Kreis eingezeichnet. Die gezackten Linien in den Abbildungen 14 und 15 geben die Mittelwertverläufe für die Unternehmen an und beinhalten daher je 31 Werte. Die gestrichelten Linien sind die, auf Basis des Pools geschätzten exponentiellen Zusammenhänge. Durch die doppelt logarithmische Darstellung werden die exponentiellen Trends zu Geraden.

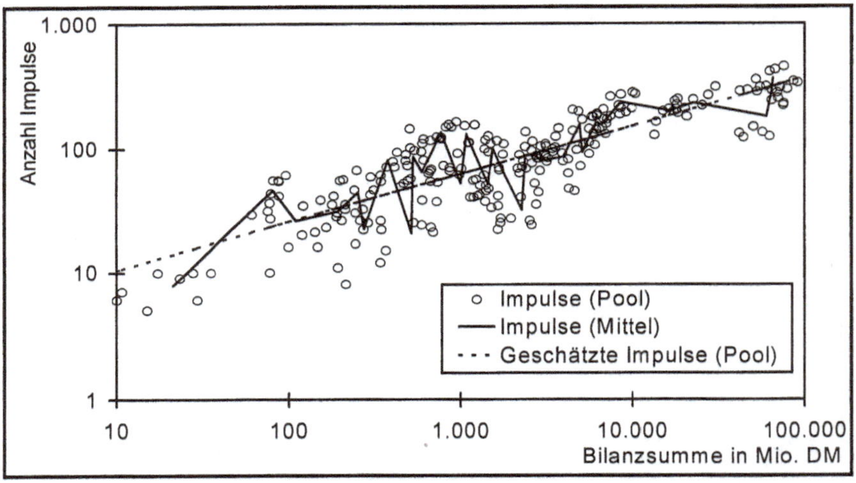

Abbildung 15: Zusammenhang zwischen der Anzahl der Impulse und der Bilanzsumme bei doppelt logarithmischer Darstellung

Die Abbildungen 14 und 15 weisen sehr ähnliche Verläufe auf, womit die pragmatische Validität der Impulsmessung zum Ausdruck kommt.

Die Abbildung 16 zeigt den Zusammenhang zwischen den relevanten Textlängen und der Anzahl aller Impulse. Statt einer doppelt logarithmischen Skalierung, wird der Zusammenhang hier mittels logarithmischer Werte in linearer Skalierung präsentiert.

Hervorzuheben ist die geringe Streuung um die gestrichelt eingezeichnete Linie, die ein sichtbares Maß des Zusammenhangs zwischen dem relevanten Text und der Anzahl der Impulse ist. Abgesehen von leichten Zunahmen im unteren Bereich sind die Streuungen sehr gleichmäßig. Diese Beobachtung ist aufgrund des hohen Bestimmtheitsmaßes von $R^2 = 0{,}822$ auch zu erwarten.

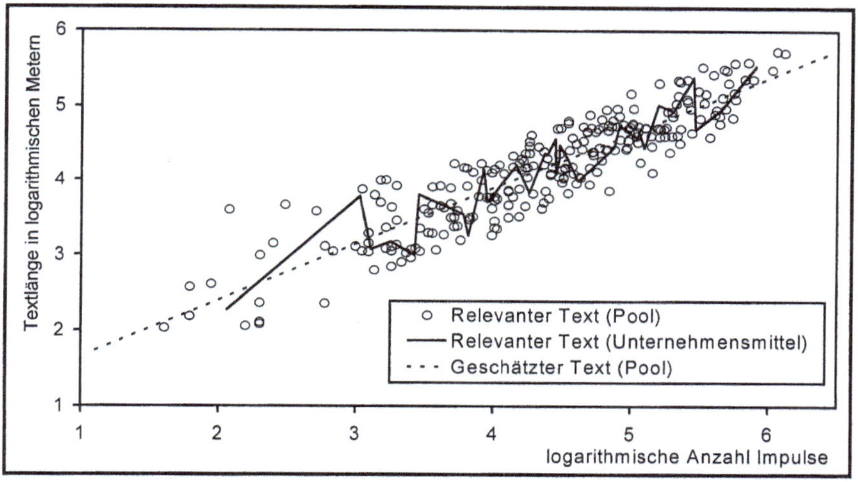

Abbildung 16: Zusammenhang zwischen der logarithmischen Textlänge und der logarithmischen Anzahl aller Impulse

5.4.4 Pragmatische Validitäten der Berichterstattung im Panel

Aus allen bisherigen Darstellungen ist zu erkennen, daß die innovationsorientierte Berichterstattung in der Gesamtheit den pragmatischen Validitätsansprüchen gerecht werden kann. Die bisherigen Analysen bezogen sich jedoch auf den Pool, also auf die absoluten Unternehmensgrößen und Berichtsumfänge. Im folgenden soll deshalb zusätzlich überprüft werden, wie die Änderung der Unternehmensgröße und die Änderung der Textumfänge auf die Änderung des Berichtsumfangs wirken. Um die Änderungen betrachten zu können, werden alle Werte des Pools pro Unternehmen mittelwertbereinigt. Das statistische Verfahren, das damit zur Anwendung kommt, heißt Panel-Analyse. Es ist für spätere Betrachtungen von großer Bedeutung, weshalb das Verfahren für die hier relevante Problematik entwickelt werden soll.

Ein Grundmodell für eine Panel-Analyse lautet:[331]

$$y_{it} = c + \mu_i + m \cdot x_{it} + \varepsilon_{it} \qquad \text{(Gleichung 5)}$$

mit

y_{it}: abhängiger Meßwert des i-ten Unternehmens zum t-ten Zeitpunkt,
x_{it}: unabhängiger Meßwert des i-ten Unternehmens zum t-ten Zeitpunkt,
μ_i: individuelle Konstante des i-ten Unternehmens,
m, c: zu schätzende Parameter und
ε_{it}: Fehlerterm.

Die Gleichung basiert auf der Annahme, daß der Parameter μ_i fix ist und somit durch Mittelwertbereinigung eliminierbar, herausrechenbar ist. Alternativ gibt es Modelle, in denen angenommen wird, daß μ_i variabel ist. Die Annahme variabler Parameter μ_i führt zum ‚error components model' und zu ‚generalized least square'-Schätzungen, die um einiges komplexer sind als das Modell in Gleichung 5. Für weiterführende Analyseschritte ist es erforderlich, daß die Panel-Analyse einen hohen Grad an methodischer Flexibilität bewahrt, damit sie für weitergehende statistische Verfahren kompatibel bleibt. Die Annahme fixer μ_i beinhaltet eine solche Flexibilität.[332] Zudem ist Gleichung 5 unabhängig von statistischen Verteilungsannahmen für μ_i.[333] Das entscheidende Argument für die Annahme eines fixen Parameters μ_i ist jedoch, daß es keinen Grund zur Annahme gibt, daß μ_i variabel ist. Ein wichtiger Grund für die berechtigte Annahme eines fixen Parameters μ_i ist, daß der Umfang der Berichterstattung ebenso von einer hohen Stetigkeit geprägt ist wie auch die Größe des Unternehmens. Im vorherigen Kapitel wurde diese Eigenschaft empirisch belegt. Für die weiteren Betrachtungen erscheint es daher ausreichend, ausschließlich die Methode fixer Effekte zu betrachten.[334]

---

331 Vgl. JUDGE ET AL. (1985) S. 520ff.

332 Was hier mit Flexibilität und Kompatibilität genau gemeint ist, wird in der Fußnote 334 beschrieben.

333 Vgl. JUDGE ET AL. (1980) S. 336.

334 JUDGE ET AL. bekräftigen diese argumentative Vorgehensweise, wenn offensichtlich ist, daß μ_i als fix und nicht variabel angenommen werden kann: "If the choice between these two assumptions is clear, then the applied worker should select the estimation procedure accordingly." JUDGE ET AL. (1980) S. 336. Damit entfällt auch die Notwendigkeit, die Unabhängigkeit von μ_i und X_i zu prüfen, um im Einzelfall dann doch das ‚generalized least square'-Verfahren als effizienteren Schätzer anzunehmen. Wenn die Unabhängigkeit in einem Falle gegeben wäre, in anderen Fällen aber nicht, würde die Anwendung beider

Aufgrund der für den Pool ermittelten exponentiellen Zusammenhänge, ist die Gleichung 5 in geeigneter Weise zu modifizieren. Da exponentielle Zusammenhänge durch eine logarithmische Transformation der Meßwerte in ein lineares Regressionsmodell überführt werden können, ist das aus Gleichung 5 resultierende Modell in Gleichung 6 zu schätzen.

$$\ln y_{it} = c + \mu_i + m \cdot \ln x_{it} + \varepsilon_{it} \qquad \text{(Gleichung 6)}$$

mit

ln: logarithmus naturalis und
sonst identischen Bezeichnungen wie für Gleichung 5 auf der Seite 138.

Aus Gleichung 6 lassen sich nun unter Annahme fixer Effekte die Parameter μ_i eliminieren. Das zu schätzende lineare Modell exponentieller Zusammenhänge im Panel wird in Gleichung 7 überführt:

$$(\ln y_{it} - \overline{\ln y_{i\circ}}) = m \cdot (\ln x_{it} - \overline{\ln x_{i\circ}}) + \varepsilon_{it} - \bar{\varepsilon}_{i\circ} \qquad \text{(Gleichung 7)}$$

mit

$$\overline{\ln y_{i\circ}} = \frac{1}{T}\sum_{t=1}^{T} \ln y_{it}\,, \qquad \text{(Gleichung 8)}$$

$$\overline{\ln x_{i\circ}} = \frac{1}{T}\sum_{t=1}^{T} \ln x_{it} \text{ und} \qquad \text{(Gleichung 9)}$$

$$\bar{\varepsilon}_{i\circ} = \frac{1}{T}\sum_{t=1}^{T} \varepsilon_{it}\,. \qquad \text{(Gleichung 10)}$$

y_{it}, x_{it}, m und ε_{it} sind identisch mit denen für Gleichung 5. T ist die Anzahl der Untersuchungszeitpunkte. Von 1986 bis 1993 ist $T = 8$. Die konstanten Faktoren c und μ_i entfallen bei dieser Betrachtung, weil die Summen der mittelwertbereinigten Werte $\sum_i \sum_t \ln y_{it} - \overline{\ln y_{i\circ}}$ und $\sum_i \sum_t \ln x_{it} - \overline{\ln x_{i\circ}}$ eben genau 0 sind, also die Einflüsse von individuellen Effekten und der allgemeinen Konstanten aus dieser Betrachtung eliminiert sind.

Methoden im Hinblick auf ein große Zahl angestrebter Panel-Analysen eine schwer vergleichbare Ergebnisbasis liefern. Schon aus diesem Grund ist die Beachtung einer strengen Systematik in der Heranziehung von statistischen Methoden zu beachten. Nur die Gleichung 5 vermag diesen allgemeinen Ansprüchen gerecht zu werden, "it can be used for a wider range of problems." JUDGE ET AL. (1980) S. 337.

Die Tabelle 26 zeigt die Gütemaße für die Zusammenhänge im Panel zwischen logarithmischen und mittelwertbereinigten Unternehmensgrößen und Berichtsumfängen. Die Signifikanzen für die T- und die F-Werte sind, wegen der Schätzung durch nur eine Unabhängige, identisch. Die Signifikanzen sind um den durch die Mittelwertbereinigung entstehenden Verlust an Freiheitsgraden korrigiert.[335]

Die Gütemaße des Panels weisen erhebliche Einbußen in den Zusammenhängen gegenüber den Werten des Pools in Tabelle 24 auf. Begründet werden kann dies damit, daß bei der Betrachtung der Änderungsraten im Panel statistische Kausalitäten aufgedeckt werden. Diese können, was die Unternehmensgröße und den Berichtsumfang angeht, bei weitem nicht so deutlich ausfallen wie die Zusammenhänge absoluter Größen im Pool.

Abhängige:	Vorstandsbericht + Weitere Informationen			Relevanter Text			Impulse		
Unabhängige:	T	R^2	F	T	R^2	F	T	R^2	F
Bilanzsumme	5,36	0,104	28,7	5,97	0,126	35,6	10,71	0,317	114,7
Signifikanz	2E-07			1E-08			1E-21		
Umsatz	4,73	0,083	22,4	5,04	0,093	25,4	7,35	0,179	54,0
Signifikanz	4E-06			1E-06			4E-12		
Anzahl Mitarbeiter	4,83	0,086	23,3	5,06	0,094	25,6	7,14	0,171	51,0
Signifikanz	3E-06			9E-07			1E-11		
Impulse	14,17	0,448	200,9	15,85	0,504	251,3			
Signifikanz	1E-32			5E-38					
T = T-Wert									

Tabelle 26: Zusammenhänge auf Basis des Panels logarithmischer Werte

Ungeachtet der Einbußen der Gütemaße offenbart sich auch hier die Bilanzsumme als besserer Schätzer für die Änderungen der Berichtsumfänge. Auch die Änderung des relevanten Textes ist stets besser schätzbar als der formal abgegrenzte

335 Die Korrektur erfolgt nach folgenden Berechnungen: Für einen zweiseitigen T-Test ist der Wert der T-Verteilung nicht auf Basis von 248-1 = 247 Freiheitsgraden, sondern auf Basis von 248-1-31 = 216 Freiheitsgraden zu bestimmen. Die gleiche Korrektur ist auch für die Bestimmung der Signifikanz des F-Wertes anzusetzen.

Textumfang aus „Bericht des Vorstands und Weitere Informationen". Zudem läßt sich die Änderung der Anzahl aller Impulse besser als die reliablen Textumfänge durch die Änderung der Unternehmensgröße schätzen. Diese Beobachtung ist ein weiteres Validitätsindiz für die Impulse.

Die mit Abstand besten Gütemaße werden für den Zusammenhang zwischen der Änderung der Anzahl aller Impulse und der Änderung des Berichtsumfangs ermittelt. Erneut sind die relevanten Texte besser durch die Impulse schätzbar. Der hohe Zusammenhang zwischen dem relevanten Textumfang und den Impulsen ist damit ein weiteres Indiz für ein hohes Maß an Validität der Impulsmessung. Das Bestimmtheitsmaß von $R^2 = 0{,}504$ zeigt, daß in hohem Umfang die Änderung der Anzahl der Impulse mit der Änderung des textlichen Umfangs einhergeht.[336]

Aus den bisherigen Ausführungen läßt sich zusammenfassen, daß der Zusammenhang zwischen der Unternehmensgröße und dem Berichtsumfang exponentieller Art ist, welcher durch die logarithmischen Werte linear dargestellt werden kann. Dieser Zusammenhang ist auch für die Änderungen im Panel sichtbar. Als statistisch-methodisch valide Untersuchung kommen daher nur Analysen auf Basis logarithmischer Meßwerte in Betracht.

Durch die reliablen Textumfänge als Substitut für die Anzahl aller Impulse, lassen sich pragmatische Validitäten für die Anzahl aller Impulse ableiten. Die Impulse erweisen sich dabei sogar als ein noch sensibleres Maß für Änderungen in der Unternehmensgröße als die Textumfänge. Die Bilanzsumme ist in allen Fällen die beste Bezugsgröße.

Die schwierige Aufgabe der Validitätsprüfung hat gezeigt, daß für die Analysen des Pools astronomische und für die des Panels zufriedenstellende Gütemaße als Maß pragmatischer Validität für die Anzahl aller Impulse belegt werden können.

Zu Prüfen sind noch die Hypothesen 2 und 3 des Preexplanandums. Im nächstfolgenden Kapitel wird ein Modell entwickelt, welches für die Analyse unternehmensspezifischer Merkmale der Berichterstattung geeignet erscheint.

---

336 Die Zusammenhänge im Panel wurden auch für die originären, also nicht logarithmierten Daten getestet. Hierbei zeigen sich deutlich bessere Gütemaße für das Panel mit logarithmischen Werten, was die grundsätzliche Annahme exponentieller Zusammenhänge erneut stützt.

5.4.5 Unternehmensspezifische Merkmale des Berichtsumfangs

Der relevante Textumfang und die Anzahl aller Impulse sollen in diesem Kapitel statisch multivariat erklärt werden. Als erklärende Variablen werden die in den Hypothesen 1 bis 3 des Preexplanandums formulierten Unternehmenseigenschaften herangezogen.

Es wird angenommen, daß der logarithmische Berichtsumfang erklärt werden kann durch

1. die Größe der Unternehmen, hier gemessen am logarithmischen Bilanzvolumen als den besten Schätzer des Berichtsumfangs,

den als Dummy-Variablen zu berücksichtigenden Einflüssen latenter Präferenzordnungen der Berichterstatter aus

2. dem Streubesitz, der den Einfluß des Kapitalmarktes auf die Berichterstattung des Unternehmens kennzeichnet,

und den fünf Branchen

3. Konsumgüter,
4. Automobilbau,
5. Chemische Industrie,
6. Elektrotechnik und
7. Maschinenbau.

Das multivariate Modell wird um die achte Variable,

8. einen linearen Steigungsindikator,

erweitert. Der Steigungsindikator soll die Zu- oder Abnahme des Umfangs der Berichterstattung über die Zeit, unabhängig vom Unternehmenswachstum, anzeigen. Damit erfaßt diese Variable sowohl inflationäres Berichtsverhalten als auch den Teil der tatsächlichen Zunahme des Berichtsumfangs, der über das bilanzielle Wachstum der Unternehmen hinausgeht. Insbesondere für den Umfang der Darstellungen zur Innovationsorientierung muß die Möglichkeit inflationärer oder „zeitgeist"-ähnlicher Effekte über die Zeit in Erwägung gezogen werden.

Die Abbildung 17 zeigt die zu prüfenden Zusammenhänge zwischen den acht Indikatoren und den Umfängen der Berichterstattung. Die gepunkteten Linien deuten indirekte, aber prüfbare Zusammenhänge an. Die durchgezogenen Linien zeigen direkte, aber nicht prüfbare Zusammenhänge. So werden die Berichtsumfänge direkt durch den latenten Ereignisraum der Innovationsorientierung bestimmt. Da dieser Ereignisraum wiederum durch die Unternehmenseigenschaften bestimmt wird, lassen sich die indirekten Zusammenhänge zwischen den Unternehmenseigenschaften und den Berichtsumfängen testen.

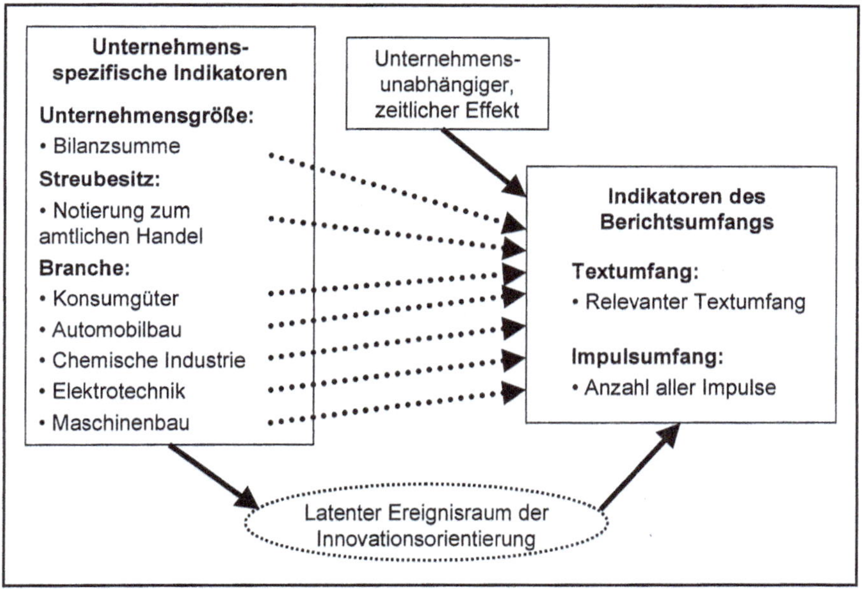

Abbildung 17: Einfluß von acht Indikatoren auf den Umfang der Berichterstattung

Nicht unternehmensspezifisch ist der zeitliche Effekt. Er gibt an, ob alle Unternehmen gleichermaßen über die Jahre mehr oder weniger berichten. Die Ursache kann in verstärkter Innovationsorientierung liegen, aber auch in einer „zeitgeist-" bedingten Berichtsinflation. So kann sich in den Jahren von 1986 bis 1993 bei allen Unternehmen eine verstärkte Berichterstattung über die Innovationsorientierung durchgesetzt haben, ohne daß sich die berücksichtigten Unternehmenseigenschaften wesentlich geändert haben. Der Zusammenhang zwischen dem zeitlichen Effekt und dem Berichtsumfang ist direkt. Der Pfeil ist deshalb durchgezogen eingezeichnet.

Die multivariate Regression wird aufgrund des exponentiellen Zusammenhangs zwischen Unternehmensgröße und Berichtsumfang mittels logarithmisch-linearer Regression für die Werte des Pools geschätzt. Aus Gleichung 4 läßt sich die multivariate Gleichung 11 herleiten:

$$\ln y_{it} = \ln c + m_1 \cdot \ln x_{1it} + \sum_{k=2}^{K} m_k \cdot x_{kit} + \varepsilon_{it} \qquad \text{(Gleichung 11)}$$

mit

- $\ln y_{it}$: abhängiger, logarithmischer Berichtsumfang des i-ten Unternehmens zum t-ten Zeitpunkt
- $\ln c$: zu schätzende logarithmische Konstante
- m: zu schätzender Steigungsfaktor als Elastizität
- $\ln x_{1it}$: unabhängige, logarithmische Bilanzsumme des i-ten Unternehmens zum t-ten Zeitpunkt
- x_{kit}: unabhängige, k-te Erklärungsvariable des i-ten Unternehmens zum t-ten Zeitpunkt
- ε_{it}: Fehlerterm des i-ten Unternehmens zum t-ten Zeitpunkt.

$\ln c$ wird für die Betrachtung der multivariaten Zusammenhänge als fix angenommen und kann somit aus dem zu schätzenden Modell eliminiert werden. Somit folgt aus Gleichung 11 die zu schätzende logarithmisch-lineare, multivariate Gleichung 12, ohne die zu schätzende Konstante $\ln c$.

$$(\ln y_{it} - \overline{\ln y_{\circ\circ}}) = m_1(\ln x_{1it} - \overline{\ln x_{1\circ\circ}}) + \sum_{k=2}^{K} m_k (x_{kit} - \overline{x_{k\circ\circ}}) + \varepsilon_{it} - \overline{\varepsilon}_{\circ\circ}$$

(Gleichung 12)

mit

$$\overline{\ln y_{\circ\circ}} = \frac{1}{I \cdot T} \sum_{i=1}^{I} \sum_{t=1}^{T} \ln y_{it}\,, \qquad \text{(Gleichung 13)}$$

$$\overline{\ln x_{1\circ\circ}} = \frac{1}{I \cdot T} \sum_{i=1}^{I} \sum_{t=1}^{T} \ln x_{1it}\,, \qquad \text{(Gleichung 14)}$$

$$\overline{\ln x_{k\circ\circ}} = \frac{1}{I \cdot T} \sum_{i=1}^{I} \sum_{t=1}^{T} \ln x_{kit}\,, \quad \text{für } k = \{2, ..., K\}, \text{ und} \qquad \text{(Gleichung 15)}$$

$$\overline{\varepsilon}_{\circ\circ} = \frac{1}{I \cdot T} \sum_{i=1}^{I} \sum_{t=1}^{T} \varepsilon_{it}\,, \qquad \text{(Gleichung 16)}$$

wobei $I = 31$ die Anzahl der Unternehmen der Stichprobe ist, $T = 8$ die Anzahl der Erhebungsmomente des untersuchten Zeitraumes und $K = 8$ die Anzahl der erklärenden Variablen.

Die Tabelle 27 zeigt die T-Werte und Signifikanzen der geschätzten Parameter $\hat{m}_k$ für den relevanten Textumfang und die Anzahl aller Impulse.[337] Der kleinste Toleranzwert von 0,51 für die Dummy-Variable Automobilbau besagt, daß 49 % der Varianz durch die anderen Unabhängigen erklärt wird. Der Verdacht auf die Existenz von ineffizienten Schätzern durch Multikollinearität kann daher für dieses Modell weitestgehend ausgeschlossen werden.

Beide Schätzungen ergeben Verbesserungen des Bestimmtheitsmaßes im Vergleich zu den univariaten Schätzungen in Tabelle 14. Für den relevanten Text verbessert sich das Bestimmtheitsmaß leicht durch die Hinzunahme weiterer Erklärungsvariablen von $R^2 = 0{,}723$ auf $R^2 = 0{,}742$. Für die Impulse verbessert es sich von $R^2 = 0{,}687$ auf $R^2 = 0{,}748$. Damit liegt die Schätzung des Textumfangs in etwa gleich auf mit den Gütemaßen für die Schätzung der relevanten Impulse. Der Anteil der Verbesserung deutet an, daß der Textumfang bereits durch die Unternehmensgröße allein gut erklärt werden kann, während die Anzahl der Impulse besser durch die zusätzlichen Variablen bestimmbar ist.[338] Der Blick auf die jeweiligen Einflüsse der Erklärenden liefert daher weitere Erkenntnisse.

Der relevante Textumfang ist stabil gegenüber dem zeitlichen linearen Trend. Veränderungen des Berichtsumfangs über die Zeit lassen sich daher allein aus dem Wachstum der Unternehmen erklären. Für die Anzahl der Impulse ist jedoch

---

337 Die T-Werte können an dieser Stelle für die Interpretation herangezogen werden, weil die Schätzungen auf Basis standardisierter Werte vorgenommen wurden. Damit sind die T-Werte mindestens so Aussagekräftig, wie die Betas einer Regression. Die T-Werte haben zudem den Vorteil, daß zusätzlich die Signifikanzniveaus an ihnen abgelesen werden können.

338 Der Test auf univariate Normalverteilung ergibt ein Chi^2 von 0,1 bei einer Wahrscheinlichkeit von $P = 0{,}937$ für die Residuen des relevanten Textes und ein Chi^2 von 5,8 bei einer Wahrscheinlichkeit von $P = 0{,}055$ für die Residuen der Impulse. Somit kann die Normalverteilungsannahme nicht abgelehnt werden. Vgl. auch Anhang 6.

ein signifikanter Einfluß des zeitlichen Effektes zu erkennen. Die Zunahme der Anzahl der Impulse ist somit nicht allein aus dem Wachstum der Unternehmen zu erklären. Für den signifikanten Einfluß des zeitlichen Effektes auf den Umfang der Berichterstattung zur Innovationsorientierung kann folgende Erklärung dienen:

Die Unternehmen können in 1986 noch nicht das Bewußtsein für die Berichterstattung gehabt haben, wie es von dem Leser mit einem Bewußtsein aus 1994 gefordert wird. Es wird vermutet, daß in älteren Geschäftsberichten der Aspekt der Innovationsorientierung weniger zum Ausdruck kommt als in jüngeren Jahren. Damit offenbart sich die Möglichkeit, daß der Berichtsstil und die inhaltliche Schwerpunktbildung zugunsten der Innovationsorientierung, dem Zeitgeist oder einer Modeerscheinung erlegen sind.[339]

Abhängige	Relevante Texte		Impulse	
Unabhängige	T	Sig. T	T	Sig. T
Log. Bilanzsumme	+18,50	4E-48	+19,28	1E-50
Zeitlicher Effekt	+0,57	0,568	+2,54	0,012
Streubesitz	+2,26	0,025	+5,02	1E-06
Konsumgüterindustrie	-1,04	0,300	-0,58	0,565
Automobilbau	+2,10	0,037	-0,18	0,856
Chemische Industrie	+2,53	0,012	+3,94	1E-04
Elektrotechnik	+1,81	0,072	+2,63	0,009
Maschinenbau	+0,72	0,470	+0,81	0,416
R^2 der Funktion	0,742		0,748	
F-Wert zum R^2	86,4		88,9	
Sig. F	4E-66		3E-67	
Kleinste Toleranz	0,51 (Automobilbau)			

Tabelle 27: Statische Merkmale der Berichtsumfänge

339 Eng verbunden mit dieser Erklärung ist der für die Messung verantwortliche Leser der Geschäftsberichte, der Kodierer und seine Kognition. Ein durch die Wahrnehmungsfähigkeiten des Kodierers erzeugter Meßfehler, kann jedoch auf Grund der stetigen Reliabilität über die Zeit nicht belegt werden. Vgl. hierzu die Ausführungen in Kapitel 5.3.2.

Deutlich tritt auch der Streubesitzeffekt für die Erklärung der Impulszahl hervor. Börsennotierte Aktiengesellschaften berichten sowohl vom Textumfang her als auch in der Anzahl der Impulse ausführlicher. Der Hang zu ausgiebigen Darstellungen innovationsorientierter Inhalte läßt sich für börsennotierte Aktiengesellschaften in besonderem Maße beobachten. Damit wird die Hypothese 2 des Preexplanandums bestätigt: Unternehmen, die am Kapitalmarkt um den anonymen Aktionär werben, berichten ausführlicher, insbesondere in ihren Darstellungen zur Innovationsorientierung.

In der chemischen Industrie wird auf größerem Textraum berichtet und das zugleich mit hoch signifikant mehr relevantem Inhalt. Die chemische Industrie läßt also zur Berichterstattung mehr Papier bedrucken als die anderen Branchen. Auch die Elektrotechnik berichtet in bezug auf die Innovationsorientierung ausführlicher als die anderen Branchen. Mit der Offenlegung von branchenspezifischen Berichtseigenschaften ist die Hypothese 3 des Preexplanandums bestätigt. Ungeachtet dessen wird es im übernächsten Kapitel, nach der Bildung der Indikatoren der Innovationsorientierung die Aufgabe sein, weitere branchenspezifische Merkmale der Berichterstattung herauszuarbeiten.

5.5 Zusammenfassung

Mit den acht erklärenden Variablen lassen sich interessante Erkenntnisse über die Art gewinnen, wie über die Innovationsorientierung berichtet wird. Die Präferenzordnungen der Berichterstatter, die Kosten-Nutzen-Theorie und der latente, unternehmensgrößenabhängige Ereignisraum erweisen sich als sinnvolle Ansätze, den Berichtsumfang weit über die gesetzlichen Vorschriften hinaus zu erklären.

Mit der Beschreibung der Eigenschaften der Berichterstattung ist die Möglichkeit verbunden, die Ergebnisse zu validieren, ihre Gültigkeit an der Realität zu überprüfen. Für die Gesamtheit aller Impulse sind in diesem Kapitel Belege für das Vorliegen pragmatischer Validität erbracht worden. Zugleich hat sich gezeigt, daß eine sinnvolle Betrachtung der Innovationsorientierung eine logarithmische Skalierung der Meßwerte erfordert. Die Reliabilität der Messung ist insbesondere durch die Rekodierung von 120 der 248 Geschäftsberichte belegt worden.

Mit der Darstellung der Häufigkeiten der Impulse im Kategoriensystem wurden die Möglichkeiten der Inhaltsanalyse aufgezeigt und bereits erste Korrekturen in

Form von Zusammenfassungen von Ausprägungen des Kategoriensystems vorgenommen. Für eine sinnvolle Analyse ist es jedoch erforderlich, die vielfältigen Inhalte der relevanten Berichterstattung auf eine überschaubare Anzahl zu reduzieren.

Im folgenden wird daher die Bildung von 43 Arten der Innovationsorientierung aus dem Gesamtbestand aller Impulse unter Berücksichtigung bestimmter Berichtseigenschaften dargestellt. Die Beschreibung der Arten der Innovationsorientierung und ihre Verdichtung auf eine überschaubare Anzahl von Indikatoren ist das Ziel des nächsten Kapitels.

6. Bestimmung der Arten der Innovationsorientierung

Im fünften Kapitel wurde die Verteilung der Impulshäufigkeiten über die Ausprägungen des Kategoriensystems vorgestellt. In diesem Kapitel soll die Gesamtheit aller Impulse soweit nach ihren unterschiedlichen Inhalten zergliedert werden, wie es das Kategoriensystem für eine sinnvolle Analyse nach der Typologie der Innovationsorientierung zuläßt. Entscheidend ist hierbei auch die Häufigkeit, mit der eine bestimmte Art pro Unternehmen und pro Geschäftsbericht beobachtbar ist.

Die Bestimmung der Häufigkeiten erfolgt mittels datenbanktechnischer Abfragen durch logische „Und-“ und „Oder-“Verknüpfungen der Ausprägungsmöglichkeiten des Kategoriensystems. Mit der sinnvollen Verknüpfung wird bestimmt, in welchem Umfang die 27.367 Impulse in die Untersuchung einfließen und wie homomorph die Arten sind, also wie exakt das Modell die Realität abbildet. Mit der Gruppierung gleichartiger Impulse sollen die Anforderungen der Trennschärfe und der Vollständigkeit erfüllt werden. Dieser Optimierungsprozeß ist äußerst zeitintensiv. Präsentiert wird hier nur das *optimierte* Ergebnis.[340]

Im folgenden werden fünf inhaltliche Großbereiche dargestellt, wie sie sich aus der Typologie der Innovationsorientierung ergeben. Ihnen sind insgesamt 21 Indikatoren der Innovationsorientierung zugeordnet. Die Indikatoren sind die Erklärungsgegenstände des Explanandums. Sie sind das Ergebnis einer inhalts- und faktorenanalytischen Verdichtung der Berichtsinhalte. Die Abbildung 18 gibt einen Überblick über diese Indikatoren und ihre Zuordnung zu den Großbereichen.[341]

Die 21 Indikatoren werden aus insgesamt 43 Arten der Innovationsorientierung entwickelt. Die Bildung der 43 Arten basiert auf bestimmten, im folgenden darzulegenden Eigenschaften der Berichterstattung, die für die Messung kontrolliert werden müssen. Auf Basis dieser Kontrolle ist es möglich, die 21 Indikatoren zu *generalisieren*, also einen gewissen Grad allgemeiner Gültigkeit zu erzeugen. Die Beschreibung der Impulsarten stellt einen breiten Erfahrungsschatz zur Ordnung der geistig faßbaren Gegenstände zur Innovationsorientierung aus der Bericht-

---

340 Das optimierte Ergebnis erhebt nicht den Anspruch pareto-optimal zu sein. Vielmehr stellt es eine mit großer Sorgfalt entwickelte Lösung dar, die als ein Vorschlag zur Analyse textlicher Berichtsinhalte aus der Sicht der Innovationsorientierung zu sehen ist.

341 Die Reihenfolge der Darstellung ist an die zu ordnenden Ergebnisse weiterer Analyseschritte geknüpft. Sie wird damit zu einer festen Reihenfolge für alle folgenden Kapitel.

erstattung zur Verfügung.[342] Die Datenbankabfragen zur Bildung der 43 Arten sind im Anhang 3 dargestellt.

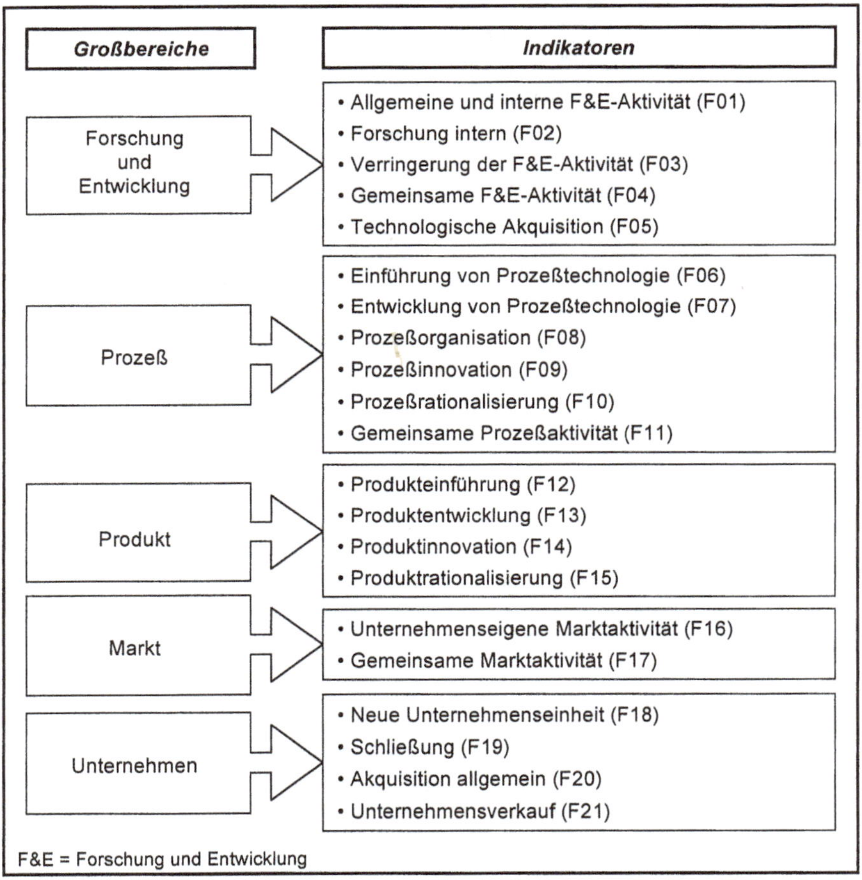

Abbildung 18: Fünf Großbereiche und 21 Indikatoren der Innovationsorientierung

---

342 Für viele Impulse wurde zusätzlich zur Kodierung der Ausprägungen der als wesentlich erachtete Teil des Originaltextes erfaßt. Für die Darstellung einzelner Arten der Innovationsorientierung ist es also möglich, Beispiele aus den Geschäftsberichten zu nennen. Da jedem Impuls genau das Unternehmen und das Jahr der Veröffentlichung zugewiesen wurde, aber nicht die Seitenzahl im Geschäftsbericht, können für die Beispiele das Unternehmen und das Geschäftsjahr zur Identifikation der Quelle genannt werden, nicht aber die entsprechende Seitenzahl.

6.1 Großbereich Forschung und Entwicklung

Der Großbereich der Forschung und Entwicklung beinhaltet fünf Indikatoren. Diese fünf Indikatoren werden auf der Basis von acht Impulsarten gebildet. Die Abbildung 19 gibt einen Überblick über die Indikatoren und die ihnen zugrundegelegten Impulsarten.

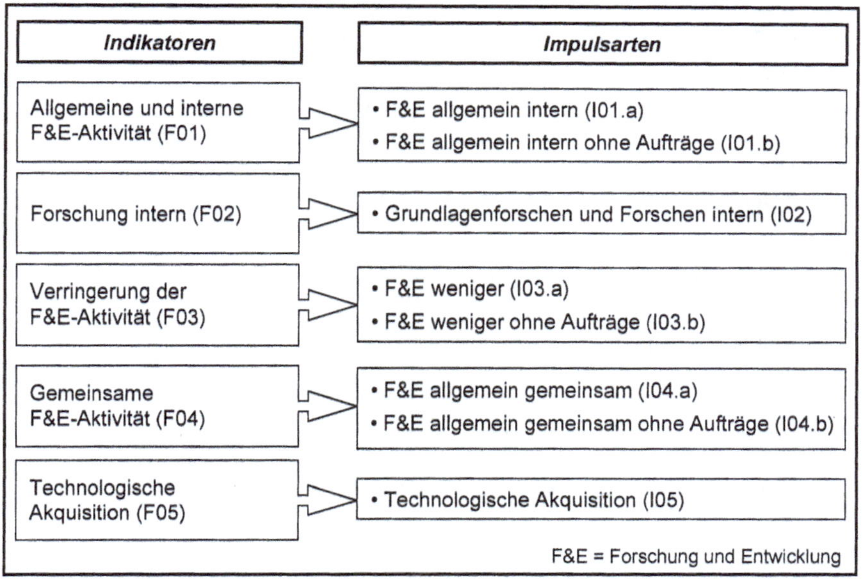

Abbildung 19: Acht Impulsarten und fünf Indikatoren der Forschung und Entwicklung (F&E)

6.1.1 Impulsarten allgemeiner Forschung und Entwicklung (*F01*)

Die Impulsarten allgemeiner Forschung und Entwicklung werden in solche inklusive und solche exklusive Auftragsaspekt unterschieden.

I01.a: Interne, allgemeine Forschung und Entwicklung *inklusive* Auftragsaspekt

Gesucht wird die Gruppe aller Impulse, die der Nennung gleicher oder vermehrter, allgemeiner und interner Forschungs- und Entwicklungsleistungen zuzuordnen ist. Dazu gehören Nennungen zu Projekten der Grundlagenforschung und der Forschung, alle Vorhaben, die zur Modernisierung und Erweiterung des Forschungs- und Entwicklungsbereichs beitragen sowie die allgemeinen Angaben zum Forschungs- und Entwicklungsaufwand und Investitionen in denselben Bereichen. Forschungsprojekte werden in der Berichterstattung nicht erschöpfend, sondern beispielhaft und nach der Prämisse der Wesentlichkeit genannt. Aufgrund der Annahme zum Berichtsverhalten erfüllen diese Nennungen die Voraussetzung zum Gleichsetzen mit den Nennungen zum aggregierten Forschungs- und Entwicklungsaufwand oder zu den Investitionen in diesem Bereich. In der Tabelle 28 werden Beispiele aus den Geschäftsberichten für die Impulsart I01.a genannt.

Artikulation	Quelle
Einstellung von Mitarbeitern für Forschungsprojekte.	Hüls AG 1988
Forschungsaktivitäten weiter ausgebaut.	Kali-Chemie AG 1987
Aufwand 82,7 Mio. DM, im Vorjahr 74,0.	Linde AG 1987
Neubau F&E-Forschungsinstitut begonnen.	Schering AG 1989
Höhere Vorleistung im F&E-Bereich Mikroelektronik.	Siemens AG 1987

Tabelle 28: Artikulationen zur internen, allgemeinen Forschung und Entwicklung *inklusive* Auftragsaspekt (I01.a)

I01.b Interne, allgemeine Forschung und Entwicklung *exklusive* Auftragsaspekt

Aus I01.a läßt sich eine Impulsgruppe bilden, die Artikulationen zur allgemeinen Forschung und Entwicklung *mit Auftragsaspekt ausschließt*. Diese zusätzliche Betrachtung erscheint notwendig, weil einige Unternehmen in nicht unwesentlichem Umfang über Forschungs- und Entwicklungsprojekte berichten, die von Dritten, meist staatlichen Auftraggebern erteilt wurden.[343] Da nicht alle Unter-

[343] Einerseits führt die Projektförderung intern zur Erweiterung des technologischen Know-how und gehört somit zu den allgemeinen und internen Forschungs- und Entwicklungsleistungen.

nehmen gleichermaßen von auftragsbezogenen Projekten berichten, und somit ein Meßfehler entstehen kann, soll zusätzlich zu I01.a die Impulsart I01.b generiert werden.[344]

Beispiele für I01.b lassen sich der Tabelle 28 entnehmen, weil dort nur solche Beispiele genannt werden, die keinen Auftragsaspekt aufweisen. Da jedoch der Ausgrenzungseffekt eine besondere Rolle spielt, sollen hier die Artikulationen angegeben werden, die in die Bildung von I01.b *gerade nicht einfließen* und damit den Unterschied zu I01.a ausmachen. Zu den Aussagen *mit* Auftragsaspekt gehören Forschungs- und Entwicklungsaufträge, wie „Hypasse", „Polare Plattform", „Prometheus", „Hermes", „Ariane" und andere Technologieprogramme, sofern diese dem allgemeinen Forschungs- und Entwicklungsbereich zugeordnet sind.[345]

6.1.2 Impulsart Forschung (*F02*)

Aufgrund der Bedeutung der Grundlagenforschung und Forschung mit einer langfristig zeitlich verzögerten Wirkung auf Erfolge, soll diesem Bereich zusätzliche Beachtung geschenkt werden. Der Auftragsaspekt wird für die Grundlagenforschung und Forschung nicht extra betrachtet, weil nur sehr wenige Nennungen mit Auftragsaspekt erfolgen und der Meßfehler somit unbedeutend ist.

Andererseits erfolgt die Anstrengung nicht aus eigener Kraft, weil die finanziellen Mittel von Dritten bereitgestellt werden und verzerrt daher möglicherweise die Messung.

344 Die Unterscheidung der Begriffe „mit" und „ohne" sowie „inklusive" und „exklusive" sei am Beispiel der Impulsmengen für die Forschung und Entwicklung verdeutlicht:

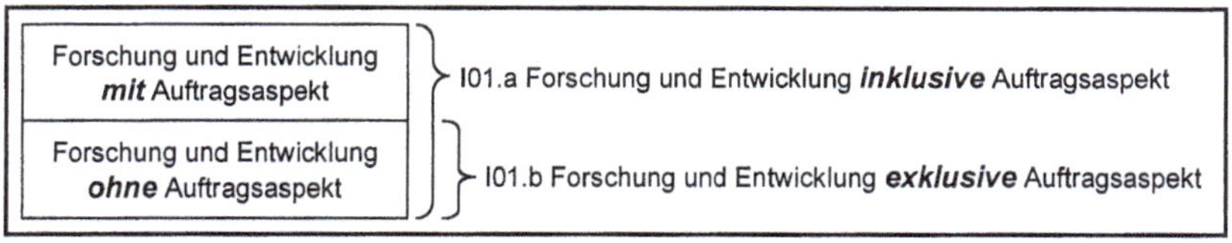

Demnach heißt die Menge, die alle Impulse ***mit* und *ohne*** Auftragsaspekt berücksichtigt „*inklusive Auftragsaspekt*". Die Menge, die nur Impulse beinhaltet, die gerade keinen Auftragsaspekt aufweisen (nur ***ohne*** Auftragsaspekt) werden „exklusive Auftragsaspekt" genannt. Diese Mengenbildung gilt an allen Stellen des Kapitels.

345 Solche Nennungen treten besonders häufig im Berichtsteil zur Deutschen Aerospace der Daimler-Benz AG und zur MAN Technologie der MAN AG auf, aber auch bei der BMW AG.

Die Artikulationen zur internen Grundlagenforschung und Forschung (I02) sind in den Artikulationen zu allgemeiner, interner Forschung und Entwicklung (I01) enthalten. Mit I02 soll ausschließlich die latente Forschungsleistung eines Unternehmens gemessen werden. I01 und I02 sind somit nicht trennscharf, betonen jedoch unterschiedliche Aktivitäten der Unternehmen.

Artikulation	Quelle
Im steigendem Umfang Grundlagen der Systemtechnik erarbeitet.	Daimler-Benz AG 1987
Grundlagenarbeiten in umweltfreundlichen Fertigungsverfahren.	Grundig AG 1989
Bau eines Forschungszentrums begonnen.	Henkel KGaA 1988
Grundlagenarbeiten für Produktmaterialien fortgeführt.	Th. Goldschmidt AG 1991

Tabelle 29: Artikulationen zur Grundlagenforschung und Forschung (I02)

6.1.3 Impulsarten verringerter Forschung und Entwicklung (*F03*)

Für die Aufbereitung der Artikulationen zu verringerten Forschungs- und Entwicklungsleistungen wird die gleiche Methode angewendet, wie für die Impulse zur vermehrten oder gleichbleibenden Forschungs- und Entwicklungsleistung (I01). Demnach sind im folgenden die beiden Impulsarten für verringerte allgemeine Forschung und Entwicklung inklusive Auftragsaspekt (I03.a) und desgleichen exklusive Auftragsaspekt (I03.b) zu unterscheiden.[346]

I03.a Verringerte allgemeine Forschung und Entwicklung *inklusive* Auftragsaspekt

Gesucht ist die Gruppe der Impulse, die Auskunft über verringerte Forschungs- und Entwicklungsleistung gibt. Dazu gehören alle Nennungen zu eingeschränkten, verzögerten, ausgesetzten und aufgegebenen Vorhaben. Mit 23 Nennungen ist die quantifizierte Angabe verringerter Forschungs- und Entwicklungsaufwendungen

346 Zum Verständnis der Begriffe „mit", „ohne", „inklusive" und „exklusive" siehe Fußnote 344.

gegenüber dem Vorjahr nur selten anzutreffen. Angaben über den Abbruch von erfolglosen Projekten sind noch seltener. Der überwiegende Teil der Impulse bezieht sich auf Angaben zur Rationalisierung von Aktivitäten der Forschung und Entwicklung.

Artikulation	Quelle
Bündelung des technologischen Potentials begonnen.	Bremer Vulkan AG 1993
Entwicklungsaufwand auf 5,8 Mio gegenüber Vorjahr (6,1 Mio.) zurückgegangen.	PWO AG 1993
Forschungsinhalt gestrafft.	Schering AG 1987
Entwicklungsaufwand für Produkte zurückgeführt.	Schmalbach Lubeca AG 1987

Tabelle 30: Artikulationen zur verringerten Forschung und Entwicklung *inklusive* Auftragsaspekt (I03.a)

I03.b Verringerte allgemeine Forschung und Entwicklung *exklusive* Auftragsaspekt

Gesucht sind alle Impulse, die Nennungen zu verringerter Forschungs- und Entwicklungsleistung beinhalten, unter Ausschluß derjenigen, die einen Auftragsaspekt beinhalten. Über verringerte Forschungs- und Entwicklungsleistung mit Auftragsaspekt berichten die in der Tabelle 31 genannten Unternehmen. Die genannten Artikulationen sind gerade diejenigen, die für die Bildung der Impulsart I03.b im Vergleich zur Impulsart I03.a gerade *nicht* berücksichtigt werden.

Artikulation	Quelle
Erteilung des Forschungs- und Entwicklungsauftrags verzögert.	Daimler-Benz AG 1987
F&E-Aufträge der Deutschen Aerospace auf 4,8 Mrd gegenüber Vorjahr 5,5 Mrd. zurückgegangen.	Daimler-Benz AG 1993
F&E-Projektaufträge reduziert.	IWKA AG 1993
F&E-Aufträge zurückgegangen.	MAN AG 1993

Tabelle 31: Artikulationen zur verringerten Forschung und Entwicklung *mit* Auftragsaspekt (I03.b)

6.1.4 Impulsarten gemeinsamer Forschung und Entwicklung (*F04*)

Die Impulsarten gemeinsamer Forschung und Entwicklung werden aus den vorhergenannten Gründen in die zwei Arten inklusive und exklusive Auftragsaspekt unterschieden.

I04.a Gemeinsame Forschung und Entwicklung *inklusive* Auftragsaspekt

Gesucht sind alle Impulse, die den Nennungen gemeinsamer allgemeiner Forschung und Entwicklung entsprechen. Nicht berücksichtigt werden Aussagen zu intensivierter Zusammenarbeit von Konzerntöchtern. Zur Gruppe I04.a gehören die Artikulationen, die Auskunft über Forschungs- oder Entwicklungsprojekte geben, die zusammen mit einem externen Partner angegangen oder fortgeführt wurden. Der Gründung eines Gemeinschaftsunternehmens für Forschungs- und Entwicklungszwecke wurde ebenfalls eine kooperative, also gemeinsame Absicht unterstellt. Die Tabelle 32 beinhaltet Beispiele für hier berücksichtigte Artikulationen.

Artikulation	Quelle
Gemeinschaftsunternehmen mit Rolls-Royce gegründet.	BMW AG 1990
Gemeinsam Unternehmen für Engineering-Leistungen gegründet.	IWKA AG 1991
Gemeinsam mit Industriepartnern und Uni Essen Verfahrensentwicklung.	Steag AG 1992
Zusammenarbeit mit Forschungsinstituten.	Traub AG 1986
Gemeinsam Innovationsgesellschaft gegründet.	Volkswagen AG 1986

Tabelle 32: Artikulationen zur gemeinsamen Forschung und Entwicklung *inklusive* Auftragsaspekt (I04.a)

I04.b Gemeinsame Forschung und Entwicklung *exklusive* Auftragsaspekt

Aus I04.a läßt sich die Impulsgruppe bilden, die Artikulationen zu Projekten mit Auftragscharakter ausgrenzt. Einige Unternehmen berichten in wesentlichem Umfang über Forschungs- und Entwicklungsprojekte, die sie von Dritten, meist staatlichen Auftraggebern, erhalten und zusammen mit Partnern als Konsortium ausführen. Für die Gründung von Gemeinschaftsunternehmen sind keine Auftragsaspekte gemessen worden, obwohl auch die Gründung eines Unternehmens aufgrund von Aufträgen durch Dritte denkbar wäre. Ausgegrenzte Artikulationen, die dem Auftragsaspekt entsprechen, sind in der Tabelle 33 angegeben.

Artikulation	Quelle
Beteiligung an Aufträgen, wie Ariane 4, Boeing 777, Columbus, Hermes, Cluster, ERS-2, Esprit, ESA Polare Plattform, Airbus, PAH 2, Drive.	Daimler-Benz AG (insbesondere DASA) 1986 bis 1993
Beteiligung an Aufträgen, wie Ariane 5.	MAN AG 1986

Tabelle 33: Artikulationen zur gemeinsamen Forschung und Entwicklung *mit* Auftragsaspekt (I04.b)

6.1.5 Impulsart technologische Akquisition (*F05*)

Gesucht sind die Impulse, die die Akquisition in Form von Mehr- und Minderheitsbeteiligungen an konzernfremden Unternehmen vorsehen und zugleich mit dem Zugang zu technologischem Know-how in der Berichterstattung begründet werden. Minder- und Mehrheitsbeteiligungen werden von den Impulsen gemeinsamen Ursprungs (I04.a und I04.b) abgegrenzt, weil hinter der Zugangsstrategie eine andere Erfolgswirkung vermutet wird. Die Tabelle 34 beinhaltet Artikulationen, die die technologische Akquisition kennzeichnen.

Artikulation	Quelle
Akquisition mit Schrittmacherfunktion ergänzt Unternehmensbereich.	IWKA AG 1987
Akquisition führte zur deutlichen Erweiterung des Forschungsbereichs.	Schering AG 1990
Technologisch führenden Hersteller erworben.	Siemens AG 89
Gezielte Akquisitionen zur Verstärkung des technologischen Know-how.	SKW Trostberg AG 1992

Tabelle 34: Artikulationen zur technologischen Akquisition (I05)

6.2 Großbereich Prozeß

Der Großbereich Prozeß beinhaltet sechs Indikatoren, wie in Abbildung 18 auf der Seite 150 dargestellt. Die sechs Indikatoren werden aus insgesamt 21 Impulsarten gebildet. Im Gegensatz zum vorhergehenden Kapitel werden die entsprechenden Impulsarten der Indikatoren erst in den folgenden Unterkapiteln vorgestellt, um den Überblick besser zu gewährleisten.

6.2.1 Impulsarten der Einführung von Prozeßtechnologie (*F06*)

Die Abbildung 20 zeigt acht Impulsarten des Indikators Einführung von Prozeßtechnologie (*F06*). Die acht Impulsarten ergeben sich aus den Kombinationsmöglichkeiten mit ein- und ausgrenzender Wirkung folgender drei Kriterien: 1. Erweiterung von Prozeßtechnologie, 2. umweltpolitischer Aspekt und 3. periphere Bereiche der Produktion. Alle Kombinationen werden im folgenden beschrieben.

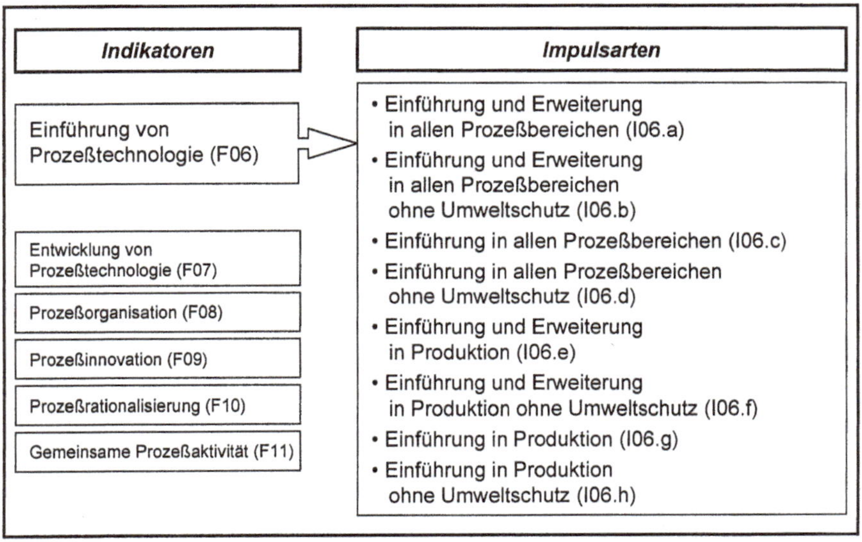

Abbildung 20: Acht Impulsarten des Indikators Einführung von Prozeßtechnologie (*F06*)

I06.a Einführung *und Erweiterung* von Prozeßtechnologie *in allen Prozeßbereichen inklusive* umweltpolitischem Aspekt

Gesucht sind die Impulse, die die Neueinführung, Erweiterung und Erneuerung von Prozeßtechnologien in allen funktionalen Bereichen des Unternehmens betreffen, mit Ausnahme des Forschungs- und Entwicklungsbereichs und dem Vertrieb. Dazu gehören alle Angaben zur Beschaffung neuer Prozeßtechnologie. Die personellen Innovationen sind ebenfalls diesem Prozeßaspekt zugeordnet. Die Nennung von Prozeßerweiterungen wird einbezogen, weil angenommen wird, daß auch damit die Beschaffung modernster Anlagen verbunden ist.[347] So gesehen beinhaltet die Nennung einer Prozeßerweiterung einen innovativen, wenn auch nur einen inkremental innovativen Aspekt.

Artikulation	Quelle
Fertigungsanlauf.	Buderus AG 1991
Modernisierung Produktionsanlagen abgeschlossen.	IWKA AG 1993
Produktionsanlage neu in Betrieb genommen.	Th. Goldschmidt AG 1992
Erhebliche Investitionen in moderne Produktionstechniken.	Traub AG 1986

Tabelle 35: Artikulationen zur Einführung *und Erweiterung* von Prozeßtechnologie *in allen Prozeßbereichen inklusive* umweltpolitischem Aspekt (I06.a)

I06.b Einführung *und Erweiterung* von Prozeßtechnologie *in allen Prozeßbereichen exklusive* umweltpolitischem Aspekt

Zu I06.a gehören alle Artikulationen aus I06.a unter Ausschluß der Impulse, die einen umweltpolitischen Aspekt aufweisen. Die Ausblendung erscheint notwendig, weil die Darstellung von umweltpolitischen Maßnahmen von bestimmten Unternehmen in der Berichterstattung besonders betont wird. Es läßt sich daher vermuten, daß die Darstellung von umweltpolitischen Maßnahmen wesentlich ausführlicher erfolgt als es zur Messung des Innovationsaspektes notwendig erscheint. Da umweltpolitische Maßnahmen im Prozeßbereich jedoch die Be-

---

347 Zudem konfrontiert die Prozeßerweiterung das Unternehmen mit begleitenden Problemstellungen wie der Umgestaltung und Anpassung des Prozeßablaufs.

schaffung moderner Anlagen beinhalten, werden sie in I06.a einbezogen, in I06.b jedoch herausgenommen. Beispiele für ausgeschlossene Artikulationen sind in der Tabelle 36 angegeben.

Artikulation	Quelle
Mit dem Bau von Anlagen zum Schutz der Umwelt begonnen.	BMW AG 1993
Investitionen für den Umweltschutz: 332 Mio.	Steag AG 1989
Wichtige Maßnahmen im Werk für den Umweltschutz ergriffen.	Th. Goldschmidt AG 1992

Tabelle 36: Artikulationen zur Einführung *und Erweiterung* von Prozeßtechnologie *in allen Prozeßbereichen mit* umweltpolitischem Aspekt

I06.c Einführung von Prozeßtechnologie *in allen Prozeßbereichen inklusive* umweltpolitischem Aspekt

Gesucht sind die Impulse der Gruppe I06.a, wobei die Aktivität der Erweiterung ausgegrenzt wird. Im Ergebnis werden damit alle Aussagen berücksichtigt, die die Einführung neuer Technologien in allen funktionalen Bereichen betreffen. Der Ausschluß aller Artikulationen, denen die Aktivität „Erweitern" zugeordnet wurden, erfolgt deshalb, weil nicht abschließend beurteilt werden kann, ob die Erweiterungen tatsächlich den Aspekt prozessualer Innovationsorientierung beinhalten.

Artikulation	Quelle
Investitionsprogramm für die Erweiterung der Fertigungsanlagen.	Isola Werke AG 1991
Investitionen für weiteren Ausbau der Fertigung.	MAN AG 1993
Investitionen für die Erweiterung der Kapazitäten.	Schmalbach Lubeca AG 1991

Tabelle 37: Artikulationen zur *Erweiterung* von Prozeßtechnologie

I06.d Einführung von Prozeßtechnologie *in allen Prozeßbereichen exklusive* umweltpolitischem Aspekt

Gesucht sind die Impulse der Gruppe I06.a, die nicht die Aktivität der Erweiterung und nicht den umweltpolitischen Aspekt aufweisen. Im Ergebnis steht die Gruppe an Aussagen, die einerseits von der Möglichkeit einer verzerrten Darstellung der Innovationsorientierung am weitesten entfernt ist, jedoch andererseits die Informationsauswahl sehr restriktiv behandelt, und damit der Gefahr fehlender Repräsentativität ausgesetzt ist. Beispiele für auszugrenzende Artikulationen lassen sich den Beispielen für I06.b und I06.c in den Tabellen 35 und 36 entnehmen.

I06.e Einführung *und Erweiterung* von Prozeßtechnologie *in der Produktion inklusive* umweltpolitischem Aspekt

Gesucht sind die Impulse der Gruppe I06.a, die die Erneuerung von Prozeßtechnologien allein im Bereich der Produktion betreffen. Diese Auswahl wird getroffen, weil im produzierendem Gewerbe dem Produktionsbereich eine dominante Rolle zukommt. Mit zu erwartender unterschiedlicher Berichterstattung über die peripheren Bereiche, kann somit ein weiterer Meßfehler kontrolliert werden. In der Tabelle 38 werden ausgegrenzte Artikulationen der peripheren Bereiche der Produktion genannt.

Artikulation	Quelle
Neue Transportmöglichkeiten erschlossen.	BMW AG 1988
Neubau eines Bürogebäudes.	Felten & Guilleaume Energietechnik AG 1991
Investitionen für den Ausbau der EDV-Systeme.	MAN AG 1986
Management-System wurde wirksam.	Steag AG 1992
Neue Lagerräume bezogen.	Th. Goldschmidt AG 1986
Neues Verwaltungsgebäude errichtet.	Th. Goldschmidt AG 1992

Tabelle 38: Artikulationen zur Einführung von Prozeßtechnologie *in der funktionalen Peripherie* der Produktion

Mit den Impulsen der Art I06.e lassen sich durch die Kombination der Ausgrenzungsmöglichkeiten drei weitere Impulsarten bestimmen. Dafür wird die gleiche Systematik angewendet wie für die Impulse der Gruppe I06.a:

I06.f Einführung *und Erweiterung* von Prozeßtechnologie
***in der Produktion exklusive* umweltpolitischem Aspekt**

I06.g Einführung von Prozeßtechnologie
***in der Produktion inklusive* umweltpolitischem Aspekt**

I06.h Einführung von Prozeßtechnologie
***in der Produktion exklusive* umweltpolitischem Aspekt**

Beispiele für auszugrenzende Artikulationen sind den Tabellen 36 und 37 entnehmbar.

6.2.2 Impulsarten der Entwicklung von Prozeßtechnologie (*F07*)

Neben der Einführung von neuen Technologien durch Zukauf von außen, wird ein Teil neuer Prozeßtechnologie durch eigene Entwicklungsleistungen erzeugt. Die Impulsarten zu Entwicklungsaktivitäten im Prozeßbereich sind in Abbildung 21 dargestellt.

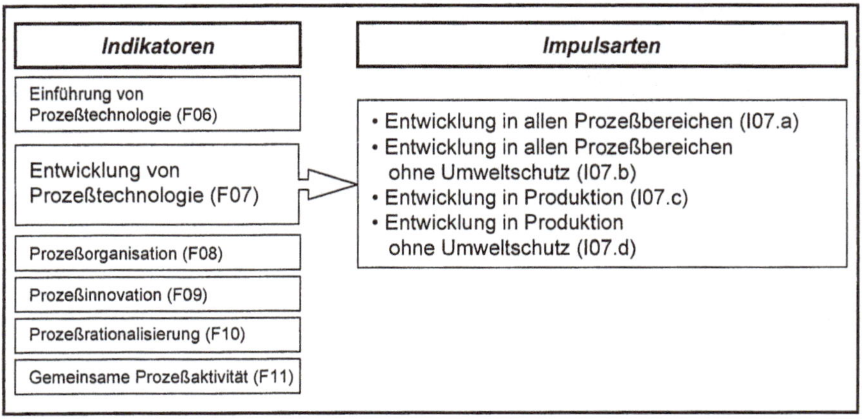

Abbildung 21: Vier Impulsarten des Indikators Entwicklung von Prozeßtechnologie (*F07*)

Die Arten lassen sich nach der gleichen Systematik bilden, die für die Einführung von Prozeßtechnologie angewendet wurde. Lediglich die Aktivität der Erweiterung ist für die Messung der Entwicklung von Prozeßtechnologien unbedeutend. Durch die Kombination der ein- und auszuschließenden Aspekte 1. umweltpolitische Maßnahmen und 2. periphere Bereiche der Produktion, ergeben sich insgesamt vier Impulsarten.

I07.a Entwicklung von Prozeßtechnologie *in allen Prozeßbereichen inklusive* umweltpolitischem Aspekt

Gesucht sind die Impulse, die Artikulationen der Entwicklung von Prozeßtechnologien in allen funktionalen Bereichen repräsentieren, mit Ausnahme derjenigen des Forschungs- und Entwicklungsbereichs und des Vertriebs. Zusätzlich werden solche Aussagen ausgeklammert, die einen organisatorischen Aspekt aufweisen. Zu I07.a gehören alle Angaben, die Auskunft über selbst entwickelte Anlagen, Methoden, Systeme und Verfahren geben. In der Tabelle 39 werden Beispiele für I07.a genannt.

Artikulation	Quelle
Aufwand für den technischen Service auf 129 Mio. gestiegen.	Henkel KGaA 1990
Im Projekt Effizienzsteigerung erarbeitet.	Henkel KGaA 1993
Maßnahmen zur Verbesserung der Produktionsverfahren fortgeführt.	MAN AG 1992
Intensive Vorbereitungen zur Produktionsaufnahme.	SKW Trostberg AG 1993

Tabelle 39: Artikulationen zur Entwicklung von Prozeßtechnologie *in allen Prozeßbereichen inklusive* umweltpolitischem Aspekt (I07.a)

I07.b Entwicklung von Prozeßtechnologie *in allen Prozeßbereichen exklusive* umweltpolitischem Aspekt

Die Impulsart I07.b ist eine Untergruppe der Impulse aus I07.a. In I07.b sind alle Impulse mit umweltpolitischen Aspekt ausgegrenzt. Die Ausklammerung des umweltpolitischen Aspektes erfolgt aus den Gründen, die bereits zur Einführung von Prozeßtechnologie exklusive umweltpolitischem Aspekt (I06.b) genannt werden. Die Tabelle 40 enthält Beispiele für die in I07.b gerade nicht berücksichtigten Impulse.

Artikulation	Quelle
Stetige Verbesserung der Arbeitssicherheit.	Hüls AG 1986
Verbesserung der Produktionsmethoden in bezug auf Umweltschutz.	Papierfabrik August Koehler AG 1990
Umweltschutzverfahren erarbeitet.	Th. Goldschmidt AG 1991

Tabelle 40: Artikulationen zur Entwicklung von Prozeßtechnologie *mit* umweltpolitischem Aspekt

I07.c Entwicklung von Prozeßtechnologie *in der Produktion inklusive* umweltpolitischem Aspekt

I07.c ist ebenso eine Untergruppe von I07.a. In I07.c werden alle diejenigen Artikulationen nicht berücksichtigt, die dem peripheren Bereich der Produktion zuzurechnen sind. Die Ausklammerung der peripheren Produktionsbereiche erfolgt aus dem gleichen Grund, wie er bereits für die Impulse zur Einführung und Erweiterung Produktion (I06.e) genannt wurde. Die Tabelle 41 enthält demnach solche Artikulationen, die zur Bildung von I07.c gerade nicht berücksichtigt werden.

Artikulation	Quelle
Erhebliche Kosten zur Weiterbildung der Führungskräfte.	BMW AG 1992
Spezielle Programme zur Weiterbildung von Mitarbeitern.	Th. Goldschmidt AG 1993
Vorschlagswesen: In keinem Jahr zuvor so viele Vorschläge eingereicht. Insgesamt 60.501 Stück, davon 15.194 prämiert. Gesamtprämie: 17,9 Mio. DM	Volkswagen AG 1989

Tabelle 41: Artikulationen zur Entwicklung von Prozeßtechnologie *in der funktionalen Peripherie* der Produktion

I07.d Entwicklung von Prozeßtechnologie *in der Produktion exklusive* umweltpolitischem Aspekt

Die Impulsart I07.d bildet eine Untergruppe der Impulse aus I07.c. In I07.d sind zusätzlich alle Artikulationen mit umweltpolitischem Aspekt ausgegrenzt. Beispiele für die ausgegrenzten Impulse können der Tabelle 40 entnommen werden.

6.2.3 Impulsart prozessuale Organisation (*F08*)

Bisher wurden die Prozeßimpulse mit organisatorischem Aspekt aus der Betrachtung der Prozeßeinführung und der Prozeßentwicklung ausgeklammert. Organisatorische Maßnahmen müssen nicht zwingend mit der Anschaffung oder Entwicklung neuer Technologie verbunden sein und zeichnen sich somit durch eine eigenständige Art der Innovationsorientierung aus. Der Indikator Prozeßorganisation wird aus einer Impulsart bestimmt, wie die Abbildung 22 zeigt.

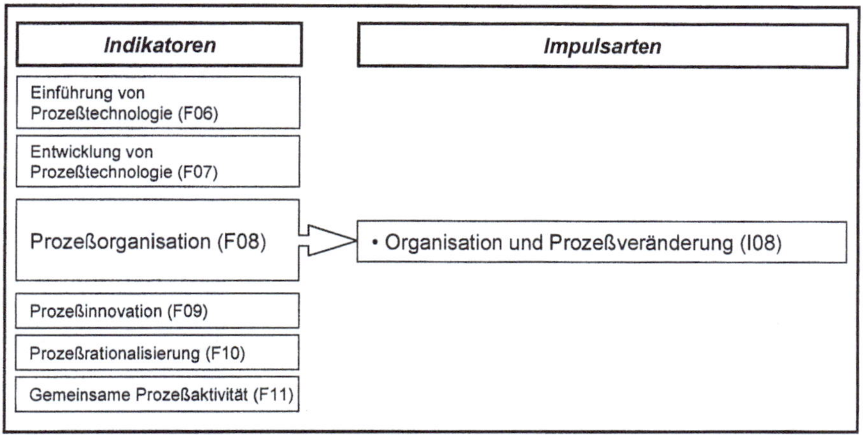

Abbildung 22: Eine Impulsart des Indikators Prozeßorganisation (*F08*)

Die Nennungen zu Maßnahmen der Strukturierung von Abläufen und zu Veränderungen der Aufbauorganisation sind Indikatoren der organisatorischen Innovationsorientierung, die die Effizienz der Prozesse und damit die Wettbewerbsfähigkeit der Unternehmen mitbestimmen können. Dazu gehören alle Aussagen, deren

Inhalte Umstrukturierungen, Reorganisierungen, Neugestaltungen, Ein- und Ausgliederungen von Unternehmensbereichen in andere Bereiche, Dezentralisierungen und Fusionen betreffen. Auch solche Ausgliederungen, die mit dem Begriff des ‚outsourcing' verbunden sind, gehören dazu. Denn auch dabei stehen Effizienzmaßnahmen der eigenen, internen Organisation im Vordergrund. Die Tabelle 42 nennt Beispiele.

Artikulation	Quelle
Erhebliche Maßnahmen zur Umstrukturierung eines Bereichs.	Aesculap AG 1992
Bereiche fusioniert.	Bremer Vulkan AG 1990
Reorganisation von Produktionsprozessen eingeleitet.	Buderus AG 1993
Umfassende Dezentralisierung der Verantwortung.	Daimler-Benz AG 1992
Neugestaltung der Produktion begonnen.	Grundig AG 1986
Gruppenarbeit eingeführt.	Heidelberger Druckmaschinen AG 1993
Bereiche verlagert.	Isola Werke AG 1987
Umstrukturierung eines Bereichs abgeschlossen.	IWKA AG 1987
Produktion verlagert.	Linde AG 1988
Bereich ausgegliedert.	MAN AG 1987
Organisation angepaßt.	Schmalbach Lubeca AG 1993
Bereiche eingegliedert.	Siemens AG 1987
Produktion zunehmend auf Kooperationspartner verlagert.	Traub AG 1993
Dezentralisierung der Verantwortung fortgesetzt.	Volkswagen AG 1990

Tabelle 42: Artikulationen *mit* organisatorischem Aspekt (I08)

6.2.4 Impulsarten der Prozeßinnovation (*F09*)

Neben der in der Berichterstattung genannten Einführung und Entwicklung von Prozeßtechnologie und den organisatorischen Maßnahmen lassen sich zusätzlich nur solche Ereignisse betrachten, die die Eigenschaft einer radikalen Innovation aufweisen. Sie bilden eine Untergruppe der Impulsarten aus I06, I07 und I08. Für die Beurteilung der Radikalität ist die Messung auf die explizite Angabe in der Berichterstattung angewiesen. Die Prozeßinnovationen können nach der gleichen Systematik gruppiert werden, wie das im Fall der Impulsart Entwicklung von Prozeßtechnologie (*F07*) vorgenommen wurde. Um die Gefahr fehlerhafter Messungen zu minimieren, sind die Prozeßinnovationen in die Impulsarten in- und exklusive umweltpolitischen Aspekt und in- und exklusive der peripheren Bereiche der Produktion zu unterscheiden. Insgesamt ergeben sich so vier Impulsarten, wie in der Abbildung 23 dargestellt.

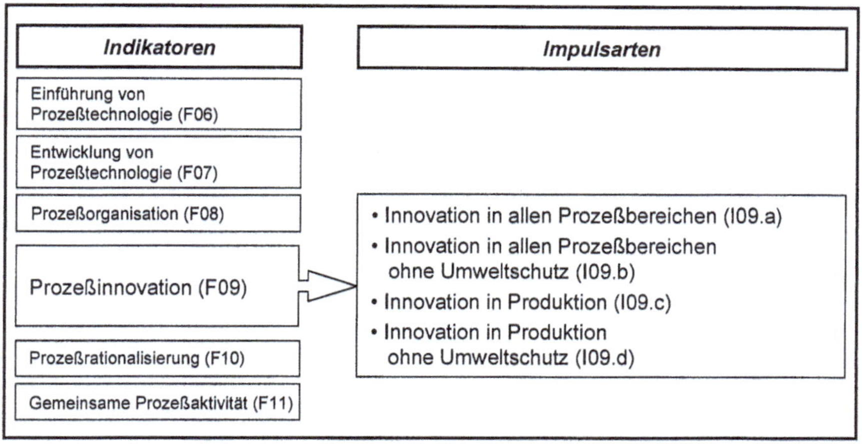

Abbildung 23: Vier Impulsarten des Indikators Prozeßinnovation (*F09*)

I09.a Prozeßinnovation *in allen Prozeßbereichen inklusive* umweltpolitischem Aspekt

Gesucht sind die Impulse aus allen funktionalen Prozeßbereichen, die Artikulationen mit dem Aspekt prozessualer Innovation aufweisen. Dazu gehören alle Impulse, die Nennungen zu herausragenden, weltweit erstmaligen, absolut neuartigen Prozeßtechnologien beinhalten. Die Auswahl ist unabhängig davon, ob es sich um eine Einführung, Entwicklung oder um ein Ereignis mit organisatorischem Aspekt handelt. Die Tabelle 43 enthält Beispiele für relevante Artikulationen.

Artikulation	Quelle
Im Pilotwerk Automatisierungsverfahren erprobt.	BMW AG 1986
Pilotanlage in Betrieb genommen.	Hüls AG 1992
Inbetriebnahme einzigartiger Anlage.	Linde AG 1991
Einführung hochmoderner Technologien.	PWO AG 1986
Weltweit modernste Fertigungslinien entwickelt.	Siemens AG 1988
Grundlegend neues Produktionsverfahren eingesetzt.	Westag & Getalit AG 1993

Tabelle 43: Artikulationen zur Prozeßinnovation *in allen Prozeßbereichen inklusive* umweltpolitischem Aspekt (I09.a)

I09.b Prozeßinnovation *in allen Prozeßbereichen exklusive* umweltpolitischem Aspekt

Die Impulsart I09.b ist eine Untermenge der Impulse aus I09.a. In I09.b sind die Prozeßinnovationen nicht enthalten, die einen umweltpolitischen Aspekt aufweisen. In der Tabelle 44 werden Beispiele für Artikulationen genannt, die, im Unterschied zu I09.a, für I09.b gerade nicht berücksichtigt werden.

Artikulation	Quelle
Recycling-Pilotanlage in Betrieb genommen.	BMW AG 1990
Erstmalig neues Umweltschutzsystem eingesetzt.	Steag AG 1988
Als erster Recycling-Pilotanlage eingeführt.	Volkswagen AG 1991

Tabelle 44: Artikulationen zur Prozeßinnovation *mit* umweltpolitischem Aspekt

Der Vergleich der Angaben der BMW AG und der Volkswagen AG in der Tabelle 44 offenbart eine sachliche Ungereimtheit. So kann Volkswagen in 1991 eine Recycling-Pilotanlage nicht als erster eingeführt haben, weil die BMW AG schon 1990 über ein gleichartiges Ereignis berichtete. Ob beiden Projekten tatsächlich der gleiche Gegenstand zugrunde liegt, entzieht sich jedoch der Kenntnis des Kodierers. So muß angenommen werden, daß die Recycling-Projekte Unterschiede aufweisen. Dann kann auch die Volkswagen AG in 1991 von sich behaupten, als erste eine solche Anlage eingeführt zu haben. An diesem Beispiel zeigt sich deutlich, daß der Kodierer auf das sachliche Beurteilungsvermögen der Berichterstatter angewiesen ist.

I09.c Prozeßinnovation *in der Produktion* *inklusive* umweltpolitischem Aspekt

I09.c ist eine Untermenge der Impulse aus I09.a. Für die Bildung der Impulsart I09.c wird der periphere Bereich der Produktion ausgeblendet. Im Ergebnis stehen alle Auskünfte über radikale Innovationen im funktionalen Bereich der Produktion. Die Tabelle 45 nennt Beispiele für die ausgegrenzten Artikulationen der peripheren Bereiche. I09.c unterscheidet sich danach von I09.a durch die in der folgenden Tabelle genannten, für I09.c nicht berücksichtigten Artikulationen.

Artikulation	Quelle
Erstmals spezielle Ausbildungszentren eingerichtet.	BMW AG 1989
Pilotvorhaben, um Know-how-Zugang zu sichern.	Daimler-Benz AG 1991

Tabelle 45: Artikulationen zur Prozeßinnovation *in der funktionalen Peripherie* der Produktion

I09.d Prozeßinnovation *in der Produktion* *exklusive* umweltpolitischem Aspekt

Schließlich läßt sich die Impulsart I09.d aus den Impulsen für I09.a bilden, indem alle Artikulationen ausgeblendet werden, die einen umweltpolitischen Aspekt aufweisen oder den peripheren Bereichen der Produktion angehören. Beispiele der ausgegrenzten Impulse können den Tabellen 44 und 45 entnommen werden.

6.2.5 Impulsarten der Prozeßrationalisierung (*F10*)

Ein weiterer, getrennt zu betrachtender Inhalt der Berichterstattung verbirgt sich hinter solchen Angaben, die Rationalisierungsaktivitäten signalisieren. In den Rationalisierungsbemühungen eines Unternehmens wird eine eigene Art der Anstrengung zur Effizienzsteigerung und Kostensenkung gesehen. Unterschieden werden hier Prozeßrationalisierungen aus allen funktionalen Bereichen und aus dem Produktionsbereich. Diese zwei Gruppen werden gebildet, weil die Zuordnung von Nennungen zur Peripherie der Produktion oder zur Produktion selbst von Meßfehlern behaftet ist. Die Gegenüberstellung der beiden Impulsarten ermöglicht somit die Kontrolle eines Meßfehlers. Die Abbildung 24 zeigt die zwei relevanten Impulsarten der Prozeßrationalisierung.

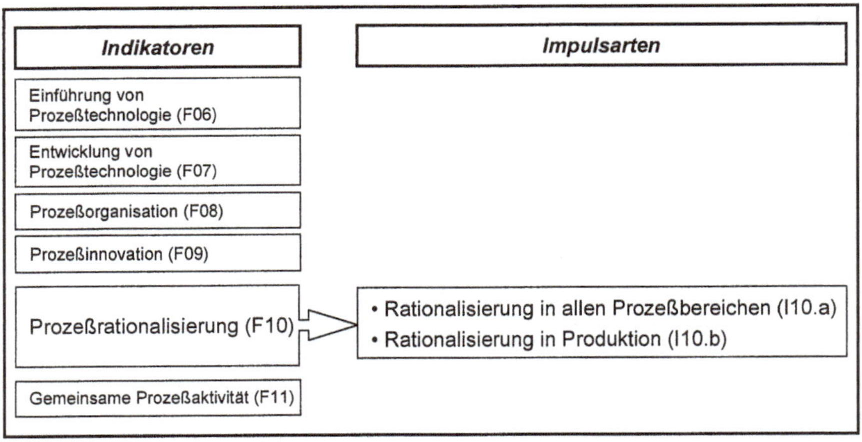

Abbildung 24: Zwei Impulsarten des Indikators Prozeßrationalisierung

Der umweltpolitische Aspekt ist für die Messung der Rationalisierung ohne Bedeutung, weil sich aus dem Berichtsverhalten ableiten läßt, daß die Unternehmen nicht über Rationalisierungen aus dem Bereich des Umweltschutzes berichten werden.

I10.a Prozeßrationalisierung *in allen Prozeßbereichen*

Gesucht sind die Impulse, die Artikulationen mit dem Aspekt prozessualer Rationalisierung in allen funktionalen Prozeßbereichen beinhalten. Im Ergebnis stehen alle Angaben zu Maßnahmen der Produktivitäts- und Effizienzsteigerung, also konkrete Rationalisierungsbestrebungen, -aktivitäten und -ergebnisse.

Artikulation	Quelle
Weitere höhere Effizienz in der Produktion erreicht.	Bremer Vulkan AG 1992
Investitionen zur Produktivitätssteigerung in der Fertigung.	FAG AG 1990
Investitionen zur Rationalisierung der Fertigungsanlagen.	MAN AG 1988
Maßnahmen zur Rationalisierung in der Produktion.	Traub AG 1990

Tabelle 46: Artikulationen zur Prozeßrationalisierung *in allen Prozeßbereichen* (I10.a)

I10.b Prozeßrationalisierung *in der Produktion*

Die Impulsart I10.b ist eine Untergruppe der Impulse aus I10.a. In I10.b werden alle diejenigen Artikulationen nicht berücksichtigt, die den peripheren Bereichen der Produktion zuzurechnen sind. Die Tabelle 47 nennt Angaben, die den ausgegrenzten peripheren Produktionsbereich zugeordnet sind und damit, im Gegensatz zu I10.a, in 10.b gerade nicht enthalten sind.

Artikulation	Quelle
Konzentration der Lieferanten fortgesetzt.	BMW AG 1993
Kostenreduzierung im Gemeinkostenbereich.	Heidelberger Druckmaschinen AG 1993
Konzentration der Verwaltung begonnen.	Kali-Chemie AG 1991
Prägende Maßnahmen zur Kostensenkung in den zentralen Unternehmensfunktionen.	Schering AG 1993

Tabelle 47: Artikulationen zur Prozeßrationalisierung *in der funktionalen Peripherie* der Produktion

6.2.6 Impulsarten gemeinsamer Prozeßaktivität (*F11*)

Als Impulsart gemeinsamer Prozeßaktivität werden alle Artikulationen zu gemeinsamen Aktivitäten zusammengefaßt. Die Artikulationen dürfen jedoch nicht den Bereichen der Forschung und Entwicklung oder des Vertriebs zuzurechnen sein. Damit werden genau diejenigen gemeinsamen Aktivitäten ausgewählt, die zwischen den Phasen der Entwicklung und dem Vertrieb liegen. Zusätzlich werden solche Aussagen berücksichtigt, die den betroffenen funktionalen Bereich nicht zu erkennen geben. Dazu zählen Konsortien, die gebildet werden, um Großaufträge auszuführen. Mit der Einbeziehung von Konsortien entsteht jedoch ein möglicher Meßfehler durch den Auftragsaspekt. Um den Meßfehler kontrollieren zu können, werden zwei Impulsarten gemeinsamer Prozeßaktivität unterschieden: Gemeinsame Prozeßaktivität inklusive und exklusive Auftragsaspekt. Die Abbildung 25 zeigt die zu bildenden Impulsarten gemeinsamer Prozeßaktivität.

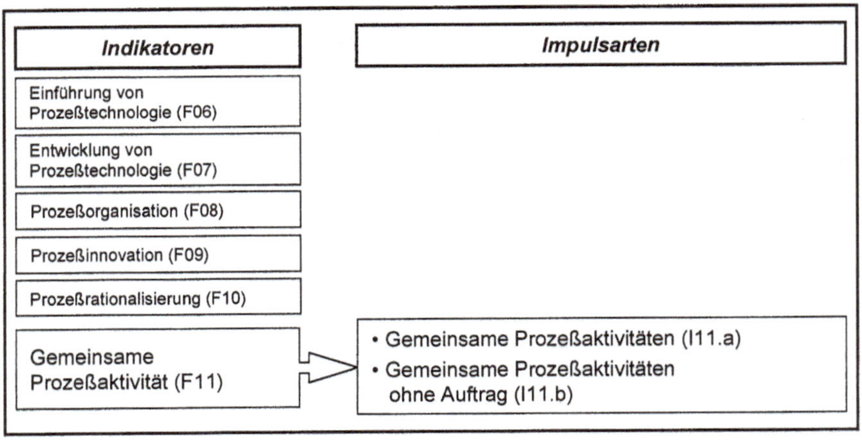

Abbildung 25: Zwei Impulsarten des Indikators gemeinsamer Prozeßaktivität

I11.a Gemeinsame Prozeßaktivität *inklusive* Auftragsaspekt

Gesucht sind die Artikulationen, die kooperativen oder gemeinschaftlichen Ursprungs sind und deren Zweck nicht ausdrücklich der Forschung und Entwicklung oder dem Vertrieb zuzurechnen sind. Dazu gehören alle Nennungen zu Gemeinschaftsunternehmen und Kooperationen, deren Zweck eher produktionsspezifischer Art ist oder nicht genau bekannt ist. Die so gebildete Impulsart soll ein Indikator für die Zusammenarbeit mit externen Partnern in der Produktion sein. Die Tabelle 48 nennt Beispiele.

Artikulation	Quelle
Unternehmen gegründet zur Errichtung einer gemeinsamen Produktionsstätte.	IWKA AG 1990
Unternehmen gemeinsam gegründet.	MAN AG 1990
Kooperationsvertrag zur Lizenzfertigung.	Siemens AG 1989
Kooperationsvertrag zur Herstellung geschlossen.	Th. Goldschmidt AG 1993

Tabelle 48: Artikulationen zur gemeinsamen Prozeßaktivität (I11.a)

I11.b Gemeinsame Prozeßaktivität *exklusive* Auftragsaspekt

Die Impulsart I11.b ist eine Untergruppe aus I11.a. In I11.b werden diejenigen Aussagen nicht berücksichtigt, die einen Auftragsaspekt aufweisen. Die Tabelle 49 zeigt auszugrenzende Artikulationen.

Artikulation	Quelle
Gemeisamer Auftrag für den Bau einer Referenzanlage.	MAN AG 1987
Auftrag für Konsortium.	MAN AG 92
Konsortium anführen für Auftrag.	Siemens AG 1991
Erste Aufträge gemeinsam.	Siemens AG 1992

Tabelle 49: Artikulationen zur gemeinsamen Prozeßaktivität *mit* Auftragsaspekt

6.3 Großbereich Produkt

Der Großbereich Produkt umfaßt den Teil der Artikulationen, die Produktereignisse schildern. Dazu gehört die Vorstellung von Neuheiten und Weiterentwicklungen, aber auch die Berichterstattung über Sortimentsbereinigungen. In der Typologie zur Innovationsorientierung wurde die Produktinnovation nicht weiter differenziert. Aus der produktbezogenen Berichterstattung lassen sich jedoch vier Indikatoren unterscheiden:

Die Einführung neuer Produkte (*F12*) soll ein Indikator für marktnahe Produktaktivitäten sein. Die Entwicklung neuer Produkte (*F13*) ist ein Indikator für produktbezogene Forschungs- und Entwicklungsergebnisse. Zudem läßt sich aus *F12* und *F13* die Untergruppe der Produktinnovationen (*F14*) als Indikator radikaler Innovationsleistung betrachten. Andersartig und daher gesondert zu betrachten sind Produktrationalisierungen (*F15*) als Indikator für die Aktivitäten zur Bereinigung der Sortimentsbreite und -tiefe.

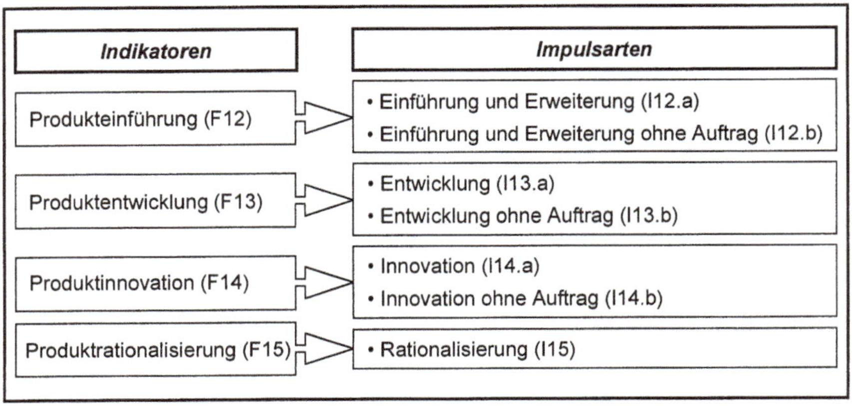

Abbildung 26: Sieben Impulsarten und vier Indikatoren des Produktbereichs

Für die Messung der Impulsarten sind solche Aussagen besonders zu beachten, die die Einführung oder Entwicklung eines Produktes aufgrund eines Auftrages zum Inhalt haben. Diese Informationen sind durchaus für die Messung der produktbezogenen Innovationsorientierung relevant. Die auftragsbezogene Berichterstattung kann jedoch die Messung beeinträchtigen, weil nicht alle Unternehmen gleichermaßen über Aufträge berichten. Vielmehr ist diese Berichterstattung von der Art des produzierten Gutes abhängig.[348] Daher ist der Auftragsaspekt für die Messung der Impulsarten *F12*, *F13* und *F14* zu kontrollieren.

Der umweltpolitische Aspekt ist für die Messung der produktbezogenen Impulsarten ohne Bedeutung. Es ist dem Unternehmen freigestellt, sich auf dem Gebiet

348 Die auftragsbezogene Berichterstattung ist zum Beispiel im Anlagenbau oder im Schiffbau üblich. Nach dem Grundsatz der Wesentlichkeit handelt es sich bei den genannten Aufträgen um Großaufträge.

umweltfreundlicher Produkte zu betätigen, wenn es denn zu dem gewünschten Erfolg führt. Ein Produkt, das dem Segment umweltbewußter Nachfrager zugedacht ist, muß sich letztlich ebenso am Markt beweisen wie ein beliebiges Produkt.

6.3.1 Impulsarten der Produkteinführung (*F12*)

Zu den Impulsen der Produkteinführung gehören auch solche Artikulationen, die die Erweiterung der Produktpalette beschreiben. Mit der Erweiterung wird der Sachverhalt, die Einführung eines oder mehrerer Produkte ebenfalls direkt angesprochen.

I12.a Produkteinführung *inklusive* Auftragsaspekt

Gesucht sind die Impulse, welche Aussagen zur Einführung von Produkten und zur Erweiterung der Produktpalette betreffen, ungeachtet der Möglichkeit, daß ein Auftraggeber Ursache für die Einführung des Produktes ist. Dazu gehören alle Nennungen zu neuen Produkten im allgemeinen, im speziellen und solche, die die Einführung indirekt durch die Erweiterung der Produktpalette zum Ausdruck bringen. Die Erschließung eines neuen Anwendungsgebietes wird ebenfalls einbezogen. Die Tabelle 50 auf dieser und der nächsten Seite enthält Beispiele.

Artikulation	Quelle
Neue Modellreihe vorgestellt.	BMW AG 1986
Neue Produktgeneration vorgestellt.	FAG AG 1991
Neue Anwendungsgebiete erschlossen.	Felten & Guilleaume Energietechnik AG 1993
Zusätzliche Anwendungsgebiete erschlossen.	Schering AG 1988
Produktprogramm weiter ausgebaut.	Heidelberger Druckmaschinen AG 1992
Produkteinführung ist herausragendes Ereignis.	Schering AG 1993
Künftig Know-how an externe Kunden anbieten.	Siemens AG 1990

Tabelle 50 fortgesetzt auf der nächsten Seite.

Artikulation	Quelle
Verstärkter Ausbau des Produktsortiments.	SKW Trostberg AG 1989
Investitionen fast ausschließlich für Einführung neuer Produkte.	Traub AG 1992
Wesentlich breitere Produktpalette.	Traub AG 1993
Investitionen zur Einführung neuer Erzeugnisse.	Varta AG 1987
Erweiterung der Angebotspalette fortgesetzt.	Volkswagen AG 1989

Tabelle 50: Artikulationen zur Produkteinführung *inklusive* Auftragsaspekt (I12.a)

I12.b Produkteinführung *exklusive* Auftragsaspekt

Unter Ausblendung des Auftragsaspektes läßt sich aus I12.a die Untergruppe I12.b bilden. Die Tabelle 51 nennt Artikulationen, die den Auftragsaspekt aufweisen.[349]

Artikulation	Quelle
Auftrag für Titan-3-Rakete erhalten.	Daimler-Benz AG 1989
Auftrag zum Bau einer Umweltschutzanlage.	Linde AG 1986
Auftrag für Ariane 5-Projekt erhalten.	MAN AG 1987
Aufträge für Pilotprojekte erhalten.	Siemens AG 1991

Tabelle 51: Artikulationen zur Produkteinführung *mit* Auftragsaspekt

6.3.2 Impulsarten der Produktentwicklung (*F13*)

Von der marktnahen Aktivität der Produkteinführung wird die Aktivität der Produktentwicklung unterschieden. Mit den Nennungen von Entwicklungen soll das Ergebnis der Forschungs- und Entwicklungsleistung gemessen werden.

---

349 Der Auftragsaspekt bei der Produkteinführung wird von den Unternehmen Bremer Vulkan AG, Daimler-Benz AG, Felten & Guilleaume Energietechnik AG, Linde AG, MAN AG und Siemens AG mit Großaufträgen im Bereich Wehrtechnik, Luft- und Raumfahrt und Anlagenbau, hier insbesondere Energiewirtschaft, dominiert.

I13.a Produktentwicklung *inklusive* Auftragsaspekt

Gesucht sind die Impulse, die Aussagen zur Entwicklung von Produkten beinhalten, ungeachtet der Möglichkeit, daß ein Auftraggeber Ursache für die Aktivität ist. Dazu gehören alle Artikulationen über neu- und weiterentwickelte Produkte im allgemeinen und im speziellen und auch Nennungen, die den Beginn oder die Fortführung von Projekten der Produktentwicklung beinhalten. Diese Impulsart umfaßt damit alle Artikulationen zur Produktentwicklung, sowohl begonnene, fortgeführte als auch abgeschlossene Entwicklungsprojekte. Projekte der Grundlagenforschung und Forschung werden jedoch nicht berücksichtigt. Diese Aussagen wurden bereits für den Indikator der Forschungsaktivitäten *F02* verwendet.

Artikulation	Quelle
Entwicklung der neuen Produktgeneration geht planmäßig voran.	BMW AG 1991
Produkt komplett neu gestaltet.	Grundig AG 1993
Neue umweltfreundliche Produktserie entwickelt.	Henkel KGaA 1990
Stetige Verbesserung der Produktqualität.	SKW Trostberg AG 1992
Maßnahmen zur Verbesserung der Produktqualität.	Varta AG 1990

Tabelle 52: Artikulationen zur Produktentwicklung *inklusive* Auftragsaspekt (I13.a)

I13.b Produktentwicklung *exklusive* Auftragsaspekt

Zur Kontrolle des Auftragsaspektes wird aus der Gruppe der Impulse für I13.a die Impulsart I13.b gebildet. Die auszuschließenden Artikulationen nennen einen Dritten als Auftraggeber für die Entwicklungsaktivität. In der Tabelle 53 werden Beispiele für die auszuschließenden Artikulationen genannt, also diejenigen Artikulationen, die zur Bildung von I13.b aus I13.a eben gerade nicht berücksichtigt wurden.

Artikulation	Quelle
Entwicklungsauftrag Airbus fortgeführt.	Daimler-Benz AG 1993
Auftrag für die verfahrenstechnische Auslegung einer Anlage erhalten.	Linde AG 1993
Auftrag zur Vorentwicklung für Ariane 5 erhalten.	MAN AG 1987
Im Auftrag eines Kunden Produkt entwickeln.	PWO AG 1986
Auftrag zur Neuentwicklung von Produktionstechnik für Kunden.	Siemens AG 1987

Tabelle 53: Artikulationen zur Produktentwicklung *mit* Auftragsaspekt

6.3.3 Impulsarten der Produktinnovation (*F14*)

Als ein Teilbereich der Impulsarten für die Produkteinführung (*F12*) und die Produktentwicklung (*F13*) sind die Produktinnovationen (*F14*) beachtenswert. Für *F14* werden nur diejenigen Artikulationen summiert, die dem Aspekt der radikalen Innovation genügen. Wie für I12 und I13 spielt hier der Auftragsaspekt eine besondere Rolle, weil radikale Produktinnovationen auch durch Auftraggeber verursacht werden können und daher nicht zwingend die Innovationsorientierung des Unternehmens wiedergeben.

I14.a Produktinnovation *inklusive* Auftragsaspekt

Gesucht sind die Impulse, welche Aussagen zu Produktinnovationen beinhalten, ungeachtet der Möglichkeit, daß ein Auftraggeber Ursache für diesen Aspekt ist. Dazu gehören alle Artikulationen zu begonnenen, fortgeführten oder abgeschlossenen Projekten. Hinweise auf die Radikalität werden mit den Bezeichnungen „erstmals“, „weltweit einmalig“, „völlig neu“, „konkurrenzlos“, „revolutionär“, „spektakulär“, „Pilotprojekt“, „Projekt mit Referenzcharakter“ und der konkreten Bezeichnung „Innovation“ belegt. Die Tabelle 54 zeigt einen Auszug aus der Liste der Impulse zu Produktinnovationen.

Artikulation	Quelle
Erstmals Produkt vorgestellt.	MAN AG 1988
Weltweit der erste mit einem Produkt.	Schering AG 1991
Derzeit konkurrenzloses System einführen.	Steag AG 1993
Spektakuläre Neuentwicklung vorgestellt.	Traub AG 1993
Als erster Hersteller umweltfreundliches Produkt eingeführt.	Volkswagen AG 1993

Tabelle 54: Artikulationen zur Produktinnovation *inklusive* Auftragsaspekt (I14.a)

I14.b Produktinnovation *exklusive* Auftragsaspekt

Für die Impulsart I14,b werden diejenigen Impulse aus I14.a ausgeblendet, für die ein Auftraggeber Ursache des Innovationsaspektes ist. In der Tabelle 55 werden Artikulationen genannt, die den nicht berücksichtigten Auftragsaspekt beinhalten.

Artikulation	Quelle
Auftrag für Referenzanlage im Umweltschutzbereich.	MAN AG 1986
Auftrag für erstmalige Realisierung eines Systems.	Siemens AG 1987
Auftrag für weltweit größte Anlage.	Siemens AG 1990
Aufträge für Pilotprojekte erhalten.	Siemens AG 1991

Tabelle 55: Artikulationen zur Produktinnovation *mit* Auftragsaspekt

6.3.4 Impulsart der Produktrationalisierung (*F15*)

Neben der ausgiebigen Berichterstattung über Produkteinführungen und Entwicklungen, lassen sich die Aktivitäten zur Bereinigung des Produktsortiments getrennt betrachten. Die verstärkte Nennung von Rationalisierungen wird als ein Indikator für eine überalterte Produktpalette oder eine nicht gemäße Ausweitung des Sortiments gesehen. Die Impulsart I15 übernimmt somit die Funktion eines Krisenindikators für die Innovationsorientierung. Die Tabelle 56 enthält Beispiele aus der Liste zugeordneter Artikulationen.

Artikulation	Quelle
Bereinigungen der Produktprogramme.	Buderus AG 1990
Produktpalette gestrafft.	FAG AG 1988
Sortenangebot vermindert.	Hannoversche Papierfabriken AG 1988
Reduzierung der Komplexität der Produkpalette.	Henkel KGaA 1993
Vermarktung eines Produktes eingestellt.	Hüls AG 1991
Aufgabe unrentabler Erzeugnisse.	Thyssen Industrie AG 1987

Tabelle 56: Artikulationen zur Produktrationalisierung (I15)

6.4 Großbereich Markt

Die Unternehmen berichten auch über konkrete Maßnahmen zur Eroberung neuer Marktsegmente oder Regionen. Aus diesen Inhalten lassen sich zwei Indikatoren zur Messung der marktbezogenen Expansionsbemühungen bilden. Unterschieden wird zwischen der Berichterstattung zu Aktivitäten, die aus eigener Kraft erfolgen und denen, die zusammen mit einem externen Partner unternommen werden.

Für die unternehmenseigenen Marktaktivitäten ist erneut der Auftragsaspekt zu kontrollieren. Damit ergeben sich die in Abbildung 27 dargestellten zwei Indikatoren und drei Impulsarten marktbezogener Innovationsorientierung.

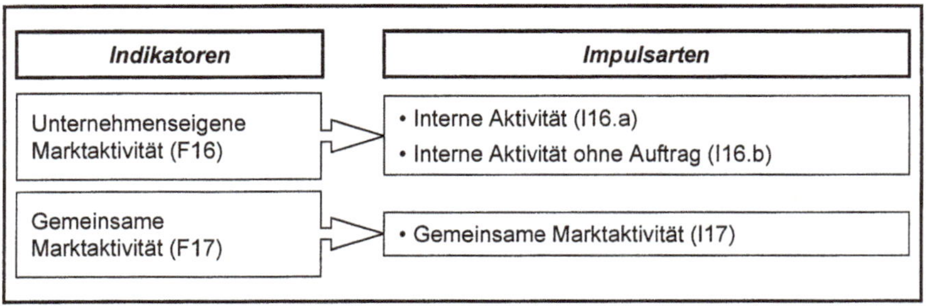

Abbildung 27: Drei Impulsarten und zwei Indikatoren des Marktbereichs

6.4.1 Impulsarten interner Marktaktivität (*F16*)

Für die interne Marktaktivität sind die Impulsarten inklusive und exklusive Auftragsaspekt zu unterscheiden, weil die Nennung von Aufträgen aus bisher nicht bedienten Regionen, die Messung der marktbezogenen Expansionsbestrebungen beeinträchtigen kann.

I16.a Interne Marktaktivität *inklusive* Auftragsaspekt

Gesucht sind die Impulse, die Aussagen zu regionalen Expansionsbemühung beinhalten und die aus eigener Kraft des Unternehmens erfolgen. Dazu gehören die Artikulationen zur Eröffnung und Erweiterung von Vertriebsstützpunkten, Einführung von Produkten in neue Regionen und in neue Marktsegmente sowie die Nennung neuer Vertriebsstrategien.

Artikulation	Quelle
Vertriebszentrum in Asien eröffnet.	BMW AG 1986
Aufbau neuer Niederlassung in neuen Bundesländern.	Buderus AG 1992
Durchbruch auf dem chinesischen Markt gelungen.	Daimler-Benz AG 1988
Präsenz in Nordeuropa verstärkt.	IWKA AG 1991
Verkaufsstützpunkt in Italien errichtet.	MAN AG 1992
Sonderverkaufserlaubnis in den USA erhalten.	Schering AG 1992
Prüfung zur Genehmigung in den USA bestanden.	Siemens AG 1988
Weiterer Aufbau des Vertriebs in Singapur.	Traub AG 1993
Produkt in den USA vorgestellt.	Volkswagen AG 1987

Tabelle 57: Artikulationen zur internen Marktaktivität *inklusive* Auftragsaspekt (I16.a)

I16.b Interne Marktaktivität *exklusive* Auftragsaspekt

I16.b wird aus I16.a gebildet, indem die Artikulationen ausgeblendet werden, die auf einen Auftrag aus einem anderen, eventuell bisher nicht bedienten Land hinweisen. Die Tabelle 58 nennt Beispiele für die in I16.b nicht zu berücksichtigenden Impulse.

Artikulation	Quelle
Erste Aufträge aus Osteuropa.	Daimler-Benz AG 1990
Erste Aufträge aus China.	Felten & Guilleaume Energietechnik AG 1986
Auftrag aus Brasilien erhalten.	Siemens AG 1988

Tabelle 58: Artikulationen zur internen Marktaktivität *mit* Auftragsaspekt

6.4.2 Impulsart gemeinsamer Marktaktivität (*F17*)

Weiterhin sind solche Marktaktivitäten zu betrachten, die nicht allein aus eigener Anstrengung des Unternehmens, sondern zusammen mit einem Partner vorgenommen werden. Die getrennte Messung erfolgt, weil hinter der gemeinschaftlichen Bemühung eine andere Strategie vermutet wird als bei den Aktivitäten, die aus eigener Anstrengung erfolgen. Zu den Impulsen gemeinsamer Marktaktivität (I17) gehören die Eröffnung gemeinsamer Vertriebsstützpunkte und die Einführung von Produkten in neue Regionen durch Lizenzpartner.

Artikulation	Quelle
Lizenzvertrag abgeschlossen zur Bedienung des indonesischen Marktes.	Felten & Guilleaume Energietechnik AG 1989
Joint-Venture gegründet zur gemeinsamen Vermarktung.	Henkel KGaA 1987
Gemeinschaftliche Gründung in Malaysia.	Henkel KGaA 1988
Vereinbarung zur gemeinsamen Vermarktung getroffen.	MAN AG 1989
Vertriebs-Joint-Venture gegründet.	MAN AG 1992
Gemeinschaftsunternehmen gegründet für den Vertrieb in Jugoslawien.	Siemens AG 1989
Gemeinsam Vertriebszentrum gegründet.	Westag & Getalit AG 1988

Tabelle 59: Artikulationen zur gemeinsamen Marktaktivität (I17)

6.5 Großbereich Unternehmen

Zu den Artikulationen des Großbereichs Unternehmen gehören solche, die nicht einem speziellen Bereich, sondern allen Bereichen zugeordnet werden können. Um die Trennschärfe zu wahren, werden diese Artikulationen hier differenziert betrachtet. Unterschieden werden Ereignisse, wie die Einrichtung neuer Unternehmenseinheiten (*F18*), die Schließung und Stillegung von Unternehmensbereichen (*F19*), der Erwerb von bestehenden, bisher nicht mit dem Konzern verbundener Unternehmen (*F20*) sowie der Verkauf von Gesellschaften des Konzerns (*F21*). Die Abbildung 28 zeigt die vier Indikatoren und Impulsarten des Unternehmensbereichs. Auftrags- und umweltpolitische Aspekte müssen nicht kontrolliert werden, da ihnen hier keine fehlerhafte Wirkung auf die Messung unterstellt werden kann.

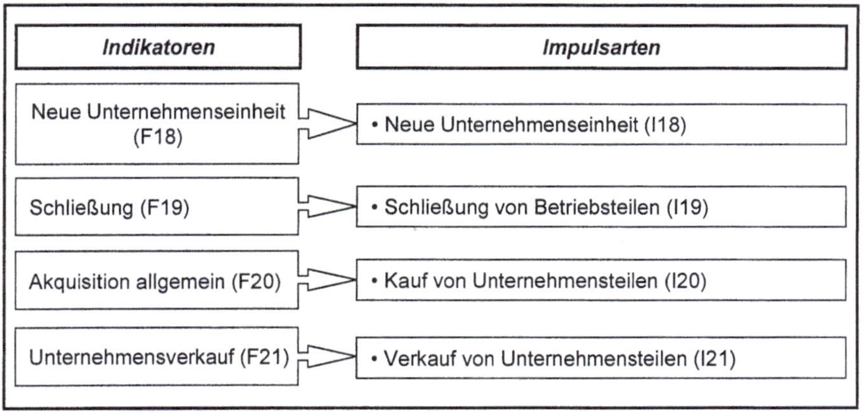

Abbildung 28: Vier Impulsarten und vier Indikatoren des Unternehmensbereichs

6.5.1 Impulsart neue Unternehmenseinheit (*F18*)

Die Bildung neuer Unternehmenseinheiten ist ein Indikator für die aus eigener Kraft erfolgenden Diversifikationsbemühungen des Unternehmens. Dazu gehören Nennungen wie die Institutionalisierung neuer Geschäftsfelder oder Unternehmenseinheiten, die Aufnahme, der Aufbau, die Erweiterung, die Gründung oder die Spezialisierung neuer Geschäftsbereiche.

Artikulation	Quelle
Unternehmensbereiche aufgebaut.	Bremer Vulkan AG 1993
Geschäftstätigkeit aufgenommen.	Henkel KGaA 1991
Weitere Spezialisierung eines Bereichs.	PWO AG 1993
Bereich neu gegründet.	Th. Goldschmidt AG 1990
Geschäftsbereich erweitert.	Thyssen Industrie AG 1986

Tabelle 60: Artikulationen zur neuen Unternehmenseinheit (I18)

6.5.2 Impulsart Stillegung (*F19*)

Die Schließung und Stillegung von Unternehmensteilen soll als sachlicher Gegensatz zur Schaffung neuer Unternehmenseinheiten betrachtet werden. *F19* ist ein Indikator für überalterte oder unrentable Unternehmensteile.[350]. Zu den Artikulationen gehören Angaben zu Werkschließungen, Zurückziehungen aus Tätigkeitsbereichen, Außerbetriebnahmen, Einstellungen und Aufgaben von Unternehmensbereichen.

Artikulation	Quelle
Aus dem Bereich zurückgezogen.	Hüls AG 1986
Einstellung der Fertigung.	IWKA AG 1989
Aktivitäten im Bereich aufgegeben.	Kali-Chemie AG 1992
Werk außer Betrieb genommen.	Steag AG 1992
Werkschließung eingeleitet.	Volkswagen AG 1987

Tabelle 61: Artikulationen zur Schließung und Stillegung (I19)

350 Es ist anzunehmen, daß in jedem Unternehmen ständig Unternehmensbereiche aus Gründen fehlender Rentabilitäten aufgegeben werden. Bei einer erhöhten Anzahl solcher Nennungen wird jedoch erwartet, daß die bereinigenden Maßnahmen nicht rechtzeitig vorgenommen wurden und daher erst in einer krisenhaften Situation vermehrt anfallen. Die Messung von Schließungen und Stillegungen wird so zu einem Indikator fehlender Innovationsorientierung.

6.5.3 Impulsart allgemeine Akquisition (*F20*)

Neben der Schaffung und Stillegung von Betriebsteilen aus eigener Anstrengung können zusätzlich solche Ereignisse betrachtet werden, die die Erweiterung oder Schaffung neuer Unternehmensbereiche durch Zukauf bereits bestehender Unternehmen vorsehen. Gesucht sind daher die Impulse, welche Artikulationen zu Mehr- oder Minderheitsbeteiligungen an bisher konzernfremden Unternehmen beinhalten. Die Auswahl erfolgt hier unabhängig von einem eventuell genannten Zweck, der mit der Akquisition verbunden wird. Damit werden auch die Impulse berücksichtigt, die Akquisitionen zum Erwerb technologischen Know-how vorgenommen werden, wie sie bereits in der Impulsart technologische Akquisition (I05) betrachtet wurden.

Artikulation	Quelle
Unternehmen neu erworben.	Daimler-Benz AG 1988
Bedeutende Investitionen zum Erwerb von Unternehmen dient dem Ausbau eines Bereichs.	FAG AG 1990
Weitere Akquisitionen zur Ergänzung der Produktpalette.	Felten & Guilleaume Energietechnik AG 1991
Übernahme baut Bereich erheblich aus.	Henkel KGaA 1986
Erwerb erweitert und verstärkt die Marktposition eines Bereichs.	IWKA AG 1993
Erwerb stärkt die Marktstellung in Spanien.	Siemens AG 1989
Zukauf von Unternehmen erweitert Bereich.	Th. Goldschmidt AG 1993
Übernahme der Gesellschaft.	Thyssen Industrie AG 1989

Tabelle 62: Artikulationen zur allgemeinen Akquisition (I20)

6.5.4 Impulsart Unternehmensverkauf (*F21*)

Werden einerseits der Zukauf von Unternehmen betrachtet, so soll auch die Abgabe, also der Verkauf von Unternehmensteilen für die Innovationsorientierung betrachtet werden. Gesucht sind daher die Impulse, welche Aussagen zur Abgabe von Mehr- oder Minderheitsbeteiligungen beinhalten. Ursachen oder Anlässe für die Verkäufe werden in der Berichterstattung nur selten genannt, so daß eine Unterscheidung danach nicht zweckmäßig erscheint.

Artikulation	Quelle
Gesellschaft ist ausgeschieden.	Buderus AG 1988
Trennung vom Geschäftsbereich.	Kali-Chemie AG 1987
Bereich veräußert.	Th. Goldschmidt AG 1992

Tabelle 63: Artikulationen zum Unternehmensverkauf (I21)

6.6 Zusammenfassung

Insgesamt wurden aus der Impulsdatenbank mit 27.367 Impulsen 43 Arten generiert. Alle Impulse haben zusammen eine Impulsstärke von $\Sigma IS_{gesamt} = 43.444$.[351] Die Summe der Impulsstärken der 43 Impulsarten ergibt $\Sigma IS_{43 Impulsarten} = 101.027$. Damit wird die mehrfache Auswahl bestimmter Impulse für die Impulsarten deutlich.

Die mehrfache Auswahl von Impulsen ist beabsichtigt. So ist es ein Vorteil der inhaltsanalytischen Messung, daß neben dem tatsächlichen Inhalt weitere Eigenschaften der Berichterstattung kontrolliert und damit Meßfehler vermieden werden können. Dies ist die Begründung für eine umfangreiche Unterscheidung von 43 Impulsarten. Sie ermöglicht eine genauere Messung relevanter Berichtsinhalte.

Die Summe der Impulsstärken aller weitestgehend überschneidungsfreien Impulsarten[352] beträgt $\Sigma IS_{17 Impulsarten}$ 41.467. Die Summe aller Impulsstärken ΣIS_{gesamt} wird damit zu einem Anteil von 95,4 % ausgenutzt. Damit ist das Konstrukt nur

351 Die Summe der Impulsstärken ergibt sich aus der Summe der Impulse, wobei jeder Impuls mit 1 für die Ausprägung „gleich" und 2 für die Ausprägungen „mehr" oder „weniger" gewichtet wird.

352 Die weitestgehend überschneidungsfreien Impulsarten und ihre Impulsstärkensummen sind im Anhang 4 genannt.

annähernd exklusiv, weil ein Anteil von 4,6 % der gesamten Impulsstärke in dieser Untersuchung ungenutzt bleibt. Der ungenutzte Anteil erklärt sich aus einer effizienten Vorgehensweise zur Ausschöpfung der Inhalte der Impulsdatenbank. So werden selten vorkommende und den behandelten Impulsarten nicht zurechenbare Artikulationen vernachlässigt. Ihre Berücksichtigung würde das Modell der Innovationsorientierung entweder erheblich erweitern oder den Meßfehler der 43 Impulsarten vergrößern. Der Ausschuß von 4,6 % läßt somit auch einen effizienten Ordnungsvorgang erkennen.

Die Summen der Impulsstärken sind für jede Impulsart im Anhang 4 angegeben. Die geringsten Summen weisen die Arten Produkt- und Prozeßinnovation auf und die Angaben zu verringerter Forschung und Entwicklung. Ihre Impulssummen liegen im Intervall von 120 bis 253. Diese Werte werden als gerade noch ausreichend angesehen, um erklärende Varianzen für die Untersuchung zu erzeugen. Die größten Summen entfallen auf die Arten Prozeßeinführung und Produkteinführung als die klassischen Bereiche des produzierenden Gewerbes. Ihre Impulssummen liegen im Bereich von 6.870 bis 7.543.

Die 43 Impulsarten werden nun einer Faktorenanalyse unterzogen, um die relevanten, statistisch möglichst unabhängigen Indikatoren der Innovationsorientierung zu ermitteln.

6.7 Bestimmung der Indikatoren der Innovationsorientierung

Die Faktorenanalyse, die hier zum Einsatz kommt, hat drei Aufgaben zu erfüllen. Sie soll

1. Klarheit über die relevanten Gruppen von Impulsarten liefern,
2. die erkannten, möglichen Meßfehler kontrollieren und so
3. generalisierte Indikatoren der Innovationsorientierung erzeugen.

Mit der Messung der 43 Impulsarten für 31 Unternehmen zu acht Zeitpunkten wird eine Datenmatrix der Größenordnung 43 x 31 x 8 mit insgesamt 10.664 Einträgen bereitgestellt. Für eine faktorenanalytische Betrachtung zusammenfaßbarer Impulsarten interessieren in erster Linie mögliche kausale Zusammenhänge zwischen den Impulsarten. Daher soll nicht der Pool, sondern das Panel zur Ermittlung der Indikatoren der Innovationsorientierung in der Faktorenanalyse unterzogen werden.

Die Ermittlung der relevanten Panel-Matrix erfolgt entsprechend allen vorherigen Überlegungen zur Messung der Impulsstärken und zur Panel-Analyse. Die Impulsstärken werden logarithmiert und um den individuellen Unternehmens-effekt bereinigt. Zusätzlich zum individuellen Effekt werden die Impulsstärken um einen zeitlichen Effekt bereinigt, weil die statischen Eigenschaften der Berichtsumfänge einen signifikanten Einfluß „zeitgeistähnlicher" Effekte offenbart haben. Auf diese Weise wird eine Datenmatrix erzeugt, mit der die Zusammenhänge der Impulsarten unabhängig von den als fix angenommenen Effekten in einer Faktorenanalyse herausgearbeitet werden können.

Die Aufbereitung der Impulsstärken-Matrix in die Panel-Matrix erfolgt nach folgenden Berechnungen:[353]

$$y_{hit}^{Panel} = \ln(1 + y_{hit}) - \overline{\ln(1 + y_{hi\circ})} - \overline{\ln(1 + y_{h\circ t})} + \overline{\ln(1 + y_{h\circ\circ})} \qquad \text{(Gleichung 17)}$$

mit

$$\overline{\ln(1 + y_{hi\circ})} = \frac{1}{T} \sum_{t=1}^{T} \ln(1 + y_{hit}), \qquad \text{(Gleichung 18)}$$

$$\overline{\ln(1 + y_{h\circ t})} = \frac{1}{I} \sum_{i=1}^{I} \ln(1 + y_{hit}) \text{ und} \qquad \text{(Gleichung 19)}$$

$$\overline{\ln(1 + y_{h\circ\circ})} = \frac{1}{T \cdot I} \sum_{t=1}^{T} \sum_{i=1}^{I} \ln(1 + y_{hit}), \qquad \text{(Gleichung 20)}$$

für h = {1, ..., 43}.

y_{hit}^{Panel} in der Gleichung 17 ist der Panel-Wert der *h*-ten Impulsart des *i*-ten Unternehmens zum *t*-ten Zeitpunkt. Da nicht logarithmierbare Impulssummen $y_{hit} = 0$ existieren, werden alle Impulssummen zunächst um eine Einheit erhöht. Mit der Gleichung 18 werden die individuellen fixen Effekte und mit der Gleichung 19 die zeitlichen fixen Effekte bestimmt. Die Gleichung 20 bildet das

---

353 Vgl. JUDGE ET AL. (1985) S. 532.

Gesamtmittel über alle 248 Meßwerte einer Impulsart. Der individuelle und der zeitliche fixe Effekt werden von der logarithmischen Impulssumme in Gleichung 17 abgezogen.[354]

Mit dem Panel der logarithmierten Werte wird eine Matrix erzeugt, die nicht die absolute Abweichung vom Mittel wiedergibt, sondern die relative Abweichung zur Größe des Mittels. Es werden also Werte betrachtet, die Auskunft über die relative Änderung vom individuellen und zeitlichen Mittel Auskunft geben.

Auf der logarithmischen Panel-Matrix wird eine Faktorenanalyse mittels Hauptkomponentenanalyse unter SPSS[355] durchgeführt. Dabei sollen genau so viele Faktoren erzeugt werden, wie es zu Bildung *inhaltlich erklärbarer* Faktoren nötig ist. Das Optimum zur Interpretation der Faktoren wird bei der Vorgabe von 21 Faktoren erreicht. Die Faktorenanalyse bestätigt damit die diesem Kapitel vorangestellte Ordnung der Impulsarten nach den Indikatoren der Innovationsorientierung. Das Ergebnis der Faktorenanalyse und ihre Gütemaße werden in der Tabelle 64 auf den nächsten Seiten dargestellt.[356]

Die 21 Faktoren erklären 95,2 % der Gesamtvarianz. Die kleinste Kommunalität hat die Impulsart Akquisition allgemein (I20) mit 0,86. Die kleinste erwünschte Ladung haben die Impulsarten Akquisition allgemein (I20) auf dem Faktor *F20* und technologische Akquisition (I05) auf den Faktor *F05* mit 0,83. Derartige Faktorladungen sind ebenfalls im Hinblick auf die Interpretation unbedenklich. Für die Güte der Faktorenanalyse bleibt zu prüfen, wie stark die reproduzierte Korrelationsmatrix von der ursprünglichen abweicht. Hier zeigt sich, daß nur in 12 Fällen Abweichungen von mehr als 0,05 absoluter Korrelationsresiduen vorliegen. Mit 1,0 % bildet diese Gruppe der Residuen einen verschwindend geringen Anteil. Der geringe Anteil ist ein Indiz dafür, daß das Faktorenmodell die Datenmatrix in sehr hohem Maße abbildet.

Insgesamt existieren zehn Querladungen, die größer als 0,2 sind. Der Anteil an den möglichen Querladungen beträgt nur 1,2 %. Damit wird deutlich, daß das Faktorenmodell nicht nur den Raum der 43 Impulsarten sehr gut reproduziert,

---

354 Da dabei in der Summe das Gesamtmittel in Gleichung 20 zweimal abgezogen wird, muß dieses einmal wieder addiert werden.

355 Vgl. SPSS (1993).

356 Für die Darstellung der Ladungen der 43 Impulsarten auf die 21 Faktoren ist eine 21 x 43-Matrix zu erwarten. Da die höchste unerwünschte Ladung jedoch nur 0,31 beträgt, werden hier sämtliche Querladungen nicht angegeben.

sondern zudem auch ohne gravierende Verluste 21 unabhängige Faktoren erzeugen kann, die auf trennscharfe Gruppen von Impulsarten zurückgehen.

Faktor	Ladung	CrA	Impulsart
F01	0,90		I01.a: F&E allgemein; intern
	0,90	1,00	I01.b: desgleichen ohne Auftragsaspekt
F02	0,91		I02: F&E Forschung; intern
F03	0,97		I03.a: F&E allgemein; weniger
	0,96	0,98	I03.b: desgleichen ohne Auftragsaspekt
F04	0,95		I04.a: F&E allgemein; gemeinsam
	0,95	0,99	I04.b: desgleichen ohne Auftragsaspekt
F05	0,83		I05: F&E technologische Akquisition
F06	0,92		I06.a: Prozeß Einführung und Erweiterung allgemein
	0,90		I06.b: desgleichen ohne umweltpolitischen Aspekt
	0,92		I06.c: Prozeß Einführung allgemein
	0,91		I06.d: desgleichen ohne umweltpolitischen Aspekt
	0,92		I06.e: Prozeß Einführung und Erweiterung Produktion
	0,91		I06.f: desgleichen ohne umweltpolitischen Aspekt
	0,93		I06.g: Prozeß Einführung Produktion
	0,91	0,98	I06.h: desgleichen ohne umweltpolitischen Aspekt
F07	0,90		I07.a: Prozeß Entwicklung allgemein
	0,89		I07.b: desgleichen ohne umweltpolitischen Aspekt
	0,90		I07.c: Prozeß Entwicklung Produktion
	0,89	0,94	I07.d: desgleichen ohne umweltpolitischen Aspekt
F08	0,96		I08: Prozeß Organisation und Prozeßveränderung
F09	0,95		I09.a: Prozeß Innovation allgemein
	0,95		I09.b: desgleichen ohne umweltpolitischen Aspekt
	0,93		I09.c: Prozeß Innovation Produktion
	0,94	0,97	I09.d: desgleichen ohne umweltpolitischen Aspekt
F10	0,86		I10.a: Prozeß Rationalisierung allgemein
	0,86	0,71	I10.b: Prozeß Rationalisierung Produktion

Tabelle 64 fortgesetzt auf der nächsten Seite.

Faktor	Ladung	CrA	Impulsart
F11	0,96		I11.a: Prozeß gemeinsam
	0,97	1,00	I11.b: desgleichen ohne Auftragsaspekt
F12	0,92		I12.a: Produkt Einführung und Erweiterung
	0,92	0,99	I12.b: desgleichen ohne Auftragsaspekt
F13	0,94		I13.a: Produkt Entwicklung
	0,94	0,99	I13.b: desgleichen ohne Auftragsaspekt
F14	0,98		I14.a: Produkt Innovation
	0,98	0,99	I14.b: desgleichen ohne Auftragsaspekt
F15	0,97		I15: Produkt Rationalisierung
F16	0,99		I16.a: Markt intern
	0,99	1,00	I16.b: desgleichen ohne Auftragsaspekt
F17	0,95		I17: Markt gemeinsam
F18	0,95		I18: Unternehmen neue Unternehmenseinheit
F19	0,95		I19: Unternehmen Stillegung
F20	0,83		I20: Unternehmen Akquisition allgemein
F21	0,96		I21: Unternehmen Abgabe

CrA = Cronbachs Alpha auf Basis der Kovarianzen,
F&E = Forschung und Entwicklung.

Gütemaße der Hauptkomponentenanalyse:

Kaiser-Meyer-Olkin = 0,55

Varianz: 21 Faktoren erklären 95,2 % der Gesamtvarianz.

Eigenwerte: 7 Faktoren (≙ 1/3 aller Faktoren) haben Eigenwerte < 1,0.

Kommunalitäten: Die kleinste Kommunaltität hat die Impulsart I20 mit 0,86.

Anzahl der Faktorquerladungen: >= 0,2: 10 ≙ 1,2 % möglicher Querladungen, >= 0,3: 1 ≙ 0,1 % möglicher Querladungen

Größte Querladung: Die Impulsart Akquisition allgemein (I20) lädt mit 0,31 auf dem Faktor *F05* für die Impulsart F&E technologische Akquisition (I05).

Reproduzierte Korrelationsmatrix: 12 Residuen der reproduzierten Korrelationsmatrix haben absolute Werte > 0,05 (≙ 0,7 % aller Residuen).

Rotation: Die Varimax-Rotation konvergiert nach 25 Iterationen.

Tabelle 64: Rotierte Faktorladungen einer Hauptkomponentenanalyse aller Impulse auf Basis des Panels von 1986 bis 1993

Die faktorenanalytisch bestimmte Gruppenbildung entspricht der vorangegangenen Gliederung zur inhaltsanalytischen Aufbereitung der Innovationsorientierung in diesem Kapitel. Lediglich die mit dieser Faktorenanalyse bestätigbare Ordnung ist für den Fortgang der Arbeit von Bedeutung. Somit ist die hohe Anzahl an Faktoren mit Eigenwerten < 1 in Hinblick auf den hier allein relevanten konfirmatorischen Aspekt zur Ordnung der Impulsarten der Innovationsorientierung vernachlässigbar. Faktoren mit Eigenwerten kleiner als 1 bedeuten, daß die zugrundeliegende Variable mehr Varianz erklärt, als der zugehörige Faktor.[357] Dennoch zeigt das Ergebnis, daß der Variablen eben doch ein eigenständiger Faktor zugeordnet wird und somit eine getrennte Betrachtung *dieser Variable*[358] sinnvoll ist. Die Möglichkeit, die 43 Impulsarten auf 21 Indikatoren zusammenzufassen, wird demnach in hohem Maße belegt.

Die 21 Faktoren bilden 95,2 % der Varianz der 43 Impulsarten ab. In Hinblick darauf, daß 95,4 % der Gesamtsumme der Impulsstärken durch die überschneidungsfreien Impulsarten abgedeckt werden, ergibt sich für den vermessenen Inhalt der Berichterstattung ein genutzter Anteil von 95,2 % * 95,4 % = 90,8 %. Dieser Anteil wird als inhaltsanalytisch erschöpfend angesehen.[359]

Die Ergebnisse in der Tabelle 64 sind der statistische Beleg für die sinnvolle Auswahl und Unterscheidung der Impulsarten in 21 Indikatoren der Innovationsorientierung. Der schlechte Kaiser-Meyer-Olkin-Wert von 0,55 zeigt jedoch, daß das Gesamtfaktorenmodell nicht unproblematisch ist. Im folgenden Kapitel werden deshalb sogenannte generische Faktorwerte für die 21 Indikatoren der Innovationsorientierung ermittelt und einer statischen Analyse zugeführt. Damit wird die Problematik schlechter Kaiser-Meyer-Olkin-Werte gelöst, und es lassen sich die Berichtseigenschaften zur Innovationsorientierung herausarbeiten, die für den gesamten Zeitraum der betrachteten acht Jahre Gültigkeit besitzen.

---

357 Vgl. BACKHAUS ET AL. (1994) S. 206.

358 Für die weitere Betrachtung wird im Falle von Faktoren, auf die nur jeweils eine Variable hoch lädt, nicht der Faktor, sondern die Variable selbst betrachtet.

359 Die Bildung von Impulsarten hat neben der Kodierung der Berichtsinhalte den größten Zeitraum der empirischen Arbeit beansprucht.

7. Unternehmensspezifische Berichterstattung zur Innovationsorientierung

Mit dem statistischen Beleg für eine nützliche Auswahl der Arten der Innovationsorientierung können nun die Hypothesen des Preexplanandums für die 21 Indikatoren getestet werden. Dafür wird das Modell zur Erklärung statischer Berichtseigenschaften auf die 21 Indikatoren der Innovationsorientierung angewendet.[360] In diesem Kapitel lassen sich somit über den Berichtsumfang hinausgehende Eigenschaften der Berichterstattung aus der Sicht der Innovationsorientierung differenziert herausarbeiten.

Für die Anwendung des Modells auf die Indikatoren der Innovationsorientierung werden einige statistisch-methodische Aufbereitungen der Daten als sinnvoll erachtet. Die Aufbereitung wird im folgenden Kapitel beschrieben. Anschließend werden die Einflüsse der Unternehmenseigenschaften auf die Berichterstattung zu den 21 Indikatoren der Innovationsorientierung dargestellt.

7.1 Datenaufbereitung

Die als notwendig erachteten Maßnahmen zur Datenaufbereitung lassen sich in drei Schritte gliedern:

1. Das logarithmierten der Summen der Impulsstärken
   als Maß der Innovationsorientierung,
2. die Berücksichtigung einer Zensur[361]
   der logarithmierten Summen der Impulsstärken und
3. die Bestimmung der Faktorenwerte
   aus den logarithmierten und zensierten Summen der Impulsstärken.

Jedem dieser methodischen Schritte ist ein eigenes Kapitel gewidmet.

---

360 Siehe Kapitel 5.4.5, S. 142ff.

361 Zur Erklärung des hier statistisch belegten Begriffes der Zensur siehe Kapitel 7.1.2 auf der folgenden Seite.

7.1.1 Logarithmierung

Im 5. Kapitel ist ein fundamentaler Zusammenhang zwischen den Berichtsumfängen und der Unternehmensgröße herausgearbeitet worden. Dieser ist in hohem Maße positiv linear mit normalverteilten Residuen, wenn die Berichtsumfänge und der Unternehmensgrößenindikator logarithmiert werden.

Es wird angenommen, daß der logarithmische Zusammenhang nicht nur für den gesamten Umfang der Berichterstattung, sondern auch für die einzelnen Arten der Innovationsorientierung gültig ist.

Im Vergleich zur logarithmischen Skalierung des gesamten Berichtsumfangs ergibt sich für die Impulsarten eine Besonderheit. Es existieren Summen der Impulsstärken y_{hit} der *h*-ten Impulsart, des *i*-ten Unternehmens zum *t*-ten Zeitpunkt, die Null sind. Um logarithmische Werte bestimmen zu können, werden alle y_{hit} um eine Einheit erhöht. Im Ergebnis stehen so die logarithmischen Summen der Impulsstärken $\ln(y_{hit}+1)$, welche größer oder gleich Null sind.

7.1.2 Zensur

Durch das Fehlen von Angaben zu einer Impulsart in der Berichterstattung für ein bestimmtes Unternehmen zu einem bestimmten Zeitpunkt, weisen einige Impulsarten eine zu beachtende Anzahl von Werten mit $\ln(y_{hit}+1) = 0$ auf. Das häufige Vorkommen dieser Werte ist eine Randhäufigkeit für die Verteilung der logarithmierten Summen der Impulsstärken. Diese Randhäufigkeiten werden im statistischen Sinne als *Zensur* bezeichnet. Die Zensur verkörpert die Eigenschaft der Berichterstattung und die an ihr ausgerichteten Messung, daß über nicht stattgefundene Ereignisse nicht berichtet wird und somit auch keine negativ skalierbare Messung dieser Nicht-Ereignisse möglich ist. Es handelt sich dabei also um eine Art der verzerrten Berichterstattung und gleichermaßen um eine an ihr auszurichtenden Art der Messung. Da $\ln(y_{hit}+1)$ als abhängiger Wert in das Regressionsmodell eingeht, ist dieser Zensur besondere Beachtung zu schenken.

Zensierte Variablen liegen vor, wenn ein Grenzwert $A_{h \circ t}$ existiert, welcher meßtechnischer Natur ist und nicht der tatsächlichen latenten Realität ξ_{hit} entspricht und somit $\ln(y_{hit}+1)$ mitbestimmt. Die gemessenen Werte $\ln(y_{hit}+1)$ repräsentieren daher die latenten realen Werte ξ_{kit} nur bis zum unteren Grenzwert $A_{h \circ t}$.

Unterhalb des Grenzwertes $A_{h\circ t}$ werden nur die Werte $\ln(y_{hit}+1) = A_{h\circ t}$ beobachtet:[362]

$$\ln(y_{hit}+1) = \xi_{hit} \qquad \text{wenn} \qquad \xi_{hit} > A_{h\circ t}, \qquad \text{(Gleichung 21)}$$

$$\ln(y_{hit}+1) = A_{h\circ t} \qquad \text{wenn} \qquad \xi_{hit} \leq A_{h\circ t}. \qquad \text{(Gleichung 22)}$$

Die Relevanz der Zensur sei an einem Beispiel verdeutlicht: Für die Messung der Anzahl der Nennungen zu gemeinsamen Forschungsaktivitäten (I04.a) können nur solche Artikulationen berücksichtigt werden, in denen explizit solche Aktivitäten genannt werden, weil über nicht durchgeführte Aktivitäten nicht berichtet wird.[363] Demnach ergibt sich im Fall von nicht genannten und unterlassenen gemeinsamen Forschungs- und Entwicklungsaktivitäten ein Zensur mit einem unteren Grenzwert $A_{I04\circ t} = 0$ für alle Unternehmen zum Zeitpunkt t.

Die Aufgabe der Datenaufbereitung besteht darin, die zensierten Werte des Grenzwertes $A_{h\circ t}$ durch Werte zu ersetzen, die sich aus der Verteilung der Werte oberhalb des Grenzwertes schätzen lassen. Auf diese Weise werden die Werte $\ln(y_{hit}+1) = A_{h\circ t}$ durch Werte $(\ln(y_{hit}+1))^* < A_{h\circ t}$ ersetzt, welche eher den realen, aber latenten Werten ξ_{hit} entsprechen.

Für die Schätzung von $(\ln(y_{hit}+1))^*$ wurde ein ‚maximum-likelihood'-Schätzer entwickelt, der unter dem sogenannten Tobit-Modell bekannt ist.[364] Das Modell ist um weitere Vorschläge zur Bekämpfung von Heteroskedastizität und fehlender Normalverteilung ergänzt worden.[365] Da die Heteroskedastizität und eine fehlende Normalverteilung für die Gesamtumfänge der Berichterstattung nicht belegt werden, soll für die Summen der Impulsstärken deren mögliche Existenz ebenso ignoriert werden.

---

362 Vgl. JÖRESKOG/SÖRBOM (1995) S. 5f.

363 Die Ursache für dieses Berichtsverhalten ist in der Gesetzgebung zu sehen und soll hier als das „Fehlanzeigenproblem" bezeichnet werden. So wird eine ausführliche Berichterstattung zu den wesentlichen Ereignissen des abgelaufenen Geschäftsjahres gefordert, jedoch nicht zu allen nicht stattgefundenen Ereignissen. Implizit weist das Fehlen einer „totalen" Segmentberichterstattung auf dieses Berichtsverhalten hin. Vgl. VEIT (1995) S. 493.

364 Vgl. TOBIN (1958) S. 24-36.

365 Vgl. POWELL (1984) S. 303-325; NAWATA (1990) S. 337-362; PERACCHI (1990) S. 107-126; HONORÉ (1992) S. 533-565.

Für die Datenmanipulation der Impulsarten werden die Werte $(\ln(y_{hit}+1))^*$ für $\ln(y_{hit}+1)=0$ separat für jede *h*-te Impulsart und jeden *t*-ten Zeitpunkt mittels der ‚maximum-likelihood'-Schätzmethode, wie sie unter PRELIS[366] bereitgehalten wird, geschätzt.

7.1.3 Generische Faktorenbildung

Die logarithmierten und zensierten Summen der Impulsstärken $(\ln(y_{hit}+1))^*$ werden in einer abschließenden Aufbereitung faktorenanalytisch zu den 21 Indikatoren zusammengefaßt. Hierbei ist jedoch nicht zu erwarten, daß *ein* Faktorenmodell auf Basis der aufbereiteten Werte des Pools zu exakt der gleichen Lösung kommt wie das Faktorenmodell auf Basis des Panels für alle Impulsarten.[367]

Für die Lösung des Problems unerwünschter Faktorladungen soll deshalb ein ***generisches Faktorenmodell*** zum Einsatz kommen.[368] Hierfür werden die Impulsarten, die auf einen Faktor laden sollen, *jeweils einer* Analyse zugeführt, aus der *genau ein* Faktor extrahiert wird.[369] Die generische Vorgehensweise hat vier Vorteile:

1. Die Impulsarten, die gemeinsam auf einen Faktor laden sollen, sind bekannt, und die Nützlichkeit ihrer faktorenanalytischen Zusammenfassung wurde im 5. Kapitel belegt. Aufgrund dieser Vorgabe kann eigenhändig bestimmt werden,

---

366 Vgl. JÖRESKOG/SÖRBOM (1995) S. 6.

367 Die Überprüfung dieser Vermutung hat gezeigt, daß *nur fast* das gleiche Ergebnis für den Pool und das Panel erzielt werden kann. So laden für die Auswahl von 21 Faktoren auf Basis der Werte $(\ln(y_{hit}+1))^*$ zwei Impulsarten auf einen Faktor, die inhaltlich nicht zusammengefaßt werden sollen. Alle anderen Impulsarten laden ähnlich hoch auf die gewünschten Faktoren. Für die separate Betrachtung der 21 Indikatoren stellen dennoch diese nicht kontrollierbaren Zuordnungseffekte eines Gesamtfaktorenmodells keine akzeptable Methodik dar.

368 Der generische Ansatz geht auf eine Methodik zurück, wie sie in LISREL-Modellen verwendet wird. Vgl. JÖRESKOG (1971) S. 109-133. Dort werden unter Berücksichtigung gegenseitiger Abhängigkeiten simultan für alle Variablen *congenerische* Faktoren ermittelt.

369 Das generische Faktorenmodell unterscheidet sich von dem congenerischen Modell darin, daß die relevanten Faktoren nicht simultan, sondern getrennt voneinander erzeugt werden. In dem generischen Modell läßt sich auch der explorative Anspruch dieser Arbeit erkennen, der mit einer konfirmatorischen Analyse unter LISREL nicht vereinbar ist.

welche Impulsarten zu einem Faktor zusammengefaßt werden sollen. Die Analyse ist daher unabhängig von nicht kontrollierbaren Zuordnungen der Faktorenanalyse.

2. Die separate Anwendung der Faktorenanalyse für jede Gruppe von Impulsarten erlaubt es, daß die generischen Faktoren hinterher miteinander korrelieren, also nicht unabhängig voneinander sind.[370] Das ist wünschenswert, weil nicht erwartet werden kann, daß die hinter den Faktoren stehenden Indikatoren bestimmter Arten der Innovationsorientierung auch tatsächlich unabhängig voneinander sind.

3. Durch die generische Faktorlösung wird nur der Teil der Varianzen der Impulsarten nicht berücksichtigt, der nicht durch den einen Faktor abgebildet werden kann. Damit entfällt der Störeinfluß, daß zudem ein Teil der Varianz verloren geht, um die Unabhängigkeit zu den anderen Faktoren zu wahren.

4. Mit der generischen Lösung werden Indikatoren erzeugt, die lösgelöst von und damit stabil gegenüber einem Gesamtfaktorenmodell sind. Für validierende Analysen außerhalb dieser Arbeit ist es daher nicht erforderlich, die Messung aller Impulsarten erneut vorzunehmen. Es reicht aus, nur die Impulsarten zu messen, die als besonders erachtenswert erscheinen. Das generische Modell ist daher robuster gegenüber Änderungen im Datenbestand. Die Änderung der Werte eines Indikators wirkt nicht automatisch auf das gesamte Indikatorenmodell. Die generischen Faktoren bieten daher eine hohes Maß an Flexibilität für spätere Untersuchungen.

Die generische Faktorlösung erlaubt es, ein Bild zu erzeugen, welches der Realität, also der Bildung sinnvoller Indikatoren für die Arten der Innovationsorientierung, nahe kommt.

Für die statische Betrachtung der 21 Indikatoren der Innovationsorientierung werden die Summen der Impulsstärken $(\ln(y_{hit}+1))^*$ *ohne* Bereinigung um individuelle und zeitliche fixe Effekte herangezogen, weil gerade die fixen Effekte wesentliche Merkmale der Berichterstattung darstellen.

---

370 Der Effekt abhängiger Faktoren wird in dieser Arbeit nicht explizit betrachtet, da nicht das Wirkungsgefüge zwischen den Indikatoren der Innovationsorientierung untereinander, sondern der Zusammenhang zum Erfolg im Mittelpunkt dieser Arbeit steht.

Insgesamt werden die Faktorwerte für zwölf Indikatoren der Innovationsorientierung[371] durch generische Faktormodelle auf Basis der logarithmierten und zensierten Werte des Pools $(\ln(y_{hit}+1))^*$ bestimmt.[372] Die verbleibenden neun Indikatoren[373] sind Faktoren, die jeweils nur eine Impulsart repräsentieren. In diesen neun Fällen ist der Faktor identisch mit der Impulsart. Da die generischen Faktorwerte jedoch standardisiert sind, sollen die Impulsarten, welche allein auf einem Faktor laden, ebenfalls standardisiert werden.[374] Auf diese Weise werden 21 Indikatoren der Innovationsorientierung F^*_{git} erzeugt, die um ihre Gesamtmittel des Pools bereinigt sind.

Die Gütemaße für die zwölf generischen Faktormodelle sind im Anhang 5 aufgeführt.[375] Dort ist zu erkennen, daß der Anteil erklärter Varianzen für fast alle Modelle sehr hoch ist. Damit liegen die Varianzen der Indikatoren der Innovationsorientierung F^*_{git} sehr dicht an denen der gemessenen Summen der Impuls-

---

371 Die Indikatoren sind: *F01*, *F03*, *F04*, *F06*, *F07*, *F09*, *F10*, *F11*, *F12*, *F13*, *F14* und *F16*. Siehe Kapitel 6.7 für die Zuordnung der Impulsarten zu den Indikatoren.

372 Das relevante Verfahren ist hier die Hauptkomponentenanalyse, durchgeführt auf SPSS (1993). Trotz angenommener Normalverteilung, wird der Hauptkomponentenanalyse der Vorrang vor den Verfahren ‚maximum-likelihood' (ML), ‚generalized-least-squares' (GLS) oder ‚unweighted-least-squares' (ULS) aus technischen Gründen eingeräumt: Für die Mehrheit der zu bildenden Faktoren sind nur zwei Freiheitsgrade, also nur zwei Impulsarten, vorhanden. Die Methoden ML, GLS und ULS benötigen jedoch mindestens drei Freiheitsgrade. Einerseits besteht unter SPSS keine Möglichkeit, die Anzahl benötigter Freiheitsgrade auf zwei zu reduzieren, indem die Fehlervarianz einer von zwei Impulsarten zuvor definiert wird. Andererseits erscheint es nicht sinnvoll die Fehlervarianzen im Vorwege der schrittweisen und separaten Faktorenbildung festzulegen, da hier eben kein Gesamtalgorithmus, wie etwa bei LISREL, zum Einsatz kommt. Demnach wird die Hauptkomponentenanalyse unter SPSS als das geeignete Verfahren zur Bildung der Faktorenwerte angesehen.

373 Die Indikatoren mit nur einer Impulsart sind: *F02*, *F05*, *F08*, *F15*, *F17*, *F18*, *F19*, *F20* und *F21*.

374 Durch die Standardisierung geht die Information zu den Einheiten verloren. Somit kann keine Aussage über den Wirkungsumfang einer bestimmten Bilanzsumme auf die Zunahme des Berichtsumfangs getroffen werden. Darin wird jedoch kein Nachteil gesehen, zumal das Repräsentationsproblem gelöst ist, indem lediglich signifikante Zusammenhänge aufzudecken sind. So kann der Zusammenhang zwischen den Unternehmensmerkmalen und der Berichterstattung eben nur tendenziell und nicht funktional sein. Viel bedeutender sind die Signifikanzen der statistischen Zusammenhänge. Sie können auch mittels standardisierter Werte einwandfrei ermittelt werden.

375 Zur Kontrolle wurden generische Faktorenmodelle für die nicht zensierten Werte des Pools $\ln(y_{hit}+1)$ bestimmt. Die Gütemaße weisen minimale Unterschiede auf.

stärken und erlauben daher ein zuverlässiges Ergründen der gesuchten Zusammenhänge.[376]

7.1.4 Regressionsmodell

Mit den aufbereiteten Daten wird folgende Regressionsgleichung geschätzt:

$$F_{git}^{*} = m_1(\ln x_{1it} - \overline{\ln x_{1\circ\circ}}) + \sum_{k=2}^{K} m_k(x_{kit} - \overline{x_{k\circ\circ}}) + \varepsilon_{git} - \overline{\varepsilon}_{g\circ\circ}, \qquad \text{(Gleichung 23)}$$

für $g = \{1, ..., 21\}$,

welche fast identisch mit Gleichung 12 ist.[377] F_{git}^{*} ist jedoch der bereits um den gesamten Mittelwert bereinigte Faktorwert des gruppierten Impulswertes $(\ln(y_{hit}+1))^{*}$. m_1 ist der zu schätzende Parameter für die bereinigte logarithmierte Bilanzsumme x_{1it} des i-ten Unternehmens zum t-ten Zeitpunkt. m_k ist der zu schätzende k-te Parameter für den zeitlichen Effekt und den sechs unternehmensspezifischen Merkmalen mit dichotomen Ausprägungen.

Unter Einhaltung der bisher gewählten Reihenfolge der Darstellung werden im folgenden die 21 Indikatoren der Innovationsorientierung in bezug auf

1. die Gütemaße der multivariaten Regressionsmodelle aus Gleichung 23

und die statistischen T-Werte für die Merkmale

2. Unternehmensgröße und zeitlicher Effekt,
3. Streubesitz und Konsumgüterbranche sowie

---

376 Die niedrigsten Ladungen weisen die Impulsarten Prozeßrationalisierung allgemein (I10.a) und Prozeßrationalisierung in der Produktion (I10.b) mit jeweils einer Ladung von 0,91 auf. Das sind die mit Abstand schlechtesten Ladungen. Gleiches ist für die Kommunalitäten, den Anteil der erklärten Gesamtvarianz und die Cronbachs Alphas auf Basis der Kovarianzen zu beobachten. Die Gütemaße des generischen Faktors *F10* sind jedoch für eine genaue Analyse der Innovationsorientierung vertretbar.

377 Siehe Kapitel 5.4.5, S. 144.

4. Zughörigkeit zu den Branchen Automobilbau, chemische Industrie, Elektroindustrie und Maschinenbau

untersucht.[378] Betrachtet werden demnach *statische* Einflüsse im Sinne konstanter Bedeutungen über den gesamten Berichtszeitraum von acht Jahren. Der Zeitliche Effekt wird hierbei ebenfalls als eine konstante Größe der Veränderung der Berichterstattung zur Innovationsorientierung über den Zeitraum von 1986 bis 1993 angesehen.

Um einen besseren Überblick gewähren zu können, werden die 21 Regressionsmodelle sortiert nach ihren Elementen aus Gütemaßen und T-Werten betrachtet.

7.2 Unternehmensspezifische Merkmale der 21 Indikatoren der Innovationsorientierung

7.2.1 Gütemaße der Regressionsmodelle

Die Residuen $\varepsilon_{git} - \overline{\varepsilon}_{g\circ\circ}$ der geschätzten Modelle zur Gleichung 23 sind einem Test auf Normalverteilung unterzogen worden. Für eine große Anzahl der Schätzungen kann die Normalverteilungsannahme nicht widerlegt werden. Damit wird die Gültigkeit der Ergebnisse und auch die Wahl der statistisch-methodischen Aufbereitung der Daten unterlegt. Die Werte für Schiefe, Kurtosis sowie Schiefe und Kurtosis[379] sind im Anhang 6 wiedergegeben.[380]

---

378 Die T-Werte können an dieser Stelle in besonderer Weise interpretiert werden, da die zugrundegelegten Variablen, also die Faktorenwerte eine Standardabweichung von 1 aufweisen und alle Variablen, die nicht auf einen Faktor zurückgehen, standardisiert wurden. Demnach sind die T-Werte mindestens so aussagekräftig wie die Betas der Regression, mit dem Zusatz, daß an den T-Werten das Signifikanzniveau abgelesen werden kann. Vgl. auch die Anmerkungen in der Fußnote 337, S. 145.

379 Die Tests auf Normalverteilung wurden auf PRELIS durchgeführt. Vgl. JÖRESKOG/SÖRBOM (1995) S. 169f. und die weiteren Anmerkungen in der Fußnote 285, S. 100.

380 Problematisch erscheinen nur die Tests auf Normalverteilung der Residuen für *F01*, *F02* und *F03*. Sie weisen einen hohen Grad an Kurtosis auf. Da nicht erwartet wird, daß alle 21 Faktoren, tatsächlich einer Normalverteilungsannahme Folge leisten, eine bessere Annahme als die Normalverteilung jedoch nicht getroffen werden kann, erscheint eine differenzierte Behandlung und Aufbereitung der Werte, insbesondere für *F01*, *F02* und *F03*, nicht sinnvoll.

Die Regressionsmodelle wurden auch auf Basis der Faktoren für nicht zensierte Werte $\ln(y_{hit}+1)$ geschätzt. Im Vergleich ergeben sich marginal schlechtere Gütemaße in fast allen Fällen für die Modelle mit Zensur.[381] In 19 von 21 Fällen liefern die Modelle für unzensierte Faktorwerte bessere Bestimmtheitsmaße und F-Werte, nur in zwei Fällen sind die Gütemaße für die zensierten Daten besser. Mit der Untersuchung der Regressionsmodelle mit Zensur kann daher, bei Vorliegen signifikanter Zusammenhänge, wegen fast einheitlich schlechteren Gütemaßen von verläßlicheren Ergebnissen ausgegangen werden.

Zum Multikollinearitätsproblem der Unabhängigen x_{kit} wird auf das Kapitel 4.5.4 verwiesen, weil dort die gleichen erklärenden Variablen verwendet werden. Die kleinste Toleranz von 0,51 für die Dummy-Variable Automobilbau ist ein Indiz für eine unbedenkliche Multikollinearität.

In der Tabelle 65 werden die Bestimmtheitsmaße R^2, die F-Werte und die Signifikanzen der F-Werte für die 21 multivariaten Regressionsmodelle genannt. Zusätzlich sind diese Gütemaße auch für die Summen aller Impulse als Maß des gesamten Berichtsumfangs dargestellt. Diese Werte wurden im Kapitel 4.5.4 ermittelt und haben hier eine Richtwertfunktion.[382]

Die Gütemaße für die Summen der Impulse werden von keinem der 21 Regressionsmodelle erreicht, was nach dem Gesetz der großen Zahlen auch nicht verwunderlich ist. Trotzdem weisen die Gütemaße für alle 21 Regressionsmodelle noch immer derart hohe F-Werte auf, daß die Brauchbarkeit der Modelle nicht abgelehnt werden kann.

Für die Indikatoren Prozeßorganisation (*F08*) und Produkteinführung (*F12*) sind die höchsten Gütemaße ermittelt worden. Sie lassen sich in hohem Maße durch die unternehmensspezifischen Merkmale erklären. Für die Produkteinführung ist die Mächtigkeit der Summen der Impulsstärken maßgebend, deren Verteilung den Summen aller Impulse nahe kommt. Für die Prozeßorganisation deuten die hohen

---

381 Zu diesem Ergebnis kommen auch JÖRESKOG/SÖRBOM (1995) S. 120 in einer Beispielrechnung mit zensierten Variablen.

382 Für die Richtwertfunktion ist zu beachten, daß die Summe der Impulse den Berichtsumfang repräsentieren soll, während die für die Indikatoren zugrundegelegten Summen der Impulsstärken eher die Innovationsorientierung in den Vordergrund der Betrachtung rücken. Mit den Unternehmenseigenschaften werden daher Eigenschaften der Innovationsorientierung und weniger Eigenschaften der Berichterstattung aus den Indikatoren herausgearbeitet. Dieser Unterschied schränkt die Richtwertfunktion der Gütemaße für die Summe der Impulse ein.

Gütemaße jedoch an, daß es sich bei diesem Indikator trotz fehlender Mächtigkeit der Summen der Impulsstärken um Werte handelt, die wesentlich durch die Unternehmensmerkmale beschrieben werden können. Die organisatorischen Aspekte sind damit sehr unternehmensspezifisch.

Zu erklärender Indikator	R^2	F-Wert	Sig. F
Summe der Impulse	0,748	88,9	3E-67
F01: F&E allgemein	0,497	29,6	7E-32
F02: F&E Forschung	0,545	36,0	5E-37
F03: F&E weniger	0,272	11,2	2E-13
F04: F&E gemeinsam	0,462	25,8	2E-28
F05: F&E Akquisition	0,190	7,0	2E-08
F06: Prozeß Einführung	0,370	17,6	1E-20
F07: Prozeß Entwicklung	0,251	10,1	4E-12
F08: Prozeß Organisation	0,626	50,3	5E-47
F09: Prozeß Innovation	0,187	6,9	4E-08
F10: Prozeß Rationalisierung	0,258	10,4	2E-12
F11: Prozeß gemeinsam	0,417	21,4	2E-24
F12: Produkt Einführung	0,618	48,5	6E-46
F13: Produkt Entwicklung	0,579	41,3	5E-41
F14: Produkt Innovation	0,496	29,5	8E-32
F15: Produkt Rationalisierung	0,202	7,6	5E-09
F16: Markt intern	0,418	21,5	2E-24
F17: Markt gemeinsam	0,340	15,4	3E-18
F18: Unternehmen neue Einheit	0,288	12,2	1E-14
F19: Unternehmen Schließung	0,181	6,6	8E-08
F20: Unternehmen Akquisition	0,497	29,7	6E-32
F21: Unternehmen Abgabe	0,200	7,5	6E-09

Tabelle 65: Gütemaße der statischen Modelle für die Indikatoren der Innovationsorientierung

Die niedrigsten Gütemaße sind für die Indikatoren technologische Akquisition (*F05*), Prozeßinnovation (*F09*), Schließung von Unternehmensteilen (*F19*) und Unternehmensabgabe (*F21*) zu beobachten. Bedingt durch die immer noch hohen

Signifikanzen, sind jedoch auch für diese Indikatoren zumindest die erklärenden Variablen maßgebend für die Berichterstattung.[383]

Die Merkmale der Berichterstattung stellen wesentliche Kriterien zur Bestimmung des Umfangs der Innovationsorientierung dar. Wegen des vernachlässigbaren Multikollinearitätsproblems weisen die T-Werte einer bestimmten erklärenden Variablen der multivariaten Regression den Einfluß auf die Indikatoren der Innovationsorientierung aus, wobei gleichzeitig die Einflüsse aller anderen erklärenden Variablen berücksichtigt werden. Die Betrachtung der Einflüsse der einzelnen Variablen erscheint daher besonders nützlich.

Im folgenden werden zunächst der Einfluß der Unternehmensgröße und des zeitlichen Effektes auf die Indikatoren der Innovationsorientierung untersucht.

7.2.2 Unternehmensgrößeneffekt und zeitlicher Effekt

Den Einfluß der logarithmischen Bilanzsumme und des zeitlichen Effektes sind in Tabelle 66 dargestellt. Als Richtwerte sind zudem die geschätzten T-Werte für die Summe aller Impulse angegeben.[384] Nicht signifikante T-Werte (P >= 0,05) werden in einer kleineren Schrift angegeben. Hochsignifikante Werte (P <= 0,01) sind in normaler Schriftgröße und zusätzlich fett wiedergegeben.

Die logarithmierte Bilanzsumme hat, mit einer Ausnahme für die Prozeßinnovationen (*F09*), auf alle Indikatoren der Innovationsorientierung einen hochsignifikanten Einfluß. Die Hypothese 1 des Preexplanandums läßt sich daher eindrucksvoll auch für die Indikatoren der Innovationsorientierung bestätigen. In keinem Fall ist der Einfluß jedoch so groß wie für die Summe aller Impulse. Damit können die geringeren Gütemaße für die Regressionsmodelle erklärt werden.

---

383 Für die Indikatoren werden teilweise leicht abgewandelte Bezeichnungen gewählt. Vgl. den Eintrag in Tabelle 65: „*F05*: F&E Akquisition" und die Nennung im Text: „technologische Akquisition (*F05*)". Um den Sachverhalt dennoch eindeutig zuweisen zu können, werden hier und im folgenden stets Indikatornummern angegeben. Diese Nummern sind im Zweifel ausschlaggebend.

384 Siehe auch in Tabelle 27, S. 146.

Unabhängige / Zu erklärender Indikator	Log. Bilanzsumme		Zeitlicher Effekt	
	T-Wert	Sig. T	T-Wert	Sig. T
Summe der Impulse	**+19,28**	**1E-50**	+2,54	0,012
F01: F&E allgemein	**+12,10**	**1E-26**	-1,49	0,138
F02: F&E Forschung	**+11,90**	**6E-26**	-1,56	0,119
F03: F&E weniger	**+5,12**	**6E-07**	**+4,82**	**3E-06**
F04: F&E gemeinsam	**+9,21**	**2E-17**	-0,31	0,756
F05: F&E Akquisition	**+5,62**	**5E-08**	-0,57	0,568
F06: Prozeß Einführung	**+7,98**	**6E-14**	-0,08	0,934
F07: Prozeß Entwicklung	**+5,77**	**2E-08**	+2,50	0,013
F08: Prozeß Organisation	**+13,88**	**2E-32**	**+5,00**	**1E-06**
F09: Prozeß Innovation	+1,22	0,224	+0,88	0,380
F10: Prozeß Rationalisierung	**+6,00**	**7E-09**	+1,75	0,081
F11: Prozeß gemeinsam	**+7,93**	**8E-14**	+1,86	0,064
F12: Produkt Einführung	**+11,99**	**3E-26**	-0,09	0,925
F13: Produkt Entwicklung	**+11,21**	**1E-23**	+2,37	0,019
F14: Produkt Innovation	**+3,48**	**0,001**	+2,20	0,029
F15: Produkt Rationalisierung	**+3,68**	**3E-04**	**+4,55**	**9E-06**
F16: Markt intern	**+6,72**	**1E-10**	+2,21	0,028
F17: Markt gemeinsam	**+5,21**	**4E-07**	+0,87	0,386
F18: Unternehmen Neue Einheit	**+5,86**	**2E-08**	+0,37	0,710
F19: Unternehmen Schließung	**+5,44**	**1E-07**	+1,60	0,112
F20: Unternehmen Akquisition	**+13,46**	**4E-31**	+0,91	0,364
F21: Unternehmen Abgabe	**+5,56**	**7E-08**	+0,40	0,687

Tabelle 66: Einfluß der Unternehmensgröße und des zeitlichen Effektes auf die Indikatoren der Innovationsorientierung

Sehr deutlich tritt die größenbezogene Berichterstattung zur Innovationsorientierung für die Indikatoren Forschung und Entwicklung (*F01*), Forschung (*F02*), Prozeßorganisation (*F09*), Produkteinführung (*F12*), Produktentwicklung (*F13*) und Akquisition allgemein (*F20*) hervor. Hieran zeigt sich, daß ungeachtet von Forschungs- und Entwicklungsstrategien und Akquisitionsstrategien zunächst einmal die Größe der Unternehmen den Spielraum für solche Handlungen vorgibt.

Der geringste Einfluß der Unternehmensgröße ist für die Indikatoren Prozeßinnovation (*F09*), Produktinnovation (*F14*) und Produktrationalisierung (*F15*) zu beobachten. Das ist einerseits mit den gering ausgeprägten Häufigkeiten der hinter diesen Indikatoren stehenden Nennungen verbunden. Zum anderen wird mit dem geringen Einfluß der Unternehmensgröße auch angedeutet, daß eben gerade nicht die Größe des Unternehmens ausschlaggebend für Prozeß- und Produktinnovationen sein muß.[385]

Der geringe Einfluß der Unternehmensgröße auf den Indikator Produktrationalisierung (*F15*) hat einen anderen Grund. So wird über neue Produkte im einzelnen ausführlich berichtet, während Produktbereinigungen nicht einzeln genannt werden, sondern in der Artikulation „Bereinigungen des Produktsortiments" aggregiert in Erscheinung treten. Dementsprechend sind nicht in dem Umfang Nennungen zu *F15* zu erwarten, wie es der Größe des Unternehmens entspricht. Somit wird an dem geringen Einfluß der Unternehmensgröße auf den Indikator *F15* erneut die verzerrte Form der Berichterstattung deutlich.

Der T-Wert für den Einfluß des linearen Trends auf den Umfang der gesamten Berichterstattung wird für drei Indikatoren übertroffen: Die Berichte über verringerte Forschung und Entwicklung (*F03*), Prozeßorganisation (*F08*) und Produktrationalisierung (*F15*) weisen eine, über das Wachstum der Unternehmen hinausgehende erklärte Zunahme auf. Hinter diesen Trends lassen sich gesamtwirtschaftliche Einflüsse auf die Unternehmen vermuten, die gerade im Zeitraum von 1986 bis 1993 zum Tragen kommen und daher die Unternehmen zu zusätzlichen Einsparungen in der Forschung und Entwicklung sowie zu Produktrationalisierungen und Umstrukturierungen veranlaßt haben.

Insbesondere die Zunahme der Berichterstattung über verringerte Forschung und Entwicklung wird in umgekehrter Weise durch fast schwach signifikante Abnahmen der Indikatoren Forschung und Entwicklung (*F01*) und Forschung (*F02*) bestätigt. Damit wird die Messung der Innovationsorientierung für diese Indikatoren im Ansatz validiert.

---

385 Die subjektive Dimension als Basis zur Beurteilung von Innovationen, liefert einen weiteren Erklärungsmoment für den geringen Einfluß der Unternehmensgröße. Es wird vermutet, daß die Unternehmen nur solche Produkte als innovativ herausstellen, die sie im Vergleich zu ihren anderen Produkten als besonders innovativ erkennen. Demnach wird auch ein großes Unternehmen, trotz einer großen Anzahl an Produktentwicklungen nur eine kleine Anzahl an Produktinnovationen nennen, ebenso, wie ein kleines Unternehmen dieses an ihrer relativ kleinen Menge an Produktentwicklungen ermittelt. Dadurch kann ein kleines Unternehmen ebenso viele Innovationen nennen wie ein großes Unternehmen.

Schwach signifikant zunehmend wird auch über Prozeßentwicklungen (*F07*), Produktentwicklungen (*F13*), Produktinnovationen (*F13*) und interne Marktaktivitäten (*F14*) berichtet. Diese Trends haben entweder die Ursache in verstärkter Innovationsorientierung der jeweiligen Art oder sind „zeitgeist-“ähnliche Effekte, die ausführlichere Produktbeschreibungen wegen eines veränderten Bewußtseins der Berichterstatter über empfängergerechte Berichtsinformationen zum Ausdruck bringen.

Die signifikanten Einflüsse des linearen Effektes zeigen, daß dieser für das Explanandum nicht unkontrolliert bleiben kann.

Im folgenden werden die dichotom festgelegten Unternehmenseigenschaften, Aktien gestreut emittiert zu haben und Konsumgüter zu produzieren, hinsichtlich ihrer Einflüsse auf die Indikatoren der Innovationsorientierung betrachtet.

7.2.3 Streubesitzeffekt und Konsumgüterbrancheneffekt

Die Tabelle 67 zeigt die T-Werte der multivariaten Regressionsmodelle für die Variablen Streubesitz und Konsumgüterbranche. Zusätzlich werden die ermittelten T-Werte für die Summe der Impulse als Richtwert angegeben.[386] Für die Variable Streubesitz wird der Richtwert von keinem Indikator übertroffen. Dennoch zeigt sich eine große Anzahl an hochsignifikanten Unterschieden für die Indikatoren von Unternehmen, deren Aktien an der Börse gehandelt werden.

Hinsichtlich der Zugehörigkeit zur Konsumgüterbranche ist für die Summe der Impulse kein signifikanter Einfluß beobachtet worden. Die differenzierte Betrachtung der Indikatoren legt jedoch Abweichungen von dieser Insignifikanz offen. Auf die Abweichungen wird im folgenden ebenfalls eingegangen. Zudem erlaubt die Gegenüberstellung der Einflüsse des Streubesitzeffektes und der Eigenschaft Konsumgüter zu produzieren weitere Einblicke in relevante Berichtseigenschaften zur Innovationsorientierung.

Die Eigenschaft der Unternehmen, einen Teil ihrer Aktien gestreut emittiert zu haben, offenbart sich für die Indikatoren der Innovationsorientierung als ein einflußreiches Unternehmensmerkmal. Wenn ein signifikanter Einfluß vorliegt, dann

---

386 Siehe Kapitel 5.4.5, Tabelle 27, S. 146.

ist dieser von einer überdurchschnittlichen Innovationsorientierung gekennzeichnet. Damit läßt sich die Hypothese 2 des Preexplanandums bestätigen.

Unabhängige / Zu erklärender Indikator	Streubesitz		Konsumgüter	
	T-Wert	Sig. T	T-Wert	Sig. T
Summe der Impulse	**+5,02**	**1E-06**	-0,58	0,565
F01: F&E allgemein	+1,22	0,224	-1,46	0,144
F02: F&E Forschung	+2,40	0,017	+0,27	0,788
F03: F&E weniger	**+2,74**	**0,007**	-1,57	0,118
F04: F&E gemeinsam	+1,62	0,107	**-3,44**	**0,001**
F05: F&E Akquisition	+1,69	0,092	+0,54	0,591
F06: Prozeß Einführung	+0,76	0,449	+0,11	0,914
F07: Prozeß Entwicklung	-0,61	0,540	+0,95	0,341
F08: Prozeß Organisation	**+2,87**	**0,004**	-0,08	0,939
F09: Prozeß Innovation	+1,49	0,137	+0,98	0,330
F10: Prozeß Rationalisierung	**+4,49**	**1E-05**	-0,98	0,329
F11: Prozeß gemeinsam	**+3,60**	**4E-04**	-0,18	0,858
F12: Produkt Einführung	**+3,71**	**3E-04**	-2,07	0,040
F13: Produkt Entwicklung	+1,71	0,089	-0,02	0,986
F14: Produkt Innovation	**+3,38**	**0,001**	-0,19	0,850
F15: Produkt Rationalisierung	+1,23	0,221	+1,92	0,056
F16: Markt intern	**+4,55**	**8E-06**	+2,10	0,037
F17: Markt gemeinsam	**+4,92**	**2E-06**	-0,65	0,514
F18: Unternehmen Neue Einheit	+1,57	0,119	**-4,35**	**2E-05**
F19: Unternehmen Schließung	-1,24	0,216	-1,78	0,076
F20: Unternehmen Akquisition	**+2,99**	**0,003**	**-5,53**	**8E-08**
F21: Unternehmen Abgabe	**+3,59**	**4E-04**	+1,08	0,280

Tabelle 67: Einfluß des Streubesitzeffektes und der Konsumgüterindustrie auf die Indikatoren der Innovationsorientierung

Börsennotierte Aktiengesellschaften berichten hochsignifikant mehr über verringerte Forschung und Entwicklung (*F03*), Prozeßorganisation (*F08*), Prozeßrationalisierungen (*F10*) und Unternehmensabgaben (*F21*). An diesen überdurchschnittlich ausgeprägten Indikatoren läßt sich erkennen, daß Unternehmen mit

Aktien im Streubesitz von einschneidenden Maßnahmen betroffen sind. Die Verringerung der Forschungs- und Entwicklungsleistung, die Umstrukturierungen, Rationalisierungsbemühungen und Unternehmensverkäufe deuten Maßnahmen zur Verbesserung der Wettbewerbsfähigkeit an. In diesem Zusammenhang sind auch die Aktivitäten zu sehen, Prozesse auf Partner auszulagern. Sowohl für Prozeß- (*F11*) als auch für Marktaktivitäten (*F17*) werden externe Partner überdurchschnittlich häufig von diesen Unternehmen einbezogen.

Der Streubesitzeffekt zeigt hochsignifikant überdurchschnittliche Ausprägungen der Indikatoren Produkteinführung (*F12*) und Proktinnovation (*F14*). Neben der Möglichkeit, daß Unternehmen mit Aktien im Streubesitz tatsächlich mehr Produkteinführungen vorweisen können, existiert ein weiterer Erklärungsansatz. Es wird ausführlicher berichtet, weil damit der anonyme Aktionär über das neue Produktsortiment informiert werden kann. Die Berichterstattung wird damit für Unternehmen mit Aktien im Streubesitz zum Werbeträger für neue Produkte. Dieser Erklärungsansatz wird zudem dadurch bestätigt, daß die Konsumgüterindustrie - entgegen den Erwartungen - unterdurchschnittlich häufig über Produkteinführungen (*F12*) berichtet. Diese Beobachtung läßt die Folgerung zu, daß für eine ausführliche Berichterstattung über die Produkte nicht entscheidend ist, ob das Unternehmen solche Produkte herstellt, die für eine breite Bevölkerungsschicht gedacht sind, sondern allein, an wen die Berichterstattung adressiert ist. In der multivariaten Regression sind die unabhängigen Variablen Streubesitz und Konsumgüter zwei konkurrierende Erklärungskomponenten. Die Ergebnisse zeigen, daß zur Erklärung der Indikatoren Produkteinführung (*F12*), Produktentwicklungen (*F13*) und Produktinnovation (*F14*) der Einfluß des Streubesitzeffektes der Zugehörigkeit zur Konsumgüterbranche weit überlegen ist. Demnach ist eben nicht die Art des produzierten Gutes, sondern der Berichtsempfänger das relevante Kriterium für eine ausführliche Berichterstattung.

Die Eigenschaft einiger Unternehmen, Aktien gestreut emittiert zu haben, ist weiterhin hochsignifikant bedeutsam für die Berichterstattung marktbezogener Aktivitäten (*F16* und *F17*). Für die Konsumgüterbranche zeigen sich schwach signifikant überdurchschnittliche Ausprägungen für den Indikator interner Marktaktivitäten (*F16*). Das ist auch ein Indiz dafür, daß die Berichterstattung der Konsumgüterindustrie über Marktaktivitäten weitaus weniger zur Erklärung des Berichtsverhaltens beiträgt als die Eigenschaft der Unternehmen, mit Publikumsaktien eine breite Bevölkerungsschicht ansprechen zu wollen. Mit diesen Modellen wird somit die Vermutung erneut gestützt, daß die Berichterstattung so gestaltet wird, daß sie auf den entsprechenden Empfängerkreis zugeschnitten ist.

Unternehmen mit Aktien im Streubesitz berichten von Akquisitionen (*F20*) und Unternehmensabgaben (*F21*) hochsignifikant überdurchschnittlich häufig. Es wird vermutet, daß Gesellschaften mit Publikumsaktien über eine größere Kapitalausstattung verfügen und daher über einen größeren Handlungsspielraum für den Unternehmenserwerb verfügen. Börsennotierte Aktiengesellschaften wachsen demnach eher über externe Zukäufe als aus sich selbst heraus. Was der Erklärung des Zukaufs von Unternehmen dient, kann ebenso für den Verkauf angewendet werden. Unternehmen, die häufiger als andere akquirieren, werden in der Tendenz wohl auch stärker zu Verkäufen neigen. Es läßt sich also ein umfangreicherer Handel mit Unternehmensbeteilungen vermuten.

Die Konsumgüterbranche zeichnet sich, neben den bisher genannten Aspekten, durch weniger gemeinsame Forschungsaktivitäten (*F04*), einer geringeren Bildung von neuen Unternehmenseinheiten (*F18*) und weniger Akquisitionen (*F20*) als die anderen Unternehmen aus. Die Konsumgüterbranche weist damit ein eher konservatives Bild der Innovationsorientierung auf.

7.2.4 Weitere Brancheneffekte

Die Tabelle 68 vermittelt durch die fett gedruckten T-Werte die hochsignifikanten Zusammenhänge zwischen einerseits den vier Branchen Automobilbau, chemische Industrie, Elektroindustrie und Maschinenbau und andererseits den Indikatoren der Innovationsorientierung. Die Signifikanzen werden hier im einzelnen nicht angegeben. Die letzte Zeile der Tabelle gibt jedoch Auskunft über gebräuchliche Schwellenwerte.

Die Befunde zeigen, daß branchenspezifische Arten der Innovationsorientierung existent sind. Zudem sind für die Indikatoren teilweise deutliche Abweichungen von den T-Werten für die Summe aller Impulse festzustellen. Damit wird die Hypothese 3 des Preexplanandums auch für die differenzierte Betrachtung der Indikatoren bestätigt.

Die Branche **Automobilbau** ist von Berichten mit überdurchschnittlichen Prozeßinnovationen (*F09*), Produkteinführungen (*F12*), Produktentwicklungen (*F13*) und Produktinnovationen (*F14*) gekennzeichnet. Zudem wird schwach signifikant mehr über die Bildung neuer Unternehmenseinheiten (*F18*) berichtet.

Unabhängige Zu erklärender Indikator	T-Werte für die Brancheneinflüsse Auto	 Chemie	 Elektro	 Maschbau
Summe der Impulse	-0,18	**+3,94**	**+2,63**	+0,81
F01: F&E allgemein	-0,14	**+3,08**	+1,78	-1,14
F02: F&E Forschung	-0,86	**+6,31**	+1,05	**-3,81**
F03: F&E weniger	-0,16	+0,80	+2,43	-0,61
F04: F&E gemeinsam	+1,92	-1,74	+1,59	**-4,52**
F05: F&E Akquisition	-0,95	+2,39	+0,45	-0,74
F06: Prozeß Einführung	+1,59	+1,85	-0,65	+0,79
F07: Prozeß Entwicklung	-0,28	+1,61	+0,29	-2,16
F08: Prozeß Organisation	-0,14	+1,22	+0,27	+0,86
F09: Prozeß Innovation	**+3,42**	-0,65	+0,27	-1,54
F10: Prozeß Rationalisierung	**-2,82**	+0,92	+2,26	+0,45
F11: Prozeß gemeinsam	+0,92	+1,05	**+2,81**	-1,18
F12: Produkt Einführung	**+3,59**	**+3,92**	**+5,24**	+0,19
F13: Produkt Entwicklung	**+2,60**	**+5,72**	**+4,55**	+2,45
F14: Produkt Innovation	**+6,88**	-0,49	**+5,41**	-1,42
F15: Produkt Rationalisierung	-0,49	+0,62	-1,11	+0,52
F16: Markt intern	+0,95	+0,94	+1,84	+0,10
F17: Markt gemeinsam	+1,75	+1,85	**+3,86**	-0,99
F18: Unternehmen Neue Einheit	+2,29	+2,28	**+3,69**	-1,08
F19: Unternehmen Schließung	+0,01	**+3,95**	-0,86	+1,58
F20: Unternehmen Akquisition	-2,58	+2,28	-0,74	+0,10
F21: Unternehmen Abgabe	**-3,56**	+2,23	-1,10	+1,30
zweiseitige Signifikanzen: Sig. = 0,05	für |T-Wert|	= 1,96		
= 0,01		= 2,60		
= 0,001		= 3,33	|T-Wert| =	
= 0,0001		= 3,96	absoluter T-Wert	

Tabelle 68: Einfluß der Branchen auf die Indikatoren der Innovationsorientierung

Schwach signifikant unterdurchschnittlich häufig sind im Automobilbau die Indikatoren Prozeßrationalisierung (*F10*) und Akquisition allgemein (*F20*) ausgeprägt. Unternehmensverkäufe (*F21*) sind sogar hochsignifikant seltener als bei anderen Berichterstattern. Mit der nur durchschnittlichen Innovationsorientierung in der Berichterstattung zur Forschung und Entwicklung glänzt die Branche

Automobilbau durch eine ausgiebige Darstellung der Produktaktivitäten mit einem zusätzlichen Schwerpunkt auf Produktinnovationen. Zudem berichtet diese Branche überdurchschnittlich häufig über innovative Prozesse (*F09*) und erweist sich zugleich wenig interessiert an der Darstellung von Rationalisierungsmaßnahmen im Prozeß (*F10*). Beide Beobachtungen lassen sich zusammen als ein Indiz für moderne Prozeßanlagen werten.

Die **chemische Industrie** berichtet ebenso wie die Automobilbaubranche überdurchschnittlich häufig über Produkteinführungen (*F12*) und Produktentwicklungen (*F13*) und widmet sich zusätzlich umfangreichen Darstellungen zur Forschung und Entwicklung (*F01*). Noch deutlicher sind die vermehrten Angaben zur Forschung (*F02*). Diese Beobachtung läßt sich aus dem für die chemische Industrie charakteristischen Berufsstand erklären: Ungeachtet der Definitionen des Frascati-Handbuches[387] „forschen" Chemiker, während Ingenieure „entwickeln".

Weiterhin ist für die chemische Industrie bedeutsam, daß alle Indikatoren des Unternehmensbereichs (*F18* bis *F21*) und zusätzlich auch die Akquisitionen aus technologischen Gründen (*F05*) überdurchschnittlich ausgeprägt sind. Die chemische Industrie berichtet daher über allgemeine und technologische Akquisitionen wie auch Unternehmensverkäufe. Sie berichtet stärker als andere Branchen über die Bildung neuer Unternehmenseinheiten wie auch die Schließung von Betriebsteilen. Unternehmensbereiche werden vermehrt gegründet, geschlossen, gekauft und auch wieder verkauft als in anderen Branchen. Die Chemie erweist sich damit auf der Ebene der Unternehmensbereiche als besonders rege. Schließungen (*F19*) sind hierbei sogar hochsignifikant vermehrt anzutreffen. Hier können es umweltpolitische Gründe sein, die häufiger zu Werkschließungen als zu unrentableren Modernisierungsmaßnahmen führen.

Beachtenswert erscheint weiterhin, daß in der chemischen Industrie Forschungs- und Entwicklungskooperationen unterrepräsentiert sind. Aufgrund der hohen Dominanz der Forschungs- und Entwicklungsindikatoren interner Aktivitäten (*F01* und *F02*) läßt sich daraus folgern, daß die chemische Industrie lieber akquiriert, als daß sie mit einem externen Partner einen Technologietausch vereinbart.

Die Branche **Elektrotechnik** weist einen hochsignifikant überdurchschnittlichen Berichtsumfang zur Innovationsorientierung auf. Die differenzierte Betrachtung der Indikatoren offenbart, daß in der Elektrotechnik der Produktbereich ebenso

---

387 Vgl. OECD (1971) und (1993).

stark wie im Automobilbau und ähnlich wie in der chemischen Industrie vertreten ist. Die Indikatoren Produkteinführung (*F12*), Produktentwicklung (*F13*) und Produktinnovation (*F14*) sind hochsignifikant überdurchschnittlich ausgeprägt.

Zusätzlich berichtet die Elektrotechnikbranche verstärkt von Prozeßrationalisierungen (*F10*) und gleichzeitig auch von vermehrten gemeinsamen Prozeßaktivitäten (*F11*). Beide Befunde zusammen werden als Indiz für nicht effiziente Produktionsprozesse und eine daraus resultierende Flucht in Produktionsanlagen externer Partner gesehen.

Weiterhin kann für diese Branche eine überdurchschnittliche Berichterstattung zur Bildung neuer Unternehmenseinheiten (*F18*), aber auch zu verringerten Forschungs- und Entwicklungsleistungen (*F03*) beobachtet werden. Als Ursache für diese Befunde wird die sich schnell verändernde Technologie der Mikroelektronik erkannt. Sie stellt die Unternehmen in besonderem Maße vor neue Herausforderungen, die zur vermehrten Bildung von Unternehmensbereichen führen, aber ebenso schnell auch Einschränkungen, Umstrukturierungen und Rationalisierungen im Forschungs- und Entwicklungsbereich bewirken.

Für die Branche **Maschinenbau** konnte für die Summe aller Impulse ein durchschnittlicher Berichtsumfang ermittelt werden. Von den Indikatoren der Innovationsorientierung sind jedoch vier besonders erwähnenswert: Die Maschinenbauer berichten hochsignifikant weniger über Forschung (*F02*) und über gemeinsame Forschungs- und Entwicklungsaktivitäten (*F04*). Die Forschung dürfte unterrepräsentiert sein, weil im Maschinenbausektor Ingenieure „entwickeln“ und nicht „forschen“. Dieser Befund deckt sich mit den Beobachtungen für die chemische Industrie, in der die forschenden Tätigkeiten dominieren. Ebenso sind Prozeßentwicklungen schwach signifikant unterrepräsentiert, Produktentwicklungen jedoch schwach signifikant überdurchschnittlich häufig anzutreffen. Im Vordergrund der Maschinenbaubranche stehen daher weniger Verfahrensoptimierungen, sondern vielmehr die Produktentwicklungen. Der Blick auf die anderen nicht signifikanten Befunde erhärtet den Verdacht, daß der Prozeßbereich, aber auch der Forschungs- und Entwicklungsbereich nicht im Vordergrund des Berichtsinteresses der Maschinenbauer stehen.

Abschließend wird eine pragmatische Validität für die Branchenunterschiede in der Berichterstattung über Forschung und Entwicklung (*F01*) präsentiert. Die Tabelle 69 gibt die gesamten und internen Aufwendungen für Forschung und Entwicklung pro Mitarbeiter für das gesamte produzierende Gewerbe und die hier betrachteten Branchen wieder. Zusätzlich sind die T-Werte für den Indikator *F01* aus der Tabelle 68 erneut angegeben.

Branche	F&E-Aufwendungen pro Mitarbeiter 1991 in DM gesamt	intern	F&E (*F01*) T-Werte
Gesamtes produzierendes Gewerbe	12,25	11,44	0,00*
Automobilbau	13,63	11,88	-0,14
Chemische Industrie	20,19	19,28	**+3,08**
Elektrotechnik	15,35	14,32	+1,78
Maschinenbau	7,03	6,76	-1,14
* = angenommener T-Wert; F&E: Forschung und Entwicklung			

Tabelle 69: Forschungs- und Entwicklungsaufwendungen pro Mitarbeiter 1991[388] im Vergleich zum branchenspezifischen Umfang der Berichterstattung zur Forschung und Entwicklung

Für die pragmatische Validierung lesen sich die Werte folgendermaßen: Für die Automobilbaubranche sind nur geringfügige Abweichungen der Aufwendungen pro Mitarbeiter von den Angaben für das gesamte produzierende Gewerbe feststellbar. Diese geringfügige Abweichung ist auch für den Indikator Forschung und Entwicklung (*F01*) an dem T-Wert = -0,14 erkennbar. Die chemische Industrie weist die größte Abweichung der Aufwendungen pro Mitarbeiter zu den Werten für das gesamte produzierende Gewerbe auf. Diese größte Abweichung findet sich auch in dem größten T-Wert = +3,08 wieder. Die Elektrotechnik zeigt überdurchschnittliche Aufwendungen pro Mitarbeiter auf, jedoch geringere als in der chemischen Industrie. Der T-Wert = +1,78 bringt diesen Sachverhalt zum Ausdruck. Die Branche Maschinenbau stellt weitaus weniger Aufwendungen pro Mitarbeiter bereit. Diese geringeren Aufwendungen sind in der Berichterstattung

[388] Entnommen aus SV – GEMEINNÜTZIGE GESELLSCHAFT FÜR WISSENSCHAFTSSTATISTIK MBH (1994) S. 17 und 19. Gesamt und intern unterscheiden sich darin, daß externe Aufwendungen, also Mittel von Dritten ein- beziehungsweise ausgeschlossen werden. Die Angabe pro Mitarbeiter erlaubt eine Intensitätsangabe, welche möglichst unabhängig von der Größe der Unternehmen deren Forschungs- und Entwicklungseinsatz wiedergibt. Im Gegensatz zu den T-Werten, die sich auf die statische Berichterstattung des Zeitraums von 1986 bis 1993 beziehen, handelt es sich bei den Angaben zu den Forschungs- und Entwicklungsaufwendungen pro Mitarbeiter um die Werte eines Jahres.

durch den T-Wert = -1,14 zu erkennen. Aufgrund dieser Parallelen kann hier festgehalten werden, daß sich die branchenbezogenen Besonderheiten des Indikators zur allgemeinen internen Forschungs- und Entwicklungsleistung (*F01*) in den Aufwendungen pro Mitarbeiter des Jahres 1991 widerspiegeln. Damit wird ein hohes Maß pragmatischer Validität aufgezeigt.

7.3 Zusammenfassung

Mit den Ausführungen zu den statischen Merkmalen der Indikatoren der Innovationsorientierung konnten viele unternehmensspezifische Ausprägungen ermittelt werden. Alle 21 Regressionsmodelle sind hochsignifikant und daher zur Erklärung der Indikatoren der Innovationsorientierung nicht zu verwerfen.

Die wesentliche Einflußgröße zur Erklärung der Indikatoren stellt die logarithmische Bilanzsumme als Indikator der Unternehmensgröße dar. Große Unternehmen berichten durchweg über alle Arten der Innovationsorientierung mehr als kleine Unternehmen.

Zusätzlich läßt sich für einige Indikatoren eine lineare Zunahme der Ausprägungen von 1986 bis 1993 signifikant bestimmen. Dahinter werden gesamtwirtschaftliche Einflußfaktoren vermutet, die die Unternehmen zu zusätzlichen Einschränkungen in der Forschung und Entwicklung und zusätzlichen Maßnahmen der Reorganisation und Produktrationalisierung bewegen. „Zeitgeist"-ähnliche Effekte finden durch Veränderungen der wahrgenommenen Wesentlichkeitskriterien der Berichterstatter Eingang in eine ausführlichere Berichterstattung zu Produkten.[389]

Der Streubesitzeffekt stellt nach der Unternehmensgröße das zweiteinflußreichste Kriterium dar, die Innovationsorientierung zu erklären. Für diesen hohen Einfluß sind zwei Ursachen zu unterscheiden:

1. Zum einen berichten börsennotierte Unternehmen mehr über Produkte und mehr über Marktaktivitäten als andere Unternehmen, weil sie den anonymen

---

389 Zu beachten ist für diese Befunde, daß lediglich ein linearer, also über den gesamten Zeitraum konstant steigender Zusammenhang unterstellt und geprüft wurde. Andersartige Entwicklungstrends in der Berichterstattung bleiben hierbei unberücksichtigt.

Aktionär durch ein leistungsfähiges Produktspektrum und den erfolgswirksamen Absatz in neuen Marktregionen halten wollen. Diese Vermutung wird indirekt auch dadurch gestützt, daß ausgerechnet die Konsumgüterbranche nicht im erwarteten zusätzlichen Umfang über Produkte berichtet. Somit stellt der Empfänger des Geschäftsberichts das vorrangige Kriterium für den Berichterstatter dar, an dem die Berichtsinhalte ausgerichtet werden.

2. Zum anderen wird vermutet, daß börsennotierte Aktiengesellschaften über eine größere Kapitalausstattung verfügen und daher aktiver als andere Unternehmen Beteiligungen erwerben und verkaufen. Insbesondere mit diesem externen Wachstum einher geht auch die Notwendigkeit zu vermehrten Umstrukturierungen, Neuorganisationen und Rationalisierungsbemühungen und letztlich auch zur Bekämpfung der Ineffizienzen, die durch übermäßiges externes Wachstum entstehen können.[390]

Die Konsumgüterindustrie erweist sich insbesondere im Bereich marktbezogener Innovationsorientierung aus eigener Kraft besonders aktiv, aber im Unternehmensbereich besonders inaktiv. Der Forschungs- und Entwicklungsbereich ist ebenfalls unterrepräsentiert und der Prozeßbereich durchschnittlich. Insgesamt weist die Konsumgüterindustrie nur wenige herausragende Unterschiede in der innovationsorientierten Berichterstattung zum Durchschnitt der Unternehmen der Stichprobe auf.

Die Branche Automobilbau ist durch eine ausführliche Berichterstattung im Produktbereich gekennzeichnet. Hohe Anteile an Prozeßinnovationen und niedrige Anteile an Prozeßrationalisierungen lassen auf moderne Produktionsanlagen schließen. Zudem werden im Zeitraum von 1986 bis 1993 nur unterdurchschnittlich häufig Aktivitäten des Beteiligungserwerbs und -verkaufs genannt.

In der chemischen Industrie dominiert die Berichterstattung zur Forschung und Entwicklung und zu Produkten, während Produktinnovationen nicht häufiger als im Durchschnitt festzustellen sind. Die chemische Industrie ist besonders aktiv im Unternehmensbereich. Sie erwirbt und verkauft Beteiligungen, sie eröffnet neue und schließt alte Unternehmensteile in erhöhtem Umfang. Die chemische Industrie akquiriert zudem, anstatt zu kooperieren, wenn es um den Zugang zu technologischem Know-how geht.

---

390 Weitere stützende Kriterien zu dieser Ursachenforschung lassen sich bestimmen, wenn die statischen Merkmale der relevanten Erfolgsindikatoren im achten Kapitel betrachtet werden.

Die Branche Elektrotechnik ist durch überdurchschnittlich häufige Nennungen zu verringerten Forschungs- und Entwicklungsleistungen gekennzeichnet. Aus der gleichzeitigen Nennung von vielen Prozeßrationalisierungen und vielen gemeinsamen Prozeßaktivitäten, läßt sich die Strategie der Auslagerung von Produktionsprozessen auf Partner ableiten. Auch im Marktbereich dominieren die gemeinsamen Aktivitäten mit Partnern das Geschehen im Vergleich zu den anderen Branchen. Die vermehrte Gründung von Unternehmenseinheiten in der Elektronikbranche wird auf die großen Innovationsschritte in der Mikroelektronik zurückgeführt, die sowohl ihren Tribut durch vermehrte Rationalisierungen in Forschung und Entwicklung als auch im Prozeßbereich für schnell alternde Technologien fordern.

Die Branche Maschinenbau weist wenige Schwerpunkte in der Innovationsorientierung auf. So wird sehr unterdurchschnittlich über Forschung und Entwicklung berichtet, und auch gemeinsame Forschungs- und Entwicklungsvorhaben werden nur selten genannt. Abgesehen von diesen Merkmalen fällt die diese Branche durch das Fehlen einer klar erkennbaren Innovationsorientierung auf.[391]

Im folgenden Kapitel werden die relevanten Erfolgsindikatoren ermittelt. Damit verbunden ist eine Analyse der statischen Merkmale der Erfolgsindikatoren auf Basis des bisher zum Einsatz gebrachten Regressionsmodells. Aus den Merkmalen der Erfolgsindikatoren lassen sich weitere Erklärungsmomente für die Befunde zu den statischen Eigenschaften der Innovationsorientierung gewinnen. Die Entwicklung der Erfolgsmaße ist das letzte, die Analyse des Explanandums vorbereitende Kapitel.

---

391 Für die multivariate Ermittlung der branchenspezifischen Ausprägungen der Indikatoren ist eine weitergehende Überlegung zu beachten: Branchenspezifische Größeneffekte können die Ergebnisse beeinflussen. Ist beispielsweise eine Branche besonders kapitalintensiv, was im Größenindikator zum Tragen kommt, und verfügt sie zugleich über eine hohe Anzahl an Nennungen von Produkteinführungen, so könnte diese hohe Anzahl an Nennungen dennoch durch die branchenspezifische Kapitalintensität kompensiert werden. Solche Effekte lassen sich kontrollieren durch die Eliminierung von branchenspezifischen fixen Effekten in einem vorgeschalteten Regressionsmodell. Die Residuen dienen sodann als Größenindikator. Die Kontrolle branchenspezifischer Größeneffekte erhöht jedoch die Komplexität des Modells an dieser Stelle in unnötiger Weise, weshalb auf ihre Anwendung verzichtet wurde.

8. Unternehmenserfolg

In diesem Kapitel ist der ökonomische Unternehmenserfolg als Maß betrieblicher Wettbewerbsfähigkeit zu bestimmen. Bereits in der Einleitung zu dieser Arbeit wurde herausgestellt, daß Innovationen als wichtige Voraussetzung für den Erhalt der Wettbewerbsfähigkeit gesehen werden. Die Wettbewerbsfähigkeit ist ein Beurteilungsmaßstab, welcher auf der Makro-Ebene und hier besonders auf der Unternehmensebene[392] ansetzt. Für diese Arbeit soll angenommen werden, daß die Wettbewerbsfähigkeit letztlich im Unternehmenserfolg zum Ausdruck kommt, also an den Werten ermittelt werden kann, die nach Ablauf eines Geschäftsjahres Auskunft über den Erfolg des Unternehmens geben.

Die Aufgabe dieses Kapitels besteht darin, solche Erfolgswerte zu erzeugen, die mögliche Erfolge der Innovationsorientierung weitestgehend berücksichtigen. Der Vergleich des Innovationserfolges mit einem zuvor definierten Ziel als Referenzgröße ist dabei der rationale Meßvorgang.[393] Als Leitlinie für die Ermittlung relevanter Erfolgswerte sollen die direkten ökonomischen Effekte von Innovationen gelten. Zu ihnen zählen Umsatzsteigerungen, die Erlangung von Subventionen, die Steigerung von Gewinn und Deckungsbeiträgen sowie Kostensenkungen.[394] Diese Erfolgswerte beziehen sich auf den konkreten Erfolg einer bestimmten Innovation. Hier ist jedoch nicht der direkte Zusammenhang zwischen einer einzelnen Innovation und einem möglichen Erfolg bedeutsam, sondern die Wirkungsbeziehung zwischen den aggregierten Innovationsaktivitäten und den aggregierten Erfolgen. Daher werden die Dimensionen des Innovationserfolges entsprechend modifiziert.

Mit Ausnahme der Erlangung von Subventionen, lassen sich für die verbleibenden drei Dimensionen des Innovationserfolges drei Meßwerte generieren und zusätzlich ein vierter einbeziehen.

1. An die Stelle des durch die Innovation verursachten Gewinns tritt ein *Indikator für den Unternehmensgewinn*,
2. an die Stelle der Kostensenkung durch Innovation tritt ein *Indikator für Rationalisierungseffekte des Unternehmens* und

---

392 Vgl. HAUSCHILDT (1997) S. 389ff.

393 Vgl. ebenda, S. 391.

394 Vgl. ebenda, S. 393f.

3. an die Stelle der Umsatzsteigerung durch die Innovation tritt ein *Indikator für das Unternehmenswachstum.*
4. Zusätzlich soll ein Indikator zum Einsatz kommen, der die Dimensionen der Wettbewerbsfähigkeit in einer Zahl zum Ausdruck bringen kann. Hierbei handelt es sich um den *Börsenkurs*, der durch fundamentalistische Annahmen legitimiert wird.

8.1 Bildung der Erfolgsgrößen

Die Erfolgsmaße werden auf Basis der Werte aus der Bilanz, der Gewinn- und Verlustrechnung und gegebenenfalls dem Anhang bestimmt. Im Fall von mehreren Rechnungslegungen, wie für Gruppen, Konzern oder Aktiengesellschaft, wird der höchste Aggregationszustand gewählt. Dieses ist deshalb notwendig, weil auch die Berichterstattung stets auf dem höchsten Aggregationsniveau, also im Falle eines Konzerns auf Konzernebene erfolgt. Bei einem Konzerngeschäftsbericht kann daher sinnvollerweise auch nur die Konzernrechnungslegung Maßstab zur Beurteilung des Innovationserfolges sein.

8.1.1 Gewinn und Gewinneffekte

Der Unternehmensgewinn hat vielfältige Dimensionen und seine Ermittlung ist eine Forschungsfrage für sich. Im Vordergrund dieser Arbeit steht eine Dimension, die den Erfolg des betrieblichen Geschehens repräsentieren kann, weil auch die Innovationsorientierung dieses betriebliche Geschehen im Modell abbildet. Als relevante Gewinngröße wird daher der ordentliche Betriebserfolg ausgewählt.[395]

Der ordentliche Betriebserfolg wird aus der Differenz von Leistung und Aufwand bestimmt:

Ordentlicher Betriebserfolg = Leistung – Aufwand, (Gleichung 24)

---

395 Vgl. HAUSCHILDT (1996) S. 30-33.

mit

$$\text{Leistung} = \text{Umsatz} + \text{Bestandsveränderungen} + \text{aktivierte Eigenleistungen.} \qquad \text{(Gleichung 25)}$$

$$\text{Aufwand} = \text{Materialaufwand} + \text{Personalaufwand} + \text{ordentliche Abschreibungen} + \text{sonstiger betrieblicher Aufwand.} \qquad \text{(Gleichung 26)}$$

Der ordentliche Betriebserfolg wird durch die Relation zur Bilanzsumme und zum Umsatz in Rentabilitätskennzahlen transformiert. Damit werden folgende zwei Erfolgsgrößen ermittelt:

$$E1.a = \frac{Ordentlicher\ Betriebserfolg}{Bilanzsumme} \text{ und} \qquad \text{(Gleichung 27)}$$

$$E1.b = \frac{Ordentlicher\ Betriebserfolg}{Umsatz}. \qquad \text{(Gleichung 28)}$$

E1.a und E1.b erwiesen sich im Rahmen einer Untersuchung zur fraktionierenden Frühdiagnose von Unternehmenskrisen bereits drei Jahre vor einer manifesten Krise als besonders aussagekräftig.[396] Daher soll auch hier vermutet werden, daß der ordentliche Betriebserfolg in hohem Maße geeignet ist, die Wettbewerbsfähigkeit sowohl im Krisenfall, aber auch im Erfolgsfall wiederzugeben. Wird im folgenden die Änderung des Betriebserfolges betrachtet, wird von Betriebserfolgseffekten oder Gewinneffekten gesprochen.

8.1.2 Rationalisierungsgrad und Rationalisierungseffekte

Erfolgreiche oder erfolglose Maßnahmen zur Kostensenkung lassen sich auf der Unternehmensebene aus den Informationen der Geschäftsberichte nur bedingt ermitteln. Dieses ist wohl darauf zurückzuführen, daß sich solche Effekte selbst im konkreten Fall schon sehr schwer ermitteln lassen, weil zu viele andere Effekte

---

396 Vgl. LEKER (1993) S. 313. Dort wird eine große Zahl an bilanziellen Kennzahlen auf ihren Aussagegehalt für die Krisendiagnose untersucht. Vgl. die Liste der verwendeten Kennzahlen ebenda S. 331ff.

bei Rationalisierungsmaßnahmen wirksam werden, die auch einen Einfluß auf die Kostensituation haben.[397]

Dennoch soll hier versucht werden, gewisse Rationalisierungseffekte aus erbrachten Leistungen pro Mitarbeiter zu ermitteln. Aus den Angaben in Geschäftsberichten lassen sich zwei Erfolgsgrößen ableiten:

$$E2.a = \frac{Leistung}{Personalaufwand} \text{ und} \qquad \text{(Gleichung 29)}$$

$$E2.b = \frac{Leistung}{Anzahl\ Mitarbeiter}. \qquad \text{(Gleichung 30)}$$

Die *Leistung* wird dabei nach Gleichung 25 ermittelt. Während die Kennzahlen *E2.a* und *E2.b* einen Rationalisierungsgrad zum Ausdruck bringen, dürften die Rationalisierungseffekte besonders hervortreten, wenn die Entwicklung des Rationalisierungsgrades über die Zeit betrachtet wird. So läßt sich aus der Änderung des Rationalisierungsgrades ein Rationalisierungseffekt bestimmen.[398]

8.1.3 Unternehmensgröße und Wachstumseffekte

Die einleitend vorgestellte Umsatzsteigerung stellt einen möglichen Effekt erfolgreicher Innovationsorientierung, insbesondere für produktbezogene Betrachtungen, dar. Da sich die innovationsorientierten Aktivitäten nicht allein auf die produktbezogene Sichtweise beschränken, ist es erforderlich, weitere Wachstumseffekte zu betrachten. Als relevante Wachstumsindikatoren sollen zusätzlich Steigerungen in der Bilanzsumme und in der Mitarbeiterzahl einbezogen werden.

Aufgrund der bisherigen Erfahrungen werden die Indikatoren der Unternehmensgröße logarithmiert betrachtet:[399]

---

397 Vgl. HAUSCHILDT (1997) S. 394.

398 Für die anstehende statische Analyse der Erfolgsindikatoren wird daher von „Rationalisierungsgraden" gesprochen.

399 Die Werte werden auch deshalb logarithmiert, weil damit Heteroskedastizitäten weitestgehend vermieden werden können.

$E3.a = \ln(Bilanzsumme)$, (Gleichung 31)

$E3.b = \ln(Umsatz)$ und (Gleichung 32)

$E3.c = \ln(Anzahl\,der\,Mitabeiter)$, (Gleichung 33)

mit

ln = logarithmus naturalis.

E3.a, *E3.b* und *E3.c* sind Größenmerkmale der Unternehmen. Wachstumseffekte werden durch die Änderung der logarithmierten Größenmerkmale von einem Jahr zum anderen bestimmt.[400]

8.1.4 Börsenkurs und Börsenkurseffekte

Die fundamentalistische Sichtweise erlaubt es, den Börsenkurs als Indikator des Unternehmenserfolges und damit als Indikator der Wettbewerbsfähigkeit heranzuziehen, da der Wert der Aktie die Unternehmenssituation im Wettbewerb widerspiegeln kann. Dieser Zusammenhang wird insbesondere für eine langfristige Entwicklung des Kurses angenommen.

Von den 31 Unternehmen der Stichprobe sind 23 an Aktienbörsen notiert. Tageskurse konnten für den Zeitraum von 1991 bis 1996 beschafft werden. Zur Vereinfachung wird hier angenommen, daß insbesondere der *mittlere Börsenkurs eines Jahres* die Verfassung eines Unternehmens und ihre Maßnahmen zur Erhaltung der Wettbewerbsfähigkeit in dem Jahr derart widerspiegelt, wie es vom Kapitalmarkt als angemessen angesehen wird. Damit können mit der Abweichung des mittleren Börsenkurses von einem Jahr zum anderen interessante Hinweise auf die Änderung der Wettbewerbsfähigkeit ermittelt werden.

Der relevante Börsenkursindikator wird aus Kursen ermittelt, die um Dividenden und Kapitalmaßnahmen bereinigt sind:

E4 = Mittlerer, bereinigter Börsenkurs eines Jahres. (Gleichung 34)

---

[400] Beachtenswert ist, daß der logarithmische Wachstumseffekt nicht die absolute, sondern die relative Änderung zum Wert des vorhergehenden Jahres repräsentiert. Die Betrachtung relativer Änderungen trägt ebenfalls einen Teil zur Vermeidung von Heteroskedastizitäten bei.

Nicht für alle Unternehmen der Stichprobe existieren Börsenkurse und selbst für die verbleibenden 23 börsennotierten Unternehmen sind die Daten nur für die Jahre von 1991 bis 1996 verfügbar gewesen. *E4* ist damit ein Erfolgsindikator mit ergänzender Funktion. Der Börsenkurs wird hier trotz der Einschränkungen in der Datenverfügbarkeit als relevant eingestuft, weil er nicht, wie die anderen drei Indikatoren, den Mitteln der Bilanzpolitik unterliegt. Werden Änderungen des Börsenkurses betrachtet, dann ist die Rede von Börsenkurseffekten.

Die Abbildung 29 zeigt die acht zu messenden Erfolgsarten und die vier hinter ihnen stehenden Erfolgsindikatoren, die über eine Faktorenanalyse ermittelt werden.

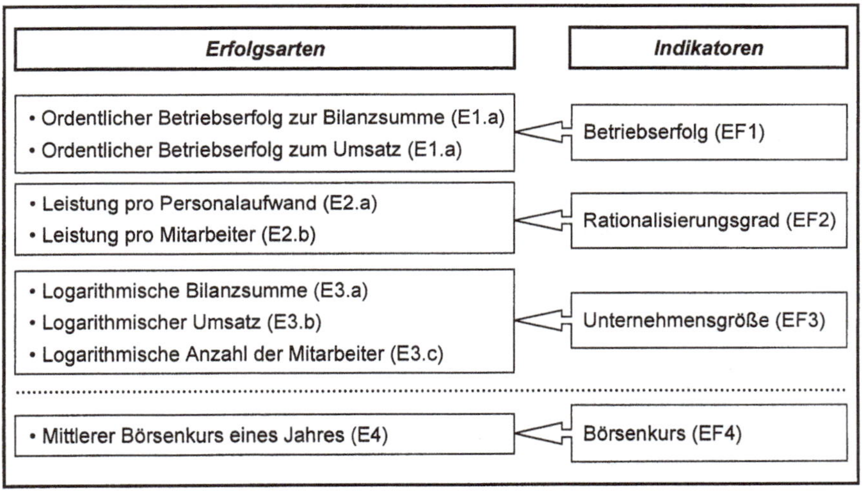

Abbildung 29: Acht Arten und vier Indikatoren des Erfolges

Die Beurteilung des Erfolges auf Basis dieser Indikatoren ist eine erste Möglichkeit, den Einfluß der Innovationsorientierung auf den Erfolg zu analysieren. In Hinblick darauf, daß vier Indikatoren betrachtet werden, soll eine zu engsichtige Erfolgsbeurteilung vermieden werden.[401]

---

401 Unternehmensbeurteilungen lassen sich beliebig genauer und damit leider auch komplexer gestalten. Vgl. für einen Ansatz LEKER/WIEBEN (1998) S. 585ff. Eine detailliertere Erfolgsanalyse wird jedoch im Hinblick auf die zu betrachtenden 21 Indikatoren der Innovationsorientierung als unübersichtlich und daher wenig nützlich angesehen.

8.2 Bestimmung der Erfolgsindikatoren

Zunächst soll, ähnlich wie es für die Impulsarten vorgenommen wurde, ein Faktorenmodell auf Basis mittelwertbereinigter Werte aufgestellt werden. Mit der Bereinigung der Erfolgswerte um die angenommenen fixen Effekte für jedes Unternehmen und über die Zeit wird erwartet, daß der Zusammenhang zwischen den Erfolgswerten bei ihrer Änderung besser ermittelt werden kann. Das Panel der Erfolgswerte ist annahmegemäß um unternehmens- oder branchenspezifische Einflußfaktoren bereinigt. Zudem werden durch die Eliminierung der fixen Effekte über die Zeit gesamtkonjunkturelle Entwicklungen herausgerechnet, und die eigentlichen Zusammenhänge zwischen den Erfolgswerten treten um so deutlicher hervor. Das Faktorenmodell auf Basis der Panel-Daten kann somit nützlichere Einblicke in die Zusammenhänge der Erfolgsarten liefern als ein Faktorenmodell auf Basis der Pool-Daten.

Die Aufbereitung der Erfolgswerte in Panel-Daten erfolgt analog zu den Gleichungen 17 bis 20[402] nach folgenden Berechnungen:

$$z_{pit}^{Panel} = z_{pit} - \overline{z_{pi\circ}} - \overline{z_{p\circ t}} + \overline{z_{p\circ\circ}} \qquad \text{(Gleichung 35)}$$

mit

$$\overline{z_{qi\circ}} = \frac{1}{T}\sum_{t=1}^{T} z_{qit}\,, \qquad \text{(Gleichung 36)}$$

$$\overline{z_{q\circ t}} = \frac{1}{I}\sum_{i=1}^{I} z_{qit} \quad \text{und} \qquad \text{(Gleichung 37)}$$

$$\overline{z_{q\circ\circ}} = \frac{1}{T\cdot I}\sum_{t=1}^{T}\sum_{i=1}^{I} z_{qit}\,, \qquad \text{(Gleichung 38)}$$

für $q = \{1, ..., 7\}$.

z_{qit}^{Panel} ist der q-te Erfolgswert des i-ten Unternehmens zum t-ten Zeitpunkt, bereinigt um den Mittelwert $\overline{z_{qi\circ}}$ des i-ten Unternehmens und dem Mittelwert $\overline{z_{q\circ t}}$ des t-ten Jahres.[403]

---

402 Siehe Kapitel 6.7, S. 188.

403 Da damit insgesamt der Gesamtmittelwert $\overline{z_{q\circ\circ}}$ des q-ten Erfolgswertes zweimal abgezogen wird, wird dieser einmal wieder addiert.

Auf Basis der mittelwertbereinigten Erfolgswerte wird ein Faktorenmodell mittels Hauptkomponentenanalyse unter SPSS[404] berechnet. In dieses Faktorenmodell gehen die Erfolgswerte z_{qit}^{Panel} für sieben Werte über den Zeitraum von 1986 bis 1995 für die 31 Unternehmen der Stichprobe ein.[405]

Die Tabelle 70 zeigt die Faktorladungen für drei Faktoren, die Kommunalitäten und das Cronbachs Alpha für das Gesamtfaktorenmodell auf Basis des Panels von 1986 bis 1995. Für eine interpretierbare Faktorlösung genügt es hier, die Anzahl der Faktoren nach dem Eigenwertkriterium > 1,0 auszuwählen. Für die Faktorladungen sind alle diejenigen Ladungen nicht angegeben, die kleiner als 0,21 sind.[406]

Die gebildeten Faktoren weisen hohe Ladungen auf. Sie repräsentieren also in hohem Maße die Varianzen der Erfolgswerte des Panels. Ebenso hoch sind die Kommunalitäten. Der niedrigste Wert von K = 0,77 für *E2.b* gibt keinen Anlaß zur Besorgnis, ebensowenig wie die Cronbachs Alphas. Mit dem Gesamtfaktorenmodell werden 89,5 % der Varianz erklärt. Die Querladung des logarithmierten Umsatzes auf den Faktor *EF2* erklärt sich aus dem hohen Verwandtschaftsgrad von Umsatz und Leistung.

Das Faktorenmodell zeigt somit die Möglichkeit auf, sieben Erfolgswerte mittels einer Faktorenanalyse auf die Anzahl von drei zu reduzieren, ohne daß damit interpretatorische Schwierigkeiten verbunden sind. Zudem wird die schwerlich lösbare Frage, ob die Bilanzsumme, der Umsatz oder die Anzahl der Mitarbeiter die Unternehmensgröße besser repräsentieren, zugunsten eines aus diesen Werten generalisierten Größenindikators aufgegeben. Die Faktorenanalyse übernimmt damit die Funktion, die Erfolgswerte um Abweichungen von der Messung in latente Indikatoren zu überführen.

Mit dem statistischem Beleg für eine sinnvolle Gruppierung der Erfolgsarten zu Faktoren, sollen nun die Erfolgsindikatoren bestimmt werden. In Anbetracht des

---

404 Vgl. SPSS (1993).

405 Es wird hier nicht der entsprechende Zeitraum der Impulsarten von 1986 bis 1993 gewählt, weil die zusätzlichen Erfolgswerte für 1994 und 1995 im Hinblick auf die zeitliche Verzögerung mitberücksichtigt werden soll. Zudem wird erwartet, daß für einen größeren Zeitraum der gesuchte Zusammenhang zwischen den Erfolgswerten noch besser herausgearbeitet werden kann.

406 Mit dieser unteren Grenze läßt sich die Ladungsmatrix wesentlich übersichtlicher darstellen, weil nur eine Querladung größer als 0,21 ist.

schlechten Kaiser-Meyer-Olkin-Wertes von 0,49 soll dafür in gleicher Weise wie für die Indikatoren der Innovationsorientierung[407] nicht das Gesamtfaktorenmodell, sondern generische Faktormodelle auf Basis des Pools generiert werden, um die Faktorwerte der Erfolgsindikatoren zu bestimmen.[408]

Die Tabelle 71 zeigt die Gütemaße für die drei generischen Faktormodelle einer Hauptkomponentenanalyse auf Basis des Pools. Betont sei, daß die drei Faktormodelle unabhängig voneinander ermittelt werden.

	Faktorladungen				
Erfolgsgröße	*EF1*	*EF2*	*EF3*	K	CrA
Ord. Betriebserfolg zur Bilanzsumme (E1.a)	0,96			0,94	
Ord. Betriebserfolg zum Umsatz (E1.b)	0,93			0,94	0,93
Leistung pro Mitarbeiter (E2.a)		0,92		0,86	
Leistung pro Personalaufwand (E2.b)		0,83		0,77	0,76
Logarithmische Bilanzsumme (E3.a)			0,91	0,85	
Logarithmischer Umsatz (E3.b)		0,42	0,85	0,94	
Logarithmische Anzahl Mitarbeiter (E3.c)			0,96	0,96	0,91

Ord. = Ordentlicher;
K = Kommunalität; CrA = Cronbachs Alpha auf Basis der Kovarianzen.

Gütemaße der Hauptkomponentenanalyse:

Kaiser-Meyer-Olkin = 0,49

Varianz: 3 Faktoren erklären 89,5 % der Gesamtvarianz.

Eigenwerte: Alle Faktoren haben Eigenwerte > 1,0.

Querladungen: Anzahl der Querladungen > 0,21: 1 (= 7,1 % möglicher Querladungen)

Reproduzierte Korrelationsmatrix: 1 Residuum der reproduzierten Korrelationsmatrix hat einen absoluten Wert > 0,10 (≙ 4,8 % aller Residuen).

Rotation: Die Varimax-Rotation konvergiert nach 5 Iterationen.

Tabelle 70: Faktorenlösung auf Basis des Panels von 1986 bis 1995

---

407 Vgl. die Anmerkungen zum Kaiser-Meyer-Olkin-Wert auf S. 192.

408 Vgl. Kapitel 7.1.3 für die Erklärung generischer Faktorenmodelle.

Im Vergleich zu den Ladungen in Tabelle 70 zeigen sich hier deutlich höhere Ladungen, Kommunalitäten, Gesamtvarianzen und Cronbachs Alphas.[409] Aufgrund der hohen Anteile erklärter Varianzen kann davon ausgegangen werden, daß die hinter den Faktoren stehenden Meßwerte in sehr hohem Maße repräsentiert werden. Die Benennung der Faktoren fällt hier besonders leicht: Der Faktor für *E1.a* und *E1.b* werden zum Erfolgsindikator Betriebserfolg (*EF1*), E2.a und E2.b gehen in den Rationalisierungsgrad (*EF2*) ein und E3.a, E3.b und E3.c werden durch den Erfolgsindikator Unternehmensgröße (*EF3*) abgebildet. Die Indikatoren repräsentieren die mittels Regressionsverfahren gebildeten Faktorwerte.

Erfolgsgröße	Erfolgsfaktor	Ladung	K	Varianz	CrA
Ordentlicher Betriebserfolg zur Bilanzsumme (*E1.a*)	*EF1*	0,98	0,96		
Ordentlicher Betriebserfolg zum Umsatz (*E1.b*)		0,98	0,96	96,2%	0,96
Leistung pro Mitarbeiter (*E2.a*)	*EF2*	0,97	0,94		
Leistung pro Personalaufwand (*E2.b*)		0,97	0,94	94,1%	0,94
Log. Bilanzsumme (*E3.a*)	*EF3*	0,99	0,99		
Log. Umsatz (*E3.b*)		1,00	0,99		
Log. Anzahl Mitarbeiter (*E3.c*)		0,99	0,98	98,5%	0,99
K: Kommunalität; Varianz: Anteil erklärter Varianz der Erfolgsgrößen durch den Faktor; CrA: Cronbachs Alpha auf Basis der Kovarianzen; Log.: Logarithmus.					

Tabelle 71: Generische Faktorlösungen auf Basis des Pools von 1986 bis 1995

Im folgenden Kapitel werden die Erfolgsindikatoren und zusätzlich der Börsenkurs (*EF4*) auf unternehmensspezifische Eigenschaften untersucht.

---

409 Die Verbesserung ist damit zu erklären, daß die als fix angenommenen Varianzanteile ganz erheblich gleichartig ausgeprägt sind, so daß diese zusätzlich zu den ähnlich gerichteten Abweichungen vom Mittelwert zu Übereinstimmungen auf dem Faktor beitragen.

8.3 Unternehmensspezifische Merkmale der Erfolgsindikatoren

Es soll nun herausgearbeitet werden, welche größen- und branchenspezifische Erfolgszustände im Zeitraum von 1986 bis 1993 in der Stichprobe vorlagen. Diese Betrachtung erfolgt entsprechend zu der Vorgehensweise für die Gesamtumfänge der Berichterstattung nach Gleichung 12 und für die Indikatoren der Innovationsorientierung nach Gleichung 23.[410] Mit der Gleichung 39 werden die statischen Merkmale der Erfolgsindikatoren bestimmt.

$$EF_{it} = m_1(\ln x_{1it} - \overline{\ln x_{1\circ\circ}}) + \sum_{k=2}^{K} m_k(x_{kit} - \overline{x_{k\circ\circ}}) + \varepsilon_{it} - \varepsilon_{\circ\circ}, \qquad \text{(Gleichung 39)}$$

$\overline{EF}_{it}$ ist der um den gesamten Mittelwert bereinigte Faktorwert der jeweils für einen der Erfolgsindikatoren *EF1* bis *EF4* des *i*-ten Unternehmens zum *t*-ten Zeitpunkt. m_1 ist der zu schätzende Parameter für die logarithmierte Bilanzsumme x_{1it} des *i*-ten Unternehmens zum *t*-ten Zeitpunkt. m_k sind die zu schätzenden *k*-ten Parameter für den zeitlichen Effekt mit linearer, konstanter und positiver Steigung und den sechs unternehmensspezifischen Merkmalen mit dichotomen Ausprägungen. Nunmehr wird mit dieser Vorgehensweise die Anlehnung an die in der Industrieökonomik untersuchte Existenz von branchenbedingten und sonstigen gruppierungsbedingten Erfolgseffekten deutlich.[411]

Für die Schätzung der Regressionsmodelle in Gleichung 39 sind einige Besonderheiten zu beachten: Der Größenindikator, aus dem im folgenden Kapitel die Wachstumseffekte abgeleitet werden sollen, ist derart eng mit der logarithmischen Bilanzsumme verwandt[412], daß seine Schätzung durch die unabhängige logarithmische Bilanzsumme nicht sinnvoll ist. Hier wird eine Schätzung nur für den linearen Zeiteffekt und den sechs Unternehmensmerkmalen vorgenommen.

Für den Börsenkurs läßt sich das Modell nur für 23 der 31 Unternehmen der Stichprobe und auch nur von 1991 bis 1996 schätzen. Zudem entfällt das Unternehmensmerkmal Börsennotierung.[413]

---

410 Für Gleichung 12 siehe Kapitel 5.4.5 und für Gleichung 23 Kapitel 7.1.4.

411 Vgl. die empirischen Untersuchungen zur Existenz von branchenspezifischen, unternehmensspezifischen, zeitlichen und weiteren Erfolgseffekten SCHMALENSEE (1985), CUBBIN/GEROSKI (1987), RUMELT (1991) und AMEL/FROEB (1991).

412 Die logarithmische Bilanzsumme ist ein Teil des gebildeten Größenindikators.

413 Alle 23 Unternehmen weisen dieses Merkmal auf. Es kann daher nicht geschätzt werden.

Aufgrund der unterschiedlichen Anzahl an berücksichtigten unabhängigen Variablen in den Regressionsmodellen für den Größenindikator *EF3* und dem Börsenkurs *EF4*, verändern sich die minimalen Toleranzen, die jedoch dennoch keinen Grund zu besorgniserregenden Multikollinearitäten geben.

Die Tabelle 72 zeigt die Gütemaße und T-Werte der Regressionsmodelle.[414] Es werden die Einflüsse der Unternehmensmerkmale zum einen auf die vier Erfolgsindikatoren der Jahre 1986 bis 1995 und zum anderen auf den Börsenkurs der Jahre 1991 bis 1996 dargestellt. Alle Modelle sind mit hochsignifikantem F-Wert nicht abzulehnen. Den geringsten F-Wert weist der Börsenkurs auf. Damit wird belegt, daß *EF4* unabhängiger von den Unternehmensmerkmalen ist als die anderen Erfolgsindikatoren.

Zu erklärender Erfolgsindikator	Betriebs-erfolg (*EF1*)		Rationali-sierungsgrad (*EF2*)		Größen-indikator (*EF3*)		Börsen-kurs (*EF4*)	
Unabhängige	T	Sig.T	T	Sig.T	T	Sig.T	T	Sig.T
Log. Bilanzsumme	**-4,91**	**2E-06**	+0,44	0,661			**-3,32**	**0,001**
Linearer Zeiteffekt	**-2,83**	**0,005**	+0,65	0,514	+1,63	0,103	+1,25	0,214
Streubesitz	**-4,50**	**1E-05**	**-10,41**	**7E-22**	+0,70	0,487		
Konsumgüter	+0,78	0,439	+0,61	0,539	**+4,54**	**8E-06**	-0,38	0,706
Automobilbau	+1,88	0,061	**+2,62**	**0,009**	**+9,99**	**2E-20**	**+3,11**	**0,002**
Chemische Industrie	**+2,97**	**0,003**	-2,24	0,026	-1,18	0,240	+1,06	0,291
Elektrotechnik	-0,66	0,509	**-3,64**	**3E-04**	**+4,83**	**2E-06**	-0,81	0,420
Maschinenbau	**+3,94**	**1E-04**	**-3,72**	**2E-04**	+2,12	0,035	+1,08	0,284
R^2 der Funktion	0,217		0,367		0,459		0,157	
F-Wert zum R^2	10,5		21,9		36,8		3,5	
Sig. F	6E-13		3E-26		5E-37		0,002	
Minimum Toleranz	0,51				0,65		0,44	

Tabelle 72: Multivariat-statische Eigenschaften der Erfolgsindikatoren

414 Da die den Regressionsmodellen zugrundegelegten Variablen standardisiert sind, kann auch hier wiederum der T-Wert anstelle der Betas zur Interpretation herangezogen werden. Vgl. auch die Anmerkungen in den Fußnoten 337, S. 145 und 378, S. 200.

Die logarithmische Bilanzsumme hat einen hochsignifikanten Einfluß auf den Betriebserfolgsindikator. Je größer das Unternehmen ist, desto geringer ist der Betriebserfolg in den Jahren von 1986 bis 1993. Hierbei handelt es sich um einen Zusammenhang, der auf die Analyse des Explanandums Einfluß nehmen kann. Aufgrund des fundamentalen Zusammenhangs zwischen der Unternehmensgröße und der Berichterstattung wäre ohne Eliminierung des Größeneffektes die Beobachtung zu machen, daß eine umfangreichere Innovationsorientierung mit geringeren Betriebserfolgen verbunden ist. Der Einfluß des Größeneffektes ist damit sowohl für die Berichterstattung als auch für den Betriebserfolg zu kontrollieren, um eine sinnvolle Analyse des Explanandums gewährleisten zu können.

Der lineare Zeiteffekt ist ebenfalls hochsignifikant für den Betriebserfolg. Er läßt eine gesamtwirtschaftliche Entwicklung erkennen, die im betrachteten Zeitraum für alle Unternehmen tendenziell abwärts gerichtet ist. Mit dieser Entwicklung läßt sich die zunehmende Berichterstattung über verringerte Forschung und Entwicklung (*F03*), vermehrte Maßnahmen der Prozeßorganisation (*F08*) und zur Produktrationalisierung (*F15*) nun belegen.[415] Es läßt sich also eine gesamtwirtschaftliche Entwicklung am Betriebserfolg aufzeigen, die die Unternehmen in zunehmendem Umfang zu Gegenmaßnahmen veranlaßt. Der zeitliche Effekt ist sowohl für den Betriebserfolg als auch für die Indikatoren der Innovationsorientierung zu kontrollieren, um einer aussagefähigen Analyse des Explanandums zu entsprechen zu können.

Hochsignifikant unterdurchschnittlich ist der Betriebserfolg börsennotierter Unternehmen. Der Rationalisierungsgrad dieser Unternehmen weicht noch stärker in negativer Richtung vom Mittel aller Unternehmen ab. Diese negativen Erfolge erklären die Ausprägungen bestimmter Indikatoren der Innovationsorientierung. So repräsentieren die überdurchschnittlich ausgeprägten Indikatoren zu vermehrten Umstrukturierungen, Neuorganisationen und Rationalisierungen und zu verringerten Forschungs- und Entwicklungsaktivitäten die Maßnahmen, die die Unternehmen zur Bekämpfung niedrigerer Betriebserfolge und Rationalisierungsgrade einsetzen. Als Ursache für die niedrigeren Erfolgswerte werden die erhöhten Aktivitäten externen Wachstums gesehen, die für die börsennotierten Gesellschaften erkennbar sind.[416] Dem Wachstum durch Akquisition ist dabei eine eher effektive und weniger effiziente Wirkung auf die Erfolge zu unter-

---

415 Vgl. die Ausprägungen der Indikatoren der Innovationsorientierung für den zeitlichen Effekt in der Tabelle 66, Kapitel 7.2.2, S. 204.

416 Vgl. die Ausprägungen der Indikatoren der Innovationsorientierung für börsennotierte Aktiengesellschaften in der Tabelle 67, Kapitel 7.2.3, S. 207.

stellen. Die Befunde zu den Indikatoren der Innovationsorientierung für börsennotierte Aktiengesellschaften lassen sich so validieren.

Für die Branche Automobilbau ist der Betriebserfolg schwach signifikant überdurchschnittlich, der Rationalisierungsgrad sogar hochsignifikant überdurchschnittlich ausgeprägt. Die Berichterstattung zur Innovationsorientierung läßt sich ebenfalls mit diesen Erfolgsausprägungen validieren. Die Berichterstattung der Automobilbaubranche ist durch eine geringe Anzahl an Nennungen zu Prozeßrationalisierungen geprägt. Hohe Anteile innovativer Prozeßtechnologien und geringe Aktivitäten externen Wachstums, lassen sich gemeinsam durch den hohen Rationalisierungsgrad begründen.[417]

Die chemische Industrie weist einen hochsignifikant überdurchschnittlichen Betriebserfolg und gleichzeitig einen schwach signifikant unterdurchschnittlichen Rationalisierungsgrad auf. Auch hier läßt sich die Ursache für einen geringen Rationalisierungsgrad in den regen Aktivitäten im Unternehmensbereich vermuten, während der hohe Betriebserfolg die krisenfeste Berichterstattung zur Innovationsorientierung erklärt.[418]

Die Branche Elektrotechnik ist von einem mittleren Betriebserfolg und einem hochsignifikant niedrigeren Rationalisierungsgrad gekennzeichnet. Der Berichterstattung ist zu entnehmen, daß in hohem Maße über Rationalisierungsmaßnahmen berichtet wird und zugleich gemeinsame Prozeßaktivitäten zahlreich genannt werden. Somit kann die Ursache vermehrter Berichterstattung zu diesen Indikatoren in dem niedrigen Rationalisierungsgrad gesehen werden. Die Branche ist bemüht, zu rationalisieren und Prozeßaktivitäten auf Partner auszulagern, um dem niedrigen Rationalisierungsgrad entgegenzuwirken.[419]

Für die Branche Maschinenbau ist der höchste Betriebserfolg und zugleich der niedrigste Rationalisierungsgrad im Vergleich zu den anderen Branchen zu beobachten. Die geringe Anzahl signifikanter Abweichungen der Indikatoren der Innovationsorientierung läßt folgende Vermutung zu: Diese Branche zehrt von Erfolgen vergangener Zeiten, anstatt über eine ausgeprägte Innovationsorientie-

---

417 Vgl. die Ausprägungen der Indikatoren der Innovationsorientierung für die Automobilbaubranche in der Tabelle 68, Kapitel 7.2.4, S. 210.

418 Vgl. die Ausprägungen der Indikatoren der Innovationsorientierung für die chemische Industrie ebenda.

419 Vgl. die Ausprägungen der Indikatoren der Innovationsorientierung für die Elektroindustrie ebenda.

rung den Mißständen entgegenzuwirken. Es wird vermutet, daß die höheren Betriebserfolge in dieser Branche das Ergebnis von investitions- und kostenarmen ‚cash-cows' sind, die jedoch nicht in angemessenem Umfang ersetzt werden. Die geringen Forschungs- und Entwicklungskooperationen in dieser Branche und die ansonsten nur durchschnittliche Innovationsorientierung sind ein Indiz für diesen Zusammenhang.[420]

Der Größenindikator läßt sich allein durch die dichotomen Unternehmensmerkmale auf 46 % der Varianz schätzen. Die Unternehmen der Branchen Konsumgüter, Automobilbau und Elektrotechnik erweisen sich als hochsignifikant größer als der Durchschnitt aller Unternehmen der Stichprobe. Die Maschinenbaubranche vertritt schwach signifikant überdurchschnittlich große Unternehmen. Das Modell zeigt, daß die Größe der Unternehmen der Stichprobe mittels ihrer Branchenzuordnung erkannt werden können. Damit ist die gewählte Stichprobe bezüglich der Branchenwahl und Größenwahl nicht heterogen. Die stark begrenzte Stichprobengröße von 31 ist hier als Ursache zu sehen. Für die Analyse des Explanandums sind daher auch aus diesem Grund die individuellen Größenmerkmale der Unternehmen zu kontrollieren.

Der mittlere Börsenkurs eines Jahres ist hochsignifikant niedriger, je größer die Bilanzsumme ist. Weiterhin weisen die Unternehmen der Automobilbaubranche hochsignifikant überdurchschnittliche mittlere Kurse auf. Alle anderen Merkmale sind nicht signifikant. Ohne die Ursachen dieser Merkmale weiter zu erforschen, sei darauf hingewiesen, daß die möglichen individuellen Merkmale des Börsenkurses kontrolliert werden müssen, wenn ein Zusammenhang zur Innovationsorientierung sinnvoll erforscht werden soll.

Für die statischen Zusammenhänge der Erfolgsindikatoren[421] wurde beobachtet, daß die Betriebserfolgseffekte, die Rationalisierungseffekte und die Wachstums-

---

420 Vgl. die Ausprägungen der Indikatoren der Innovationsorientierung für die Maschinenbaubranche in der Tabelle 68, Kapitel 7.2.4, S. 210.

421 Folgende T-Werte wurden auf Basis der Panels von 1986 bis 1995 für die standardisierten Erfolgsindikatoren ermittelt:

	EF2		*EF3*		*EF4*	
Betriebserfolgseffekt (*EF1*)	+5,62	5E-08	+5,26	3E-07	+0,59	0,560
Rationalisierungseffekt (*EF2*)			+6,23	2E-09	-0,70	0,483
Wachstumseffekt (*EF3*)					+2,05	0,044
EF4: Börsenkurs; Angabe des T-Wertes und der zweiseitigen Signifikanz.						

effekte der Unternehmen hochsignifikant miteinander korrelieren, während die Börsenkurseffekte weitestgehend unabhängig von der Entwicklung der anderen Erfolgsmaße sind. Die Zusammenhänge der Erfolgsindikatoren sind indes nicht so groß, daß ein Erfolgsindikator durch die anderen substituiert werden kann. Das hat letztlich auch die Faktorenanalyse über alle Erfolgsmaße gezeigt. Es wird daher nötig sein, alle vier Erfolgswerte für die Ermittlung der dynamischen Zusammenhänge zwischen den Indikatoren der Innovationsorientierung und dem Erfolg heranzuziehen.

8.4 Zusammenfassung

In diesem Kapitel wurden vier Erfolgsmaße ermittelt, von denen erwartet wird, daß sie die möglichen Erfolgswirkungen der Innovationsorientierung wiedergeben können. Die unternehmensspezifischen Eigenschaften sind geeignet, plausible Zusammenhänge zwischen den Indikatoren der Innovationsorientierung und der Erfolge herzustellen.

Sowohl der lineare Zeiteffekt, der Streubesitzeffekt als auch die Branchenzugehörigkeit weisen eine große Zahl plausibler Einflüsse auf die Berichterstattung zur Innovationsorientierung und die Erfolgsmaße auf. Diese Zusammenhänge sind statischer Art. So kann bisher nur dargestellt werden, welche Indikatoren über die betrachteten Zeiträume signifikante Abweichungen aufzeigen. Die statische Analyse eignet sich jedoch nicht, mögliche Auswirkungen auf den Erfolg zeitverzögert zu untersuchen.

Als eine wesentliche Aufgabe für die Analyse des Explanandums ist erkannt worden, daß unternehmensspezifische und zeitliche Effekte in hohem Maße existent und daher zu kontrollieren sind. Unter Beachtung dieser individuellen Effekte läßt sich im folgenden Kapitel der Schritt *von einer statischen Zustandsbeschreibung zu einer dynamischen Ursachenanalyse* machen.

9. Erklärung des Erfolges aus den Indikatoren der Innovationsorientierung

In diesem Kapitel soll untersucht werden, inwieweit sich der Erfolg aus den Indikatoren der Innovationsorientierung erklären läßt. Dafür wurden in den vorhergehenden Kapiteln 21 Indikatoren der Innovationsorientierung und vier des Erfolges ermittelt. Die Indikatoren der Innovationsorientierung sind über den Zeitraum von 1986 bis 1993 für die 31 Unternehmen verfügbar. Die Erfolgsindikatoren liegen für den Zeitraum von 1986 bis 1995 vor, mit Ausnahme des Börsenkurses, welcher für 23 Unternehmen über den Zeitraum von 1991 bis 1996 bereitsteht. Mit der Verfügbarkeit der Daten für diese Zeiträume wird insbesondere die Untersuchung von zeitlichen Verzögerungen zwischen möglichen Ursachen und Erfolgswirkungen, also die dynamische Analyse der Zusammenhänge möglich.

Zu diesem Zweck wird im folgenden Kapitel ein Modell entwickelt, welches die zur Verfügung stehenden Zeiträume optimal für eine dynamische Analyse ausnutzen soll. Darauf folgt die Darstellung univariater Befunde dynamischer Zusammenhänge. Schließlich wird für jeden Erfolgsindikator jeweils ein multivariates, dynamisches Modell präsentiert.

9.1 Modellentwicklung

9.1.1 Prämissen und Annahmen

Für die Entwicklung des Modells sind zwei Prämissen zu beachten: Zum ersten müssen die ausgiebig behandelten unternehmensspezifischen und zeitlichen Effekte der Berichterstattung und der Erfolgsmaße kontrolliert werden, wenn die Ergebnisse nicht durch sie beeinflußt werden sollen. Daher ist hier die Panel-Analyse zum Einsatz zu bringen.

Zum zweiten sind nur solche zeitliche Verzögerungen zu berücksichtigen, die als sinnvoll erachtet werden können. Nun liegt aber ein Defizit bisheriger Studien zum Innovationserfolg in der unbeantworteten Frage, wann der Erfolg einer Innovation zu messen sei.[422] Es ist somit eine Aufgabe dieser Arbeit, aus dem Daten-

422 Vgl. HAUSCHILDT (1991) S. 469.

bestand eine zeitliche Struktur zu bilden, die einen großen Raum potentieller Verzögerungen offenhält. Damit werden die Zusammenhänge zwischen der Innovationsorientierung und dem Erfolg explorativ ermittelt.

Ungeachtet dieser Explorativität ist das Modell unter bestimmten Annahmen für die Art der Zusammenhänge zu entwickeln. Die Abbildung 30 ist eine vereinfachte Darstellung möglicher Zusammenhänge zwischen der Innovationsorientierung und dem Erfolg. Danach ist es denkbar, daß ein geringer Grad an Innovationsorientierung mit einem geringen Erfolgsgrad einhergeht und zugleich ein hoher Grad an Innovationsorientierung mit einem hohen Erfolgsgrad verbunden ist. Diese Möglichkeit basiert auf der Annahme linearer Zusammenhänge.

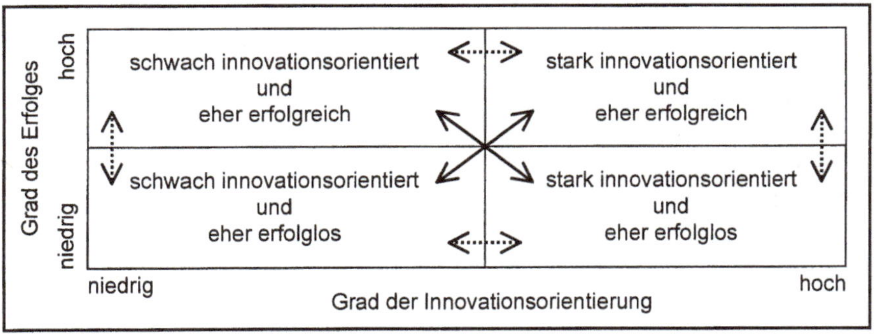

Abbildung 30: Mögliche Zusammenhänge zwischen der Innovationsorientierung und dem Erfolg

Andererseits kann ebenso angenommen werden, daß schwach und stark innovationsorientierte Unternehmen gleichermaßen erfolglos sind, aber ein „gesundes Mittelmaß" an Innovationen gerade den Erfolg ausmacht. Diese Möglichkeit basiert auf der Annahme eines nicht-linearen Zusammenhangs.

Die Berücksichtigung der Annahme linearer und zugleich nicht-linearer Zusammenhänge gestaltet sich gerade in Hinblick auf das Explanandum, mit seinen vielfältigen Möglichkeiten untersuchbarer Zusammenhänge, sehr komplex. Zur Vereinfachung sollen daher ausschließlich lineare Beziehungen untersucht werden. Diese Vorgehensweise läßt sich gerade im Hinblick auf die grundsätzlich zu beachtende Relation von methodischem Aufwand und möglichem Erkenntnisgewinn legitimieren. So wird in der ohnehin schon komplexen Problemstellung vielfältiger Innovationsindikatoren mit fehlender Deterministik und zeitlicher Verzögerung der Nutzen eines zusätzlichen Erkenntnisgewinns nicht mehr zu rechtfertigen sein, wenn dafür eine weitaus komplexere Methodik, als die auf linearen Zusammenhängen beruhende, eingesetzt werden muß.[423] Die Modellentwicklung erfolgt daher aus methodischen Gründen auf der vereinfachten Annahme linearer Zusammenhänge zwischen der Innovationsorientierung und dem Erfolg.[424] Es werden nur die Zusammenhänge aufgedeckt, die in der Abbildung 30 durch die diagonalen Pfeile eingezeichnet sind.

9.1.2 Dynamische Panelstruktur

Somit bleibt die Entwicklung einer geeigneten, dynamisch-linearen Panel-Struktur darzustellen. Dafür werden sämtliche individuelle und zeitliche Effekte als fix angenommen und herausgerechnet. Mit der Eliminierung der fixen Effekte werden nicht mehr die absoluten Indikatorausprägungen betrachtet, sondern vielmehr die Abweichungen vom individuellen und zeitlichen Mittel für jedes Unternehmen zu jedem Zeitpunkt. Der Größenindikator wird im Panel zum Wachstumsindikator, weil er die Änderungen zum Mittelwert über einen bestimmten Zeitraum enthält. Um die individuellen und zeitlichen Effekte kontrollieren zu können, müssen mindestens die Werte für zwei Jahre im Panel enthalten sein.[425] Maximal sind jedoch acht Jahre im Panel möglich, weil das der größte Zeitraum ist, welcher für alle Indikatoren verfügbar ist. Die Vor- und Nachteile dieser beiden Extrema werden zur Bestimmung einer optimalen Panelstruktur problematisiert:

Eine Panelstruktur mit Indikatorwerten über zwei Jahre beinhaltet bei einer Stichprobe von 31 Unternehmen 31*2-31-2 = 29 Freiheitsgrade.[426] Mit einem Panel

---

423 So auch DUDAY (1990) S. 195.

424 Streng genommen werden logarithmisch-lineare Zusammenhänge herausgearbeitet. Da es sich jedoch bei der Logarithmierung um ein inhaltsanalytisches Skalierungsproblem handelt, kann an dieser Stelle auch von linearen Beziehungen gesprochen werden.

425 Bei der Betrachtung nur eines Jahres entsprechen die individuellen und zeitlichen Effekte den gemessenen Werten.

426 Die Anzahl der Freiheitsgrade ergibt sich im Panel aus dem Stichprobenumfang (31), multipliziert mit der Anzahl der Jahre (2), reduziert um die Anzahl der zu kontrollierenden individuellen Effekte (31) und reduziert um die Anzahl der zu kontrollierenden zeitlichen Effekte (2).

eines Indikators der Innovationsorientierung von 1986 bis 1987 wäre damit maximal eine zeitliche Verzögerung auf das Panel eines Erfolgsindikators von 1994 bis 1995 von acht Jahren möglich. Die Betrachtung einer derart langen zeitlichen Verzögerung erscheint im Hinblick auf die Komplexität des Zusammenhangs zwischen der Innovationsorientierung und dem Erfolg und der geringen Zahl an Freiheitsgraden hoch spekulativ. Die Bildung einer solchen Panelstruktur soll daher nicht vorgenommen werden.

Das andere Extrem ist die Bildung von Panels über einen Zeitraum von acht Jahren. Die Indikatoren der Innovationsorientierung hätten demnach eine Panelstruktur von 1986 bis 1993 mit 8*31-31-8 = 209 Freiheitsgraden. Sie könnten im Zusammenhang zum Erfolg der Jahre 1988 bis 1995 mit einer maximalen zeitlichen Verzögerung von zwei Jahren betrachtet werden. Für diese Panelstruktur erhöht sich somit die Anzahl der Freiheitsgrade von 29 für das Zwei-Jahres-Panel auf 209, womit dem spekulativen Untersuchungsmoment wesentlich Einhalt geboten wird. Andererseits reduzieren sich die Möglichkeiten, die zeitliche Verzögerung ausgedehnt zu betrachten, auf maximal zwei Jahre.

Das Zwei-Jahres-Panel weist eine unzureichende Anzahl an Freiheitsgraden auf, erlaubt jedoch die Analyse großer zeitlicher Verzögerungen von Ursache und Wirkung. Das Acht-Jahres-Panel hat eine ausreichende Anzahl an Freiheitsgraden, engt jedoch die Analyse von Ursache und Wirkung in der zeitlichen Verzögerung stark ein. Beide Extrema können unter Berücksichtigung der zur Verfügung stehenden Daten keine dem Untersuchnungsziel dienliche Panelstruktur aufweisen. Unter den Gegebenheiten des Datenmaterials soll daher eine im Mittel aller Möglichkeiten liegende Panelstruktur erzeugt werden. Mit mindestens zwei und maximal acht Jahren im Panel beinhaltet die mittlere Panelstruktur (2+8)/2 = 5 Jahre ***das Fünf-Jahres-Panel***.

Das Fünf-Jahres-Panel beinhaltet 5*31-31-5 = 119 Freiheitsgrade. Die maximal analysierbare zeitliche Verzögerung zwischen Ursache und Wirkung wird für das Panel der Indikatoren der Innovationsorientierung der Jahre 1986 bis 1990 und den Erfolgsindikatoren der Jahre 1991 bis 1995 mit fünf Jahren als ausreichend angesehen. Für die Ermittlung eines Zusammenhangs zwischen den Indikatoren der Innovationsorientierung und dem Börsenkurs wird sogar eine zeitliche Verzögerung von sechs Jahren möglich, weil die Börsenkurse zwar erst ab 1991, dafür aber bis 1996 zur Verfügung stehen.

Die ausgewählten Panelstrukturen sind in der Abbildung 31 für die Erfolgsindikatoren und in der Abbildung 32 für die Indikatoren der Innovationsorientierung wiedergegeben. Als abhängige Erfolgsindikatoren werden die Fünf-Jahres-Panels der vier Erfolgsindikatoren betrachtet. $\alpha 1$ steht dabei stellvertretend für das Fünf-Jahres-Panel von 1986 bis 1990 für die abhängigen Erfolgsindikatoren Betriebserfolg (*EF1*), Rationalisierungseffekt (*EF2*) und Wachstum (*EF3*). $\alpha 2$ steht für die Panels von 1987 bis 1991 der gleichen Erfolgsindikatoren. Darauf folgen die Panels $\alpha 3$, $\alpha 4$ und $\alpha 5$ jeweils um ein Jahr versetzt für *EF1*, *EF2* und *EF3*. Für das Fünf-Jahres-Panel $\alpha 6$ von 1991 bis 1995 steht zusätzlich zu *EF1*, *EF2* und *EF3* auch die Änderung des Börsenkurses (*EF4*) als abhängiger Erfolgsindikator zur Verfügung. Das Fünf-Jahres-Panel $\alpha 7$ für die Jahre von 1992 bis 1996 kann nur für den Erfolgsindikator *EF4* gebildet werden, weshalb dieses gestrichelt in der Abbildung 31 eingezeichnet ist. Insgesamt können so 20 zu erklärende Erfolgs-Panels aus vier Erfolgsindikatoren gebildet werden, für die Erfolgsindikatoren Betriebserfolg (*EF1*), Rationalisierungseffekt (*EF2*) und Wachstum (*EF3*) jeweils sechs und für die Änderung des Börsenkurses (*EF4*) zwei.

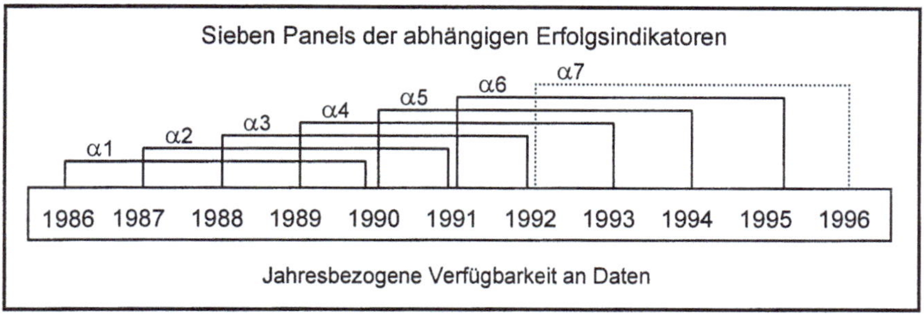

Abbildung 31: Panelstruktur der abhängigen Erfolgsindikatoren

Aus den 21 Indikatoren der Innovationsorientierung der Jahre 1986 bis 1993 werden Fünf-Jahres-Panels gebildet, die zur Erklärung der Erfolgsänderungen genutzt werden sollen. $\beta 1$ in der Abbildung 32 steht stellvertretend für das Fünf-Jahres-Panel der 21 unabhängigen Indikatoren der Innovationsorientierung von 1986 bis 1990. $\beta 2$ bis $\beta 4$ werden jeweils um ein Jahr zeitversetzt gebildet. Insgesamt ergeben sich $21*4 = 84$ Fünf-Jahres-Panels aus 21 Indikatoren der Innovationsorientierung.

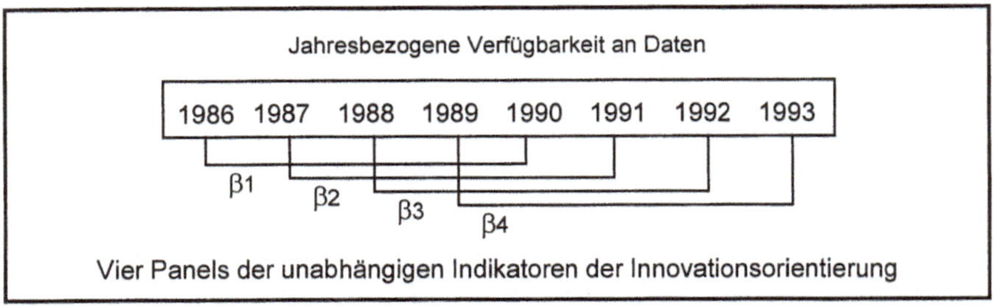

Abbildung 32: Panelstruktur der abhängigen Erfolgsindikatoren

Für die Kombination möglicher unabhängiger und abhängiger Panels muß beachtet werden, daß die Indikatoren der Innovationsorientierung den Erfolgsindikatoren zeitlich vorgelagert oder maximal zeitlich gleichgelagert sein sollen. Diese Bedingung ergibt sich aus der Annahme, daß die Ursache, die Innovationsorientierung, der Wirkung, dem Erfolg, zeitlich vorgelagert oder höchstens gleichgelagert sein kann. Nicht untersuchungsrelevant ist damit zum Beispiel die Erklärung eines Erfolgs-Panels aus 1987 bis 1991 durch ein Panel der Innovationsorientierung der Jahre 1989 bis 1993, also die Erklärung von α2 durch β4. Mit dieser Bedingung lassen sich aus 20 Fünf-Jahres-Panels der Erfolgsindikatoren und 84 Fünf-Jahres-Panels der Indikatoren der Innovationsorientierung insgesamt 1.302 sinnvolle, univariat zu betrachtende Regressionsmodelle kombinieren. Die Abbildung 33 gibt einen Überblick über die relevanten Beziehungen der Panels abhängiger und unabhängiger Indikatoren und die Anzahl verfügbarer Indikatoren für jedes Panel.

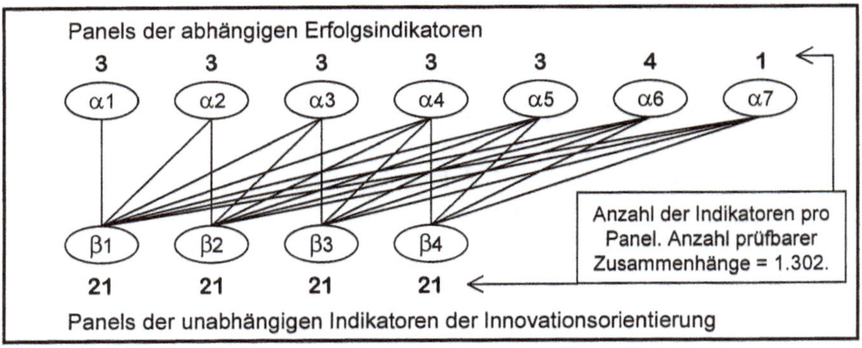

Abbildung 33: Zu prüfende Zusammenhänge zwischen den Indikatoren

Die Kombinatorik erlaubt einen weiteren Einblick in die Panelstruktur. Aus den 20 Panels der vier Erfolgsvariablen lassen sich 21 univariate Regressionen mit einer zeitlichen Verzögerung zwischen Ursache und Wirkung von sechs Jahren betrachten, und zwar für den Börsenkurs (*EF4*) von 1992 bis 1996 in Abhängigkeit der 21 Indikatoren im Panel von 1986 bis 1990. Eine zeitliche Verzögerung von fünf Jahren ist für 5*21 = 105 Fälle univariat bestimmbar, vier Jahre zeitlicher Verzögerung ist für 8*21 = 168 Fälle untersuchbar, drei Jahre für 11*21 = 231, zwei Jahre in 13*21 = 273, ein Jahr in 12*21 = 252 und kein Jahr der Verzögerung in 12*21 = 252 Fällen bestimmbar. Insgesamt liefert diese Betrachtung der Panelstruktur in der Summe ebenfalls 1.302 univariate Panel-Regressionen.

Für die weiteren Betrachtungen sind nur die Zeiträume der Verzögerung von Bedeutung, nicht jedoch die tatsächlich zugrundegelegten Zeiträume. Die Beziehungen zwischen $\alpha 2$ und $\beta 1$, zwischen $\alpha 3$ und $\beta 2$, zwischen $\alpha 4$ und $\beta 3$ sowie zwischen $\alpha 5$ und $\beta 4$ weisen jeweils die gleiche zeitliche Verzögerung von einem Jahr auf. Damit wird es möglich, einen bestimmten Zusammenhang zeitlicher Verzögerung mehrfach für unterschiedliche Panels zu prüfen. Die vorgegebene Panelstruktur von fünf Jahren erlaubt somit einen statistisch signifikanten Zusammenhang zu validieren, wenn gleichzeitig auch für andere Panels mit gleicher zeitlicher Verzögerung signifikante und gleichartige Zusammenhänge beobachtbar sind. Hierin liegt die Stärke der gewählten Panelstruktur.

Die Anzahl untersuchbarer Zusammenhänge ist für jeden Moment der zeitlichen Verzögerung und jede Erfolgsart im Anhang 7 angegeben.

9.1.3 Ermittlung der Panel-Werte

Die Transformation des Pools in Fünf-Jahres-Panels erfolgt nach den Vorgaben, wie sie sich aus den Berechnungen zur Bestimmung linearer Panelstrukturen mit fixen individuellen und zeitlichen Effekten ergeben[427] und wie sie bereits an anderen Stellen in dieser Arbeit zur Anwendung gekommen sind.[428]

---

427 Vgl. JUDGE ET AL. (1985) S. 532.

428 Siehe Kapitel 5.4.4, S. 137, Kapitel 6.7, S. 187 und Kapitel 8.2, S. 223.

Die Fünf-Jahres-Panel-Werte werden mittels folgenden Gleichungen bestimmt:

$$EF_{\alpha pit}^{Panel} = EF_{\alpha pit} - \overline{EF_{\alpha p \circ t}} - \overline{EF_{\alpha pi \circ}} + \overline{EF_{\alpha p \circ\circ}} \qquad \text{(Gleichung 40)}$$

$$F_{\beta git}^{*Panel} = F_{\beta git}^{*} - \overline{F_{\beta g \circ t}^{*}} - \overline{F_{\beta gi \circ}^{*}} + \overline{F_{\beta g \circ\circ}^{*}} \qquad \text{(Gleichung 41)}$$

Hierbei ist $EF_{\alpha pit}^{Panel}$ das α-Panel des p-ten Erfolgsindikators EF_p des i-ten Unternehmens zum t-ten Zeitpunkt. Da ausschließlich Fünf-Jahres-Panels betrachtet werden, ist t ein zeitlicher Index, welcher sich über $t = 1$ bis $t = 5$ erstreckt. Beginn und Ende des Panels ist durch α festgelegt. Ebenso ist $F_{\beta git}^{*Panel}$ das β-Panel des g-ten Indikators der Innovationsorientierung des i-ten Unternehmens zum t-ten Zeitpunkt. Die Kontrolle der als fix angenommenen individuellen und zeitlichen Effekte erfolgt durch die Eliminierung der jeweiligen individuellen Effekte $\overline{EF_{\alpha p \circ t}}$ und $\overline{F_{\beta g \circ i}^{*}}$ sowie der jeweiligen zeitlichen Effekte $\overline{EF_{\alpha pi \circ}}$ und $\overline{F_{\beta gi \circ}^{*}}$.[429]

Von dieser Modellentwicklung ist es nur noch ein kleiner Schritt zum Explanandum. Zuvor sei dennoch zusammenfassend dargestellt, in welcher Weise die Aufbereitung der Daten zur endgültigen Analyse vorgenommen wird. Die Zusammenfassung möge dazu dienen, die Nähe der Informationen der Fünf-Jahres-Panels und der durch die Messung der Berichtsinhalte wahrgenommenen Realität nachvollziehen zu können.

Zunächst wurden gleichartige Informationen zu Summen der Impulsstärken für jedes Unternehmen zu jedem Zeitpunkt aggregiert. Für diese Summen wird angenommen, daß sie die Bedeutung der bestimmten innovationsorientierten Aktivität zum Ausdruck bringen. Die Summen wurden, entsprechend den Erkenntnissen aus dem Zusammenhang zwischen Unternehmensgröße und Berichtsumfang, logarithmiert. Da keine Werte kleiner als Null meßbar sind, werden die logarithmischen Summen der Impulsstärken als zensiert angenommen. Für jedes Jahr wurden daher für alle Unternehmen eine neue untere Grenze, die kleiner als Null ist, mittels einer ‚maximum-likelihood'-Methode geschätzt. Aus den logarith-

429 Mit der Bereinigung der individuellen und zeitlichen Effekte werden die Gesamtmittelwerte jeweils zweimal abgezogen. Daher müssen $\overline{EF_{\alpha p \circ\circ}}$ und $\overline{F_{\beta g \circ\circ}^{*}}$ in Gleichung 40 und 41 einmal wieder addiert werden.

mischen und zensierten Impulsarten wurden Indikatoren der Innovationsorientierung durch generische Faktormodelle erzeugt. Diese Faktorlösungen vereinen ähnliche Impulsarten zu jeweils einem Indikator. Der Grad der Ähnlichkeit der Impulsarten läßt sich an den geringen Varianzanteilen erkennen, die nicht durch die Faktoren erklärt werden können. Die auf Basis des Pools von 1986 bis 1993 gewonnenen Indikatoren sind im Jahresvergleich äußerst stabil gegenüber unerwünschten Schwankungen, weil insgesamt über acht Jahre 31 Unternehmen gleichzeitig zur Bestimmung der Indikatoren berücksichtigt werden. Der Generalisierungsgrad der Indikatoren wird daher als sehr hoch angenommen. Fehlerhafte Messungen, die in einem Jahr mehr und im nächsten Jahr weniger auftreten, werden weitestgehend eliminiert. Die Faktorwerte der 21 Indikatoren der Innovationsorientierung wurden schließlich in 4*21 = 84 Fünf-Jahres-Panels aufgeteilt.[430] Der Zeitraum von fünf Jahren wurde gewählt, weil damit ein an der Datenstruktur ausgerichtetes Optimum an statistischer Verläßlichkeit und zugleich an zeitlicher Verzögerung erreicht wird. Nun läßt sich erwarten, daß die Fünf-Jahres-Panels der Indikatoren der Innovationsorientierung über die Änderungen in der Berichterstattung auch die Änderung der realen Bedeutung einzelner Arten der Innovationsorientierung wiedergeben können.

Die Erfolgsindikatoren wurden auf ähnliche Weise erzeugt. Für sie ist es jedoch nicht notwendig, eine Zensur anzunehmen. Logarithmische Werte werden nur für den Größenindikator gebildet, weil die Bilanzsumme, der Umsatz und die Anzahl der Mitarbeiter nicht an einer anderen unternehmensspezifischen Größe relativiert werden können und nicht logarithmierte Werte wegen der erheblichen Größenunterschiede der Unternehmen zu Heteroskedastizitäten in den Schätzungen führen würden. Die generischen Faktorlösungen der Erfolgsindikatoren weisen hohe Gütemaße auf. Da die Indikatoren auf Basis des Pools von 1986 bis 1995, also über 310 Werte pro Erfolgsart, bestimmt wurden, ist für sie ein hoher Generalisierungsgrad anzunehmen. Die Indikatoren werden somit dicht am real gemessenen Erfolgswert liegen. Zusätzlich werden durch die Generalisierung störende Abweichungen eliminiert, die außerhalb eines proportionalen Entwicklungsverhältnisses der Erfolgswerte liegen. Die so gewonnenen Faktorwerte der drei Erfolgsindikatoren werden schließlich in Fünf-Jahres-Panels aufgeteilt. Die mittleren bereinigten Börsenkurse wurden ebenfalls in Fünf-Jahres-Panels aufgeteilt. Die Erfolgs-Panels der Indikatoren geben die Änderung der generalisierten

430 Alternativ könnten die Fünf-Jahres-Panels für die Impulsarten gebildet werden und dann anschließend durch generische Faktorenmodelle Indikatoren erzeugt werden. Diese Vorgehensweise verringert jedoch die Generalisierungsleistung der Faktorenanalyse, was eine nicht vertretbare Einbuße darstellt.

Erfolgswerte an. Es wird angenommen, daß diese Änderungen stabiler gegenüber vereinzelt auftretenden, aber nicht relevanten Abweichungen sind als diejenigen Änderungen, die ohne Faktorenmodell hätten erzeugt werden können. Der wünschenswerte Generalisierungseffekt der Faktorenanalyse entfaltet somit seine Wirkung auch in den Fünf-Jahres-Panels.

Im folgenden werden die 1.302 univariaten Regressionen in geeigneter Form präsentiert.

9.2 Univariate Erklärung der Erfolge aus der Berichterstattung zur Innovationsorientierung

Die univariaten Regressionen werden nach folgender Gleichung auf SPSS[431] berechnet:

$$EF_{\alpha pit}^{Panel} = m_{\alpha\beta g} F_{\beta git}^{*Panel} + \varepsilon_{it}^{Panel} \qquad \text{(Gleichung 42)}$$

$EF_{\alpha pit}^{Panel}$ und $F_{\beta git}^{*Panel}$ werden nach Gleichung 40 und 41 bestimmt. Da die Panel-Werte sowohl individuell als auch zeitlich mittelwertbereinigt sind, entfällt die Bestimmung einer Konstanten. Zu schätzen ist der Parameter $\hat{m}_{\alpha\beta g}$, welcher für das α-Panel des p-ten Erfolgsindikators EF_p und das β-Panel des g-ten Indikators der Innovationsorientierung berechnet wird. Aus 20 Panels abhängiger Erfolgsindikatoren und 84 Panels unabhängiger Indikatoren der Innovationsorientierung ergeben sich unter der Bedingung sinnvoller Kausalitätsbeziehungen 1.302 zu schätzende Parameter $\hat{m}_{\alpha\beta g}$.

Wesentlich für die Zusammenhänge sind die T-Werte, also die Verhältnisse von $\hat{m}_{\alpha\beta g}$ zu ihren standardisierten Fehlern. Anstatt die Ergebnisse im einzelnen zu behandeln, sollen im folgenden nur diejenigen betrachtet werden, die mindestens auf einem 0,05-Signifikanz-Niveau liegen. Zudem werden nicht die T-Werte, sondern nur die Existenz und die Richtung des signifikanten Zusammenhangs genannt. Auf diese Weise lassen sich die signifikanten Zusammenhänge für jeden Indikator der Innovationsorientierung und für jede zeitliche Verzögerung in einer Tabelle übersichtlich angeben.

---

431 Vgl. SPSS (1993).

9.2.1 Erster Überblick über die univariaten Befunde

In der Tabelle 73 wird die Anzahl geprüfter Zusammenhänge für jede Verzögerung angegeben sowie die Anzahl 0,05-signifikanter Zusammenhänge nach den Vorzeichen der geschätzten Parameter. Zusätzlich wird die Gesamtzahl signifikanter Zusammenhänge an der Anzahl geprüfter Zusammenhänge relativiert. Somit beinhaltet die Tabelle 73 einen ersten Überblick über die prüfbaren und die sich daraus ergebende Anzahl signifikanter Zusammenhänge für alle 1.302 univariaten Modelle. Aus der unterschiedlichen Zahl geprüfter Zusammenhänge für die Verzögerungen wird deutlich, daß nur die prozentualen Anteile signifikanter Zusammenhänge interessante Einblicke in die Häufigkeitsverteilung gewähren können.[432]

Verzögerung	Anzahl geprüfter Zusammenhänge	Anzahl 0,05-Signifikanzen			Anteil an geprüft
		-	+	Gesamt	
0 Jahre	12*21 = 252	22	28	50	20%
1 Jahr	12*21 = 252	23	26	49	19%
2 Jahre	13*21 = 273	23	26	49	18%
3 Jahre	11*21 = 231	25	10	35	15%
4 Jahre	8*21 = 168	14	10	24	14%
5 Jahre	5*21 = 105	11	9	20	19%
6 Jahre	1*21 = 21	6	0	6	29%
Summe	62*21 =1.302	124	109	233	18%

Tabelle 73: Anzahl und Anteile mindestens 0,05-signifikanter Zusammenhänge für alle Indikatoren der Innovationsorientierung

432 Streng genommen ist es für einen hohen Aussagegehalt der Anteile erforderlich, daß die Erfolgsindikatoren im Panel unabhängig voneinander sind. Bei deren Abhängigkeit können die Häufigkeiten signifikanter Zusammenhänge zu einem Indikator der Innovationsorientierung verstärkt auftreten. Die Ausführungen in Kapitel 8.3 haben gezeigt, daß die Betriebserfolgseffekte (*EF1*), die Rationalisierungseffekte (*EF2*) und die Wachstumseffekte (*EF3*) im Panel von 1986 bis 1995 nicht unabhängig voneinander sind. Somit sind auch für die Fünf-Jahres-Panels Abhängigkeiten der Erfolgswerte zu erwarten, mit denen die Häufigkeiten signifikanter Zusammenhänge in der Summe für alle Erfolgswerte überlagert werden. Ungeachtet dessen werden die signifikanten Einflüsse für alle Erfolgswerte zusammengefaßt dargestellt, weil nur so 1.302 univariate Panel-Regressionen im Überblick betrachtet werden können.

Mit den prozentualen Anteilen wird der Vergleich der Anzahl signifikanter Zusammenhänge über verschiedene Momente der zeitlichen Verzögerung ermöglicht. Zusätzlich verdeutlicht die Angabe prozentualer Anteile das Ausmaß, mit dem der Anteil zufälliger Zusammenhänge von 5 % auf einem 0,05-Signifikanzniveau übertroffen wird.

Die Tabelle 73 zeigt, daß das Verhältnis signifikanter Zusammenhänge relativ ausgewogen zwischen den positiven und negativen Richtungen ist. Ausnahmen bilden die Verteilungen für die zeitliche Verzögerung von drei und sechs Jahren, bei denen die negativen Zusammenhänge gegenüber den positiven überwiegen.

Die Ausgewogenheit ist ein Indiz dafür, daß die Komplexität der Berichterstattung über die Innovationsorientierung nur in der Detailbetrachtung einen erfolgreichen Aufschluß über mögliche Zusammenhänge liefern kann. Dennoch läßt sich für die Verteilungen eine deutliche Grenze zwischen der Verzögerung von zwei und drei Jahren ziehen. Bis zu zwei Jahren überwiegen die positiven, ab drei Jahren zeitlicher Verzögerung überwiegen die negativen signifikanten Zusammenhänge. Damit kann bereits an dieser Stelle auf eine, im folgenden zu beachtende Erscheinung hingewiesen werden.

Für die kurzfristigen Zusammenhänge kann die Ursache-Wirkungsbeziehung nicht einwandfrei geklärt werden. Kurzfristig besteht sowohl die Möglichkeit, daß die Änderung eines Innovationsindikators einen Erfolgseffekt verursacht, aber auch daß die zunehmenden Erfolge die Berichterstatter inspirieren, ausführlicher zu bestimmten Themen der Innovationsorientierung Stellung zu beziehen. Die Gegenstände der Ursache und der Wirkung sind damit durch Plausibilitäten zu begründen. Das Preexplanandum findet daher auch in diesem Kapitel Beachtung.

Für die mittelfristigen Zusammenhänge, drei bis sechs Jahre, wird indes angenommen, daß die Ursache-Wirkungsbeziehung nur eine Richtung aufweisen kann. Bei einem signifikanten Zusammenhang zwischen einem Indikator der Innovationsorientierung und des Erfolges ist daher nur nach der Plausibilität der beobachteten Ursache-Wirkungsbeziehung zu fragen, nicht jedoch die Wirkungsrichtung anzuzweifeln. Die überwiegende Anzahl negativer Wirkungen auf den Erfolg läßt erkennen, daß die Innovationsorientierung mittelfristig in keinem allzu positivem Licht steht. Ein allgemeines Urteil wird jedoch erst nach einer Einzelfallprüfung der 233 signifikanten Zusammenhänge sinnvoll sein.

Weiterhin zeigt die Tabelle 73, daß die Anteile aller signifikanten Zusammenhänge in jedem Jahr der zeitlichen Verzögerung größer als der zufällige Anteil von 5 % möglicher Zusammenhänge sind. Damit wird angedeutet, daß auch nach 6 Jahren der Berichterstattung der Zusammenhang zum Erfolg untersuchungsrelevant ist.[433] Der Anteil signifikanter Zusammenhänge ist am größten für das Jahr ohne zeitliche Verzögerung zwischen Berichterstattung und Erfolg. Dieses Ergebnis erscheint plausibel, zumal die Berichterstattung den Erfolg des Jahres begründen soll. Die Anteile signifikanter Zusammenhänge nehmen mit zunehmender zeitlicher Verzögerung bis zum vierten Jahr ab. Die Abnahme ist vor dem Hintergrund zu sehen, daß mit zunehmender zeitlicher Verzögerung der Zusammenhang zwischen den Ursachen und den Wirkungen stärker durch externe Effekte verwischt wird. Überraschend erscheint jedoch, daß die Anteile signifikanter Zusammenhänge nach dem vierten Jahr von 14 % auf 19 % im fünften und auf 29 % im sechsten Jahr nach der Berichterstattung zunehmen. Die Zunahme läßt erwarten, daß gerade die Innovationsorientierung ausgeprägte längerfristige Wirkungen auf den Erfolg aufzeigen kann.

Insgesamt lassen sich aus 1.302 univariaten Panel-Regressionen 233 signifikante Zusammenhänge ermitteln. Das entspricht einem Anteil von 18 %. Dieser Gesamtanteil liegt weit über einem zufälligen Anteil von 5 % für das 0,05-Signifikanzniveau. Die 18 % sind ein Beleg dafür, daß die 21 Indikatoren der Innovationsorientierung bewußt als potentiell effiziente Indikatoren zur Erklärung des Unternehmenserfolges entwickelt und ausgewählt wurden und dieses auch überdurchschnittlich häufig ermöglichen.

In den folgenden Kapiteln werden die signifikanten Ergebnisse für jeden Indikator der Innovationsorientierung dargestellt. Ein Überblick über die Ergebnisse befindet sich im Anhang 8.

---

433 Diese Vermutung wird auch unter der Berücksichtigung der fehlenden Unabhängigkeit der Erfolgsindikatoren *EF1*, *EF2* und *EF3* aufrecht erhalten. Die möglichen Abhängigkeiten führen zu einer Erhöhung der Anteile signifikanter Zusammenhänge in nicht bekannter Höhe. Dennoch werden die Interferenzen als unwesentlich angenommen, weil die Korrelationen keine Werte annehmen, die den Verdacht auf gleichartige Zusammenhänge lenken können. Siehe auch Fußnote 421, S. 231.

9.2.2 Forschungs- und Entwicklungsindikatoren

Der Indikator **Forschung und Entwicklung allgemein (*F01*)** weist im gleichen Jahr der Erfolgsmessung sowie ein und zwei Jahre zuvor signifikant positive Zusammenhänge zum Wachstumseffekt (*EF3*) auf, wie in Tabelle 74 dargestellt. Die Hochzahl „2" bedeutet, daß der Zusammenhang zum Wachstum im gleichen Jahr der Erfolgsmessung in zwei Fällen, also für die Beziehung zweier Panels mit gleicher zeitlicher Verzögerung, signifikant beobachtet wird. Im gleichen Jahr bestehen zudem signifikant positive Zusammenhänge zum Betriebserfolgseffekt (*EF1*). Zwei Jahre nach der Berichterstattung läßt sich ein positiver Zusammenhang zum Rationalisierungseffekt (*EF2*) erkennen. Drei und vier Jahre nach der Berichterstattung weist der Indikator Forschung und Entwicklung allgemein negative Zusammenhänge zum Betriebserfolgseffekt und zum Rationalisierungseffekt auf. Vier, fünf und sechs Jahre nach der Berichterstattung bestehen negative Zusammenhänge zum Börsenkurs für die verkleinerte Stichprobe der 23 börsennotierten Unternehmen.

Innovations-indikatoren:	allgemein (*F01*)		Forschung (*F02*)		weniger (*F03*)	
Verzögerung:	-	+	-	+	-	+
0 Jahre		e^2w^2			e^2	
1 Jahr		w^2		er^2	e^2	
2 Jahre		rw^2		w	w	
3 Jahre	er					
4 Jahre	erk					
5 Jahre	k					w
6 Jahre	k		k			
Σ pro Richtung	11%	15%	2%	6%	8%	2%
Σ insgesamt	26%		8%		10%	

e = Betriebserfolgseffekt (*EF1*); r = Rationalisierungseffekt (*EF2*); w = Wachstumseffekt (*EF3*); k = Börsenkurseffekt (*EF4*).

Tabelle 74: Univariate Zusammenhänge *interner* Forschung und Entwicklung zum Erfolg

Die positiven Zusammenhänge zum Betriebserfolg[434] im Berichtsjahr deuten an, daß die Entscheidung für die Ausweitung der Forschungs- und Entwicklungsaktivitäten eng an den Erfolg des Berichtsjahres geknüpft wird. Die kurzfristigen Zusammenhänge zwischen *F01* und dem Wachstum sind damit erklärbar, daß Unternehmen, die strategisch auf Wachstum ausgerichtet sind, auch mehr in die Forschung und Entwicklung investieren. Damit wird die umsatzabhängige strategische Planung des Forschungs- und Entwicklungsbudgets deutlich. Die Folgen für eine am Wachstum ausgerichtete und über das Mittelmaß hinausgehende Ausweitung der Aktivitäten zeigen sich nach drei bis sechs Jahren. Die negativen Zusammenhänge zum Betriebserfolg und zu den Rationalisierungseffekten deuten hier an, daß mit der Ausweitung der Forschungs- und Entwicklungsaktivitäten im Ergebnis nach drei und vier Jahren auch mehr Projekte prozeßtechnisch und marktnah umgesetzt werden müssen. Wird angenommen, daß die Umsetzung von Forschungs- und Entwicklungsergebnissen in die Produktion personalaufwendig und kostenintensiv sind, so erklärt dieses den mittelfristig[435] negativen Zusammenhang zum Betriebserfolg und den Rationalisierungseffekten. Die negativen Zusammenhänge zur Änderung des Börsenkurses, vier bis sechs Jahre nach der Berichterstattung, bestätigen zusätzlich diese Vermutung.[436] Weiterhin führen die vermehrten Forschungs- und Entwicklungsaktivitäten mittelfristig nicht zu signifikant belegbaren Wachstumseffekten. Die Erwartung, daß mehr Forschung und Entwicklung mittelfristig zu mehr Erfolg führt, läßt sich somit hier nicht bestätigen.

Insgesamt überwiegen für *F01* die Anteile positiver Zusammenhänge über die negativen für alle Momente der zeitlichen Verzögerung. Positive Zusammenhänge sind dabei ausschließlich kurzfristig belegbar, mittelfristig bestehen ausschließlich negative Zusammenhänge zu den Erfolgsindikatoren *EF1* und *EF2*. Die Entschei-

---

434 Der Begriff „Betriebserfolg“ wird in diesem Kapitel synonym zum „Betriebserfolgseffekt“ verwendet. Ebenso werden „Wachstumseffekte“ auch vereinfachend als „Wachstum“ bezeichnet und „Rationalisierungseffekte“ als „Rationalisierung“ oder ähnliches. Die undifferenziertere Begriffswahl wird hier als ungefährlich angesehen, weil im gesamten neunten Kapitel ausschließlich Änderungsraten in den Fünf-Jahres-Panels betrachtet werden.

435 Mittelfristig wird hier und für alle folgenden Indikatoren der Innovationsorientierung als vereinfachte Bezeichnung für eine zeitliche Verzögerung von drei bis sechs Jahren angesetzt. Da null bis drei Jahre als kurzfristige zeitliche Verzögerung betrachtet wird, entfällt die Betrachtung langfristiger Wirkungen der Innovationsorientierung auf den Erfolg in dieser Untersuchung.

436 Nach sechs Jahren zeitlicher Verzögerung existiert nur ein meßbarer Zusammenhang, nämlich zwischen dem Indikator der Innovationsorientierung und dem des Börsenkurses. Genau dieser eine Zusammenhang ist hier signifikant.

dung für die Ausweitung der Forschungs- und Entwicklungsaktivitäten stellt sich danach als eine Planung dar, welche sich an kurzfristigem Wachstum und Betriebserfolg orientiert. Mittelfristig steht das Unternehmen dann vor vermehrten Forschungs- und Entwicklungsergebnissen, deren Umsetzung sich personalintensiv und betriebserfolgsschmälernd auswirken. Mit einem Anteil von 26 % weist der Indikator Forschung und Entwicklung allgemein (*F01*) überdurchschnittlich mehr signifikante Zusammenhänge auf als zufällig bestimmbar wären. *F01* besitzt somit in hohem Maße Relevanz zur Erklärung des Unternehmenserfolges.

Für den Indikator **Forschung (*F02*)** sind signifikant positive Zusammenhänge zum Betriebserfolg erst ein Jahr nach der Berichterstattung beobachtbar, statt bereits im gleichen Jahr für *F01*. Zudem läßt sich erst sechs Jahre nach der Berichterstattung für *F02* ein negativer Zusammenhang zur Änderung des Börsenkurses aufzeigen. Die zeitliche Verzögerung signifikanter Zusammenhänge zwischen dem Indikator Forschung und den Erfolgsindikatoren ist damit größer als die für den Indikator Forschung und Entwicklung allgemein (*F01*). Das kann als Indiz dafür gewertet werden, daß Forschungsaktivitäten strategisch langfristiger geplant werden als allgemeine Forschungs- und Entwicklungsaktivitäten.

Die mittelfristigen negativen Zusammenhänge zum Betriebserfolg und den Rationalisierungseffekten, wie sie für *F01* beobachtet wurden, sind für den Forschungsindikator nicht belegbar. Daraus läßt sich folgern, daß die Konsequenzen ausgedehnter Forschungsaktivitäten nicht in dem Maße mittelfristig negativ erfolgswirksam sind, wie es für die allgemeinen Forschungs- und Entwicklungsaktivitäten beobachtet werden konnte. Der Forschungsbereich ist im Verhältnis zu den anderen Aktivitäten eines Unternehmens zu klein, als daß sich für ihn mittelfristig ein Einfluß auf den Erfolg beobachten läßt.

Insgesamt überwiegen für *F02* die positiven Zusammenhänge über die negativen für alle Momente der zeitlichen Verzögerung. Hierbei ist ebenso wie für *F01* zu beachten, daß kurzfristig ausschließlich positive Zusammenhänge belegbar sind, und mittelfristig ausschließlich ein negativer Zusammenhang zur Änderung des Börsenkurses besteht. Mit 8 % ist der Anteil aller signifikanten Zusammenhänge nur geringfügig höher als der zufällige Anteil von 5 % auf einem 0,05-Signifikanzniveau. Dieses Ergebnis erscheint plausibel vor dem Hintergrund, daß die Forschung phasenbezogen weit von der Realisierung von Erfolgen entfernt ist. Die Erklärung der Varianz der Unternehmenserfolge durch Forschungsaktivitäten hat daher univariat nur geringe Relevanz.

Der Indikator für **verringerte Forschung und Entwicklung (*F03*)** bestätigt die für den Indikator Forschung und Entwicklung allgemein (*F01*) beobachteten kurzfristigen Zusammenhänge in umgekehrter Weise: Der Betriebserfolg steht im gleichen Jahr und ein Jahr nach der Berichterstattung im negativen Zusammenhang zum Indikator *F03*. Zudem lassen sich nicht positive, sondern negative Wachstumseffekte zwei Jahre nach der Berichterstattung für *F03* beobachten. Der Indikator für verringerte Forschung und Entwicklungsleistungen (*F03*) zeigt damit im Vorzeichen umgekehrte Zusammenhänge zu den Erfolgsmaßen auf. Die Ergebnisse für *F03* bilden somit ein stützendes Indiz für die Befunde zu *F01* und *F02*, weil die Impulse des Indikators *F03* auf anderen Artikulationen basieren als diejenigen für *F01* und *F02*.

Insgesamt überwiegen die Anteile negativer Zusammenhänge über die positiven für alle Momente der zeitlichen Verzögerung für *F03* ebenso, wie das in umgekehrter Weise für *F01* und *F02* aufgezeigt werden konnte. Statt positiver treten kurzfristig ausschließlich negative Zusammenhänge hervor und mittelfristig ausschließlich positive statt negative. Ein gesamter Anteil von 10 % signifikanter Zusammenhänge ist als schwach überdurchschnittlich einzustufen.[437]

Durch den Vergleich der Ergebnisse für *F01* und *F03* lassen sich zwei weitere Schlüsse ziehen:

1. Während sich drei und vier Jahre nach der Berichterstattung über gleichbleibende oder vermehrte allgemeine Forschung und Entwicklung (*F01*) ein negativer Zusammenhang zum Betriebserfolg einstellt, ist dieser nicht für den Indikator für verringerte Forschungs- und Entwicklungsleistungen (*F03*) beobachtbar. Vermehrte Forschung und Entwicklung kann somit mittelfristig als kostenintensiv bezeichnet werden, während die Verringerung der Forschung und Entwicklung wohl zu Kosteneinsparungen, aber eben in der Gewinn- und Verlustrechnung nicht zwingend meßbaren positiven Betriebserfolgen führt.

2. Die kurzfristigen positiven Zusammenhänge zwischen *F01* und dem Wachstum (*EF3*) deuten an, daß ein auf strategisches Wachstum ausgerichtetes Unternehmen bereits bis zu drei Jahre vor dem erkennbaren Wachstum die For-

437 Die geringe Erklärungsgüte des Indikators *F03* ist zu einem Teil auf die eher spärlichen Angaben zu verringerter Forschung und Entwicklungsaktivitäten zurückzuführen. Angaben zur Reduzierung der Forschungs- und Entwicklungsleistungen passen eben nicht in die Berichterstattung und werden daher in der Tendenz eher weggelassen oder durch nicht relativierbare Angaben ersetzt.

schungs- und Entwicklungsaktivitäten ausweitet, eventuell um andere erfolgreich abgeschlossene Forschungs- und Entwicklungsprojekte zu ersetzen. Die vermehrte Berichterstattung über *F01* weist damit bereits ein bis drei Jahre vor der Wachstumsrealisierung auf die strategische Ausrichtung auf Wachstum hin. Diese Vermutung wird durch den negativen Zusammenhang zwischen verringerter Forschung und Entwicklung (*F03*) und dem Wachstum (*EF3*) bereits zwei Jahre vor der Realisierung der Schrumpfung bestätigt. In der noch kurzfristigeren Betrachtung sind jedoch nicht mehr die Schrumpfung des Unternehmens, sondern rückläufige Betriebserfolge ausschlaggebend. Bereits ein Jahr vor der erkennbaren Realisierung rückläufiger Betriebserfolge wird vermehrt über Maßnahmen zur Reduzierung der Forschungs- und Entwicklungsaktivitäten berichtet. Es ist also der sich anbahnende negative Betriebserfolg, welcher zu frühzeitigen Einsparungsmaßnahmen im Forschungs- und Entwicklungsbereich führt.

Der Indikator Forschung und Entwicklung allgemein (*F01*) vermag daher eine auf Wachstum ausgerichtete Unternehmensstrategie aufzuzeigen, welche null bis zwei Jahre später umgesetzt wird, mittelfristig jedoch zu negativen Betriebserfolgen führt. Gleiches gilt für den Indikator Forschung (*F02*), dessen vermehrte Nennungen eine Wachstumsstrategie zwei Jahre vor der Realisierung ankündigt, mittelfristig jedoch ebenso wie *F01* von Kursrückgängen begleitet wird. Der Indikator Forschung und Entwicklung weniger (*F03*) zeigt ein umgekehrtes Bild der Zusammenhänge zu *F01* und *F02*, wobei seine vermehrte Nennung mittelfristig nicht zu höheren Betriebserfolgen führt. *F03* kündigt zudem bereits zwei Jahre zuvor Wachstumseinbrüche und ein Jahr vorher das Auftreten rückläufiger Betriebserfolge an.

Diese Befunde und die Interpretationen stehen damit im Gegensatz zu der Vermutung, die auf Basis der untersuchten Qualität des Forschungs- und Entwicklungsberichts aufgestellt wurde: „Lageberichtsadressaten dürften somit kaum beurteilen können, wieweit die lageberichterstattenden Unternehmen durch Forschung und Entwicklung für die Zukunft vorsorgen.“[438]

In der Tabelle 75 werden die univariaten Befunde für die Indikatoren gemeinsamer Forschungs- und Entwicklungsaktivitäten (*F04*) und den technologischen Akquisitionen (*F05*) dargestellt.

---

438 KRUMBHOLZ (1994) S. 267.

Innovations-indikatoren:	gemeinsam (*F04*)		Akquisition (*F05*)	
Verzögerung:	-	+	-	+
0 Jahre		ew		rw
1 Jahr		ew	ew^2	
2 Jahre		e^2rw^2k	r^2w^2k	
3 Jahre			k	
4 Jahre	k		w	k
5 Jahre	k^2			k^2
6 Jahre	k			
Σ pro Richtung	6%	16%	16%	8%
Σ insgesamt	23%		24%	
e = Betriebserfolg (*EF1*); r = Rationalisierung (*EF2*); w = Wachstum (*EF3*); k = Börsenkurs (*EF4*).				

Tabelle 75: Univariate Zusammenhänge *externer* Forschung und Entwicklung zum Erfolg

Der Indikator für **gemeinsame Forschungs- und Entwicklungsaktivitäten (*F04*)** legt mit den kurzfristig positiven Zusammenhängen zum Betriebserfolg und dem Wachstum sowie den mittelfristig negativen zum Börsenkurs ähnliche Beziehungen offen, wie sie für die Indikatoren *F01* und *F02* und in umgekehrter Weise für *F03* beobachtet wurden. Die Ähnlichkeit läßt vermuten, daß es einerlei ist, ob vermehrte Forschungs- und Entwicklungsaktivitäten aus eigener Kraft (*F01*) oder zusammen mit externen Partnern (*F04*) unternommen werden.[439] Vermehrte Forschungs- und Entwicklungsaktivitäten zeichnen sich demnach in der Tendenz sowohl in interner als auch gemeinsamer Aktivität mit einem externen Partner ab.

Zu den Befunden für *F04* lassen sich zwei weitere Vermutungen anstellen.

1. Eine auf Wachstum ausgerichtete Unternehmensstrategie läßt bereits ein und zwei Jahre vor der Realisierung des Wachstums erkennen, daß auch gemeinsame Forschungs- und Entwicklungsaktivitäten als geeignetes Mittel ange-

---

439 Die Parallelen in den Ergebnissen der Indikatoren *F01* und *F04* lassen sich auch durch die Zusammenhänge dieser Indikatoren untereinander erklären. *F01* und *F04* korrelieren im Panel von 1986 bis 1993 hochsignifikant positiv miteinander. Je mehr Forschung und Entwicklung betrieben wird, desto mehr werden auch externe Partner involviert.

sehen werden, das Wachstum herbeizuführen. So soll angenommen werden, daß die Vereinbarung gemeinsamer Aktivitäten ein Mittel ist, den späteren Erwerb der Partner vorzubereiten, womit letztlich Wachstumseffekte erzielt werden.

2. Gemeinsame Forschungsvorhaben bieten sich an, wenn die Kosten der angestrebten Forschungsprojekte derart hoch sind, daß es sinnvoll erscheint, sich das Risiko mit einem oder mehreren Partnern zu teilen. Nicht zwingend ist dabei allerdings, daß es sich bei gemeinsamen Forschungs- und Entwicklungsaktivitäten stets um solche Projekte handelt, die weit über das unternehmensübliche Forschungs- und Entwicklungsbudget hinausgehen. Vielmehr kann die verstärkte Ausrichtung auf gemeinsame Aktivitäten auch die Ursache in einer Unternehmenssituation haben, die nicht einmal erlaubt, das übliche interne Budget aufzustellen. Damit wären die vermehrten Anstrengungen in gemeinsamen Forschungs- und Entwicklungsaktivitäten kurzfristig signifikant positiv erfolgswirksam, weil Teile der Kosten auf Partner abgewälzt werden können, mittelfristig lassen sich die Mißerfolge jedoch, wie die Befunde zu den Kursrückgängen zeigen, nicht mehr durch gemeinsame Aktivitäten kompensieren. Gemeinsame Forschungs- und Entwicklungsaktivitäten können somit auch als ein Indikator für den letzten Ausweg aus nicht mehr mit eigenen Mitteln finanzierbaren Projekten angesehen werden, die jedoch deutlich auf mittelfristig nicht mehr vermeidbare Mißerfolge durch Kursrückgänge erkennbar sind.

Für den Indikator *F04* überwiegen insgesamt die Anteile positiver Zusammenhänge über die negativen für alle Momente der zeitlichen Verzögerung. Wie für Forschung und Entwicklung allgemein (*F01*) lassen sich für *F04* ausschließlich kurzfristig positive Zusammenhänge zum Erfolg aufzeigen und mittelfristig ausschließlich negative. Mit 23 % weist *F04* eine überdurchschnittliche Anzahl signifikanter Zusammenhänge zu den Erfolgsindikatoren auf, was seine Relevanz zur Erklärung des Unternehmenserfolges untermauert.

Der Indikator für **technologische Akquisitionen (*F05*)** weist im Jahr der Erfolgsmessung positive Wachstumseffekte auf, was auf die Konsolidierung der neu erworbenen Unternehmen und Beteiligungen zurückzuführen ist. Bereits kurzfristig erscheint diese spezielle Gruppe der Akquisitionen jedoch eher erfolgshemmend. Der negative Zusammenhang zum Wachstum, ein, zwei und vier Jahre nach der Berichterstattung über technologische Akquisitionen, läßt die Existenz eines hohen Risikos der erfolgreichen Einbindung solcher Akquisitionen vermuten. Zudem sind bereits kurzfristig Einbußen des Betriebserfolges, der Rationalisierungseffekte und auch Kursrückgänge beobachtbar. So läßt sich vermuten, daß hinter dem Indikator für technologische Akquisitionen eine Strategie steht, welche nicht allein auf Wachstum durch Akquisition und Implementierung des neuen Unternehmens ausgerichtet ist, sondern auch auf Akquisition und Ausschlachtung von technologischem Potential mit anschließendem Abstoßen der Unternehmen. Die Strategie Aufkaufen-Ausschlachten-und-Verkaufen könnte demnach mit *F05* zum Ausdruck kommen und wird nach vier bis fünf Jahren sogar mit steigenden Kursen belohnt.

Insgesamt überwiegt für die technologischen Akquisitionen der Anteil negativer Zusammenhänge für alle Momente der zeitlichen Verzögerung. Damit wird einerseits das Erfolgsrisiko einer Entscheidung zugunsten eines Unternehmenskaufs aus technologischen Gründen aufgezeigt, andererseits aber auch eine beabsichtigte Strategie des Zukaufs zur Ausschlachtung und anschließenden Verkaufs angedeutet. Positive Zusammenhänge zu den Erfolgsindikatoren lassen sich nur für das Jahr der Berichterstattung sowie vier und fünf Jahre später belegen. Mit 24 % weist der Indikator technologische Akquisition (*F05*) einen überdurchschnittlichen Anteil signifikanter Zusammenhänge auf, die auf seine Bedeutung für die Erklärung des Unternehmenserfolges hinweisen.

9.2.3 Prozeßindikatoren

Die Tabelle 76 zeigt die univariaten Befunde für drei von sechs Indikatoren des Prozeßbereichs. Dazu gehören die Einführung von Prozeßtechnologie (*F06*), die Entwicklung von Prozeßtechnologie (*F07*) und die organisatorischen Prozeßaspekte (*F08*).

Der Indikator für die **Einführung von Prozeßtechnologien (*F06*)** deutet über eine Verzögerung von bis zu vier Jahren auf Unternehmenswachstum hin. Eine hinter dem Indikator *F06* stehende Investitionstätigkeit erklärt damit in hohem Maße eine kurzfristig auf Wachstum ausgerichtete Unternehmensstrategie, die sich auch mittelfristig umsetzen läßt. Der positive Zusammenhang zu den Erfolgsindikatoren Betriebserfolg (*EF1*) und Rationalisierung (*EF2*) im Berichtsjahr kann als ein Berichtsverhalten verstanden werden, das die erzielten Erfolge durch die Nennung zusätzlicher Anstrengungen zur Modernisierung des Prozeßbereichs erklären soll. Ist ein Unternehmen erfolgreich, dann ist es auch in größerem Umfang bemüht, neue Prozeßtechnologien zu beschaffen. Dieser Sachverhalt wird über die Berichterstattung vermittelt. Allerdings wirken sich die über das Mittelmaß hinausgehenden Aktivitäten zur Einführung von Prozeßtechnologien zwei bis drei Jahre später negativ auf den Betriebserfolg aus. Im vierten Jahr zeigen die positiven Zusammenhänge zu *EF1*, *EF2* und *EF3*, daß sich die kurz- bis mittelfristige Krise im Betriebserfolg überwinden läßt. Die Überwindung der ertragsschmälernden Krise wird auch durch den positiven Zusammenhang zum Betriebserfolg fünf Jahre nach der Berichterstattung gestützt. Der Kapitalmarkt scheint jedoch durch den Zusammenhang zu den Kursrückgängen, die Unternehmenssituation vier bis fünf Jahre nach der Berichterstattung anders zu bewerten als es den Bilanzinformationen entnommen werden kann.

Innovations-indikatoren:	Einführung (*F06*)		Entwicklung (*F07*)		Organisation (*F08*)	
Verzögerung:	-	+	-	+	-	+
0 Jahre		er^2w^4		ew	r^3	
1 Jahr		rw^4			rw^3	
2 Jahre	e^2	w^3	r		ew	
3 Jahre	e^2	w^2	r^2k			
4 Jahre	k^2	erw				
5 Jahre	k^2	e		e		
6 Jahre						
Σ pro Richtung	13%	34%	6%	5%	15%	0%
Σ insgesamt	47%		11%		15%	

e = Betriebserfolgseffekt (*EF1*); r = Rationalisierungseffekt (*EF2*);
w = Wachstumseffekt (*EF3*); k = Börsenkurseffekt (*EF4*).

Tabelle 76: Univariate Zusammenhänge der Prozeßindikatoren zum Erfolg (Teil I)

Für *F06* überwiegt der Anteil positiver Zusammenhänge den Anteil negativer Zusammenhänge für alle Momente der zeitlichen Verzögerung. Dem Indikator *F06*, welcher die Aktivitäten zur Modernisierung von Prozeßtechnologien durch Zukauf zum Ausdruck bringen soll, können daher eher positive Erfolgseffekte testiert werden mit starkem Hang zum Wachstum und mit nur vorübergehend negativen Betriebserfolgseffekten. Mit 47 % weist der Indikator Prozeßeinführung (*F06*) den größten Anteil signifikanter Zusammenhänge aller Indikatoren der

Innovationsorientierung auf. Dieser Indikator wird daher als brauchbar eingestuft, den Unternehmenserfolg im Hinblick auf Betriebserfolg, Rationalisierungseffekten und ganz besonders das Wachstum zu erklären. Hinter dieser großen Zahl signifikanter Zusammenhänge läßt sich eine stetige und systematische Investitionspolitik vermuten.

Die Befunde für den Indikator **Prozeßentwicklung (*F07*)** ähneln in abgeschwächter Form den Befunden für die Einführung von Prozeßtechnologien. Im Jahr der Erfolgsmessung werden steigende Betriebserfolge und Wachstum signifikant durch die vermehrte Berichterstattung über Prozeßentwicklungen gestützt. Die Beobachtung, daß nach drei Jahren der Berichterstattung negative Zusammenhänge zu den Rationalisierungseffekten bestehen, deutet an, daß die Entwicklung von Prozeßtechnologien nicht auf Effizienzkriterien gerichtet ist, sondern im Gegenteil eher Rationalisierungspotentiale erzeugt. Damit wird ein Unterschied zum Indikator Prozeßeinführung deutlich. *F06* steht ausschließlich im positiven Zusammenhang zu den Rationalisierungseffekten. Je mehr Prozeßtechnologien extern beschafft werden, desto höher sind die Rationalisierungseffekte, sowohl kurz- als auch mittelfristig. Die Entwicklung von Prozeßtechnologien erzeugt indes mittelfristig Rationalisierungspotentiale, anstatt sie auszunutzen.

Insgesamt ist für *F07* das Verhältnis positiver und negativer Zusammenhänge über alle Momente der zeitlichen Verzögerung ausgewogen, wobei kurzfristig im Berichtsjahr ausschließlich positive Zusammenhänge zu den Erfolgsindikatoren bestehen. Diese positiven Zusammenhänge wurden ebenso für den Indikator Prozeßeinführung (*F06*) beobachtet. Mit 11 % liegt der Anteil signifikanter Zusammenhänge zum Erfolg über dem zufälligen Anteil von 5 %. Der Anteil von 11 % ist jedoch erheblich kleiner als der entsprechende Anteil für den Indikator Prozeßeinführung (*F06*). Das erscheint plausibel, zumal Prozeßeinführungen wesentlich erfolgs- und bilanzwirksamer sein dürften als unternehmenseigene Entwicklungsaktivitäten im Prozeßbereich. Zudem ist der Einfluß der Prozeßentwicklung kleiner als der der Prozeßeinführung, weil der Anteil zugekaufter Prozeßtechnologien weitaus größer ist als der Anteil intern entwickelter.[440]

Aus den Befunden für den Indikator **Prozeßorganisation (*F08*)** ergeben sich folgende Interpretationen: Je mehr ein Unternehmen über Umstrukturierungen berichtet, desto dringender erscheint dies aus Effizienzgründen im Jahr der

440 Prinzip der volkswirtschaftlichen Arbeitsteilung.

Berichterstattung und ein Jahr später. Die Umstrukturierungen werden ein und zwei Jahre nach der Berichterstattung von Unternehmensschrumpfungen begleitet. Zudem lassen sich negative Betriebserfolge zwei Jahre nach der Berichterstattung beobachten. Der Indikator Prozeßorganisation (*F08*) erweist sich damit als ein Krisenindikator, welcher bereits zwei Jahre vor der Realisierung rückläufiger Betriebserfolge die Absicht der Unternehmen erkennen läßt, einer drohenden Krisensituation entgegenzuwirken. Abgestoßen wird, was nicht effizient ist. Die vermehrten Aktivitäten zur Umgestaltung der Prozesse führen kurzfristig zu Ineffizienzen, welche am rückläufigen Betriebserfolg ablesbar sind.

Insgesamt existieren für *F08* ausschließlich negative Zusammenhänge für alle Momente der zeitlichen Verzögerung, wobei nur kurzfristige Zusammenhänge beobachtbar sind. Der Indikator Prozeßorganisation entpuppt sich daher besonders in der kurzfristigen Betrachtung als Indikator für das Bemühen des Unternehmens, einer anstehenden Krise entgegenzuwirken. Mit 15 % ist der Anteil signifikanter Zusammenhänge zum Erfolg trotz nur kurzfristiger Befunde überdurchschnittlich und weist somit auf seine Bedeutung für die Erklärung der Erfolgsindikatoren hin.

Die Tabelle 77 gibt Auskunft über die Befunde für den zweiten Teil der Prozeßindikatoren, die Prozeßinnovation (*F09*), die Prozeßrationalisierung (*F10*) und die gemeinsamen Prozeßaktivitäten (*F11*).

Der Indikator **Prozeßinnovation (*F09*)** weist im Jahr der Erfolgsmessung auf einen positiven Zusammenhang zu den Rationalisierungseffekten (*EF2*) hin. Zwei Jahre nach der Berichterstattung besteht ein negativer Zusammenhang zur Änderung des Börsenkurses (*EF4*). Weitere signifikante Zusammenhänge lassen sich univariat nicht beobachten. Hier kann vermutet werden, daß die vom Unternehmen erzielten Rationalisierungseffekte im gleichen Jahr vom Berichterstatter durch die vermehrte Nennung von Prozeßinnovationen begründet werden. Ein Effekt hochinnovativer Prozeßtätigkeit zeigt sich in fallenden Kursen zwei Jahre nach der Berichterstattung.

Mit 3 % ist der Anteil signifikanter Zusammenhänge zum Erfolg für *F09* gering und liegt unter einem zufälligen Anteil von 5 %. Der Indikator Prozeßinnovationen erweist sich damit als in hohem Maße ungeeignet, den Erfolg der Unternehmen univariat zu erklären. Dieses Ergebnis läßt die Vermutung zu, daß Prozeßinnovationen nicht im Zusammenhang zum Erfolg stehen, weil im komplexen Gefüge unternehmerischer Aktivitäten zu viele andere erfolgswirksame Aspekte berücksichtigt werden müssen.

Zusätzlich wird mit diesem Ergebnis belegt, daß der Versuch, die Innovationsorientierung ausschließlich über radikale Innovationen bestimmen zu wollen, um damit den Unternehmenserfolg zu erklären, zu engsichtig ist und daher hier scheitern muß.

Indikatoren der Innovationsorientierung:	Innovation (*F09*)		Rationalisierung (*F10*)		Gemeinsam (*F11*)	
Verzögerung:	-	+	-	+	-	+
0 Jahre		r		e		
1 Jahr				w		er
2 Jahre	k					rwk
3 Jahre			r			r
4 Jahre				r	e	k
5 Jahre						
6 Jahre						
Σ pro Richtung	2%	2%	2%	5%	2%	11%
Σ insgesamt	3%		6%		13%	

e = Betriebserfolgseffekt (*EF1*); r = Rationalisierungseffekt (*EF2*);
w = Wachstumseffekt (*EF3*); k = Börsenkurseffekt (*EF4*).

Tabelle 77: Univariate Zusammenhänge der Prozeßindikatoren zum Erfolg (Teil II)

Der Indikator **Prozeßrationalisierung (*F10*)** läßt durch den kurzfristigen Zusammenhang zum Betriebserfolg die Interpretation zu, daß erfolgreich durchgeführte Rationalisierungsmaßnahmen dem Berichterstatter dazu dienen, steigende Betriebserfolge zu erklären. Der Indikator Prozeßrationalisierung (*F10*) erweist sich somit nicht als ein kurzfristiger Krisenindikator zum Aufdecken von Mißständen in den Unternehmen. Mittelfristig sind die Rationalisierungseffekte die relevante Erfolgsgröße, jedoch in uneinheitlicher Weise. So zeigen die vermehrten Rationalisierungsmaßnahmen drei Jahre nach der Berichterstattung negative Rationalisierungseffekte und vier Jahre später positive. Daher werden die Nennungen zu

Rationalisierungsmaßnahmen so verstanden, daß sie kurzfristig dem Berichterstatter dazu dienen, steigende Betriebserfolge zu begründen.[441] Mittelfristig zeigen sich zwar Rationalisierungseffekte, diese sind jedoch uneinheitlich.[442]

Insgesamt überwiegt der Anteil positiver Zusammenhänge für *F10* gegenüber dem der negativen Zusammenhänge. Mit 6 % ist der Anteil aller signifikanten Zusammenhänge ebenso hoch wie der zufällige Anteil signifikanter Zusammenhänge. Eine zu starke Beachtung der ausgiebigen Nennung von Rationalisierungsmaßnahmen im Prozeß erscheint im Hinblick auf die Beurteilung der Unternehmenssituation und -entwicklung daher nicht angemessen.

Der Indikator **gemeinsame Prozeßaktivitäten** (***F11***) ist der Indikator für alle genannten Unternehmensaktivitäten mit externen Partnern, welche nicht gemeinsame Forschungs- oder Entwicklungsabsichten oder gemeinsame Marktabsichten erkennen lassen. Die vermehrte Nennung von gemeinsamen Prozeßaktivitäten deutet eine kurzfristig erfolgreiche Unternehmensstrategie an, die gleichermaßen mit Effekten steigender Betriebserfolge, Rationalisierungen, Wachstum wie auch mit Kurssteigerungen einhergeht. Der Erfolg dieser auf gemeinsame Aktivitäten ausgerichteten Strategie zeichnet sich zwei und drei Jahre später in Rationalisierungseffekten ab, die auch als Auslagerungseffekte interpretiert werden können. Kurz- bis mittelfristige Kurssteigerungen belegen zusätzlich den Erfolg dieser Unternehmensstrategie. Die gemeinsamen Prozeßaktivitäten werden daher als eine sanfte Strategie verstanden, zumindest kurzfristig Wettbewerbsvorteile durch Kooperation zu erzielen, ohne dabei mittelfristig nennenswerte Erfolgseinbußen hinnehmen zu müssen. Mit den kurzfristigen Vorteilen ohne mittelfristige Nachteile steht der Indikator für gemeinsame Prozeßaktivitäten im Gegensatz zu dem Indikator für gemeinsame Forschungs- und Entwicklungsaktivitäten (*F04*). *F04* weist vier bis sechs Jahre nach der Berichterstattung negative Zusammenhänge zur Änderung des Börsenkurses auf. Die gemeinsamen Prozeßaktivitäten können, ebenso wie *F04* als Anbahnungsprozeß für Akquisitionen gesehen werden. Damit

---

441 Erfolgreich durchgeführte Rationalisierungsmaßnahmen sind ein ideales Thema der Berichterstattung.

442 Der Blick auf die T-Werte liefert weitere Erkenntnisse. Für den Zusammenhang drei Jahre nach der Berichterstattung wird ein T-Wert von -2,07 bestimmt. Für den Zusammenhang vier Jahre nach der Berichterstattung wird ein T-Wert von +2,69 ermittelt. Der positive Zusammenhang ist somit hochsignifikant, während der negative nur schwach signifikant ist. Damit ist der positive Zusammenhang bei gegebener gleicher Varianz mit größerer Wahrscheinlichkeit anzunehmen als der negative.

lassen sich dann auch die Wachstumseffekte zwei und vier Jahre nach der Berichterstattung erklären.

Insgesamt überwiegen für *F11* die Anteile positiver Zusammenhänge über die der negativen. Mit 13 % ist der Anteil aller univariat signifikanten Zusammenhänge für den Indikator gemeinsamer Prozeßaktivitäten (*F11*) überdurchschnittlich. Die gemeinsamen Prozeßaktivitäten sind daher für die Erklärung der Erfolgsindikatoren bedeutsam.

9.2.4 Produktindikatoren

Die univariaten Befunde für die Produktindikatoren sind in der Tabelle 78 zusammengefaßt. Im folgenden werden die Ergebnisse im einzelnen für die Produkteinführung (*F12*), die Produktentwicklung (*F13*), die Produktinnovation (*F14*) und die Produktrationalisierung (*F15*) beschrieben.

Der Indikator **Produkteinführung (*F12*)** weist im gleichen Jahr der Erfolgsmessung und für alle vorgelagerten Jahre der Berichterstattung ausschließlich negative Zusammenhänge auf. Null, zwei und drei Jahre nach der Berichterstattung bestehen negative Zusammenhänge zum Betriebserfolg (*EF1*). Null, eins, zwei und drei Jahre danach lassen sich zusätzlich negative Rationalisierungseffekte beobachten. Drei, vier, fünf und sechs Jahre nach der Berichterstattung steht der Indikator *F12* im negativen Zusammenhang mit der Änderung des Börsenkurses (*EF4*). Diese Beobachtung ist schwerlich mit betriebswirtschaftlichen Wirkungszusammenhängen zwischen vermehrter Produktaktivität und dem Erfolg erklärbar. Steht eine vermehrte Nennung kurzfristig durch erheblich größere Aufwendungen zunächst nicht in Verbindung zu Erfolgen, so wurde doch erwartet, daß die ‚stars' und ‚questionmarks' nach einiger Zeit zu ‚cash-cows'[443] werden und positive Erfolgseffekte bewirken. Auch wurde erwartet, daß eine vermehrte Nennung von Produkteinführungen kurzfristige Wachstumseffekte erzeugt. Keine dieser Erwartungen wird jedoch erfüllt. Die vermehrte Nennung dieser Aktivität deutet kurz- wie auch mittelfristig auf Mißerfolge hin.

---

443 In Anlehnung an die Produktportfolio-Matrix der Boston Consulting Group. Vgl. HEDLEY (1977) S. 12. ‚Stars' sind danach Produkte mit einer hohen Wachstumsrate und einem hohem relativen Marktanteil, ‚questionmarks' sind Produkte mit hoher Marktwachstumsrate, aber niedrigem relativen Marktanteil, und ‚cash-cows' sind Produkte mit niedriger Marktwachstumsrate, aber hohem relativen Marktanteil.

Indikatoren der Innovations-orientierung:	Einführung (*F12*)		Entwicklung (*F13*)		Innovation (*F14*)		Rationali-sierung (*F15*)	
Verzögerung:	-	+	-	+	-	+	-	+
0 Jahre	e^2r		e	w				
1 Jahr	r		er	w				
2 Jahre	e^2r^2		r^2	w	e			
3 Jahre	e^2rk		$e^2r^2k^2$				k	
4 Jahre	k^2		k^2					r
5 Jahre	k^2		k^2	r				
6 Jahre	k		k					
Σ pro Richtung	27%	0%	26%	6%	2%	0%	2%	2%
Σ insgesamt	27%		32%		2%		3%	
e = Betriebserfolgseffekt (*EF1*); w = Wachstumseffekt (*EF3*);				r = Rationalisierungseffekt (*EF2*); k = Börsenkurseffekt (*EF4*).				

Tabelle 78: Univariate Zusammenhänge der Produktindikatoren zum Erfolg

Ein Erklärungsansatz ist, daß die betrachteten Unternehmen seit vielen Jahren auf ihren Märkten etabliert sind. Eine über das mittlere Maß hinausgehende Produktaktivität führt dann auf Märkten mit hoher Konkurrenz nicht zu zusätzlichen Erfolgen, sondern zunächst einmal nur zu mehr Kosten und einem höheren Arbeitseinsatz. Gefragt ist demnach eine stetige Produktstrategie, welche große Sprünge zugunsten von kontinuierlichen Produkteinführungen vermeidet.

Da der Gesamtanteil signifikanter Zusammenhänge 27 % beträgt und damit weit über dem zufälligen Anteil von 5 % liegt, wird vermutet, daß die Nennung vermehrter Produkteinführungen ein Berichtsverhalten darstellt, welches kurzfristig Mißerfolgssituationen kompensieren soll. Die Unternehmen berichten demnach um so mehr über ihre Bemühungen, neue Produkte am Markt zu etablieren, je erfolgloser sie tatsächlich sind. Mittelfristig bleibt jedoch der negative Zusammenhang für die börsennotierten Unternehmen erhalten. Hier kann nicht das Berichtsverhalten Ursache für die Zusammenhänge sein. Der Indikator *F12* stellt demnach eine Größe dar, den Erfolg des Unternehmens univariat in umgekehrter Weise zu erklären. So muß bei vermehrten Aktivitäten zur Produkteinführung in der Tendenz eine kurz- und mittelfristige Erfolglosigkeit erwartet werden. Je mehr ein Unternehmen über Produkteinführungen berichtet, desto beunruhigender ist diese Aktivität für ihre Erfolgsentwicklung.

Der Indikator **Produktentwicklung (*F13*)** repräsentiert Aktivitäten, die marktferner als die der Produkteinführung sind. Demzufolge wird erwartet, daß sich signifikante Zusammenhänge zu den Erfolgsindikatoren verzögerter beobachten lassen als das für den Indikator Produkteinführung aufgezeigt wurde. Diese Erwartung wird jedoch nicht bestätigt. In bezug auf die negativen Zusammenhänge zu den Erfolgsmaßen ist der Indikator *F13* dem Indikator *F12* sehr ähnlich. Kurz- als auch mittelfristig bestehen fast ausschließlich negative Zusammenhänge zum Betriebserfolg, den Rationalisierungseffekten und der Änderung des Börsenkurses. Neue Produkte bergen in bezug auf den Produktionsprozeß erhebliche Rationalisierungspotentiale, so daß kurzfristig der Rationalisierungserfolg unter der vermehrten Aktivität zur Produktentwicklung leidet. Erst mittelfristig, fünf Jahre nach der Berichterstattung, läßt sich die Ausnutzung der Rationalisierungspotentiale neuer Produkte erkennen. Ein wesentlicher Unterschied zwischen *F12* und *F13* liegt jedoch darin, daß die Produktentwicklungen kurzfristig im positiven Zusammenhang zum Wachstum stehen. Damit kann der Indikator *F13* das mit den neuentwickelten Produkten einhergehende Wachstum erklären.

Insgesamt weist der Indikator Produktentwicklung erheblich mehr Anteile negativer Zusammenhänge als positive auf, was sich aus der Ähnlichkeit des Indikators *F13* zu *F12* erklärt. Deutlich anders sind für den Indikator *F13* jedoch die kurzfristigen positiven Wachstumseffekte, welche für *F12* nicht beobachtet werden. Mit 32 % weist der Indikator *F13* zudem einen größeren Anteil signifikanter Zusammenhänge auf als derjenige, der für *F12* aufgezeigt ist. *F13* besitzt damit in hohem Maße Relevanz zur Erklärung der Unternehmenserfolge, besser noch als der Indikator Produkteinführung.

Der Indikator **Produktinnovation (*F14*)** stellt den Teil der Nennungen zur Produkteinführung (*F12*) und zur Produktentwicklung (*F13*) dar, welcher von den Berichterstattern ausdrücklich als innovativ herausgestellt wird. Es handelt sich somit um eine kleine Untermenge der in den Indikatoren *F12* und *F13* enthaltenen Nennungen. Der Indikator Produktinnovation (*F14*) steht zwei Jahre nach der Berichterstattung im negativen Zusammenhang zum Betriebserfolg (*EF1*). Darüber hinaus lassen sich keine signifikanten Zusammenhänge bestimmen. Dieser negative Zusammenhang findet sich auch in den Befunden für *F12* und *F13* wieder. Mit 2 % liegt der Anteil aller signifikanten Zusammenhänge weit unter dem zufälligen Anteil von 5 % und ist zudem der geringste Anteil für alle Indikatoren. Damit wird erneut, wie auch schon für die Prozeßinnovationen (*F09*), die Schwierigkeit offengelegt, den Unternehmenserfolg anhand der engen Auswahl nur radikaler Innovationen zu erklären.

Der Indikator **Produktrationalisierung (*F15*)** steht im negativen Zusammenhang zur Änderung des Börsenkurses drei Jahre nach der Berichterstattung. Vier Jahre nach der Berichterstattung läßt sich ein positiver Zusammenhang zu den Rationalisierungseffekten (*EF2*) aufzeigen. Nicht nur die das Produktsortiment erweiternden Aktivitäten, wie Produkteinführung, Produktentwicklung und Produktinnovationen, weisen somit kurzfristig negative Zusammenhänge zu den Erfolgsmaßen auf, sondern auch das Produktsortiment bereinigende Maßnahmen. Die positiven Rationalisierungseffekte vier Jahre nach der Berichterstattung lassen jedoch erkennen, daß ein vom Unternehmen gewünschter Effekt auch tatsächlich einzutreten scheint. Es erscheint jedoch wenig plausibel, daß erst vier Jahre nach der Produktrationalisierung auch tatsächlich Rationalisierungseffekte meßbar werden. Mit 3 % ist der Anteil aller signifikanten Zusammenhänge kleiner als der zufällige Anteil von 5 %. Daher stellt der Indikator Produktrationalisierung univariat kein bedeutungsvolles Erklärungspotential für die Erfolgsindikatoren bereit.

Die Indikatoren des Produktbereichs weisen sehr unterschiedliche Eignungsgrade auf, was ihr Erklärungspotential betrifft. Produktinnovation und Produktrationalisierung erscheinen für die Erklärung eher ungeeignet, ganz im Gegensatz zu den Produkteinführungen und den Produktentwicklungen. *F12* und *F13* zeigen kurzfristig in hohem Maße erfolgsmindernde Wirkungen, vermutlich weil die vermehrte Produktaktivität zusätzliche Kosten und höhere Arbeitsintensitäten verursachen. Mittelfristig weisen die Indikatoren *F12* und *F13* ausschließlich Zusammenhänge zu fallenden Börsenkursen auf, was als Spätfolge übermäßiger Produktaktivität verstanden wird. Lediglich der Indikator Produktentwicklung belegt kurzfristig positive Wachstumseffekte.

Die Befunde für Produktentwicklungen und Produkteinführungen stützen die Ergebnisse für den Großbereich der Forschung und Entwicklung. *F01* bis *F05* weisen mittelfristig erfolgsmindernde Effekte auf. Hierbei sind insbesondere die negativen Betriebserfolgseffekte und die negativen Rationalisierungseffekte drei bis vier Jahre nach der Berichterstattung zu nennen. Diese Wirkungen sind das zeitlich verzögerte Ergebnis der Forschungs- und Entwicklungstätigkeit. Ähnliche Effekte lassen sich für die Produkteinführung und Entwicklung bereits kurzfristig offenlegen. Die Befunde zur Forschung und Entwicklung und den Produktentwicklungen und Produkteinführungen stützen sich also gegenseitig und liefern ein Indiz für die phasenbedingte Wirkungsverzögerung.

9.2.5 Marktindikatoren

Die Tabelle 79 zeigt die Befunde für die Indikatoren interner (*F16*) und gemeinsamer Marktaktivitäten (*F17*).

Die **internen Marktaktivitäten (*F16*)** der Unternehmen erweisen sich kurzfristig als erfolgsschmälernd. Sie erscheinen sowohl kostenintensiv als auch mitarbeiterintensiv. Sogar das Wachstum der Unternehmen steht kurzfristig im negativen Zusammenhang zu *F16*. Dieser Befund ist vermutlich damit zu erklären, daß den mit der Schrumpfung verbundenen Umsatzrückgängen und Marktanteilsverlusten durch vermehrte Maßnahmen entgegengewirkt wird. Somit beeinflußt hier eher das negative Wachstum die Nennung von Gegenmaßnahmen als umgekehrt.

Interne Marktaktivitäten, die das Unternehmen aus eigener Anstrengung betreibt, sind kurzfristig negativ erfolgswirksam und weisen auch negative Rationalisierungseffekte auf. Die Eroberung neuer Marktregionen und Marktsegmente verursacht also weitaus mehr Kosten und erfordert auch mehr Mitarbeiter, als damit kurzfristig an Erträgen erzielt werden kann. Mittelfristig zeigen sich jedoch positive Erfolgseffekte mit zunächst steigenden Betriebserfolgen und steigenden Umsätzen pro Mitarbeiter und anschließend auch Wachstum. Damit wird die marktbezogene Expansionsstrategie aus eigener Kraft in ein erfolgreicheres Licht gerückt.

In bezug auf den Betriebserfolg weist der Indikator Markt allgemein (*F16*) kurzfristig ähnlich negative Zusammenhänge auf, wie sie für die Indikatoren der Produktaktivitäten *F12* und *F13* beobachtet werden. Marktaktivitäten sind jedoch nicht kurzfristig wachstumsträchtig, sondern erst mittelfristig erfolgs-, rationalisierungs- und wachstumsträchtig. Eine vermehrte Produktaktivität, verbunden mit einer expansiven Marktstrategie, führt damit kurzfristig zu Ertragseinbrüchen und Wachstum sowie mittelfristig zu Ertragssteigerungen.

Insgesamt überwiegen die Anteile negativer Zusammenhänge die Anteile positiver für den Indikator *F16*. Hierbei ist jedoch zwischen einem Übergewicht kurzfristig negativer Zusammenhänge und einem Übergewicht mittelfristig positiver

Zusammenhänge zu differenzieren. Mit 29 % liegt der Anteil aller signifikanten Zusammenhänge weit über dem zufälligen Anteil von 5 %. Der Indikator *F16* ist damit in hohem Maße zur Erklärung der Unternehmenserfolge relevant.

Innovations-indikatoren:	intern (*F16*)		gemeinsam (*F17*)	
Verzögerung:	-	+	-	+
0 Jahre	e^2w			ew
1 Jahr	e^2r^2w			er^2w^3
2 Jahre	r	e		e^2rw^2
3 Jahre	k	e^2r	r	ew
4 Jahre	k	erw		
5 Jahre			e	w
6 Jahre			k	
Σ pro Richtung	18%	11%	5%	26%
Σ insgesamt	29%		31%	
e = Betriebserfolg (*EF1*); r = Rationalisierung (*EF2*); w = Wachstum (*EF3*); k = Börsenkurs (*EF4*).				

Tabelle 79: Univariate Zusammenhänge der Marktindikatoren zum Erfolg

Für den Indikator **gemeinsamer Marktaktivitäten (*F17*)** läßt sich festhalten, daß damit kurz- und mittelfristig Wachstum verbunden ist. *F17* wirkt sich zudem kurzfristig steigernd auf den Betriebserfolg und die Rationalisierungseffekte aus. Mittelfristig werden jedoch negative Rationalisierungseffekte, sinkende Betriebserfolge und fallende Börsenkurse beobachtet.

Für *F17* überwiegt der Anteil positiver Zusammenhänge über die negativen für alle Momente der zeitlichen Verzögerung. Hierbei ist zu differenzieren zwischen 1. kurzfristig ausschließlich positiven Zusammenhängen zum Wachstum und 2. mittelfristig ebenfalls positiven Zusammenhängen zum Wachstum, aber zusätzlich negativen Zusammenhängen zum Betriebserfolg, zu den Rationalisierungseffekten und zum Börsenkurs. Mit 31 % ist der Anteil aller signifikanten Zusammenhänge für *F17* ebenso hoch wie für *F16*. Der hohe Anteil steht damit für eine hohe Relevanz zur Erklärung der Unternehmenserfolge.

Aufgrund eines Vergleichs der Befunde für die internen (*F16*) und die gemeinsamen Marktaktivitäten (*F17*) sind bei der strategischen Entscheidung, ob ein Unternehmen aus eigener Kraft oder zusammen mit einem Partner expansiv tätig werden will, folgende Konsequenzen zu beachten: Eigene Anstrengungen zur marktbezogenen Expansion (*F16*) verursachen hohe Kosten und sind arbeitsintensiv, was sich auf den Betriebserfolg und die Rationalisierungseffekte kurzfristig negativ auswirkt. Mittelfristig lassen sich mit den eigenen Expansionsbestrebungen jedoch steigende Betriebserfolge und steigende Rationalisierungseffekte sowie auch Wachstum erreichen. Hingegen bietet der Weg marktbezogener Expansion über Partner (*F17*) in hohem Maße die Möglichkeit kostenminimal und wenig arbeitsintensiv, kurzfristig steigende Betriebserfolge, steigende Rationalisierungseffekte und auch Wachstum zu realisieren. Mittelfristig zeigen sich jedoch für die gemeinsame Marktstrategie Einbußen im Betriebserfolg und auch in den Rationalisierungseffekten. Gewinn und Umsatz sind hierbei mit einem Partner zu teilen. Die Strategie marktbezogener Expansion mittels externer Partner erscheint zumindest kurzfristig wesentlich erfolgversprechender, als dies mit eigenen Mitteln erreicht werden kann. Mittelfristig ist jedoch die Expansionsstrategie aus eigenen Mitteln (*F16*) erfolgversprechender.

9.2.6 Unternehmensindikatoren

Die Tabelle 80 faßt die Befunde für die Indikatoren des Unternehmensbereichs zusammen. Zu ihnen zählen die Indikatoren für die Bildung neuer Unternehmenseinheiten (*F18*), die Schließung und Stillegung von Betriebsteilen (*F19*), die Mehr- oder Minderheitsbeteiligungen, ungeachtet eines möglichen Zwecks (*F20*), und die Beteiligungs- und Unternehmensverkäufe (*F21*).

Die **Bildung neuer Unternehmenseinheiten (*F18*)** erweist sich im Jahr der Berichterstattung und ein Jahr danach als betriebserfolgsschmälernd. Dieser Aktivität kann somit eine an der Gewinn- und Verlustrechnung meßbare Kostenwirksamkeit unterstellt werden. Zwei Jahre nach der Berichterstattung zeigt sich ein schwacher Anteil von Wachstumseffekten, welcher jedoch drei Jahre nach der Berichterstattung durch Kursrückgänge wieder relativiert wird.

Insgesamt überwiegen für *F18* die Anteile negativer Zusammenhänge über die positiven für alle Momente der zeitlichen Verzögerung, wobei die negativen Effekte auf den Betriebserfolg bereits kurzfristig neutralisiert werden und sich sogar Wachstumseffekte aufzeigen lassen. Mit 6 % liegt der Anteil aller signifikanten Zusammenhänge nur geringfügig über dem zufälligen Anteil von 5 %. Hierbei ist zu berücksichtigen, daß insgesamt ausschließlich kurzfristige Zusammenhänge beobachtet werden können. Für diese kurzfristige Betrachtung erscheint es daher sinnvoll, den Indikator für neue Unternehmenseinheiten dennoch als relevant für die Erklärung der Unternehmenserfolge einzustufen.

Innovations-indikatoren	Neue Einheit (*F18*)		Schließung (*F19*)		Akquisition (*F20*)		Abgabe (*F21*)	
Verzögerung:	-	+	-	+	-	+	-	+
0 Jahre	e		e^2rw^2			er^2w^3	er^3	
1 Jahr	e		rw^3			ew^3	w	
2 Jahre		w	w^2		r	w^2		
3 Jahre	k		w^2			r		k
4 Jahre							w	
5 Jahre				w	r	w		
6 Jahre								
Σ pro Richtung	5%	2%	21%	2%	3%	23%	10%	2%
Σ insgesamt	6%		23%		26%		11%	

e = Betriebserfolgseffekt (*EF1*); r = Rationalisierungseffekt (*EF2*);
w = Wachstumseffekt (*EF3*); k = Börsenkurseffekt (*EF4*).

Tabelle 80: Univariate Zusammenhänge der Unternehmensindikatoren zum Erfolg

Schließungen und Stillegungen von Betriebsteilen (*F19*) offenbaren sich als Maßnahmen, die bereits im Jahr der Berichterstattung zu signifikant meßbaren Schrumpfungen führen und zudem von verminderten Betriebserfolgen und negativen Rationalisierungseffekten begleitet werden. Ein Jahr nach der Berichterstattung lassen sich mit der Schließung bereits keine signifikanten Einbußen des Betriebserfolges mehr belegen, was die kurzfristige Wirksamkeit solcher Maßnahmen offenlegt. Dennoch zeigen die mit dem Indikator *F19* verbundenen Maßnahmen ihre Nachwirkungen auf weitere Schrumpfungseffekte noch bis zu drei Jahren nach der Berichterstattung. Damit deutet sich an, daß Schließungen und Stillegungen in der Tendenz keine einmaligen Maßnahmen sind, sondern Erscheinungen eines Prozesses darstellen. Nach fünf Jahren scheint der durch Schließungen und Stillegungen von Betriebsteilen bewirkte Schrumpfungsprozeß jedoch überwunden, und es läßt sich sogar ein positiver Wachstumseffekt verzeichnen. Kurzfristig führt die Stillegung von Betriebsteilen zu Erfolgseinbrüchen und nachhaltig auch zu Schrumpfungen. Unter Einbeziehung des positiven Wachstumseffektes fünf Jahre nach der Berichterstattung über Stillegungen lassen sich die Schrumpfungen als Gesundschrumpfungen interpretieren, die mittelfristig Kapazitäten für neues Wachstum freisetzen. Unternehmen, die sich von veralteten Produktionsanlagen durch Schließungen und Stillegungen trennen, haben im nachhinein um so mehr Wachstumskapazitäten für andere Geschäftsfelder zur Verfügung.

Insgesamt überwiegen für *F19* die Anteile negativer Zusammenhänge über die positiven für alle Momente der zeitlichen Verzögerung. Die negativen Wirkungen treten jedoch ausschließlich kurzfristig auf, während mittelfristig ein Effekt der Gesundschrumpfung mit positivem Wachstum beobachtbar ist. Mit 23 % liegt der Anteil aller signifikanten Zusammenhänge weit über dem Anteil von 5 % für die zufälligen Zusammenhänge. Der Indikator Schließung und Stillegung ist damit für die Erklärung des Unternehmenserfolgs, insbesondere für das Wachstum, relevant.

Für den Indikator **Akquisition (*F20*)** lassen sich folgende Beobachtungen festhalten: Die positiven Zusammenhänge im Jahr der Berichterstattung zum Betriebserfolg und zu den Rationalisierungseffekten zeigen, daß die Unternehmen, die vermehrt Unternehmenskäufe tätigen und Beteiligungen erwerben, dafür auch das Erfolgspotential mitbringen. Der Zusammenhang zwischen *F20* und dem Wachstum wird im Jahr der Berichterstattung und ein Jahr danach durch die Konsolidierung der neu erworbenen Unternehmen hervorgerufen. Daß auch zwei Jahre nach der Berichterstattung noch Zusammenhänge zum Wachstum beobachtbar sind, läßt sich damit erklären, daß vermehrte Akquisitionen eben keine plötzliche Aktivität, sondern vielmehr eine Strategie der Unternehmen zum Ausdruck bringen, die von einer andauernden Akquisitionstätigkeit gekennzeichnet ist. Die Nachwirkungen auf das Wachstum ergeben sich also aus der hinter dem Indikator stehenden Akquisitionsstrategie. Damit wird sogar fünf Jahre nach der Berichterstattung erneut ein Zusammenhang zum Wachstum belegbar.

Mit den ausschließlich positiven Zusammenhängen zum Wachstum wird ein Unterschied zum Indikator technologische Akquisitionen (*F05*) deutlich: *F05* weist mittelfristig negative Zusammenhänge zum Wachstum auf. Aus diesem Unterschied lassen sich zwei Vermutungen ableiten: 1. Die Konzentration auf technologische Akquisitionen ist wachstumsbezogen risikobehafteter als eine allgemeine, auf andere Ziele ausgerichtete Akquisitionsstrategie. 2. Hinter den technologischen Akquisitionen verbirgt sich die Strategie Aufkaufen (= Wachstum) und Ausschlachten (= Schrumpfung), während eine allgemeine Akquisitionsstrategie des Indikators *F20* eher auf den Erhalt und weiteren Ausbau der erworbenen Unternehmen ausgerichtet zu sein scheint.

Die Zusammenhänge zwischen *F20* und den Rationalisierungseffekten sind kurzfristig negativer Art, was auf Ineffizienzen bei der Eingliederung der neu erworbenen Unternehmen hindeutet. Drei Jahre nach der Berichterstattung sind diese Ineffizienzen beseitigt, während sich fünf Jahre nach der Berichterstattung erneut Ineffizienzen erkennen lassen. Insgesamt weist der Zusammenhang zu den Rationalisierungseffekten damit keine einheitliche Entwicklung auf.[444]

Für *F20* überwiegen die Anteile positiver Zusammenhänge die negativen für alle Momente der zeitlichen Verzögerung. Das Übergewicht positiver Zusammenhänge ist wesentlich auf den Erfolgsindikator Wachstum (*EF3*) zurückzuführen. Mit 26 % weist der Indikator *F20* einen überdurchschnittlichen Anteil signifikanter Zusammenhänge auf, wobei die Erklärung des Wachstums im Vordergrund steht.

Für den Indikator **Unternehmensabgaben (*F21*)** weisen im Jahr der Berichterstattung der Betriebserfolg und ganz besonders die negativen Rationalisierungseffekte auf die Dringlichkeit hin, mittels drastischer Maßnahmen wie den Verkauf von Unternehmensteilen, eine Unternehmenskrise abzuwenden. Ein Jahr nach der vermehrten Nennung von Unternehmensverkäufen deutet der negative Zusammenhang zum Wachstum die bilanzielle Wirkung an. Da ein Jahr nach der Berichterstattung keine negativen Zusammenhänge zum Betriebserfolg und zu den Rationalisierungseffekten beobachtbar sind, scheint die manifeste Unternehmenskrise durch Verkauf jedoch schnell behebbar. Diese Vermutung läßt sich auch durch die Kurssteigerung drei Jahre nach dem vermehrten Verkauf von Unternehmensteilen und Beteiligungen stützen. Vier Jahre nach der Berichterstattung scheint sich jedoch eine zweite Schrumpfungsphase zu ereignen, da erneut ein negativer Zusammenhang zum Wachstum sichtbar wird.

---

444 Die T-Werte für den Zusammenhang zwischen den Rationalisierungseffekten und *F20* sind für die Verzögerung von zwei Jahren: -2,53, drei Jahren: +2,64 und fünf Jahren: -2,41. Da alle T-Werte etwa gleich groß sind, also etwa gleich signifikant sind, lassen sich hieraus keine weiteren Schlüsse ziehen. Das Ergebnis bleibt uneinheitlich.

Insgesamt überwiegen für *F21* die Anteile negativer Zusammenhänge über die positiven. Kurzfristig scheinen insbesondere die Verschlechterung der Betriebserfolge und der Rationalisierungseffekte die drastische Maßnahme des Verkaufs von Unternehmensteilen zu rechtfertigen. Mittelfristig bestehen kaum signifikante Zusammenhänge. Mit 11 % liegt der Anteil aller signifikanten Zusammenhänge höher als der Anteil von 5 % zufälliger Zusammenhänge. Die Nennung von Unternehmensverkäufen hat damit zumindest kurzfristig Relevanz zur Erklärung der Erfolgsindikatoren.

9.2.7 Zusammenfassung univariater Befunde

In den obigen Betrachtungen hat sich in bezug auf Ursache und Wirkung für die Interpretation gezeigt, daß nicht immer die an der Berichterstattung gemessene Innovationsorientierung den Erfolg bestimmen kann. Vielmehr haben sich Fälle gezeigt, in denen es sinnvoller erscheint, die Berichterstattung aus den Erfolgen zu erklären. Das gilt jedoch ausschließlich für sehr kurzfristige Zusammenhänge. Für die mittelfristigen Zusammenhänge ist indes nur eine Wirkungsrichtung denkbar: Der Einfluß der Indikatoren der Innovationsorientierung auf den Erfolg.

Die Indikatoren des Forschungs- und Entwicklungsbereichs (*F01* bis *F04*) weisen hohe Ähnlichkeiten in ihren Zusammenhängen zu den betrachteten Erfolgsindikatoren auf. Kurzfristig lassen die zahlreichen positiven Zusammenhänge zu allen Erfolgsindikatoren erkennen, daß die Unternehmen geneigt sind, ihre Forschungs- und Entwicklungsaktivitäten auszuweiten, wenn sie erfolgreich sind. Mittelfristig erweisen sich die Indikatoren *F01* bis *F04* jedoch stark erfolgsschmälernd, insbesondere zeigen das die Kursrückgänge. Der Indikator für verringerte Forschung und Entwicklung (*F03*) verhält sich in umgekehrter Weise zu den Erfolgsindikatoren wie die Indikatoren *F01*, *F02* und *F04*, was die Messung der Forschungs- und Entwicklungsindikatoren insgesamt stützt. Auch die Ähnlichkeiten interner und gemeinsamer Forschungs- und Entwicklungsaktivitäten (*F01* und *F04*) stützen die Validität der Befunde. Der Indikator für technologische Akquisitionen (*F05*) zeigt andere Zusammenhänge zu den Erfolgsindikatoren als *F01* bis *F04*. Für ihn lassen sich bereits kurzfristig Zusammenhänge zu Erfolgseinbußen aller Arten bestimmen, so daß der strategischen Ausrichtung auf technologische Akquisitionen kurzfristig ein hohes Erfolgsrisiko testiert wird. Mittelfristig wirkt dieser Indikator zumindest für die börsennotierten Unternehmen eher erfolgssteigernd.

Der Indikator Prozeßeinführung (*F06*) weist kurzfristig große Anteile positiver Zusammenhänge zu den Erfolgsindikatoren auf. Insbesondere die zahlreichen Beziehungen zum Wachstum belegen die kurzfristig größenwirksamen Aktivitäten des Unternehmens. Unter diesen Investitionsschüben in moderne Prozeßtechnologien leidet jedoch kurzfristig der Betriebserfolg. Mittelfristig lassen sich positive Wirkungen auf den Betriebserfolg beobachten, wobei jedoch ebenso Kursrückgänge feststellbar sind.

Der Indikator Prozeßentwicklung (*F07*) ist dem der Prozeßeinführung (*F06*) ähnlich. *F07* kann jedoch mittelfristig nur einen Erfolgseffekt aufzeigen. Der wesentliche Unterschied der Indikatoren *F06* und *F07* ist jedoch, daß die Aktivitäten der Prozeßeinführung kurzfristig zu Einbußen des Betriebserfolges führen, während die Prozeßentwicklungen kurzfristige Einbußen der Rationalisierungseffekte zu bewirken scheinen. Prozeßeinführungen sind somit erfolgsbelastend, während die Entwicklung von Prozeßtechnologien kurzfristig eher zu Ineffizienzen führen und dabei keinen signifikanten Zusammenhang zum Betriebserfolg offenbaren.

Der Indikator Prozeßorganisation (*F08*) weist nur kurzfristige negative Zusammenhänge zu den Erfolgsindikatoren auf. Die vermehrte Nennung von Aktivitäten zu Umstrukturierungen und Neugestaltungen sind somit ein Indiz für Erfolgseinbußen und negative Rationalisierungseffekte, die Ineffizienzen andeuten. Zudem lassen sich Schrumpfungseffekte feststellen.

Der Indikator Prozeßinnovation (*F09*) scheint aufgrund zu weniger signifikanter Zusammenhänge unbrauchbar, die Erfolgsindikatoren univariat zu erklären. Der Indikator Prozeßrationalisierung (*F10*) zeigt ebenfalls nur wenige signifikante Zusammenhänge. Für die kurzfristigen positiven Zusammenhänge wurde vermutet, daß *F10* eher ein Mittel der Berichterstattung ist, steigende Erfolge zu erklären. Die erwarteten Zusammenhänge zu den Rationalisierungseffekten sind spärlich und zudem auch uneinheitlich.[445] Daher erscheint es angebracht, den Nennungen von Prozeßrationalisierungen für die Beurteilung der Unternehmenslage keine starke Bedeutung beizumessen.

Der Indikator für gemeinsame Prozeßaktivitäten (*F11*) steht kurzfristig ausschließlich in positiven Zusammenhängen zu den Erfolgsindikatoren. Denkbar ist,

---

445 Die wenigen Befunde werden auch auf den Erfolgsindikator *EF2* zurückgeführt, der die tatsächlichen Rationalisierungseffekte nur zu einem Teil abbilden kann.

daß sowohl der Erfolg die Ausweitung gemeinsamer Aktivitäten vorantreibt als auch, daß die gemeinsamen Aktivitäten kurzfristige Erfolge begünstigen, indem kostenintensive Prozesse ausgelagert werden oder Prozeßausweitungen keine Kosten verursachen, weil sie beim Partner vorgenommen werden.

Im Großbereich Produkt bieten die Indikatoren Produktinnovation (*F14*) und Produktrationalisierung (*F15*) nur wenige Hinweise auf Zusammenhänge zu den Erfolgen. Der Produktbereich reduziert sich somit univariat auf die Befunde für die impulsmächtigen Indikatoren Produkteinführung (*F12*) und Produktentwicklung (*F13*). Die Produkteinführungen stehen sowohl kurz- als auch mittelfristig ausschließlich in negativen Zusammenhängen zu den Erfolgsindikatoren. Die Aktivitäten der Produkteinführung sind demnach erfolgshemmend, führen zu Ineffizienzen und belasten den Börsenkurs. Gleiches läßt sich für die Produktentwicklungen beobachten. Der Unterschied von *F11* zu *F12* liegt jedoch darin, daß sich für die Aktivitäten zur Produktentwicklung kurzfristig positive Zusammenhänge zum Wachstum belegen lassen. Der Indikator Produktentwicklung gibt daher eher Hinweise auf wachstumsträchtige Aktivitäten als der Indikator Produkteinführung.

Interessant erscheint auch der Vergleich der zeitlich verzögerten Befunde der Großbereiche Forschung und Entwicklung und Produkt. Die Aktivitäten der Forschung und Entwicklung zeigen mittelfristig negative Zusammenhänge zu den Erfolgsindikatoren. Diese lassen sich in den kurzfristig negativen Zusammenhängen zwischen den Indikatoren der Produktaktivitäten und den Erfolgsindikatoren wiederfinden. Überraschend bleibt jedoch, daß für die Produktaktivitäten auch mittelfristig ausschließlich negative Zusammenhänge zum Börsenkurs sichtbar sind.

Der Großbereich Markt unterscheidet die Indikatoren interne und gemeinsame Marktaktivitäten (*F16* und *F17*). Interne Aktivitäten beeinträchtigen kurzfristig die Unternehmenserfolge, führen jedoch mittelfristig zu Steigerungen des Betriebserfolges, der Rationalisierungseffekte und des Wachstums. Gemeinsame Marktaktivitäten erweisen sich kurzfristig als erfolgreiche Strategie, mittelfristig sind jedoch eher fallende Betriebserfolge zu verzeichnen. Damit erweisen sich alle gemeinsamen Aktivitäten, sowohl im Bereich der Forschung und Entwicklung, im Prozeß- als auch im Marktbereich kurzfristig als erfolgswirksam, begleitet von positiven Rationalisierungseffekten und Wachstum. Mittelfristig deuten jedoch die negativen Erfolgseffekte an, daß die kooperative Strategie nicht nur vorteilhaft ist.

Der Unternehmensbereich zeigt, daß sich der Indikator für die Schaffung neuer Unternehmenseinheiten (*F18*) kurzfristig negativ auf den Betriebserfolg und positiv auf das Wachstum auswirkt. Mittelfristig lassen sich für den Indikator keine Zusammenhänge belegen. Der Indikator für Schließungen und Stillegungen (*F19*) zeigt, daß die Existenz sinkender Betriebserfolge und Rationalisierungseffekte zur Schließung veralteter Produktionsanlagen führt. *F19* steht auch im Zusammenhang mit bereinigenden Schrumpfungen der Unternehmensgröße. Mittelfristig lassen sich so Kapazitäten freilegen, die zu erkennbarem Wachstum führen. Der Indikator Schließung (*F19*) deutet mit den kurzfristigen Zusammenhängen an, daß die Unternehmen erst im Fall drohender Erfolgseinbrüche drastische Maßnahmen ergreifen. Zu vermuten ist, daß gesetzliche Rahmenbedingungen wirtschaftlich-sozialer Art derart gegen Schließungen und Stillegungen gerichtet sind, daß erst im Fall tatsächlicher Verluste Betriebsstillegungen möglich werden.

Der Indikator für die allgemeine Akquisitionstätigkeit (*F20*) zeigt mit den kurzfristig positiven Zusammenhängen zu den Erfolgsindikatoren, daß gerade erfolgreiche Unternehmen vermehrt akquirieren. Mittelfristig lassen sich für *F20* negative Rationalisierungseffekte belegen und ein zeitlich lang verzögerter Zusammenhang zum Wachstum. Damit offenbart sich mit der Akquisitionstätigkeit eine längerfristig angelegte Akquisitionsstrategie. Die allgemeine Akquisitionstätigkeit (*F20*) unterscheidet sich von den technologischen Akquisitionen (*F05*). Kurzfristig weist der Indikator *F05* große Anteile negativer Zusammenhänge zu den Erfolgsindikatoren auf. Da die Beobachtungen für *F05* sich nicht für *F20* bestätigen lassen, wird damit die Vermutung gestützt, daß die Ausrichtung auf technologische Akquisitionen risikoreicher ist.[446]

---

446 Denkbar ist auch, daß die Nennung von technologischen Akquisitionen ein berichtspolitisches Mittel ist. So kann unterstellt werden, daß durch die Nennung von Käufen technologieergänzender Unternehmen, drohende Unternehmenskrisen relativiert werden sollen, indem der Blick auf eine technologiestarke Zukunft gerichtet wird. Das ist damit zu begründen, daß sich Akquisitionen, von denen nicht behauptet wird, daß sie besonders innovatives Potential erschließen, sich real nicht wesentlich von den Akquisitionen unterscheiden dürften, für die dieses innovative Potential als Kaufgrund angegeben wird. *Die Nennung von Akquisitionen ohne die Angabe von innovativen Potentialen erscheint somit als ein konservativer Berichtsstil, der einem erfolgreichen Unternehmen eher gerecht wird.* Zudem kann in der Nennung von Käufen innovativer Unternehmen auch der Versuch gesehen werden, Innovationslücken im eigenen Unternehmen zu schließen. Diese Sichtweise wirft ebenfalls ein ungünstiges Licht auf derartige Tätigkeiten, weil die Wettbewerbsfähigkeit des eigenen Unternehmens schwerlich „im ganzen“ erkauft werden kann.

Der Indikator für Unternehmensverkäufe (*F21*) steht kurzfristig im negativen Zusammenhang zu den Erfolgsindikatoren. Mittelfristig läßt sich ein weiterer Zusammenhang zur Schrumpfung aufzeigen. Interessanterweise stehen nicht die Akquisitionen (*F20*), sondern die Unternehmensabgaben (*F21*) kurzfristig im negativen Zusammenhang zu den Rationalisierungseffekten. Nicht Akquisitionen, sondern das Herausbrechen von Unternehmensteilen aus dem Verbund erzeugt demnach Ineffizienzen. Andererseits kann aber auch vermutet werden, daß gerade die Ineffizienzen den Anlaß zum Verkauf der Unternehmensteile geben.

Ziel dieser Darstellungen war es, die wesentlichen Befunde derart herauszustellen, daß die Plausibilität der Zusammenhänge deutlich wird. Hierbei hat sich ergeben, daß die Indikatoren der Innovationsorientierung bei weitem nicht so sehr erfolgversprechend sind, wie sich das von der Wirkung der allgemeinen Innovationstätigkeit zur Stärkung der Wettbewerbsfähigkeit erwarten läßt. Anders gesagt: Wer innoviert – und das auch artikuliert – der setzt sich erheblichen Erfolgsrisiken aus, die gegebenenfalls kompensiert werden müssen. Innovation ist damit ein riskanter Weg zu nachhaltigem Erfolg. Gerade die zahlreichen negativen Zusammenhänge der Indikatoren der Forschung und Entwicklung und denen des Produktbereichs zu den Erfolgsindikatoren offenbaren die Schwierigkeit, das erfolgreiche Maß an notwendiger Innovationstätigkeit zu finden. Die Ergebnisse überraschen zudem vor dem Hintergrund, daß die Berichterstattung durch die Mittel der Berichtspolitik verzerrt sind. Die Befunde bieten eine Fülle an Plausibilitäten.

Mit dem Ziel der Analyse, den Unternehmenserfolg aus den Arten der Innovationsorientierung zu erklären, standen die *signifikanten* Befunde im Vordergrund der Betrachtungen. Die Nicht-Befunde wurden dabei weitestgehend vernachlässigt. Die Tabelle 73 in Kapitel 9.2.1. hatte aufgezeigt, daß 1.302 univariate Panel-Regressionen bestimmt wurden, von denen die 233 signifikanten hier vorgestellt wurden. Die Differenz aus 1.302 und 233 zeigt jedoch, daß mit 1.069 nicht berücksichtigten Insignifikanzen ein erhebliches Erklärungspotential für Nicht-Befunde offen bleibt. Diese große Anzahl ist zu einem Teil sicherlich auch auf tatsächlich nicht existente Zusammenhänge zurückzuführen. Da diese Arbeit explorativer Natur ist, können die tatsächlich nicht existenten Zusammenhänge kaum von den tatsächlich existenten, aber statistisch nicht signifikanten Zusammenhängen differenziert werden. Die betriebswirtschaftliche Innovationsforschung ist hier gefordert in theoretisch geleiteten Analysen Licht in das Dunkel tatsächlich zu erwartender Zusammenhänge zu bringen. Die Darstellung von

Nicht-Befunden wird hier wegen fehlender Annahmen über mögliche Zusammenhänge unterlassen.

Im folgenden Kapitel werden, ergänzend zu den univariaten Befunden, multivariate Modelle vorgestellt, die einen abschließenden Beitrag zur Erklärung der Erfolge aus der Innovationsorientierung leisten sollen.

9.3 Multivariate Erklärung der Erfolge aus der Berichterstattung zur Innovationsorientierung

Für eine multivariate Betrachtung können bis zu 4*21 = 84 Fünf-Jahres-Panels der Indikatoren der Innovationsorientierung gleichzeitig als erklärende Variablen herangezogen werden. Die gleichzeitige Berücksichtigung verursacht jedoch erhebliche Multikollinearitäten zwischen den unabhängigen Indikator-Panels.[447] Zur Vermeidung dieses Problems sind aus den 84 Panels diejenigen auszuwählen, welche am ehesten einem gesuchten Modell zur Erklärung des Unternehmenserfolges entsprechen. Zur sinnvollen Auswahl relevanter Variablen bedarf es einer Theorie. Aufgrund des explorativen Charakters dieser Arbeit, wurde eine solche Theorie nicht aufgestellt und soll auch an dieser Stelle nicht nachgeliefert werden. Alternativ soll ein Verfahren angewendet werden, welches die Auswahl relevanter Indikatoren auf Basis bestimmter Gütemaße statistisch vornimmt. Die Anwendung eines solchen statistischen Auswahlverfahrens stellt kein Substitut für eine Theorie dar. Es bietet aber die Möglichkeit, den Umfang auszuloten, der zur Erklärung des Erfolges aus der Innovationsorientierung am besten beiträgt. Das statistische Verfahren, das hier zum Einsatz kommt, ist die schrittweise Regression. Sie bietet erste explorative Anhaltspunkte über wesentliche multivariate Zusammenhänge. Der Unterschied zur univariaten Analyse liegt darin, daß die Additivität der Unabhängigen in der multivariaten Schätzung zum Tragen kommt. Daher können sich univariat nicht signifikante Zusammenhänge in einer multivariaten Betrachtung, gemeinsam mit anderen erklärenden Variablen, als einflußreich erweisen. Die multivariate Regression erlaubt somit weitere explorative Einblicke in die Zusammenhänge zwischen den Indikatoren der Innovationsorientierung und denen der Erfolge.

---

447 Die Multikollinearität ist ein Indiz für die statistische Verzerrtheit ermittelter Zusammenhänge. Je größer die Multikollinearitäten, desto größer ist die Gefahr, daß der ermittelte Zusammenhang nicht reliabel ist.

9.3.1 Erweitertes Modell

Die multivariaten Modelle werden nach Gleichung 43 bestimmt. Sie baut auf die Gleichungen 40 und 41[448].

$$EF_{\alpha pit}^{Panel} =! \sum_{\beta=1}^{B} \sum_{g=1}^{G} m_{\beta g} F_{\beta git}^{*\,Panel} + \sum_{\gamma=1}^{H} m_{\gamma p} EF_{\gamma pit}^{Panel} + \varepsilon_{it}^{Panel} \qquad \text{(Gleichung 43)}$$

mit

$$EF_{\gamma pit}^{Panel} = EF_{\gamma pit} - \overline{EF_{\gamma p \circ t}} - \overline{EF_{\gamma pi \circ}} + \overline{EF_{\gamma p \circ \circ}} \qquad \text{(Gleichung 44)}$$

Die Summenzeichen zeigen, daß es sich hier um ein multivariates Modell handelt, welches gleichzeitig $B = 4$ und $G = 21$, also 4*21 = 84 Fünf-Jahres-Panels der Indikatoren der Innovationsorientierung einbeziehen *kann*. Die „kann“-Bedingung wird durch das Ausrufungszeichen in Gleichung 43 ausgedrückt. Mit $EF_{\gamma pit}^{Panel}$ wird das γ-Autokorrelations-Panel des p-ten Erfolgsindikators EF_p des i-ten Unternehmens zum t-ten Zeitpunkt berücksichtigt. Die α- und γ-Panels unterscheiden sich demnach darin, daß die zu erklärenden α-Panels nicht mit den γ-Panels identisch sein sollen. Vielmehr müssen die γ-Panels den α-Panels zeitlich vorgelagert sein, um die Autokorrelation erzeugen zu können. Die Bereinigung der Indikatoren um die als fix angenommenen Werte erfolgt entsprechend der univariaten Betrachtungen nach Gleichung 40 und 41.[449] Die Autokorrelations-Panels $EF_{\gamma pit}^{Panel}$ werden entsprechend nach Gleichung 44 um die individuellen Effekte $\overline{EF_{\gamma p \circ t}}$ und die zeitlichen Effekte $\overline{EF_{\gamma pi \circ}}$ bereinigt.[450]

Die Besonderheit für das zu schätzende multivariate Regressionsmodell in Gleichung 43 ist, daß nicht alle 84 $\hat{m}_{\beta g}$ und mögliche $\hat{m}_{\gamma p}$ bestimmt werden, sondern nur diejenigen, welche auf Basis einer schrittweisen linearen Regression als geeignet erscheinen. Dafür wird das Kriterium des höchsten F-Wertes gewählt. Die

---

448 Siehe Kapitel 9.1.3, S. 239.

449 Siehe ebenda.

450 Weil damit der Gesamtmittelwert $\overline{EF_{\gamma p \circ \circ}}$ jeweils zweimal abgezogen wird, muß dieser einmal wieder addiert werden.

Signifikanz des F-Wertes darf nicht größer als 0,10 bei Eintritt einer Variablen in das Modell sein und darf sich im Zuge der weiteren schrittweisen Entwicklung des Modells nicht über eine Signifikanz von 0,15 verschlechtern. Mit diesem Auswahlkriterium soll sichergestellt werden, daß nur diejenigen Variablen ausgewählt werden, die auch in einem signifikanten Zusammenhang zum Panel des Erfolgsindikators stehen. Die Signifikanzniveaus für den Eintritt und den Austritt einer Variablen in und aus dem Regressionsmodell wurden dabei so gewählt, daß das Multikollinearitätsproblem am ehesten vermieden werden kann.[451] Die Abbildung 34 zeigt die zu betrachtenden multivariaten Modelle mit den Eintritts- und Austrittsbedingungen für die schrittweise Regression.

Das Panel des zu erklärenden Erfolgsindikators EF_p wurde so gewählt, daß eine maximale Verzögerung zu den Indikatoren der Innovationsorientierung erreicht werden kann und zugleich kein erklärungsleerer Raum entsteht.[452] Aus der Abbildung ergeben sich somit drei zu schätzende Regressionsmodelle: Für den Betriebserfolg (*EF1*), die Rationalisierungseffekte (*EF2*) und das Wachstum (*EF3*) mit den Unabhängigen aus den 84 Panels der Indikatoren der Innovationsorientierung und den entsprechenden Panels der Autokorrelation.

Im folgenden werden nun die vier multivariaten und schrittweise entwickelten Regressionsmodelle dargestellt.

---

451 Betont sei an dieser Stelle, daß die Variablen nicht wegen hoher Multikollinearitäten direkt aus der Betrachtung ausgeschlossen werden. Vielmehr wird mit der Auswahl über die F-Werte die Anzahl der Variablen von 84 auf wenigere derart reduziert, daß damit *indirekt* auch das Multikollinearitätsproblem vermieden wird. Dieses Auswahlverfahren erscheint für explorative Zwecke ausreichend, während die direkte Eliminierung von Variablen, wegen hoher Multikollinearitäten, nicht legitimiert ist. Vgl. ausführlich JUDGE ET AL. (1980) S. 455ff. und S. 487.

452 Ein erklärungsleerer Raum entsteht, wenn beispielsweise das Erfolgspanel der Jahre 1991 bis 1995 mit den Indikatoren der Jahre von 1986 bis maximal 1993 erklärt werden soll. Dann liegen zwischen dem Erfolgswert und der Messung der Innovationsorientierung mindestens zwei Jahre an unbekannten Ereignissen und unbekannten Indikatoren der Innovationsorientierung, die nicht in die Messung einbezogen werden können.

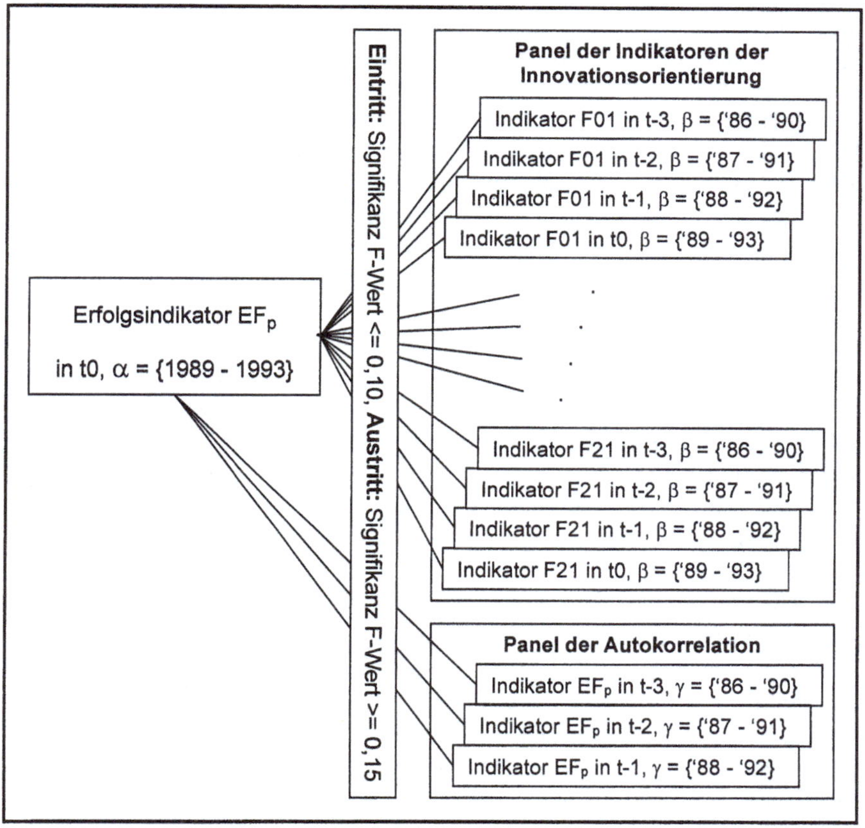

Abbildung 34: Schrittweises, multivariates Regressionsmodell zur Erklärung der Erfolge aus den Indikatoren der Innovationsorientierung und der Autokorrelationen

9.3.2 Betriebserfolgsindikator

Die Tabelle 81 zeigt die Erklärungsgüten der unabhängigen Variablen zur Schätzung der Änderung des Betriebserfolges im Panel von 1989 bis 1993. Insgesamt erklären 16 Unabhängige den Betriebserfolg mit einem Varianzanteil von 63,7 % und bilden mit einem F-Wert von 15,3 ein hochsignifikantes Regressionsmodell. Die kleinste Toleranz beträgt 74 %, was bedeutet, daß eine der ausgewählten

Variablen nur zu 26 % durch die anderen Unabhängigen erklärt werden kann. Dieser Toleranzwert ist vernachlässigbar klein. Daher besteht Grund zur Annahme, daß die ermittelten Schätzwerte nur unwesentlich durch Multikollinearitäten beeinträchtigt werden. Die ausgewählten 16 Unabhängigen sind: Eine Autokorrelationsvariable, der Betriebserfolg im Panel t-1, also von 1988 bis 1992, und zehn Indikatoren der Innovationsorientierung, wobei fünf Indikatoren zu zwei zeitlichen Verzögerungen vertreten sind. Dargestellt werden die Betas der unabhängigen Variablen in fetter Schrift. Zusätzlich werden die T-Werte in kleiner Schrift angegeben.[453]

Als Autokorrelationswert wurde der Betriebserfolg ein Jahr vor dem zu erklärenden Betriebserfolg ausgewählt. Mit diesem Befund wird die Erwartung gestützt, daß eine Autokorrelation sinnvollerweise nur über eine kurze zeitliche Verzögerung auftreten kann, hier genau ein Jahr. Das abgebildete Beta zeigt einen hohen positiven Zusammenhang zum Betriebserfolg des nachfolgenden Jahres. Steigt der Betriebserfolg, so ist also auch im darauffolgenden Jahr eine Steigerung zu erwarten.

Der Indikator Forschung und Entwicklung allgemein (*F01*) steht im signifikanten Zusammenhang zum Betriebserfolg zwei Jahre nach der Berichterstattung. Der Indikator Forschung (*F02*) offenbart einen negativen Zusammenhang zum Betriebserfolg, ebenfalls zwei Jahre nach der Berichterstattung. Aufgrund der bisherigen Befunde, daß *F01* und *F02* sich sehr ähnlich sind, überraschen diese gegensätzlichen Befunde, wenn auch das Beta für *F02* nur schwach signifikant ist. Erklärbar wird der Gegensatz dadurch, daß die Indikatoren *F01* und *F02* unterschiedliche Phasen des Innovationsprozesses repräsentieren. Der Indikator Forschung und Entwicklung allgemein (*F01*) liegt durch das Übergewicht an Entwicklungstätigkeiten dichter an den Forschungs- und Entwicklungsergebnissen als der Indikator Forschung (*F02*). Somit läßt sich vermuten, daß *F01* bereits zwei Jahre nach der vermehrten Berichterstattung zu positiven Erfolgswirkungen führt. *F02* führt indes zwei Jahre nach der vermehrten Berichterstattung eher durch die Überführung der Forschungsergebnisse in andere Tätigkeitsfelder zu Kosten, die sich erkennbar schmälernd auf den Betriebserfolg auswirken.

---

453 Im Gegensatz zu allen bisherigen Darstellungen werden hier die Betas statt der T-Werte interpretiert. Das ist deshalb erforderlich, weil die Standardabweichungen der unabhängigen Variablen von 1 verschieden sind. Die Abweichungen von 1 sind jedoch derart marginal, daß die T-Werte fast ebenso aussagefähig sind, wie die Betas.

Unabhängige	t-3	t-2	t-1	t0
Betriebserfolg (*EF1*)			**+0,50** +8,7	
F&E allgemein (*F01*)		**+0,17** +2,9		
F&E Forschung (*F02*)		**-0,11** -2,1		
F&E weniger (*F03*)			**-0,18** -3,3	**-0,14** -2,4
Prozeßentwicklung (*F07*)			-0,14 -2,6	**+0,12** +2,2
Prozeßorganisation (*F08*)		**-0,14** -2,3		**-0,14** -2,6
Prozeßrationalisierung (*F10*)				**+0,19** +3,6
Produkteinführung (*F12*)		**-0,15** -2,6		**-0,16** -2,8
Produktinnovation (*F14*)				**+0,11** +2,1
Markt intern (*F16*)	**+0,16** +3,0			**-0,14** -2,5
Neue Unternehmenseinheit (*F18*)	**-0,09** -1,8			
R^2 der Funktion	0,637			
F-Wert zum R^2	15,3			
Sig. F	2E-20			
Minimale Toleranz	0,74			
Kleinster T-Wert = -1,8 mit Sig. = 0,080 Freiheitsgrade: 103 Sig. 0,01 bei |T-Wert| = 2,6 |T-Wert| = absoluter T-Wert				

Tabelle 81: Betriebserfolg im Panel von 1989 bis 1993

Der Indikator Forschung und Entwicklung weniger (*F03*) steht ganz im Zeichen der univariaten Befunde. Die Verringerung der Forschungs- und Entwicklungsaktivitäten ist als Mittel zu sehen, kurzfristig gegen fallende Betriebserfolge zu operieren. Je mehr über die Verringerung berichtet wird, desto geringer ist der Betriebserfolg sogar bereits ein Jahr vor seiner bilanziellen Realisierung.

Der Indikator Prozeßentwicklung (*F07*) zeigt ein ambivalentes Bild zur Erklärung des Betriebserfolges. So besteht ein positiver Zusammenhang zum Betriebserfolg im Jahr der Berichterstattung. Bereits ein Jahr später kehrt sich der positive in einen negativen Zusammenhang um. Was sich also im Jahr der Erfolgsmessung für den Berichterstatter eignet, den Erfolg des Unternehmens zu erklären, erweist sich bereits ein Jahr nach der Berichterstattung, also mit Beginn der kostenverursachenden Umsetzung der Prozeßentwicklungen, als ein Hinweis auf Betriebserfolgseinbußen.

Der Indikator Prozeßorganisation (*F08*) tritt wie auch in den univariaten Befunden als ein Krisenindikator für die Entwicklung des Betriebserfolges in Erscheinung. So läßt sich bereits zwei Jahre vor der Feststellung rückläufiger Betriebserfolge aus der vermehrten Angabe von Umstrukturierungen und Reorganisationen eine Mißerfolgsentwicklung erkennen. Der Indikator *F08* zeigt damit kostenverursachende Wirkungen zwei Jahre nach der Berichterstattung. Im Jahr der Erfolgsmessung zeigt die erhöhte Ausprägung solcher Maßnahmen, daß einer negativen Entwicklung des Betriebserfolges mit Umstrukturierungsmaßnahmen gegengesteuert wird.

Der Indikator Prozeßrationalisierung indes ist kein Krisenindikator. Vielmehr muß er als ein geeignetes Kommunikationsinstrument für den Berichterstatter gedeutet werden, steigende Betriebserfolge im Berichtsjahr zu begründen.

Für den Indikator Produkteinführung (*F12*) lassen sich auch im multivariaten Modell negative Zusammenhänge zum Betriebserfolg aufzeigen. Vermehrte Nennungen zu Produkteinführungen sind damit zum einen negativ erfolgswirksam, zum anderen wird in dem Zusammenhang aber auch ein Kommunikationsinstrument des Berichterstatters erkannt, negative Entwicklungen des Betriebserfolges durch eine vermehrte innovationsorientierte Berichterstattung zu kompensieren.

Der Indikator Produktinnovationen (*F14*) erwies sich univariat als unbrauchbar. In diesem multivariaten Modell stellt sich jedoch ein positiver Zusammenhang zum Betriebserfolg im Jahr der Erfolgsmessung ein. Aufgrund der zahlreichen negativen univariaten Befunde für den Produktbereich ist hier jedoch eher davon auszugehen, daß auch die ausgiebige Darstellung von Produktinnovationen ein Kommunikationsmittel des Berichterstatters ist, den gestiegenen Betriebserfolg der Unternehmung durch erbrachte hochinnovative Produktleistungen zu begründen.

Der Indikator Markt intern (*F16*) steht im Jahr der Erfolgsmessung in einem negativen Zusammenhang zum Betriebserfolg. Damit wird die kostenintensive Wirkung marktexpansiver Tätigkeit begründet. Nach drei Jahren zeigt sich ein positiver Zusammenhang zum Betriebserfolg. Diese Befunde decken sich mit denen der univariaten Modelle. Somit läßt sich folgern, daß Marktaktivitäten durch den Aufbau weiterer Vertriebswege und Niederlassungen erfolgshemmende Kosten verursachen, sich jedoch mittelfristig erfolgssteigernd auswirken.

Die Bildung neuer Unternehmenseinheiten hat drei Jahre nach der Berichterstattung einen schwach signifikant negativen Einfluß auf den Betriebserfolg. Auch diese Maßnahme scheint mittelfristig eher Kosten zu verursachen als Erträge zu bringen.

Insgesamt zeichnen die Indikatoren ein Bild, das im Jahr der Erfolgsmessung eher so interpretiert werden muß, daß die Berichterstattung der Erklärung der Erfolge dient. In der zeitlichen Verzögerung weisen nur der Indikator Forschung und Entwicklung allgemein (*F01*) und die internen Marktaktivitäten (*F16*) positive Zusammenhänge zum Betriebserfolg auf. Mit den Betrachtungen der kurzfristigen zeitlichen Verzögerung, müssen der Innovationsorientierung daher fast ausschließlich schmälernde Effekte auf den Betriebserfolg zugeschrieben werden. Längerfristige Betrachtungen sind an dieser Stelle nicht möglich. Es bleibt daher festzuhalten, daß die Innovationsorientierung ein kostenintensives Unterfangen ist. Das Schlagwort „Innovationsorientierung“ verblaßt vor dem Hintergrund dieser Befunde. Betriebliche Erfolge lassen sich, je nach der Phase des Innovationsprozesses, erst mittelfristig, langfristig oder eben gar nicht erzielen.

9.3.3 Rationalisierungsindikator

Der Indikator für die Rationalisierungseffekte (*EF2*) im Fünf-Jahres-Panel von 1989 bis 1993 wird durch insgesamt 20 ausgewählte Variablen mit 65,7 % der Varianz erklärt, wie in Tabelle 82 dargestellt. Der F-Wert von 12,9 zeigt, daß das Regressionsmodell für *EF2* hochsignifikant ist. Die minimale Toleranz von 0,68 deutet auch hier ein vernachlässigbares Multikollinearitätsproblem an. Im Vergleich zu den Gütemaßen für *EF1* ergibt sich für *EF2* ein leicht höherer Anteil erklärter Varianz, ein etwas geringerer F-Wert und eine ein etwas kleinerer minimaler Toleranzwert. Alle diese Beobachtungen lassen sich darauf zurückführen, daß 20 Variablen für *EF2* statt 16 Variablen für *EF1* in der schrittweisen Regression ausgewählt wurden. Die vier zusätzlichen Variablen verbessern das R^2 im Vergleich zu *EF1* und verschlechtern im gleichen Zuge den F-Wert sowie die minimale Toleranz. So gesehen bilden die Anteile erklärter Varianz für *EF1* und *EF2* von $R^2 = 0{,}637$ und $R^2 = 0{,}657$ nunmehr Erfahrungswerte, die anzeigen, daß es in wesentlichem Umfang gelingen kann, den Erfolg aus den Informationen zur Innovationsorientierung zu erklären.

Als Autokorrelationsvariable wurde der Indikator für die Rationalisierungseffekte im Panel t-1 ausgewählt. Damit wird auch für dieses Modell die Erwartung erfüllt, daß eine Autokorrelation zeitlich eng an der zu erklärenden Variable liegen muß.

Der negative Zusammenhang zwischen dem Indikator Forschung und Entwicklung allgemein (*F01*) und den Rationalisierungseffekten im gleichen Jahr deutet an, daß vermehrte Forschungs- und Entwicklungsaktivitäten zu einer Verschlechterung des Verhältnisses von Umsatz zu Mitarbeitereinsatz beiträgt. Dieser Zusammenhang ist plausibel, weil die Tätigkeit der Forschung und Entwicklung mitarbeiterintensiv ist und umsatzwirksame Effekte erst zeitverzögert zu erwarten sind.

Die Forschungsaktivitäten (*F02*) sind zu gering, als daß bei vermehrter Aktivität bereits kurzfristig eine negative Wirkung auf die Rationalisierungseffekte belegt werden kann. Um so interessanter ist es, daß drei Jahre nach der Berichterstattung ein negativer Zusammenhang zu *F02* besteht. Dieses ist ein Indiz dafür, daß vermehrte Forschungsaktivitäten zeitverzögert auch vermehrte Entwicklungsaktivitäten nach sich ziehen können, die dann, wie im Fall der Indikators *F01* belegt, negative Rationalisierungseffekte bewirken. Zum einen werden mit diesem Befund die unterschiedlichen Phasen des Innovationsprozesses deutlich, zum anderen zeigt sich damit auch eine mögliche Hebelwirkung des Forschungsbereichs. Der relativ kleine Aktivitätsumfang der Forschung kann demnach umfangreiche, phasentechnisch nachgelagerte Aktivitäten verursachen, die dann negative Rationalisierungseffekte erzeugen.

Der Indikator für die Verringerung der Forschungs- und Entwicklungsleistungen (*F03*) zeigt das von den univariaten Befunden gewohnte umgekehrte Bild zu den Indikatoren *F01* und *F02*. Der positive Zusammenhang zu den Rationalisierungseffekten drei Jahre nach der Berichterstattung deutet die verzögerte Wirkung von Einsparungsmaßnahmen an.

Unabhängige	t-3	t-2	t-1	t0
Rationalisierungseffekt (*EF2*)			**+0,55** +9,8	
F&E allgemein (*F01*)				**-0,19** -3,4
F&E Forschung (*F02*)	**-0,19** -3,3			
F&E weniger (*F03*)	**+0,21** +3,8			
F&E gemeinsam (*F04*)	**+0,15** +2,6		**-0,10** -1,8	
Prozeßentwicklung (*F07*)		**-0,12** -2,3	**+0,16** +2,8	
Prozeßorganisation (*F08*)		**+0,20** +3,5		
Prozeß gemeinsam (*F11*)			**+0,13** +2,3	
Produkteinführung (*F12*)		**-0,13** -2,2		
Produktentwicklung (*F13*)			**-0,10** -1,8	
Produktinnovation (*F14*)				**+0,14** +2,6
Produktrationalisierung (*F15*)			**+0,16** +2,9	
Markt allgemein (*F16*)			**-0,13** -2,4	
Markt gemeinsam (*F17*)			**+0,18** +3,3	
Schließung (*F19*)	**-0,24** -4,4		**-0,16** -2,6	
Akquisition allgemein (*F20*)				**+0,09** +1,7
Unternehmensabgabe (*F21*)				**-0,15** -2,8
R^2 der Funktion	0,657			
F-Wert zum R^2	12,9			
Sig. F	2E-19			
Minimale Toleranz	0,68			

Kleinster T-Wert = +1,7 mit Sig. = 0,101 Freiheitsgrade: 99
Sig. 0,01 bei |T-Wert| = 2,6 |T-Wert| = absoluter T-Wert

Tabelle 82: Rationalisierung im Panel von 1989 bis 1993

Der Indikator für gemeinsame Forschung und Entwicklung (*F04*) zeigt ähnliche Zusammenhänge wie der Indikator Forschung und Entwicklung allgemein (*F01*). Ein Jahr nach der Berichterstattung zeigen sich negative Zusammenhänge zu den Rationalisierungseffekten, die durch die mitarbeiterintensiven Aktivitäten erklärt werden können. Im Gegensatz zum Indikator *F01* lassen sich jedoch für *F04* drei Jahre nach der Berichterstattung positive Zusammenhänge zu den Rationalisierungseffekten belegen. Gemeinsame Forschungs- und Entwicklungsaktivitäten sind demnach den eigenen Aktivitäten sehr ähnlich, zeigen jedoch bereits nach drei Jahren die Vorteilhaftigkeit in bezug auf den Rationalisierungserfolg.

Der Indikator Prozeßentwicklung (*F07*) wirkt ein Jahr nach der Berichterstattung positiv auf die Rationalisierungseffekte und zwei Jahre nach der Berichterstattung negativ. Diese Beobachtung deckt sich mit dem Befund für *F07* und dem Betriebserfolg, wobei die Zusammenhänge zu den Rationalisierungseffekten um ein zusätzliches Jahr verzögert sind. Die Unstetigkeit der Befunde läßt jedoch keine plausible Erklärung zu.

Der Indikator Prozeßorganisation (*F08*) hat zwei Jahre nach der Berichterstattung eine positive Wirkung auf die Rationalisierungseffekte. Im Hinblick auf die negativen Zusammenhänge zwischen *F08* und dem Betriebserfolg, scheinen diese auf Effizienz ausgerichteten Maßnahmen ihre Früchte zu tragen. Ebenso tragen auch die gemeinsamen Prozeßaktivitäten (*F11*) bereits ein Jahr nach der Berichterstattung zur Erhöhung des Rationalisierungsgrades bei.

Die Indikatoren Produkteinführung (*F12*) und Produktentwicklung (*F13*) zeigen das aus den univariaten Befunden gewohnte Bild negativer Zusammenhänge zu den Rationalisierungseffekten. Vermehrte Produktaktivitäten wirken ein und zwei Jahre nach der Berichterstattung negativ auf die Rationalisierungseffekte. Lediglich die Produktinnovationen (*F14*) weisen im Jahr der Erfolgsmessung einen positiven Zusammenhang auf. Solch ein positiver Zusammenhang wurde auch im multivariaten Modell für den Betriebserfolg beobachtet. Damit läßt sich die These zusätzlich stützen, daß in den Jahren der Expansion der zunehmende Erfolg vom Berichterstatter mit hochinnovativen Lösungen begründet wird. Auch der Indikator Produktrationalisierung (*F15*) steht ein Jahr nach der Berichterstattung im positiven Zusammenhang zu den Rationalisierungseffekten. Damit zeigt sich, daß gerade durch die Trennung von veralteten und rückläufigen Sortimentsteilen Kapazitäten freigesetzt werden können, die besser für umsatzsteigernde Bereiche verwendet werden und dann auch positiv auf die Rationalisierungseffekte wirken.

Ein Jahr nach der Berichterstattung steht der Indikator Markt allgemein (*F16*) im negativen Zusammenhang zu den Rationalisierungseffekten, während der Indikator Markt gemeinsam (*F17*) einen positiven aufweist. Diese Befunde decken sich mit denen der univariaten Modelle. Es wird hier einmal mehr deutlich, daß marktbezogene Anstrengungen ohne einen Partner kurzfristig einen höheren Arbeitseinsatz fordern, sich damit allerdings nicht gleichzeitig auch erkennbare zusätzliche Umsätze erzielen lassen. Verschafft sich ein Unternehmen einen Marktzugang über bereits etablierte Partner, dann läßt sich in kurzer Zeit ein positiver Rationalisierungseffekt beobachten, weil der Umsatz steigt, ohne daß ein höherer Arbeitseinsatz erforderlich ist.

Ein schwacher positiver Zusammenhang besteht zwischen dem Indikator für allgemeine Akquisitionsaktivitäten (*F20*) und den Rationalisierungseffekten im gleichen Jahr. Damit deutet sich an, daß sich der Umsatz mit der Akquisition stärker erhöht als die damit verbundene Anzahl an Mitarbeitern. Akquiriert werden demnach in der schwachen Tendenz Unternehmen mit höheren Rationalisierungsgraden, welche zur Verbesserung der eigenen Rationalisierungsgrade beitragen. Gestützt wird diese Vermutung auch vom Indikator für die Aktivitäten zur Unternehmensabgabe (*F21*), welcher im Jahr der Erfolgsmessung im negativen Zusammenhang zu den Rationalisierungseffekten steht. Die verstärkte Aktivität zum Verkauf von Unternehmen ist demnach dann anzutreffen, wenn sich die Verhältnisse von Umsatz und Einsatz an Arbeitskräften verschlechtert haben.

Mit insgesamt 16 Indikatoren wird mit der schrittweisen Regression ein Modell zur Erklärung der Rationalisierungseffekte entwickelt, das alle Großbereiche der Innovationsorientierung abdeckt. Die Forschung und Entwicklung zeigt dabei eher negative Wirkungen. Bedeutsam ist hier, daß alle Forschungs- und Entwicklungsindikatoren, mit Ausnahme des etwas andersartigen Indikators der technologischen Akquisition, im Modell vertreten sind. Die Forschung und Entwicklung wird damit in hohem Umfang von negativen Rationalisierungseffekten begleitet. Die Indikatoren des Prozeßbereichs zeigen eher positive Wirkungen auf die Rationalisierungseffekte. Der Großbereich Produkt als Ergebnis der Forschungs- und Entwicklungsaktivitäten weist kurzfristig ebenfalls negative Effekte auf den Rationalisierungsgrad auf. Die Indikatoren des Marktbereichs sind gegensätzlich. Marktaktivitäten ohne externen Partner sind arbeitsintensiv und verschlechtern den Rationalisierungsgrad. Marktaktivitäten mit Partnern zeigen bereits kurzfristig positive Rationalisierungseffekte. Weiterhin sind nicht die Schaffung neuer Unternehmenseinheiten oder die Schließung von Betriebsteilen, sondern die Akquisitionen und die Unternehmensverkäufe relevant für die Rationalisierungseffekte. Unternehmenskäufe verbessern den Rationalisierungsgrad im gleichen Jahr der Erwerbung, während Verkäufe wegen schlechter Rationalisierungsgrade zur Verbesserung desselben vorgenommen werden.

Mit 16 Indikatoren und insgesamt 20 ausgewählten Variablen ist die Zahl der Parameter zur Erklärung der Rationalisierungseffekte sehr groß. Es zeigt sich somit, daß kaum ein Indikator nicht signifikant auf Veränderungen des Umsatzes oder die Zahlen des Mitarbeitereinsatzes wirken. Hinter diesem Erfolgsindikator lassen sich somit komplexere Informationen vermuten, als es durch die Bezeichnung „Rationalisierungsgrad" zum Ausdruck gebracht werden kann.

9.3.4 Wachstumsindikator

Der Erfolgsindikator Wachstum (*EF3*) wird im Fünf-Jahres-Panel von 1989 bis 1993 durch insgesamt 18 Variablen zu einem Anteil von 78,7 % der Gesamtvarianz erklärt. Die 18 Variablen setzen sich zusammen aus zwei Autokorrelationsvariablen und 10 Indikatoren der Innovationsorientierung, von denen sechs zu zwei Momenten zeitlicher Verzögerung von der schrittweisen Regressionsmethode ausgewählt wurden. Mit dem hohen $R^2 = 0{,}787$ geht ein hochsignifikanter F-Wert für das Gesamtmodell einher und ein minimaler Toleranzwert von 0,34. Dieser Wert ist kleiner als für die Regressionsmodelle für *EF1* und *EF2*, gibt aber dennoch keinen Anlaß zur Besorgnis um die Reliabilität der gemessenen Zusammenhänge.[454]

Das Wachstum wurde als Autokorrelationsvariable gleich zweifach in das Modell einbezogen und zwar ein und zwei Jahre vor dem zu erklärenden Wachstum. Das Wachstum stellt demnach ein in seiner Entwicklung hochstabilen Indikator dar, welcher in abgeschwächter Form auch noch zwei Jahre später feststellbar ist.

Aus dem Großbereich der Forschung und Entwicklung wurde nur der Indikator für die technologischen Akquisitionen (*F05*) in das Modell einbezogen. Die univariaten Befunde für diesen Indikator werden hier bestätigt. Vermehrte technologische Akquisitionen stehen nicht im positiven, sondern ausgerechnet im negativen Zusammenhang zum Wachstum. Erklärbar ist diese Beobachtung nur durch das Berichtsverhalten. Unternehmen, die sich auf einem durch Schrumpfung ge-

454 Als besorgniserregende Toleranz werden Werte angesehen, die kleiner als 0,10 sind.

kennzeichneten Weg der Erfolglosigkeit befinden, versuchen ihre mangelnde Leistungsfähigkeit durch den Zukauf fremder hochtechnologischer Leistung zu kompensieren. Technologische Akquisitionen sind demnach ein besonders risikoreiches Unterfangen.

Unabhängige	t-3	t-2	t-1	t0
Wachstum (*EF3*)		**+0,17** +2,9	**+0,49** +7,3	
F&E Akquisition (*F05*)			**-0,14** -3,0	
Prozeßeinführung (*F06*)			**+0,11** +2,4	**+0,17** +3,8
Prozeßentwicklung (*F07*)	**-0,10** -2,2	**-0,09** -2,1		
Prozeßorganisation (*F08*)		**+0,10** +2,3	**-0,10** -2,2	
Prozeßrationalisierung (*F10*)			**+0,08** +1,9	
Produktentwicklung (*F13*)	**+0,13** +2,9			
Produktinnovation (*F14*)		**-0,10** -2,3		
Markt gemeinsam (*F17*)			**+0,17** +4,0	**+0,13** +3,2
Schließung (*F19*)			**-0,15** -3,2	**-0,10** -2,5
Akquisition allgemein (*F20*)			**+0,15** +3,2	**+0,21** +5,0
R^2 der Funktion	0,787			
F-Wert zum R^2	28,1			
Sig. F	2E-31			
Minimale Toleranz	0,34			
Kleinster T-Wert = +1,9 mit Sig. = 0,063; Sig. 0,01 bei |T-Wert| = 2,6	Freiheitsgrade: 101; |T-Wert| = absoluter T-Wert			

Tabelle 83: Wachstum im Panel von 1989 bis 1993

Die Aktivitäten zur Prozeßeinführung (*F06*) deuten eine auf Wachstum ausgerichtete Strategie an. Prozeßentwicklungen (*F07*) hingegen deuten zwei und drei

Jahre nach der Berichterstattung auf Schrumpfungseffekte hin. Wachstum wird damit durch den Zukauf und nicht durch Prozeßentwicklungen erreicht. Unternehmen, die sich mit der verstärkt mit der Entwicklung von neuen Prozeßtechnologien beschäftigen, schrumpfen, anstatt zu wachsen.

Der Indikator Prozeßorganisation (*F08*) zeigt ein Jahr nach der Berichterstattung einen negativen Zusammenhang zum Wachstum, zwei Jahre später jedoch einen positiven. Demnach werden durch die Maßnahmen der Umstrukturierungen zunächst Schrumpfungseffekte erzielt, die jedoch dann Kapazitäten für erneutes Wachstum freisetzen. Der Indikator Prozeßrationalisierung (*F10*) legt einen schwach signifikant positiven Zusammenhang zum Wachstum offen. Dieser Befund bestätigt das überraschende Ergebnis, daß die vermehrte Nennung von Prozeßrationalisierungen nicht ein Indiz für Effizienzmißstände im Unternehmen, sondern das Ergebnis einer von Wachstum und Erfolg begleiteten Strategie ist.

Der Indikator Produktentwicklung (*F13*) weist, entsprechend zu den univariaten Befunden, drei Jahre nach seiner vermehrten Nennung auf Wachstumseffekte hin. Es erscheint plausibel, einen Teil des Wachstums auf Produktentwicklungen zurückzuführen, die vor drei Jahren vermehrt auf den Markt gebracht wurden. Wie bei den univariaten Befunden wurde auch für dieses Modell der Indikator Produkteinführung (*F12*) nicht zur Erklärung des Wachstums ausgewählt. Der Indikator für Produktinnovationen (*F14*) hingegen zeigt zwei Jahre nach der Berichterstattung einen negativen Zusammenhang zum Wachstum. Die Verwendung der Unternehmenspotentiale auf die Schaffung von hochinnovativen Produkten beinhaltet damit eher eine risikoreiche und wachstumshinderliche Wirkung.

Die gemeinsamen Marktaktivitäten (*F17*) eignen sich besser für die Erklärung des Wachstums als die internen Marktaktivitäten (*F16*). *F17* steht im Jahr der Berichterstattung und bereits ein Jahr zuvor im positiven Zusammenhang zum Wachstum. Die marktbezogene Expansion wird damit in besonderem Maße durch die Zusammenarbeit mit am Markt etablierten Partnern von Wachstum begleitet.

Der Indikator für Unternehmensschließungen (*F19*) weist zwei negative Zusammenhänge zum Wachstum auf, und zwar im Jahr der Berichterstattung und ein Jahr danach. *F19* ist damit ein Indikator für überalterte und nicht mehr wachstumsfähige Unternehmensbereiche. Interessant ist an dieser Stelle auch die Beobachtung, daß der Indikator für den Verkauf von Unternehmensteilen (*F21*) nicht in das Modell eingeht. Damit zeigt sich, daß *F21* auf eine Krisensituation hindeuten kann, aber ebensohäufig auch in Unternehmen anzutreffen ist, die ständig Akquisitionen tätigen. Der Indikator für Akquisitionsaktivitäten (*F20*) steht hingegen sowohl im Jahr der Erfolgsmessung als auch ein Jahr danach im positiven Zusammenhang zum Wachstum. Dieser Zusammenhang ist zu erwarten, da durch neu konsolidierte Unternehmen erhebliche Wachstumseffekte erzielt werden können.

Durch die Auswahl der Variablen allein auf Basis des statistischen F-Wertes wird der hohe Plausibilitätsgrad des entwickelten Modells belegt und damit auch die Messung der Innovationsorientierung gestützt. Das Wachstum wird im Modell besonders schwach durch die Indikatoren des Forschungs- und Entwicklungsbereichs erklärt, besonders stark jedoch durch die Indikatoren des Prozeßbereichs.

Der Vorteil des multivariaten Modells für das Wachstum liegt darin, daß diejenigen Wachstumseffekte berücksichtigt werden können, die durch Konsolidierungen neu erworbener Unternehmen entstehen (*F20*). Damit läßt sich sagen, daß das Wachstum, das über die Akquisitionstätigkeit hinausgeht, kurzfristig durch gemeinsame Marktaktivitäten und Prozeßeinführungen erreicht wird sowie mittelfristig durch Produktentwicklungen.

9.3.5 Börsenkursindikator

Für die Bestimmung der Zusammenhänge zwischen den Indikatoren der Innovationsorientierung und der Änderung des Börsenkurses sei an dieser Stelle auf die Unterschiede der Informationsgrundlage hingewiesen. Börsenkurse existieren nur für 23 der 31 Unternehmen der Stichprobe und auch nur für den Zeitraum von 1991 bis 1996. Mit der Berücksichtigung eines Autokorrelations-Panels kann damit nur die Änderung der Börsenkurse für das Panel der Jahre 1992 bis 1996 betrachtet werden. Damit entsteht ein erklärungsleerer Raum für die Jahre 1994, 1995 und 1996, für die keine Informationen zur Innovationsorientierung gemessen wurden. Das Regressionsmodell ist demnach schwerlich mit den vorhergehenden Modellen für *EF1*, *EF2* und *EF3* vergleichbar. Es vernachlässigt jüngere Ereignisse, die den Börsenkurs wesentlich mitbeeinflussen können. Dennoch soll auf ihre Darstellung nicht verzichtet werden, da dem Börsenkurs nach seiner fundamentalistischen Betrachtungsweise der Wettbewerbsgedanke sehr nahe kommt. Zudem erscheint es auch besonders verlockend mit Hilfe der Börsenkurse und der Berichterstattung bis zu sechs Jahre in die Zukunft zu blicken. Unter diesen

Gesichtspunkten erscheint der Nachteil erklärungsleerer Zeiträume im Hinblick auf den explorativen Charakter dieser Arbeit vertretbar.

Das Modell in Tabelle 84 zeigt, daß insgesamt 17 Variablen die Varianz der Änderung des Börsenkurses mit einem Anteil von 80,8 % erklären. Dieser hohe Anteil erklärt sich aus dem sehr hohen Beta für die Autokorrelationsvariable. Sie zeigt, daß trotz der im Panel um zeitliche Effekte bereinigten Daten in sehr hohem Maße die Kurse der Unternehmen steigen, wenn sie im vorhergehenden Jahr gestiegen sind.[455]

Trotz des sehr hohen R^2 von 0,808 wird kein höherer F-Wert erreicht als im Falle für das *EF3*-Modell. Das liegt daran, daß die Anzahl der Freiheitsgrade für das *EF4*-Modell um 31 Einheiten geringer ist als für das *EF3*-Modell. Der Toleranzwert von 0,65 stellt keinen Anlaß dar, Multikollinearitätsprobleme zu vermuten. Die mittelfristige Betrachtung bis zu sechs Jahren zeigt, daß mit zunehmender zeitlicher Verzögerung weniger Variablen in das Modell einbezogen werden. Für den Zusammenhang zum Börsenkurs, drei Jahre nach der Berichterstattung, wurden sechs Indikatoren der Innovationsorientierung in das Modell einbezogen. Vier Jahre nach der Berichterstattung sind es noch fünf, fünf Jahre später noch drei und sechs Jahre nach der Berichterstattung stehen nur noch zwei Indikatoren-Panels als Unabhängige im Modell. Diese Abnahme erklärt sich aus dem Sachverhalt, daß es mit zunehmender zeitlicher Verzögerung auch zunehmend schwieriger wird, einen Zusammenhang aufzudecken.

Der Indikator Forschung (*F02*) steht sechs Jahre nach der Berichterstattung im negativen Zusammenhang zur Änderung des Börsenkurses. Mit den univariaten Befunden konnte bereits gezeigt werden, daß die Nennung vermehrter Forschung und Entwicklung kurzfristig im positiven und mittelfristig im negativen Zusammenhang zu den Erfolgsgrößen steht. Hier bestätigt sich dieses Bild für den Indikator *F02*. Der Indikator für verringerte Forschung und Entwicklung (*F03*) zeigt drei Jahre nach der Berichterstattung einen negativen Zusammenhang zur Änderung des Börsenkurses. Die vermehrte Nennung deutet damit eine Unternehmenskrise an, die nach drei Jahren noch nicht überwunden ist oder gerade durch die Einschränkung der Forschung und Entwicklung erst recht Wettbewerbsnachteile verursacht.

---

455 Man beachte, daß die Börsenkurse zugrundegelegt wurden, die um den zeitlichen Effekt für jedes Jahr bereinigt sind. Damit ist die hohe Autokorrelation um so erstaunlicher.

Unabhängige	t-6	t-5	t-4	t-3	t-2	t-1
Börsenkurs (*EF4*)						**+0,63** +13,0
F&E Forschung (*F02*)	**-0,12** -2,5					
F&E weniger (*F03*)				**-0,12** -2,4		
Prozeßeinführung (*F06*)		**-0,25** -4,6	**+0,21** +3,8			
Prozeßorganisation (*F08*)		**+0,16** +3,2				
Prozeßinnovation (*F09*)			**+0,17** +3,6			
Prozeß gemeinsam (*F11*)			**+0,16** +3,1			
Produkteinführung (*F12*)			**-0,35** -6,6			
Produktentwicklung (*F13*)				**-0,11** -2,2		
Produktrationalisierung (*F15*)				**-0,09** -1,9		
Markt allgemein (*F16*)				**+0,12** +2,2		
Markt gemeinsam (*F17*)	**-0,22** -4,1			**-0,16** -3,0		
Neue Unternehmenseinheit (*F18*)				**-0,12** -2,5		
Unternehmensabgabe (*F21*)		**-0,13** -2,6	**-0,17** -3,1			
R^2 der Funktion	0,808					
F-Wert zum R^2	24,2					
Sig. F	1E-22					
Minimale Toleranz	0,64					

Kleinster T-Wert = +1,9 mit Sig. = 0,065 Freiheitsgrade: 70
Sig. 0,01 bei |T-Wert| = 2,6 |T-Wert| = absoluter T-Wert

Tabelle 84: Börsenkurs im Panel von 1992 bis 1996

Für den Indikator Prozeßeinführung (*F06*) lassen sich drei Jahre nach der Berichterstattung positive Zusammenhänge aufdecken, vier Jahre später jedoch in hohem Maße negative. Die Einführung neuer Prozeßtechnologien wird danach zu einem unternehmerischen Wagnis. Was drei Jahre nach der Berichterstattung noch von den Aktionären honoriert wird, entpuppt sich bereits im darauffolgenden Jahr als Erfolgsfalle.

Dem Indikator Prozeßorganisation (*F08*) wurde in den vorhergehenden Modellen ein kurzfristiger negativer Zusammenhang zum Betriebserfolg und ein positiver Zusammenhang zu den Rationalisierungseffekten sowie ein positiver und ein negativer Zusammenhang zum Wachstum testiert. Der Indikator *F08* steht fünf Jahre nach der Berichterstattung wiederum im positiven Zusammenhang zur Änderung des Börsenkurses. Mittelfristig werden also durch organisatorische Maßnahmen Potentiale geschaffen, die von der Börse honoriert werden. Ebenso lassen sich auch für die Prozeßinnovationen (*F09*) solche Wirkungen vermuten. Und auch die gemeinsamen Prozeßaktivitäten (*F11*) sind vier Jahre nach der Berichterstattung auf Kurssteigerungen, also wettbewerbssteigernde Effekte ausgerichtet.

Der Indikator Produkteinführung (*F12*) bietet den gewohnten negativen Zusammenhang zu den Erfolgsmaßen. Er zeigt hier jedoch vier Jahre nach der Berichterstattung mit dem absolut höchsten Beta auf einen sehr wesentlichen Zusammenhang zum Börsenkurs. Damit erhärtet sich der Verdacht, daß übermäßige Produktaktivitäten und daraus resultierende Konsequenzen für die Wettbewerbssituation vom Kapitalmarkt nicht honoriert werden. Ein ähnliches Bild zeigt auch der Indikator Produktentwicklung (*F13*) drei Jahre nach der Berichterstattung. Auch die vermehrte Nennung von Produktrationalisierungen (*F15*), also Sortimentsbereinigungen, kann dieses Bild nicht korrigieren.

Während der Indikator Markt intern (*F16*) kurzfristig negative Zusammenhänge zum Betriebserfolg und zu den Rationalisierungseffekten aufzeigt, läßt sich drei Jahre nach der Berichterstattung ein positiver Zusammenhang zu den Börsenkursen belegen, der sich auch zum Betriebserfolg im Modell *EF1* wiederfindet. Gemeinsame Marktaktivitäten sind jedoch auch hier mittelfristig mit fallenden Kursen verknüpft. Damit bestätigt sich der univariate Befund, daß eigene Marktanstrengungen kurzfristig mehr Tribut fordern als der Weg der geringsten Erschwernisse über Marktpartner. Mittelfristig sind jedoch die eigenen Aktivitäten vorteilhafter. So zeigen die gemeinsamen Marktaktivitäten sich auch noch sechs Jahre nach der Berichterstattung als mögliche Ursache für fallende Kurse.

Die Bildung neuer Unternehmenseinheiten (*F18*) wird drei Jahre nach der Berichterstattung von der Börse durch fallende Kurse bestraft. Diversifizieren die

Unternehmen zu sehr, so daß sie nach drei Jahren eine straffe, wettbewerbsfähige Unternehmensstruktur einbüßen? Auch der Indikator für Unternehmensabgaben (*F21*) zeigt vier und fünf Jahre nach der Berichterstattung noch die Nachwirkung fallender Kurse. In hohem Maße können kurzfristige Wirkungen der Akquisitionstätigkeiten (*F20* und *F21*) vermutet, jedoch hier nicht betrachtet werden.

Insgesamt zeigt sich für das *EF4*-Modell, daß der Großbereich der Forschung und Entwicklung mittelfristig nur wenige signifikante Zusammenhänge zur Änderung des Börsenkurses bestehen. Die wenigen Befunde bestätigen die univariaten Beobachtungen, daß die Forschung und Entwicklung den Erfolg mittelfristig nicht begünstigt, sondern erschwert. Der Prozeßbereich zeigt, daß die vielfältigen Aktivitäten zur Prozeßgestaltung, zum Aufbau und Umbau mittelfristig eher positive Wirkungen auf den Börsenkurs haben. Die Indikatoren des Produktbereichs belegen auch multivariat die univariat ermittelten negativen Zusammenhänge zum Börsenkurs. Für den Marktbereich ist ebenso erneut zu konstatieren, daß mittelfristig die eigenen Aktivitäten erfolgversprechender sind als solche, die mit Partnern unternommen werden. Vermutlich verbirgt sich hinter dieser Beobachtung der Sachverhalt, daß Unternehmen, die den Weg gemeinsamer Marktaktivitäten zusammen mit einem Partner gehen, eben genau nicht das Potential haben, es aus eigener Kraft zu versuchen. Diese Wettbewerbsschwäche offenbart sich dann in der mittelfristigen Betrachtung.

Die multivariaten Modelle für *EF1* bis *EF4* haben gezeigt, daß das Erklärungspotential der Indikatoren der Innovationsorientierung ausreicht, um 64 % bis zu 81 % der Varianz der Erfolgsindikatoren hochsignifikant zu erklären. Es läßt sich daher für die entwickelte und angewandte Meßmethode eine hohe Güte zur Erklärung der Unternehmenserfolge belegen.

10. Zusammenfassung und Ausblick

In dieser Arbeit wurde ein Weg aufgezeigt, der die Messung der Innovationsorientierung an textlichen Inhalten des Druckberichts von Aktiengesellschaften ermöglicht. Damit wird eine bisher weitgehend ungenutzte Informationsquelle für die Beantwortung betriebswirtschaftlicher Fragestellungen zur Innovationsforschung erschlossen. Relevant sind dabei nicht allein die Innovationen, sondern auch das Bemühen um dieselben. Insgesamt wurden 21 Indikatoren der Innovationsorientierung auf Basis der Jahresabschlußinformationen entwickelt und eingehend auf ihren Zusammenhang zum Erfolg untersucht.

Die Befunde lassen sich in zwei Gruppen teilen. Zum einen wurden statische Eigenschaften zur Innovationsorientierung für den Zeitraum von 1986 bis 1993 ermittelt. Zum anderen wurden, unabhängig von diesen individuellen Berichtseigenschaften, dynamische Zusammenhänge zwischen den Aspekten der Innovationsorientierung und dem Erfolg untersucht.[456]

– Für die statische Betrachtung der Berichterstattung zur Innovationsorientierung läßt sich ein fundamentaler Zusammenhang zwischen der Unternehmensgröße und dem Umfang der Berichterstattung zur Innovationsorientierung festhalten: Große Aktiengesellschaften berichten mehr als kleine. Der Umfang der Grenzberichterstattung ist jedoch für größere Unternehmen geringer als für kleine Unternehmen. Zudem läßt sich aufzeigen, daß die Unternehmen über die Jahre kontinuierlich mehr berichten. Das ist auf das Wachstum der Unternehmen im gleichen Zeitraum zurückzuführen. Darüber hinaus existiert eine über die Zeit zunehmende Berichterstattung, die in Bezug auf die Thematik der Innovationsorientierung als ein „Zeitgeist"-Effekt interpretiert wird.

– Börsennotierte Aktiengesellschaften berichten ausführlicher als solche Unternehmen, die ihre Aktien nicht gestreut emittiert haben und demnach nur einen kleinen, festen Kreis an Aktionären haben. Für dieses Berichtsverhalten sind zwei Gründe zu unterscheiden:

  Zum ersten stehen börsennotierte Gesellschaften am Kapitalmarkt im Wettbewerb um die Gunst des anonymen Aktionärs. Daher ist eine ausgiebigere Berichterstattung insbesondere für produktbezogene Aktivitäten festzustellen.

---

456 Die Ergebnisse der statischen Betrachtung sind im folgenden durch Gedankenstriche (–) gekennzeichnet und die dynamischen Zusammenhänge durch Pfeile (↔).

Zum zweiten weisen die börsennotierten Aktiengesellschaften der Stichprobe niedrigere Betriebserfolge und erheblich niedrigere Rationalisierungsgrade auf als die Gesellschaften ohne Publikumsaktien. Zusätzlich tätigen die börsennotierten Aktiengesellschaften in größerem Umfang Unternehmenskäufe und -verkäufe. Damit erklärt sich die zusätzliche Berichterstattung zu ausgiebigen Rationalisierungsbemühungen und Umstrukturierungen aus der mit dem externen Wachstum einhergehenden Ineffizienz.

– Weiterhin lassen sich branchenspezifische Merkmale der Berichterstattung zur Innovationsorientierung bestimmen. Sie ermöglichen es, die Schwerpunkte der Innovationsorientierung für Unternehmen in bestimmten Gewerben zu erkennen.

Für die Analyse des Zusammenhangs von Innovationsorientierung und Unternehmenserfolg wird ein Verfahren vorgestellt, das die unternehmensspezifischen Berichtsmerkmale eliminiert und so eine nomothetische Analyse ermöglicht. Für die Klärung der Frage nach der Ursache und der Wirkung sind zwei Zeiträume zu unterscheiden:

Kurzfristig – bis zu drei Jahre nach der Berichterstattung – besteht einerseits die Möglichkeit, daß mit innovationsorientierten Maßnahmen Erfolgswirkungen erzielt werden können. Andererseits ist zu beachten, daß die Berichterstattung der Lagedarstellung dienen soll. Somit ist es ebenfalls möglich, daß der Unternehmenserfolg die Berichterstattung zur Innovationsorientierung beeinflußt.

Mittelfristig – drei bis sechs Jahre nach der Berichterstattung – besteht jedoch nur die mögliche Wirkungsrichtung, daß die Maßnahmen der Innovationsorientierung den Erfolg beeinflussen.

Die Befunde dynamischer Zusammenhänge lassen sich demnach wie folgt zusammenfassen:

↔ Die Indikatoren zur Forschung und Entwicklung zeigen kurzfristig positive Zusammenhänge zum Erfolg auf. Unternehmen berichten ausführlicher über Aktivitäten der Forschung und Entwicklung, wenn sie erfolgreich sind. Dieser Befund ist gleichzeitig ein Indiz dafür, daß Unternehmen auf Grund ihres Erfolges die Aktivitäten ausweiten. Die mittelfristigen Erfolgswirkungen vermehrter Forschungs- und Entwicklungsaktivitäten sind jedoch fast ausschließlich negativer Art.

↔ Die Indikatoren prozeßbezogener Innovationsorientierung zeigen unterschiedliche Zusammenhänge zum Erfolg auf. Die Einführung neuer Prozeßtechnologie ist sowohl kurz- als auch mittelfristig mit Wachstumseffekten verbunden. Unternehmen, die sich verstärkt mit eigenen Verfahrensentwicklungen für ihren Produktionsprozeß beschäftigen, leiden kurzfristig unter negativen Rationalisierungseffekten. Organisatorische Maßnahmen in prozeßnahen Bereichen sind ein Indikator für Schrumpfung und negative Rationalisierungseffekte. Die Nennung von zusätzlichen Rationalisierungsmaßnahmen ist als ein Kommunikationsmittel des Berichterstatters zu sehen, steigende Betriebserfolge im gleichen Jahr zu erklären. Darüber hinaus bleibt die Nennung von Rationalisierungsbemühungen eine Floskel der Berichterstattung, aus der sich kaum Zusammenhänge zum Erfolg bilden lassen.

↔ Für die Indikatoren des Produktbereichs sind die Aktivitäten zur Entwicklung und zur Einführung wesentlich. Für die marktnahen Produkteinführungen lassen sich kurzfristig ausschließlich negative Zusammenhänge zum Betriebserfolg und zu den Rationalisierungseffekten beobachten. Mittelfristig sind ebenfalls nur negative Wirkungen auf den Börsenkurs feststellbar. Die Aktivitäten zur Produktentwicklung zeichnen das gleiche Bild, wobei sich kurzfristig zusätzlich positive Zusammenhänge zum Wachstum abzeichnen. Somit sind nur die Produktentwicklungen im Ansatz in der Lage, ein gewünschtes positives Bild der Wirkung der Innovationsorientierung aufzuzeigen. Für die erhöhten Produktaktivitäten lassen sich jedoch insgesamt in erster Linie erfolgshemmende Wirkungen beobachten.

↔ Die Berichtsinhalte, die den Produkt- oder Prozeßinnovationen im betriebswirtschaftlichen engeren Sinne zugerechnet werden können, eignen sich nicht zur Erklärung des Unternehmenserfolges.

↔ Die Indikatoren des Marktbereichs deuten gegensätzliche Erfolgswirkungen an. Expansionsbemühungen, die die Unternehmen aus eigener Kraft unternehmen, sind kurzfristig mit Erfolgseinbußen und erst mittelfristig mit positiven Erfolgseffekten verbunden, während gemeinsame Marktaktivitäten bereits kurzfristig bedeutende Wirkungen auf alle Erfolgsmaße erkennen lassen..

↔ Für die Indikatoren gemeinsamer Aktivitäten, wie in der Forschung und Entwicklung, im Prozeßbereich und im Marktbereich ist jedoch die allgemeine Tendenz kurzfristiger Erfolge mit mittelfristigen Einbußen zu erkennen.

↔ Für die Bildung neuer Unternehmenseinheiten lassen sich kurzfristig negative Zusammenhänge zum Betriebserfolg ermitteln. Werksschließungen zeigen nachhaltige Schrumpfungseffekte und kurzfristige Zusammenhänge zu niedrigeren Rationalisierungsgraden auf.

↔ Die Akquisitionstätigkeit führt nachhaltig zu Wachstum. Vermehrte Akquisitionen sind demnach ein Indiz für eine allgemeine Strategie der Unternehmenserwerbung, die sich über mehrere Jahre erstreckt. Die Akquisitionstätigkeit wird begünstigt durch hohe Betriebserfolge und hohe Rationalisierungsgrade im Jahr der Erwerbung. Für den Verkauf läßt sich kurzfristig die Ursache in niedrigen Rationalisierungsgraden erkennen. Technologisch ausgerichtete Akquisitionen zeigen hingegen nur im Jahr der Konsolidierung Wachstumseffekte an. Danach bewirken technologische Akquisitionen ausschließlich Schrumpfungseffekte und Börsenkursrückgänge. Technologisch ausgerichtete Akquisitionsstrategien sind demnach risikobehaftet.

Insgesamt läßt sich festhalten, daß gerade die traditionellen Bereiche der Innovationsorientierung, die Forschung und Entwicklung sowie die produktbezogenen Aktivitäten, mittelfristig Erfolgseinbußen zu bewirken scheinen und daher risikoreich sind. Hierbei ist zu beachten, daß die dynamische Analyse der Innovationsorientierung darauf gerichtet ist, die Abweichungen vom Durchschnitt zu analysieren. Die Gesellschaften, die sich im Mittelfeld bewegen, bleiben unauffällig, sind nicht herausragend innovativ und doch erfolgreich. Damit wird deutlich, daß das Bewußtsein, innovativ sein zu müssen eine Frage der Wahrnehmung ist. Innovationen waren, sind und werden eine Herausforderung an und zugleich eine Chance für die Unternehmen sein, im Wettbewerb zu bestehen. Jedoch nur ein bestimmtes Maß an Innovationsorientierung sichert den Fortbestand. Wer allzu schnell aufsteigt, der setzt sich auch der Gefahr aus, tief zu fallen.

Für die Validität der Befunde muß zusätzlich zur Messung der Innovationsorientierung beachtet werden, daß bilanzpolitische Mittel die öffentlich zugänglichen Erfolgsmaße verzerren.[457] Es stellt sich die Frage, ob mit der Erklärung *bilanzieller* Erfolge reale Zusammenhänge zu Tage gefördert werden können. Der Fehler zweiter Art kommt hier zum Tragen. Tatsächlich existente, aber nicht beobachtbare Zusammenhänge, sind somit nicht allein auf die Schwierigkeit der Messung der Innovationsorientierung zurückzuführen. Der Fehler zweiter Art ent-

457 So läßt sich belegen, daß allein ein Vorstandswechsel bereits zu bilanzpolitischen Maßnahmen führt, der sich im ausgewiesenen Erfolg niederschlägt. Vgl. LEKER/SALOMO (1998) S. 174f.

steht ebenso durch die Messung des Erfolges auf der Basis von Jahresabschlußzahlen.

Nicht betrachtet wurden in dieser Arbeit die Zusammenhänge zwischen den Indikatoren der Innovationsorientierung. So hat eben eine vermehrte Forschungs- und Entwicklungsaktivität sicherlich Wirkungen auf die Produkt- und Prozeßaktivität, und vermehrte Akquisitionen führen wohl auch zu vermehrten organisatorischen Maßnahmen. Unter der Heranziehung geeigneter Innovationstheorien wäre es möglich, deduktiv ein Modell der Zusammenhänge zu entwickeln. Das komplexe Geflecht zwischen den Ursachen und den Wirkungen kann dann mit linearen Strukturgleichungsmodellen geprüft werden. Hinter den Grenzen dieser Arbeit liegen somit differenzierte, theoriegeleitete Analysen bestimmter Sachverhalte, die durch das hier offengelegte Erklärungspotential der Berichterstattung untersucht werden können.

Die dynamischen Befunde wurden für eine Stichprobe ermittelt, die sich aus unterschiedlichen Branchen und unterschiedlichen Unternehmensgrößen zusammensetzt. Der nomothetische Anspruch dieser Arbeit ist damit hoch. So läßt sich vermuten, daß für Unternehmen einer bestimmten Art sehr viel differenziertere Befunde erzielbar sind. Nicht in allen Branchen ist schließlich die gleiche zeitliche Verzögerung für Ursachen und Wirkungen anzusetzen und nicht in allen Unternehmen führen die gleichen Maßnahmen auch zu gleichen Wirkungen. Mit den bisherigen Ergebnissen wurde somit aufgezeigt, inwieweit grundsätzlich die Vermessung und die Analyse der textlichen Berichterstattung aus der Sicht der Innovationsorientierung vorgenommen und ein Zusammenhang zum Erfolg untersucht werden kann. Der Weg für differenziertere Betrachtungen nur einzelner Branchen oder anderer Unternehmensgruppen ist mit dieser Arbeit geebnet.

Die Befunde zeigen deutlich, daß die Unternehmen darum bemüht sind, fehlende Erfolge durch eine um so erfolgsorientiertere Berichterstattung an den Stellen zu kompensieren, an denen der Gesetzgeber dafür Spielraum gelassen hat. Dieses Ergebnis dürfte wohl in hohem Maße mit der Meinung zur Geschäftsberichtspublizität einhergehen, daß der in Worten verfaßte Berichtsteil aus Sicht des Unternehmens in erster Linie ein Werbemittel ist. Diese allgemeine Aussage wurde insbesondere für die Berichterstattung zu Produkten bestätigt. Ungeachtet dessen bietet der Geschäftsbericht eine große Anzahl an Informationen, die die Beurteilung des Unternehmens in weiten Teilen unterstützen und damit auch wichtige Erkenntnisse für die Innovationsforschung in sich bergen.

Verzeichnis der Anhänge

Anhang 1: Gewinn vor Steuern-Trends im Überblick

Firma	Beta 86-88	Beta 89-91	R^2 im Mittel	Beta 86-90	Beta 91-95	R^2 im Mittel
Aesculap AG	+0,80	+0,89	0,710	+0,59	+0,46	0,698
Bayerische Motorenwerke AG	-0,52	+1,00	0,632	+0,51	-0,27	0,411
Bremer Vulkan AG	+0,90	+0,99	0,890	+0,61	-0,16	0,502
Buderus AG	-0,83	+0,99	0,832	+0,44	+0,48	0,538
Chemische Werke Brockhues AG	+0,55	+0,87	0,534	+0,52	+0,58	0,769
Daimler-Benz AG	-0,93	-0,91	0,845	+0,06	-0,52	0,338
FAG Kugelfischer Georg Schäfer AG	-0,75	-0,97	0,757	-0,09	+0,41	0,226
Felten & Guilleaume Energietechnik AG	+0,99	+1,00	0,994	+0,62	-0,19	0,534
Grundig AG	+0,96	-0,64	0,659	+0,48	-0,42	0,505
Hannoversche Papierfabriken AG	+0,96	-0,96	0,926	-0,06	+0,36	0,167
Heidelberger Druckmaschinen AG	-0,46	-0,90	0,512	+0,03	+0,48	0,284
Henkel KGaA	+0,99	+0,99	0,983	+0,63	+0,11	0,507
Hüls AG	+0,94	-1,00	0,942	-0,12	+0,30	0,130
Isola Werke AG	-0,59	+0,58	0,345	-0,50	+0,28	0,411
IWKA Industriewerke Karlsruhe AG	+0,83	+0,44	0,440	+0,48	-0,40	0,483
Kali-Chemie AG	+0,85	+0,57	0,524	+0,14	-0,01	0,024
Linde AG	+1,00	+1,00	0,999	+0,62	+0,13	0,506
MAN AG	+0,94	-0,26	0,476	+0,62	-0,19	0,528
Papierfabrik August Koehler AG	-1,00	-0,97	0,970	-0,61	+0,39	0,662
Progress-Werk Oberkirch AG	+0,97	+0,15	0,484	+0,11	-0,29	0,118
Schering AG	+0,98	+0,43	0,568	+0,59	-0,20	0,483
Schmalbach Lubeca AG	-0,94	+0,98	0,924	+0,44	-0,52	0,578
Siemens AG	-1,00	+0,89	0,895	+0,30	-0,53	0,463
SKW Trostberg AG	+0,89	-1,00	0,891	+0,44	+0,58	0,655
Steag AG	-0,65	+0,85	0,572	+0,31	+0,63	0,613
Th. Goldschmidt AG	+0,92	-0,80	0,741	+0,58	-0,55	0,793
Thyssen Industrie AG	+0,90	+1,00	0,903	+0,61	-0,43	0,691
Traub AG	-0,88	-0,99	0,871	-0,58	+0,20	0,477
Varta AG	+0,45	+0,99	0,591	-0,22	-0,62	0,532
Volkswagen AG	+0,88	-1,00	0,891	+0,54	-0,12	0,382
Westag & Getalit AG	+0,97	+0,96	0,933	+0,56	+0,63	0,877
Mittleres R^2 der Stichprobe:			0,749			0,480

Anhang 2: Unternehmen der Stichprobe

Firma	ØBS	ØUM	ØMA	Bö	KG	Br
Chemische Werke Brockhues AG	27	46	136	1	0	C
Progress-Werk Oberkirch AG	82	138	812	1	0	0
Westag & Getalit AG	127	263	1.271	1	0	C
Isola Werke AG	198	318	1.329	0	0	C
Papierfabrik August Koehler AG	277	432	1.214	1	0	0
Aesculap AG	283	384	3.663	0	1	0
Traub AG	413	389	2.375	1	0	M
Kali-Chemie AG	557	387	1.614	0	0	0
Hannoversche Papierfabriken AG	584	707	2.171	1	0	E; M
Felten & Guilleaume Energietechnik AG	603	878	4.370	1	0	C
Th. Goldschmidt AG	806	1.207	5.411	1	0	C
Industriewerke Karlsruhe AG	1.064	1.538	7.111	1	0	M
SKW Trostberg AG	1.238	1.840	6.032	0	0	C
Varta AG	1.484	2.084	13.387	1	1	C
Buderus AG	1.609	2.762	12.785	1	1	M
Schmalbach Lubeca AG	1.982	2.623	9.871	1	0	0
Grundig AG	2.416	3.563	17.687	0	0	M
Heidelberger Druckmaschinen AG	2.537	2.489	8.610	0	1	E
Steag AG	2.838	3.455	4.345	0	0	0
Bremer Vulkan AG	3.259	3.175	14.545	1	0	0
FAG Kugelfischer Georg Schäfer AG	3.716	3.394	28.159	1	0	M
Thyssen Industrie AG	5.085	7.472	43.884	1	0	M
Linde AG	5.333	6.195	25.189	1	0	M
Schering AG	6.298	5.373	23.567	1	1	C
Hüls AG	7.048	8.960	36.129	0	0	C
Henkel KgaA	9.053	12.102	33.139	1	1	C
MAN AG	15.770	18.014	61.459	1	0	M; A
Bayerische Motorenwerke AG	26.037	29.660	71.648	1	1	A
Volkswagen AG	64.549	70.653	262.664	1	1	A
Siemens AG	67.307	68.867	378.340	1	0	E
Daimler-Benz AG	70.847	86.728	348.425	1	1	A

∅BS = Durchschnittliche Bilanzsumme der Jahre 1986 bis 1995 in Mio. DM
∅UM = Durchschnittlicher Umsatz der Jahre 1986 bis 1995 in Mio. DM
∅MA = Durchschnittliche Anzahl Mitarbeiter der Jahre 1986 bis 1995 in Tsd.
Bö = Börsennotierte Aktiengesellschaft (Streubesitz)
KG = Unternehmen produziert Konsumgüter
Br = Branche: A= Auto, C = Chemie, E= Elektro, M = Maschinenbau
0 = keines der jeweiligen Kriterien

Anhang 3: Kodierungsmatrix aller Impulsarten (Teil 1 von 5)

Nr.	Impulsart	RiSt	Aktivität	Bereich	Urspr.	Markt.	Inno.	Orga.	AA	UA
Großbereich Forschung und Entwicklung										
I01.a	allgemein; intern	g; m g; m g; m	g; f nicht r fe; e	* f* a	i i i	* * *	* * *	* * *	* * *	* * *
I01.b	desgleichen ohne Auftragsaspekt	g; m g; m g; m	g; f nicht r fe; e	* f* a	i i i	* * *	* * *	* * *	0 0 0	* * *
I02	Grundlagenforschen und Forschen; intern	g; m g; m	g; f nicht r	* feg; fef	i i	* *	* *	* *	* *	* *
I03.a	allgemein; weniger	w w g; m	fe; g; f; e nicht r r	* f* f*	* * *	* * *	* * *	0 0 0	* * *	* * *
I03.b	desgleichen ohne Auftragsaspekt	w w g; m	fe; g; f; e nicht r r	* f* f*	* * *	* * *	* * *	0 0 0	0 0 0	* * *
I04.a	allgemein; gemeinsam	g; m g; m	fe; g; f; e *	* f*	g; k g; k	* *	* *	* *	* *	* *
I04.b	desgleichen ohne Auftragsaspekt	g; m g; m	fe; g; f; e *	* f*	g; k g; k	* *	* *	* *	0 0	* *
I05	technologische Akquisition	g; m g; m	fe; g; f; e *	* f*	a; b a; b	* *	* *	* *	* *	* *

Anhang 3: Kodierungsmatrix aller Impulsarten (Teil 2 von 5)

Nr.	Impulsart	RiSt	Aktivität	Bereich	Urspr.	Markt.	Inno.	Orga.	AA	UA
Großbereich Prozeß (Teil 1 von 2)										
I06.a	Einführung und Erweiterung allgemein	g; m g; m	ein w	i; b; p; vw; ü i; b; p; vw; ü	i i	* *	* *	0 0	* *	* *
I06.b	desgleichen ohne umweltpol. Aspekt	g; m g; m	ein w	i; b; p; vw; ü i; b; p; vw; ü	i i	* *	* *	0 0	* *	0 0
I06.c	Einführung allgemein	g; m	ein	i; b; p; vw; ü	i	*	*	0	*	*
I06.d	desgleichen ohne umweltpol. Aspekt	g; m	ein	i; b; p; vw; ü	i	*	*	0	*	0
I06.e	Einführung und Erweiterung Produktion	g; m g; m	ein w	p p	i i	* *	* *	0 0	* *	* *
I06.f	desgleichen ohne umweltpol. Aspekt	g; m g; m	ein w	p p	i i	* *	* *	0 0	* *	0 0
I06.g	Einführung Produktion	g; m	ein	p	i	*	*	0	*	*
I06.h	desgleichen ohne umweltpol. Aspekt	g; m	ein	p	i	*	*	0	*	0
I07.a	Entwicklung allgemein	g; m	e	i; b; p; vw; ü	i	*	*	0	*	*
I07.b	desgleichen ohne umweltpol. Aspekt	g; m	e	i; b; p; vw; ü	i	*	*	0	*	0
I07.c	Entwicklung Produktion	g; m	e	p	i	*	*	0	*	*
I07.d	desgleichen ohne umweltpol. Aspekt	g; m	e	p	i	*	*	0	*	0
I08	Organisation und Prozeßveränderung	g; m g; m	* v	nicht v nicht o+v	i i	0 0	* *	nicht 0 *	* *	* *

Anhang 3: Kodierungsmatrix aller Impulsarten (Teil 3 von 5)

Nr.	Impulsart	RiSt	Aktivität	Bereich	Urspr.	Markt.	Inno.	Orga.	AA	UA
Großbereich Prozeß (Teil 2 von 2)										
I09.a	Innovation allgemein	*	*	i; b; p; vw; ü	*	0	nicht 0	*	*	*
I09.b	desgleichen ohne umweltpol. Aspekt	*	*	i; b; p; vw; ü	*	0	nicht 0	*	*	0
I09.c	Innovation Produktion	*	*	p	*	0	nicht 0	*	*	*
I09.d	desgleichen ohne umweltpol. Aspekt	*	*	p	*	0	nicht 0	*	*	0
I10.a	Rationalisierung allgemein	g; m	r	nicht o+v	i	0	*	0	*	*
I10.b	Rationalisierung Produktion	g; m	r	p	i	0	*	0	*	*
I11.a	gemeinsam	g; m	a; ein; w	nicht f*+ v	g; k	0	*	0	*	*
I11.b	desgleichen ohne Auftragsaspekt	g; m	a; ein; w	nicht f*+ v	g; k	0	*	0	0	*
Großbereich Produkt										
I12.a	Einführung und Erweiterung	g; m g; m	ein w	o o	i i	0 0	* *	* *	* *	* *
I12.b	desgleichen ohne Auftragsaspekt	g; m g; m	ein w	o o	i i	0 0	* *	* *	0 0	* *
I13.a	Entwicklung	g; m	e	o	i	0	*	*	*	*
I13.b	desgleichen ohne Auftragsaspekt	g; m	e	o	i	0	*	*	0	*
I14.a	Innovation	*	*	o	*	*	nicht 0	*	*	*
I14.b	desgleichen ohne Auftragsaspekt	*	*	o	*	*	nicht 0	*	0	*
I15	Rationalisierung	g; m w	r; v *	o o	i i	0 0	* *	0 0	* *	* *

Anhang 3: Kodierungsmatrix aller Impulsarten (Teil 4 von 5)

Nr.	Impulsart	RiSt	Aktivität	Bereich	Urspr.	Markt.	Inno.	Orga.	AA	UA
Großbereich Markt										
I16.a	interne Aktivitäten	g; m g; m g; m	* * v	v * v	i i i	nicht 0 nicht 0 *	* * *	0 nicht 0 *	* * *	* * *
I16.b	desgleichen ohne Auftragsaspekt	g; m g; m g; m	* * v	v * v	i i i	nicht 0 nicht 0 *	* * *	0 nicht 0 *	0 0 0	* * *
I17	gemeinsam	g; m g; m	* *	* v	g; k g; k	nicht 0 *	* *	* *	* *	* *
Großbereich Unternehmen										
I18	Neue Unternehmenseinheit	g; m	ein; w	a	i	*	*	*	*	*
I19	Schließung, Stillegung	w	a	i; a; p	i	*	*	*	*	*
I20	Akquisition allgemein	g; m	*	*	a; b	*	*	*	*	*
I21	Unternehmensabgabe	w	*	*	a; b	*	*	*	*	*

Anhang 3: Kodierungsmatrix aller Impulsarten (Teil 5 von 5)

Legende

RiSt = Richtung und Stärke; **Art** = Impulsart; **Bereich** = Wirkungsbereich; **Urspr.** = Ursprung; **Markt.** = Marktwirkung; **Inno.** = Innovationsaspekt; **Orga.** = Organisationsaspekt; **AA** = Auftragsaspekt; **UA** = Umweltpolitischer (= umweltpol.) Aspekt.

Richtung und Stärke (RiSt): **w**: weniger; **g**: gleich; **m**: mehr, mit den Aggregationswerten **w = 2**, **g = 1** und **m = 2**.

Impulsaktivität (Aktivität): **a** : allgemein; **fe**: Forschen und Entwickeln; **g**: Grundlagenforschen; **f**: Forschen; **e**: Entwickeln; **ein**: Einführen; **w**: Erweitern; **r**: Rationalisieren; **v**: Verändern.

Wirkunsgbereich (Bereich): **a**: allgemein (Prozeß und Produktbereich); **i**: intern (Prozeßbereich); **feg**: Grundlagenforschung; **fef**: Forschung; **fee**: Entwicklung; **b**: Beschaffung; **p**: Produktion; **vw**: Verwaltung; **ü**: Führung; **v**: Vertrieb; **o**: Produkt (Produktbereich).

Ursprung (Urspr.): **i**: intern; **g**: Gemeinschaftsunternehmen; **k**: Kooperation; **a**: Mehrheitsbeteiligung; **b**: Minderheitsbeteiligung.

Marktwirkung (Markt.), **Innovationsaspekt (Inno.)**, **Organisationsaspekt (Orga.)**, **Auftragsaspekt (AA)** und **umweltpolitischer Aspekt (US)** sind Kriterien mit dichotomer ja- oder nein-Ausprägung.

Allgmeingültige Abfragefunktionen: *****: Das Kriterium kann ab dem Zeichen * beliebige Verschlüsselungswerte annehmen (Truncierungsfunktion). **0**: Der Impuls entspricht nicht dem dichotomen Kriterium (Ausschlußfunktion).

Verknüpfung der Abfragebedingungen: Innerhalb eines Feldes symbolisiert das Semikolon eine logische 'oder'-Verknüpfung. Die Kriterien **innerhalb einer Zeile** sind mit einem logischem 'und' verknüpft.

Mehrere Zeilen innerhalb einer Impulsart sind mit einem logischen 'oder' verknüpft.

Mit der Wahl der Verknüpfungen und Ausprägungen ergeben sich die speziellen Impulsarten der Innovationsorientierung. Die Stärke einer Art ergibt sich dabei aus der Summe der Skalierungsvorgaben für Richtung und Stärke der gefilterten Impulse für jedes Unternehmen und jedes Jahr, also x_{kij}, mit k = Impulsart, i = Unternehmen und j = Jahr der Nennung.

Anhang 4: Impulssummen der Impulsarten (Teil 1 von2)

Nr.	Impulsart	ÜF Σ	Anteil an Gesamt	NÜF Σ	Anteil an ÜF
Großbereich Forschung und Entwicklung					
I01.a	allgemein; intern	3.072	7,4%		
I01.b	desgleichen ohne Auftragsaspekt			3.010	98,0%
I02	Grundlagenforschen und Forschen; intern			927	30,2%
I03.a	allgemein; weniger	281	0,7%		
I03.b	desgleichen ohne Auftragsaspekt			265	94,3%
I04.a	allgemein; gemeinsam	1.220	2,9%		
I04.b	desgleichen ohne Auftragsaspekt			1.152	94,4%
I05	technologische Akquisition			248	
Großbereich Prozeß					
I06.a	Einführung und Erweiterung allgemein	6.870	16,6%		
I06.b	desgleichen ohne umweltpol. Aspekt			5.934	86,4%
I06.c	Einführung allgemein			5.068	73,8%
I06.d	desgleichen ohne umweltpol. Aspekt			4.164	60,6%
I06.e	Einführung und Erweiterung Produktion			6.186	90,0%
I06.f	desgleichen ohne umweltpol. Aspekt			5.308	77,3%
I06.g	Einführung Produktion			4.506	65,6%
I06.h	desgleichen ohne umweltpol. Aspekt			3.660	53,3%
I07.a	Entwicklung allgemein	1.616	3,9%		
I07.b	desgleichen ohne umweltpol. Aspekt			1.348	83,4%
I07.c	Entwicklung Produktion			944	58,4%
I07.d	desgleichen ohne umweltpol. Aspekt			727	45,0%
I08	Organisation und Prozeßveränderung	4.213	10,2%		
I09.a	Innovation allgemein			180	1,4%
I09.b	desgleichen ohne umweltpol. Aspekt			144	1,1%
I09.c	Innovation Produktion			156	1,2%
I09.d	desgleichen ohne umweltpol. Aspekt			120	0,9%
I10.a	Rationalisierung allgemein	1.886	4,5%		
I10.b	Rationalisierung Produktion			572	30,3%
I11.a	gemeinsam	1.073	2,6%		
I11.b	desgleichen ohne Auftragsaspekt			1.022	95,2%

Anhang 4: Impulssummen der Impulsarten (Teil 2 von 2)

Nr.	Impulsart	ÜF Σ	Anteil an Gesamt	NÜF Σ	Anteil an ÜF
Großbereich Produkt					
I12.a	Einführung und Erweiterung	7.543	18,2%		
I12.b	desgleichen ohne Auftragsaspekt			6.191	82,1%
I13.a	Entwicklung	5.236	12,6%		
I13.b	desgleichen ohne Auftragsaspekt			4.839	92,4%
I14.a	Innovation			498	3,9%
I14.b	desgleichen ohne Auftragsaspekt			454	3,6%
I15	Rationalisierung	415	1,0%		
Großbereich Markt					
I16.a	interne Aktivitäten	1.982	4,8%		
I16.b	desgleichen ohne Auftragsaspekt			1.937	97,7%
I17	gemeinsam	547	1,3%		
Großbereich Unternehmen					
I18	Neue Unternehmenseinheit	768	1,9%		
I19	Schließung, Stillegung	434	1,0%		
I20	Akquisition allgemein	3.539	8,5%		
I21	Unternehmensabgabe	772	1,9%		
Summe der Impulsstärkensummen		41.467	100%	59.560	
Summe der 43 Impulsstärkensummen		101.027			
ÜF = Überschneidungsfreie Impulsarten, NÜF = Nicht überschneidungsfreie Impulsarten, Σ = Summe der Impulsstärken, umweltpol. = umweltpolitisch.					

Anhang 5: Generische Faktorlösungen der Impulsarten

Faktor	Impulsart	Ladung	K	Varianz	CrA
F01	I01.a	1,00	1,00	100,0%	1,00
	I01.b	1,00	1,00		
F03	I03.a	0,99	0,99	98,8%	0,99
	I03.b	0,99	0,99		
F04	I04.a	1,00	1,00	99,5%	1,00
	I04.b	1,00	1,00		
F06	I06.a	0,97	0,94	92,4%	0,99
	I06.b	0,97	0,93		
	I06.c	0,96	0,92		
	I06.d	0,95	0,91		
	I06.e	0,96	0,93		
	I06.f	0,96	0,92		
	I06.g	0,97	0,93		
	I06.h	0,95	0,91		
F07	I07.a	0,96	0,92	90,9%	0,97
	I07.b	0,95	0,91		
	I07.c	0,96	0,91		
	I07.d	0,94	0,89		
F09	I09.a	0,97	0,94	93,5%	0,98
	I09.b	0,97	0,93		
	I09.c	0,97	0,94		
	I09.d	0,96	0,93		
F10	I10.a	0,91	0,83	82,8%	0,79
	I10.b	0,91	0,83		
F11	I11.a	1,00	1,00	99,6%	1,00
	I11.b	1,00	1,00		
F12	I12.a	0,99	0,98	98,4%	0,98
	I12.b	0,99	0,98		
F13	I13.a	1,00	0,99	99,2%	0,99
	I13.b	1,00	0,99		
F14	I14.a	1,00	1,00	99,9%	1,00
	I14.b	1,00	1,00		
F16	I16.a	1,00	1,00	100,0%	1,00
	I16.b	1,00	1,00		

K = Kommunalität, Varianz = erklärter Anteil der Gesamtvarianz, CrA = Cronbachs Alpha auf der Basis der Kovarianzen.

Anhang 6: Test auf Normalverteilung der Residuen der univariat-statischen Regressionsmodelle

Residue zur Schätzung von	Schiefe		Kurtosis		Schiefe und Kurtosis	
	Schiefe	Z-Score Sig.	Kurtosis	Z-Score Sig.	Chi^2	Z-Score Sig.
Text relevant	-0,03	0,395	-0,13	0,405	0,1	0,937
Impulse	-0,33	0,021	-0,38	0,098	5,8	0,055
F01	0,87	0,001	**3,47**	**0,000**	**35,0**	**3E-08**
F02	-0,38	0,015	**4,26**	**0,000**	**35,4**	**2E-08**
F03	**2,11**	**0,000**	**6,02**	**0,000**	**55,9**	**7E-13**
F04	-0,75	0,002	0,46	0,070	10,5	0,005
F05	-0,32	0,023	0,46	0,068	6,2	0,045
F06	0,52	0,006	-0,80	0,000	23,5	8E-06
F07	-0,30	0,026	-0,72	0,000	15,4	4E-04
F08	0,69	0,003	-0,59	0,006	14,1	0,001
F09	-0,26	0,037	-0,40	0,080	5,2	0,076
F10	-0,09	0,206	-0,87	0,000	23,9	7E-06
F11	-0,42	0,011	0,62	0,033	8,6	0,014
F12	1,45	0,000	1,72	0,000	25,4	3E-06
F13	-0,54	0,005	-0,20	0,303	6,8	0,034
F14	0,06	0,267	-0,62	0,003	7,7	0,021
F15	-0,26	0,037	0,35	0,113	4,7	0,097
F16	-0,70	0,002	1,21	0,002	16,1	0,000
F17	0,69	0,003	0,63	0,032	11,3	0,004
F18	0,27	0,032	-1,02	0,000	**49,3**	**2E-11**
F19	-0,40	0,013	-0,44	0,054	7,6	0,023
F20	0,22	0,049	-0,83	0,000	22,0	2E-05
F21	-0,13	0,124	-1,02	0,000	**48,7**	**3E-11**

Anhang 7: Verteilung der Anzahl univariat testbarer und getesteter Zusammenhänge pro Erfolgsindikator

	Zeitliche Verzögerung in Jahren							
Erfolgsindikator	6	5	4	3	2	1	0	Summe
Betriebserfolgseffekt (*EF1*)	0	1	2	3	4	4	4	18
Rationalisierungseffekt (*EF2*)	0	1	2	3	4	4	4	18
Wachstumseffekt (*EF3*)	0	1	2	3	4	4	4	18
Börsenkurseffekt (*EF4*)	1	2	2	2	1	0	0	8
Summe:	1	5	8	11	13	12	12	62
Aus der Summe von 62 testbaren Zusammenhängen pro Indikator der Innovationsorientierung ergeben sich für alle 21 Indikatoren 62*21 = 1.302 testbare Zusammenhänge.								

Anhang 8: Univariate (P <= 0,05) signifikante Zusammenhänge zwischen den Indikatoren der Innovationsorientierung und des Erfolgs (Teil 1 von 2)

Verzögerung:	6 Jahre		5 Jahre		4 Jahre		3 Jahre		2 Jahre		1 Jahr		0 Jahre	
Abhängige / Richtung:	-	+	-	+	-	+	-	+	-	+	-	+	-	+
F&E allgemein (*F01*)	k		k		erk		er			rw^2		w^2		e^2w^2
F&E Forschung (*F02*)	k									w		er^2		
F&E weniger (*F03*)				w					w		e^2		e^2	
F&E gemeinsam (*F04*)	k		k^2		k					e^2rw^2k		ew		ew
F&E Akquisition (*F05*)				k^2	w	k	k		r^2w^2k		ew^2			rw
Prozeßeinführung (*F06*)			k^2	e	k^2	erw	e^2	w^2	e^2	w^3		rw^4		er^2w^4
Prozeßentwicklung (*F07*)				e			r^2k		r					ew
Prozeßorganisation (*F08*)									ew		rw^3		r^3	
Prozeßinnovation (*F09*)									k					r
Prozeßrationalisierung (*F10*)						r	r					w		e
Prozeß gemeinsam (*F11*)					e	k		r		rwk		er		

e = Betriebserfolgseffekt, r = Rationalisierungseffekt, w = Wachstumseffekt, k = Börsenkurseffekt, ^{2} = zweifach, ^{3} = dreifach, ^{4} = vierfach.

Anhang 8: Univariate (P <= 0,05) signifikante Zusammenhänge zwischen den Indikatoren der Innovationsorientierung und des Erfolgs (Teil 2 von 2)

Verzögerung:	6 Jahre		5 Jahre		4 Jahre		3 Jahre		2 Jahre		1 Jahr		0 Jahre	
Abhängige Richtung:	-	+	-	+	-	+	-	+	-	+	-	+	-	+
Produkteinführung (*F12*)	k		k^2		k^2		e^2rk		e^2r^2		r		e^2r	
Produktentwicklung (*F13*)	k		k^2	r	k^2		$e^2r^2k^2$		r^2	w	er	w	e	w
Produktinnovation (*F14*)									e					
Produktrationalisierung (*F15*)						r	k							
Markt allgemein (*F16*)					k	erw	k	e^2r	r	e	e^2r^2w		e^2w	
Markt gemeinsam (*F17*)	k		e	w			r	ew		e^2rw^2		er^2w^3		ew
Neue Unternehmenseinheit (*F18*)							k			w	e		e	
Schließung (*F19*)				w			w^2		w^2		rw^2		e^2rw^2	
Akquisition allgemein (*F20*)			r	w				r	r	w^2		ew^3		er^2w^3
Unternehmensabgabe (*F21*)					w			k			w		er^3	
Anteil pro Lag und Richtung	29%	0%	10%	9%	8%	6%	11%	4%	8%	10%	9%	10%	9%	11%
Anteil pro Lag	29%		19%		14%		15%		18%		19%		20%	

e = Betriebserfolgseffekt, r = Rationalisierungseffekt, w = Wachstumseffekt, k = Börsenkurseffekt, ^{2} = zweifach, ^{3} = dreifach, ^{4} = vierfach.

Anhang 9: Test auf Normalverteilung der Residuen der multivariaten Regressionsmodelle

Residue zum Erfolgsindikator-Panel	Schiefe		Kurtosis		Schiefe und Kurtosis	
	Schiefe	Z-Score Sig.	Kurtosis	Z-Score Sig.	Chi^2	Z-Score Sig.
EF1 in 1989 bis 1993	0,27	0,052	0,74	0,039	5,76	0,056
EF2 in 1989 bis 1993	-0,72	0,005	3,24	0,000	**23,66**	**7E-06**
EF3 in 1989 bis 1993	0,08	0,261	2,12	0,000	11,56	0,003
EF4 in 1992 bis 1996	-0,04	0,367	0,64	0,034	2,67	0,338

EF1 = Betriebserfolgseffekt; *EF2* = Rationalisierungseffekt; *EF3* = Wachstumseffekt; *EF4* = Börsenkurseffekt

Verzeichnis der Abbildungen

Verzeichnis der Tabellen

Verzeichnis der Übersichten

Literaturverzeichnis

ACS, Z.J. / AUDRETSCH, D.B. (1988): Innovation in Large and Small Firms: An Empirical Analysis, in: American Economic Review, Vol. 78, S. 678-690.

ADLER, H. / DÜRING, W. / SCHMALTZ, K. (1968): Rechnungslegung und Prüfung der Aktiengesellschaft, Handkommentar, Band 1, Rechnungslegung, 4. Aufl., Stuttgart.

ADLER, H. / DÜRING, W. / SCHMALTZ, K. (1987): Rechnungslegung und Prüfung der Unternehmen, Kommentar zum HGB, AktG, GmbHG, PublG nach den Vorschriften des Bilanzrichtlinien-Gesetzes, 5. Aufl., Stuttgart.

ALBACH, H. (1989): Innovationsstrategien zur Verbesserung der Wettbewerbsfähigkeit, in: Zeitschrift für Betriebswirtschaft, 59. Jg., S. 1338-1352.

AMEL, D. / FROEB, L. (1991): Do Firms Differ Much?, in: The Journal of Industrial Economics, Vol. 39, S. 323-331.

APELT, B. (1991): Die Publizität der GmbH. Regelungen des BiRiLiG, der Mittelstandsrichtlinie und der GmbH & Co.-Ergänzungsrichtlinie, Berlin.

AREGGER, K. (1976): Innovation in sozialen Systemen – Einführung in die Innovationstheorie der Organisation, Bern, Stuttgart.

ASSENMACHER, W. (1980): Einführung in die Ökonometrie, München.

BACKHAUS, K. / ERICHSON, B. / PLINKE, W. / WEIBER, R. (1994): Multivariate Analysemethoden, 8. überarbeitete Auflage, Berlin et al.

BAETGE, J. (1987): Grundsätze ordnungsmäßiger Buchführung, in: Küting, K. und Weber, C.-P. (Hrsg.): Handbuch der Rechnungslegung, Kommentar zur Bilanzierung und Prüfung, 2. Aufl., Stuttgart, S. 177-204.

BAETGE, J. (1993): Der Lagebericht, in: Chmielewicz, K. / Schweitzer, M. (Hrsg.): Handwörterbuch des Rechnungswesens, 3., völlig neu gestaltete und ergänzte Auflage, Stuttgart, Sp. 1327-1334.

BAETGE, J. / FISCHER, T.R. / PASKERT, D. (1989): Der Lagebericht – Aufstellung, Prüfung und Offenlegung, Stuttgart.

BAKER, N.R. / SIEGMANN, J. / RUBENSTEIN, A.H. (1967): The Effects of Perceived Needs and Means on the Generation of Ideas for Industrial Research and Development Projects, in: IEEE-Transactions on Engineering Management, Vol. EM-14, S. 156-163.

BALMER, H. (1987): Geschäftsberichte – heiße Schlachten um nackte Fakten, in: Management-Zeitschrift Industrielle Organisation, 56. Jg., S. 104-106.

BALLWIESER (1987): Die Analyse von Jahresabschlüssen nach neuem Recht, in: Die Wirtschaftsprüfung, 40. Jg., S. 57-67.

BARNETT, H.G. (1953): Innovation: The Basis of Cultural Change, New York.

BERELSON, B. (1952): Content Analysis in Communication Research, Glencoe.

BERNARDS, O. (1995): Segmentberichterstattung in den Geschäftsberichten deutscher Unternehmen – theoretische und empirische Ergebnisse, in: Deutsches Steuerrecht, 33. Jg., S. 1329-1368.

BIENER, H. (1983): Interessenkonflikte bei der Anpassung der Rechnungslegungsvorschriften in der Europäischen Wirtschaftsgemeinschaft, in: Baetge, J. (Hrsg.): Der Jahresabschluß im Widerstreit der Interessen, Vortragsreihe des Instituts für Revisionswesen an der Westfälischen Wilhelms-Universität Münster, Düsseldorf, S. 21-46.

BIENER, H. / BERNEKE, W. (1986): Bilanzrichtlinien-Gesetz, Düsseldorf.

BLACKMANN, A.W. / SELIGMAN, E.J. / SOGLIERI, G.C. (1973): An Innovation Index Based on Factor Analysis, in: Technological Forecasting and Social Change, Vol. 4, S. 301-316.

BLEICHER, K. (1979): Innovationen im Produktionsbereich, in: Kern, W. (Hrsg.): Handwörterbuch der Produktionswirtschaft, Stuttgart, Sp. 800-814.

BOCK, K. (1986): Die Messung von organisatorischen Veränderungen mit der Hilfe von Indikatoren aus veröffentlichten Geschäftsberichten deutscher Industrieaktiengesellschaften, Discussion Paper No. D-5, Bonn.

BOUND, J. / CUMMINS, C. / GRILICHES, Z. / HALL, B.H. / JAFFE, A. (1984): Who Does R&D and Who Patents? in: Griliches, Z. (Hrsg.): R&D Patents, and Productivity, Chicago, London.

BOWMAN, E.H. (1976): Strategy, Annual reports, and Alchemy: The Minicomputer/ Peripheral Industry, Working Paper 76-36, European Institute for Advanced Studies in Management, Brüssel.

BRETZKE, W.R. (1974): Zur Frage der Überprüfbarkeit von Prognosen im Geschäftsbericht, in: Die Wirtschaftsprüfung, 27. Jg., S. 292-296.

BRETZKE, W.R. (1979): Inhalt und Prüfung des Lageberichtes: Anmerkungen zur gegenwärtigen und zukünftigen Praxis der Prognosepublizität, in: Die Wirtschaftsprüfung, 32. Jg., S. 337-349.

BRIGHT, J.R. (1964): Research, Development, and Technical Innovation – An Introduction, Homewood.

BROCKHOFF, K. (1970): Zur Quantifizierung der Produktivität industrieller Forschung durch die Schätzung einer einzelwirtschaftlichen Produktionsfunktion – Erste Ergebnisse, in: Jahrbücher für Nationalökonomie und Statistik, Bd. 1984, S. 248-276.

BROCKHOFF, K. (1972): Ein Ansatz zur Abschätzung des Forschungserfolges, in: Zeitschrift für betriebswirtschaftliche Forschung, Bd. 24, S. 709-723.

BROCKHOFF, K. (1981): Die Produktinnovationsrate im Lagebericht, in: der Betrieb, 34. Jg., Heft 9, S. 433-437.

BROCKHOFF, K. (1982): Forschung und Entwicklung im Lagebericht, in: Die Wirtschaftsprüfung, 35. Jg., S. 237-247.

BROCKHOFF, K. (1986): Die Produktivität der Forschung und Entwicklung eines Industrieunternehmens, in: Zeitschrift für Betriebswirtschaft, 56. Jg., S. 525-537.

BROCKHOFF, K. (1987): Wettbewerbsfähigkeit und Innovation, in: Dichtl, E. / Gerke, W. / Kieser, A. (Hrsg.): Innovation und Wettbewerbsfähigkeit, Wiesbaden, S. 53-74.

BROCKHOFF, K. (1990): R&D and Marketing Productivities from Cross-Sectional Data: A Study of German Chemical Corporations, in: R&D Management, Vol. 20, S. 323-327.

BROCKHOFF, K. (1994): Forschung und Entwicklung: Planung und Kontrolle, 4., erg. Aufl., München, Wien, Oldenbourg.

BUDDE, W.D ET AL. (Bearb.) (1995): Beck'scher Bilanz-Kommentar: Handels- und Steuerrecht - §§ 238 bis 339 HGB, 3. neubearb. Aufl., München.

BUNK, B. (1993): Geschäftsbericht, Imageträger der besonderen Art, in: Absatzwirtschaft, Heft 12, S. 54-59.

CARSTENSEN, B. / BUSSE, U. (1993): Anglizismen-Wörterbuch, Bd. II, Berlin.

CASTAN, E. (1981): Geschäftsbericht, in: Kosiol, E. / Chmielewicz, K. / Schweitzer, M. (Hrsg.): Handwörterbuch des Rechnungswesens, 2. völlig neu gest. Aufl., Stuttgart, Sp. 606-615.

CD-ROM VERLAG & VERTRIEB GMBH / VERBAND DER VEREINE CREDITREFORM E.V. (Hrsg.) (1992): dafne - die Analyse von Finanzdaten nun erleichtert - A Financial Database of Major German Companies with Financial Analysis Software, Frankfurt, Neuss.

CHAKRABARTI, A.K. / HALPERIN, M.R. (1990): Technical Performance and Firm Size: An Analysis of Patents and Publications of U.S. Firms, in: Small Business Economies, Vol. 2, S. 183-190.

CHIP, S. (1992): Bayes Inference in the Tobit Censored Regression Model, in: Journal of Econometrics, Vol. 51, S. 79-99.

CLARK, K.B. / GRILICHES, Z. (1984): Productivity Growth and R&D at the Business Level: Results from the PIMS Data Base, in: Griliches, Z. (Hrsg.): R&D, Patents, and Productivity, Chicago, London, S. 393-416.

CLEMM, H. / ELLROTT, H. (1990): Kommentierung zu § 289 HGB, in: Budde, W.D. et al. (Bearb.): Beck'scher Bilanzkommentar, Der Jahresabschluß nach Handels- und Steuerrecht, München, S. 1317-1331.

CLEMM, H. / ELLROTT, H. (1986): Lagebericht, Kommentierung zu § 289 HGB, in: Budde, W.D. et al. (Bearb.): Beck'scher Bilanzkommentar, Der Jahresabschluß nach Handels- und Steuerrecht, München, S. 1181-1196.

CLEMM, H. / REITTINGER, W. (1980): Die Prüfung des Lageberichts im Rahmen der jährlichen Abschlußprüfung von Kapitalgesellschaften, in: Betriebswirtschaftliche Forschung und Praxis, S. 493-513.

CLEMM, H. / REITTINGER, W. (1992): Lagebericht, Prüfung, in: Coenenberg, A.G. / von Wysocki, K. (Hrsg.): Handwörterbuch der Revision, Stuttgart, Sp. 1181-1197.

COENENBERG, A. (1989): Jahresabschluß und Jahresabschlußanalyse, 11., überarbeitete und erweiterte Auflage, Landsberg am Lech.

COMMERZBANK (Hrsg.) (1994): Wer gehört zu wem?, Düsseldorf.

CUBBIN, J. / GEROSKI, P. (1987): The Convergence of Profits in the Long Run: Inter-Firm and Inter-Industry Comparisons, in: The Journal of Industrial Economics, Vol. 35, S. 427-442.

CUNEO, P. / MAIRESSE, J. (1984): Productivity and R&D at the Firm Level in French Manufacturing, in: Griliches, Z. (Hrsg.): R&D, Patents, and Productivity, Chicago, London, S. 375-392.

D'AGOSTINO, R.B. (1986): Tests for the normal distribution, in: D'Agostino, R.B. / Stephens, M.A. (Hrsg.): Goodness-of-fit techniques, New York, S. 367-419.

DELLMANN, K. (1982A): Rechnung und Rechnungslegung über Forschung- und Entwicklung (Teil I), in: Die Wirtschaftsprüfung, 35. Jg., S. 557-561.

DELLMANN, K. (1982B): Rechnung und Rechnungslegung über Forschung- und Entwicklung (Teil II), in: Die Wirtschaftsprüfung, 35. Jg., S. 587-590.

DUDAY, H. (1990): Lineare Strukturgleichungsmodelle und ihre Anwendungen in der Soziologie zur Analyse sozialer Zustände und Prozesse, Dissertation, Berlin.

ELLROTT, H. (1995): § 289, in: Budde, W.D. et al. (Bearb.): Beck'scher Bilanz-Kommentar: Handels- und Steuerrecht - §§ 238 bis 339 HGB, 3. neu bearbeitete Auflage, München, S. 1310-1324.

EMMERICH, G. / KÜNNEMANN, M. (1986): Zum Lagebericht der Kapitalgesellschaft, in: Die Wirtschaftsprüfung, 39. Jg., S. 145-152.

ERNST, H. (1996): Patentinformationen für die strategische Planung von Forschung und Entwicklung, in: Brockhoff, K. / Albers, S. / Drexl, A. / Hauschildt, J. / Müller, R.A.E. (Hrsg.): Betriebswirtschaftslehre für Technologie und Innovation, Bd. 18, Wiesbaden.

EVERITT, B.S. (1984): An Introduction to Latent Variable Models, Monographs on Statistics and Applied Probability, London, New York.

FEY, G. (1989): Grundsätze ordnungsgemäßer Bilanzierung für Haftungsverhältnisse, in: Baetge, J. (Hrsg.): Schriften des Instituts für Revisionswesen der Westfälischen Wilhelms-Universität Münster, Düsseldorf, S. 250-257.

FEY, G. (1994): Die Angabe bestehender Zweigniederlassungen im Lagebericht nach § 289 Abs. 2 Nr. 4 HGB, in: Der Betrieb, 47. Jg., S. 485-487.

FORSTER, K.-H. (1982): Anhang, Lagebericht, Prüfung und Publizität im Regierungsentwurf eines Bilanzrichtlinie-Gesetzes – Teil II, in: Der Betrieb, 35. Jg., S. 1631-1635.

FREEMAN, C. (1970): Measurement of Output of Research and Experimental Development. A Review Paper. Unesco: Statistical Reports and Studies, Paris.

FRIEDRICH, R.O. (1990): Der Lagebericht aus wettbewerbsrechtlicher Sicht, in: Betriebs-Berater, 45. Jg., S. 741-746.

FRINGS, P.A. (1975): Berichterstattung deutscher und amerikanischer Aktiengesellschaften im jährlichen Geschäftsbericht, Diss., Frankfurt am Main.

FRÜH, W. (1991): Inhaltsanalyse, Theorie und Praxis, 3., überarb. Aufl., München.

FRÜH, W. (1992): Zur konvergenten Entwicklung "quantitativer" und "qualitativer" Methoden, in: Hoffmeyer-Zlotnik, J.H.P. (Hrsg.): Analyse verbaler Daten, Über den Umgang mit qualitativen Daten, Opladen, S. 59-89.

GEORGE, A.E. (1959): Qualitative and Quantitative Approaches to Content Analysis, in: de Sola Pool, I. (Hrsg.): Trends in Content Analysis, Urbana.

GLADE, A. (1986): Rechnungslegung und Prüfung nach dem Bilanzrichtlinien-Gesetz, Herne/Berlin.

GRAUMANN, M. (1993): Die Anwendung neuerer Entwicklungen in Produktion und Logistik bei deutschen Herstellern von Personenkraftwagen 1981-1990, in: Zeitschrift für Betriebswirtschaft, 63. Jg., S. 443-470.

GREIF, S. (1985): Relationship Between R&D Expenditure and Patent Applications, in: World Patent Information, Vol. 7, S. 190-195.

GRILICHES, Z. und MAIRESSE, J. (1984): Productivity and R&D at the Firm Level, in: Griliches, Z. (Hrsg.): R&D, Patents, and Productivity, Chicago, London, S. 339-374.

GRILL, W. / PERCZYNSKI, H. (1992): Wirtschaftslehre des Kreditwesens, 27., überarbeitete und erweiterte Auflage, Bad Homburg vor der Höhe.

GRUPP, H. / HOHMEYER, R. / KOLLERT, R. / LEGLER, H. (1987): Technometrie. Die Bemessung des technisch-wirtschaftlichen Leistungsstandes. Enzyme, gentechnisch hergestellte Arzneimittel, Solargeneratoren, Laser, Sensoren, Industrieroboter in der Bundesrepublik Deutschland, Japan und den Vereinigten Staaten, Köln.

HARDER, U. (1962): Bilanzpolitik, Wiesbaden.

HAREN, H.D. (1995): Welche Schrift für welche Bank?, in: Bank und Markt, Heft 2, S. 13-16.

HAUSCHILDT, J. (1971): Entwicklungslinien der Bilanzanalyse, in: Zeitschrift für betriebswirtschaftliche Forschung, 23. Jg., S. 335-351.

HAUSCHILDT, J. (1977): Bilanzanalyse, Bilanzkritik und Bilanzpolitik, in: Albers, W. / Born, K.E. / Dürr, E. / Hesse, H. / Kraft, A. / Lampert, H. / Rose, K. / Rupp, H.H. / Scherf, H. / Schmidt, K. / Wittmann, W. (Hrsg.): Handwörterbuch der Wirtschaftswissenschaft, Zugl. Neuaufl. des Handwörterbuchs der Sozialwissenschaften, Band 1, Stuttgart, New York, S. 659-670.

HAUSCHILDT, J. (1986): Das Innovationsbewußtsein, in: Staudt, E. (Hrsg.): Das Management von Innovationen, Frankfurt, S. 62-68.

HAUSCHILDT, J. (1989): Innovationsstrategien und ihre organisatorischen Konsequenzen, in: Riekhof, H.-C. (Hrsg.): Strategieentwicklung – Konzepte und Erfahrungen, Stuttgart, S. 255-270.

HAUSCHILDT, J. (1991): Zur Messung des Innovationserfolgs, in: Zeitschrift für Betriebswirtschaft, 61. Jg., S. 451-476.

HAUSCHILDT, J. (1993A): Innovationsmanagement – Determinanten des Innovationserfolges, in: Hauschildt, J. / Grün, O. (Hrsg.): Ergebnisse empirischer betriebswirtschaftlicher Forschung, Zu einer Realtheorie der Unternehmung, Festschrift für Eberhard Witte, Stuttgart, S. 295-326.

HAUSCHILDT, J. (1993B): Innovationsmanagement, München.

HAUSCHILDT, J. (1996): Erfolgs-, Finanz- und Bilanzanalyse: Analyse der Vermögens-, Finanz- und Ertragslage von Kapital- und Personengesellschaften, 3. völlig überarb. Aufl., Köln.

HAUSCHILDT, J. (1997): Innovationsmanagement, 2., völlig überarbeitete und erweiterte Auflage, München.

HAUSCHILDT, J. / CHAKRABARTI, A.K. (1988): Arbeitsteilung im Innovationsmanagement – Forschungsergebnisse, Kriterien und Modelle, in: Zeitschrift für Organisation, Jg. 57, S. 378-388.

HEDLEY, B. (1977): Strategy and the ‚Business Portfolio', in: Long Range Planning, Vol. 10, S. 9-15.

KELLINGHUSEN, G. / IRRGANG, W. (1978): Der optimale Geschäftsbericht, in: Der Betrieb, 31. Jg., S. 2277-2283.

HOFMANN, R. (1992): Kapitalgesellschaften auf dem Prüfstand, Unternehmensbeurteilung auf der Grundlage publizierter Quellen, Berlin.

HOLSTI, O.R. (1968): Content Analysis, in: Lindzey, G. / Aronson, E. (Hrsg.): The Handbook of Social Psychology, Vol. 2: Research Methods, Reading, Massachusetts, S. 596-692.

HONORÉ, B.E. (1992): Trimmed LAD and Least Squares Estimation of Truncated and Censored Regression Models with Fixed Effects, in: Econometrica, Vol. 60, S. 533-565.

HUBER G.L. / MANDL, H. (Hrsg.) (1994): Verbale Daten, Eine Einführung in die Grundlagen und Methoden der Erhebung und Auswertung, 2. bearb. Aufl., Weinheim.

JÄCKEL, A. / LEKER, J. (1995): Abschlußprüfer und Konzernpublizität, in: Die Wirtschaftsprüfung, 48. Jg., S. 293-305.

JÖRESKOG, K.G. (1971): Statistical Analysis of Sets of Congeneric Tests, in: Psychometrika, Vol. 39, S. 109-133.

JÖRESKOG, K.G. / SÖRBOM, D. (1995): PRELIS – A Program for Multivariate Data Screening and Data Summarization, A Preprocessor for LISREL, Uppsala University.

JUDGE, G.G. / GRIFFITHS, W.E. / HILL, R.C. / LEE, T.C. (1980): The Theory and Practice of Econometrics, New York, Chichester, Brisbane, Toronto.

JUDGE, G.G. / GRIFFITHS, W.E. / HILL, R.C. / LÜTKEPOHL, H. / LEE, T.C. (1985): The Theory and Practice of Econometrics, Second Edition, New York, Chichester, Brisbane, Toronto, Singapore.

KAMP, R. (1988): Leitlinien zur Prognosepublizität im Lagebericht – Die voraussichtliche Entwicklung der Kapitalgesellschaft Gem. § 289 Abs. 2 Nr. 2 HGB, Diss., Kiel.

KESSLER, R.C. / GREENBERG, D.F. (1981): Linear Panel Analysis, Models of Quantitative Change, New York et al.

KIESER, A. (1969): Innovationen, in: Grochla, E. (Hrsg.): Handwörterbuch der Organisation, 1. Aufl., Stuttgart, Sp. 741-750.

KIM, B.S. / MADDALA, G.S. (1992): Estimation and Specification Analysis of Models of Dividend Behavior Based on Censored Panel Data, in: Raj, B. / Baltagi, B.H. (Hrsg.): Panel Data Analysis, Heidelberg, S. 113-124.

KLUGE, F. (1995): Etymologisches Wörterbuch der deutschen Sprache, bearb. von Seebold, E. 23., erw. Aufl., Berlin, New York.

KNIGHT, K.E. (1967): A descriptive Model of the Intra-Firm Innovative Process, in: The Journal of Business, Vol. 40, S. 478-496.

KOFAHL, G. / POHMER, D. (1950): Praktische Bilanzgestaltung, in: Die Wirtschaftsprüfung, 3. Jg., S. 540-541.

KOMMISSION IM VERBAND DER HOCHSCHULLEHRER FÜR BETRIEBSWIRTSCHAFT E.V. (1979): Reformvorschläge zur handelsrechtlichen Rechnungslegung, in: Die Betriebswirtschaft, S. 1-70.

KRACAUER, S. (1952): The Challenge of Qualitative Content Analysis, in: Public Opinion Quarterly, Vol. 16, S. 631-642.

KRAKAUER, E. (1972): Für eine qualitative Inhaltsanalyse, in: Ästhetik und Kommunikation, 3. Jg., S. 53-58.

KRAWITZ, N. (1988): Zur Prüfung des Lageberichts nach neuem Recht, in: Die Wirtschaftsprüfung, 41. Jg., S. 225-233.

KRIPPENDORFF, K. (1980): Content Analysis, Beverly Hills.

KROPFF, B. (1980): Der Lagebericht nach geltendem und künftigem Recht, in: Betriebswirtschaftliche Forschung und Praxis, 32. Jg., S. 514-532.

KRUMBHOLZ, M. (1994): Die Qualität publizierter Lageberichte – Ein empirischer Befund zur Unternehmenspublizität -, in: Baetge, J. (Hrsg.): Schriften des Instituts für Revisionswesen der Westfälischen Wilhelms-Universität Münster, Düsseldorf.

KUHN, W. (1993): Die Berichterstattung über Forschung und Entwicklung im Lagebericht, in: Deutsches Steuerrecht, S. 491 bis 502.

KULMBURG, P. (1995): Moderne Gestaltungselemente des Geschäftsberichtes, in: Bank und Markt, Heft 2, S. 5-10.

KUPSCH, P. (1993): Die Auswirkungen einer fehlenden Schlußerklärung nach § 312 Abs. 3 AktG im Lagebericht auf den Bestätigungsvermerk des Abschlußprüfers, in: Der Betrieb, 46. Jg., S. 493-496.

KÜTING, K. / HÜTTEN, C. / LORSON, P. (1995A): Shareholder-Value: Grundüberlegungen zu Benchmarks der Kommunikationsstrategie in der externen Berichterstattung (Teil I), in: Deutsches Steuerrecht, 33. Jg., S. 1805-1809.

KÜTING, K. / HÜTTEN, C. / LORSON, P. (1995B): Shareholder-Value: Grundüberlegungen zu Benchmarks der Kommunikationsstrategie in der externen Berichterstattung (Teil II), in: Deutsches Steuerrecht, 33. Jg., S. 1846-1851.

LANGE, E. (1993): Projektsteuerung und Projektabbruch, Wiesbaden.

LÄTSCH, R. (1984): Bilanzrichtlinien-Gesetz – Lagebericht für die prüfungspflichtigen GmbHs (Arbeitskreis III), in: Bundessteuerberaterkammer und Deutsches wissenschaftliches Steuerinstitut der Steuerberater und Steuerbevollmächtigten e.V. (Hrsg.): Steuerberaterkongreßreport 1984, München, S. 275-294.

LÄTSCH, R. (1986): Die Rechnungslegung nach dem neuen Bilanzrichtlinien-Gesetz, Freiburg im Breisgau.

LEFFSON, U. (1987): Die Grundsätze ordnungsmäßiger Buchführung, 7. Aufl., Düsseldorf.

LEKER, J. (1993): Fraktionierende Frühdiagnose von Unternehmenskrisen, Bilanzanalysen in unterschiedlichen Krisenstadien, Köln.

LEKER, J. / MÖHLMANN, T. (1997): Die Berichterstattung in Anhang und Konzernanhang von Kapitalgesellschaften: ein praktischer Leitfaden für Wirtschaftsprüfungsassistenten, Düsseldorf.

LEKER, J. / WIEBEN, H.J. (1998): Unternehmensbeurteilung unter Anwendung traditioneller und neuer Verfahren der Bilanzanalyse, in: Der Betrieb, 51. Jg., S. 585-590.

LEKER, J. / SALOMO, S. (1998): Die Veränderung der wirtschaftlichen Lage im Verlauf eines Wechsels an der Unternehmensspitze, in: Zeitschrift für betriebswirtschaftliche Forschung, 50. Jg., S. 156-177.

LEWALD, G. (1996): Der Geschäftsbericht als Kommunikationsmedium, in: Markenartikel, Heft 9, S. 420-428.

LITTLE, B. (1967): New Product Information Processing, A Descriptive Study of Product Innovation in the Machine Tool Industry, Dissertation, Harvard Business School.

LISCH, R. / KRIZ, J. (1978): Grundlagen und Modelle der Inhaltsanalyse, Bestandsaufnahme und Kritik, Reinbek bei Hamburg.

LOHMÖLLER, J.B. (1989): Latent Variable Path Modeling with Partial Least Squares, Heidelberg.

LÜCK, W. (1987): Der Lagebericht, Kommentierung zu § 289 HGB, in: Küting, K. / Weber, C.P. (Hrsg.): Handbuch der Rechnungslegung, Kommentar zur Bilanzierung und Prüfung, 2. Aufl., Stuttgart, S. 1377-1397.

LÜCK, W. (1989): § 315 HGB, in: Küting, K. / Weber, C.P. (Hrsg.): Handbuch der Konzernrechnungslegung, Kommentar zur Bilanzierung und Prüfung, Stuttgart, S. 1713-1731.

LÜCK, W. (1990): § 289 Anm. 16, in: Küting, K. / Weber, C.P. (Hrsg.): Handbuch der Rechnungslegung - Kommentar zur Bilanzierung und Prüfung, 3. Aufl., Stuttgart, S. 1835-1855.

LUDEWIG, R. (1986): Der Bestätigungsvermerk gemäß § 322 HGB im Hinblick auf den Lagebericht, in: Die Wirtschaftsprüfung, 39. Jg., S. 377-380.

MANSFIELD, E. (1985): Studies of Tax Policy, Innovation, and Patents: A Final Report, University of Pennsylvania.

MAUL, K. (1984): Der Lagebericht nach der 4. EG-Richtlinie und dem Entwurf des Bilanzrichtlinie-Gesetzes, in: Die Wirtschaftsprüfung, 37. Jg., S. 187-193.

MAYRING, P. (1991): Analyseverfahren erhobener Daten, in: Flick, U. / von Kardorff, E. / Keupp, H. / von Rosenstiel, L. / Wolff, S. (Hrsg.): Handbuch Qualitative Sozialforschung, Grundlagen, Konzepte, Methoden und Anwendungen, München, S. 209-213.

MEISINGER, R. / WENZLER, C. (1992): Diskrepanzen bei der Lageberichtspublizität, in: Die Wirtschaftsprüfung, 45. Jg., S. 445-451.

MERTEN, K. (1981): Inhaltsanalyse als Instrument der Sozialforschung, Theoretische Analyse und methodologische Kritik, in: Analyse und Kritik, 3. Jg., S. 48-63.

MERTEN, K. (1983): Inhaltsanalyse, Einführung in Theorie, Methode und Praxis, Opladen.

MEYER-KRAHMER, F. (1984): Recent Results in Measuring Innovation Output, in: Research Policy, Vol. 13, S. 175-182.

MORSCHHÄUSER, B. (1995): Geschäftsberichte: Mehr Mut zur Lücke, in: Bank und Markt, Heft 2, S. 4.

MOXTER, A. (1976): Fundamentalgrundsätze ordnungsmäßiger Rechenschaft, in: Baetge, J. / Moxter, A. / Schneider, D. (Hrsg.): Bilanzfragen, Festschrift zum 65. Geburtstag von Prof. Dr. Ulrich Leffson, Düsseldorf, S. 87-100.

MOXTER, A. (1986): Bilanzlehre, Bd. II, Einführung in das neue Bilanzrecht, 2. Aufl., Wiesbaden.

MUESER, R. (1985): Identifying Technical Innovations, in: IEEE Transactions on Engineering Management, Vol. EM-32, No. 4, S. 158-176.

MÜLLER, E. (1986): Darstellungsformen des Lageberichts, in: Castan, G. et al. (Hrsg.): Beck'sches Handbuch der Rechnungslegung, München, B 520.

MÜLLER, E. (1987A): Inhalt des Lageberichts, in: Castan, E. et al. (Hrsg.): Beck'sches Handbuch der Rechnungslegung, München, B 510.

MÜLLER, E. (1987B): Offenlegung, Kommentierung zu § 325 HGB, in: Küting, K. / Weber, C.-P. (Hrsg.): Handbuch der Rechnungslegung, Kommentar zur Bilanzierung und Prüfung, Stuttgart.

MÜLLER, E. (1990): Kommentierung zu § 328 HGB, in: Küting, K. / Weber, C.-P. (Hrsg.): Handbuch der Rechnungslegung, Kommentar zur Bilanzierung und Prüfung, 3. Aufl., Stuttgart, S. 2167-2173.

MÜLLER, V. / SCHIENSTOCK, G. (1978): Der Innovationsprozeß in westeuropäischen Industrieländern, Bd. 1: Sozialwissenschaftliche Innovationstheorien, Berlin, München.

NAWATA, K. (1990): Robust Estimation Based on Grouped-Adjusted Data in Censored Regression Models, in: Journal of Econometrics, Vol. 43, S. 337-362.

NORTH, R.C. / HOLSTI, O.R. / ZANINOVICH, M.G. / ZINNES, D.A. (1963): Content Analysis, A Handbook With Applications for the Study of International Crisis, Evanston, Illinois.

OECD (1971): Allgemeine Richtlinien für statistische Übersichten in Forschung und experimenteller Entwicklung, in: Stifterverband für die Deutsche Wissenschaft (Hrsg.): Frascati-Handbuch II, Essen.

OECD (1993): The Measurement of Scientific and Technological Activities, Proposed Standard Practice for Surveys of Research and Experimental Development, Frascati Manual, Paris.

OPPENLÄNDER, K.H. (1976): Investitionsorientierter technischer Fortschritt, Berechnung und Analyse für die verarbeitende Industrie der Bundesrepublik Deutschland, Berlin, München.

ORTH, B. (1974): Einführung in die Theorie des Messens, Stuttgart et al.

OSSADNIK, W. (1993): Wesentlichkeit als Bestimmungsfaktor für Angabepflichten in Jahresabschluß und Lagebericht, in: Betriebs-Berater, 48. Jg., S. 1763-1767.

PAVITT, K. (1982): R&D, Patenting and Innovative Activities, A Statistical Exploration, in: Research Policy, Vol. 11, S. 33-51.

PAVITT, K. (1985): Patent Statistics as Indicators of Innovative Activities: Possibilities and Problems, in: Scientometrics, Vol. 2, S. 77-99.

PENSEL, J. (1975): Zur Problematik politischer Bezugnahmen und Werturteile im Lagebericht der AG, in: Der Betrieb, 28. Jg., S. 1325-1329.

PERACCHI, F. (1990): Bounded-Influence Estimators for the Tobit Model, in: Journal of Econometrics, Vol. 44, S. 107-126.

PFEIFER, W. (Hrsg.) (1993): Orientierung, in: Etymologisches Wörterbuch des Deutschen, erarb. im Zentralinstitut für Sprachwissenschaft, Berlin, S. 956.

PFEIFFER, W. / STAUDT, E. (1975): Innovation, in: Grochla, E. / Wittmann, W. (Hrsg.): Handwörterbuch der Betriebswirtschaft, 4. Aufl., Stuttgart, Sp. 1943-1953.

PIPER, G. (1970): Zum Umfang und Inhalt von Geschäftsberichten, Anregungen aus dem Vergleich mit der amerikanischen Praxis, in: Der Betrieb, 23. Jg., S. 1141-1142.

POHL, E.A. (1983): Ereignisse nach dem Bilanzstichtag – Auswirkungen auf Rechnungslegung und Prüfung, in: Die Wirtschaftsprüfung, 36. Jg., S. 177-180.

POWELL, J.L. (1984): Least Absolute Deviations Estimator for the Censored Regression Models, in: Journal of Econometrics, Vol. 25, S. 303-325.

RAJ, B. / BALTAGI, B.H. (Hrsg.) (1992): Panel Data Analysis, Heidelberg.

RÄUBER, D. (1988): Der Lagebericht – Diskrepanz zwischen Erwartung und Rechtswirklichkeit, in: Betriebs-Berater, 43. Jg., S. 1285-1292.

REITTINGER (1983): Die Prüfung des Lageberichts nach Aktienrecht und nach den Vorschriften der 4. EG-Richtlinie, in: Coenenberg, A. / von Wysocki, K. (Hrsg.): Beiträge zum Rechnungs-, Finanz- und Revisionswesen, Bd. 8, Frankfurt am Main, Bern.

REITTINGER, W. (1986): Der Lagebericht, in: von Wysocki, K. / Schulze-Osterloh, J. (Hrsg.): Handbuch des Jahresabschlusses in Einzeldarstellungen, Köln, Abt. IV/3.

REITZE, W. (1990): Bildschöne Bilanzen, Immer mehr Unternehmen nutzen in Geschäftsberichten und Anzeigen die Kunst als Imageträger, in: Wirtschaftswoche, 44. Jg., Nr. 46, S. 74-77.

REVENSTORF, D. (1975): Lehrbuch der Faktorenanalyse, 1. Aufl., Stuttgart, Berlin, Köln, Mainz.

RICKARDS, T. (1985): Stimulating Innovation – A Systems Approach, London.

RITSERT, J. (1972): Inhaltsanalyse und Ideologiekritik, Frankfurt.

RÖHRICH, L. (1992): Das große Lexikon der sprichwörtlichen Redensarten, Bd. II, Freiburg im Breisgau, Basel, Wien.

RUHNKE, K. / DETERS, E. (1997): Die Erwartungslücke bei der Abschlußprüfung, in: Zeitschrift für Betriebswirtschaft, 67. Jg., S. 923-945.

RUMELT, R.P. (1991): How Much Does Industry Matter?, in: Strategic Management Journal, Vol. 12, S. 167-185.

RUST, H. (1981): Methoden und Probleme der Inhaltsanalyse, Eine Einführung, Tübingen.

SAHNER, F. / KAMMERS, H. (1984): Der Lagebericht – Gegenwart und Zukunft, in: Der Betrieb, 37. Jg., S. 2309-2316.

SANDIG, C. (1970): Bilanzpolitik, in: Handwörterbuch des Rechnungswesens, Stuttgart, Sp. 231-238.

SCHEDLBAUER, H. (1988): Strukturinnovation als Weg zum Unternehmenserfolg, in: Der Betrieb, 41. Jg., Heft 42, S. 2109-2114.

SCHERER, F.M. (1965): Firm Size, Market Structure, Opportunity, and the Output of Patented Inventions, in: American Economic Review, Vol. 55, S. 1097-1125.

SCHERER, F.M. (1983): The Propensity to Patent, in: International Journal of Industrial Organization, Iss. 1, S. 107-128.

SCHILDBACH, T. (1988): Der handelsrechtliche Jahresabschluß, Herne, Berlin.

SCHLOEN, B. (1988): Lagebericht und Unternehmenspotential, in: Der Betrieb, 41. Jg., S. 1661-1664.

SCHMALENSEE, R. (1985): Do Markets Differ Much?, in: The American Economic Review, Vol. 75, S. 341-351.

SCHMALHOLZ, H. (1986): Innovation als Wachstumsmotor, in: Ifo-Schnelldienst, Heft 6, S. 5-10.

SCHMIDT, R. (1980): Quantitative Ansätze zur Beurteilung der wirtschaftlichen Lage von Unternehmen, in: Betriebswirtschaftliche Forschung und Praxis, 32. Jg., S. 544-555.

SCHMIDT, R.B. (1976): Wirtschaftslehre der Unternehmung, Grundlagen und Zielsetzungen, Bd. 1, 2. Aufl., Stuttgart.

SCHMOCH, U. / GRUPP, H. / MANNSBART, W. / SCHWITALLA, B. (1988): Technikprognosen mit Patentindikatoren, Zur Einschätzung zukünftiger industrieller Entwicklungen bei Industrierobotern, Lasern, Solargeneratoren und immobilisierten Enzymen, Köln.

SCHMOOKLER, J. (1966): Invention and Economic Growth, Cambridge, Massachusetts.

SCHULZE-OSTERLOH, J. (1988): Bilanz, Kommentierung zu § 42 GmbHG, in: Baumbach, Hueck, G.: GmbH-Gesetz, 15. Aufl., München, S. 569-745.

SCHUMPETER, J. (1912): Theorie der wirtschaftlichen Entwicklung, Leipzig.

SCHUMPETER, J. (1931): Theorie der wirtschaftlichen Entwicklung, Eine Untersuchung über Unternehmergewinn, Kapital, Kredit, Zins und den Konjunkturzyklus, 3. Aufl., München, Leipzig.

SCHUMPETER, J.A. (1975): Kapitalismus, Sozialismus und Demokratie, 4. Aufl., München.

SCHWITALLA, B. (1992): Messung und Erklärung industrieller Innovationsaktivitäten: mit einer empirischen Analyse für die westdeutsche Industrie, Heidelberg.

SCHYMANIETZ, P. (1975): Die korrekte Messung des Unternehmungswachstums an den produktionsorientierten Meßobjekten, in: Der Betrieb, 28. Jg., S. 1329-1332.

SEMLER, J. (1980): Erläuterungs- und Lagebericht, Quartalsberichte sowie Formen der Publizität, in: Bierich, M. et al. (Hrsg.): Rechnungslegung nach neuem Recht, Wiesbaden, S. 177-210.

SIEBEN, G. (1987): Offene Fragen bei der Erstellung und Prüfung des Lageberichts, in: Havermann, H. (Hrsg.): Bilanz- und Konzernrecht, Festschrift zum 65. Geburtstag von Dr. Dr. h.c. Reinhard Goerdeler, Düsseldorf, S. 581-600.

SIEMENS AG (Hrsg.) (1997): We can do that, CD-ROM.

SORG, P. (1984): Zukunftsorientierte Berichterstattung in den Geschäftsberichten deutscher Industrie-Aktiengesellschaften - Ergebnisse einer empirischen Untersuchung -, in: Zeitschrift für betriebswirtschaftliche Forschung, 36. Jg., S. 1028-1049.

SORG, P. (1994): Prognosebericht und Publizitätspraxis der AG, Ergebnisse einer empirischen Untersuchung, in: Betriebs-Berater, 49. Jg., S. 1962-1969.

SPRENGER, R. (1976): Grundzüge gewissenhafter und getreuer Rechenschaft im Geschäftsbericht, Wiesbaden, S. 40-42.

SPSS Inc. (Hrsg.) (1993): SPSS for Windows, Release 6.0.

STATISTISCHES BUNDESAMT (Hrsg.) (1994): Statistisches Jahrbuch 1994 für die Bundesrepublik Deutschland, Wiesbaden.

STOBBE (1988): Der Lagebericht, in: Der Betriebsberater, S. 303-311.

STRAUß, G. / HAß, U. / HARRAS, G. (Hrsg.) (1989): Brisante Wörter von Agitation bis Zeitgeist, Berlin.

SUPPES, P. / ZINNES, J.L. (1963): Basic Measurement Theory, in: Luce, R.D. / Bush, R.R. / Galanter, E. (Hrsg.): Handbook of Mathematical Psychology, Bd. 1, New York et al., S. 3-76.

SV – GEMEINNÜTZIGE GESELLSCHAFT FÜR WISSENSCHAFTSSTATISTIK MBH (Hrsg.) (1994): Forschung und Entwicklung in der Wirtschaft 1991 – mit ersten Daten bis 1993, Arbeitsschrift 1994, Essen.

SV – GEMEINNÜTZIGE GESELLSCHAFT FÜR WISSENSCHAFTSSTATISTIK MBH (Hrsg.) (1996): Forschung und Entwicklung in der Wirtschaft 1993 – mit ersten Daten bis 1995, Arbeitsschrift 1996, Essen.

THOM, N. (1976): Zur Effizienz betrieblicher Innovationsprozesse, Köln.

TICHY, E. (1979): Der Inhalt des Lageberichts nach § 160 I AktG – eine theoretische und empirische Untersuchung, Diss., Hohenheim.

TOBIN, J. (1958): Estimation of Relationships for Limited Dependent Variables, in: Econometrica, Vol. 26, S. 24-36.

TORNATZKY, L.G. / KLEIN, K.J. (1982): Innovation Characteristics and Innovation Adoption-Implementation: A Meta-Analysis of Findings, in: IEEE Transactions on Engineering Management, Vol. EM-29, No. 1, S. 28-45.

TREUHAND-VEREINIGUNG (1987): Rechnungslegung nach dem Bilanzrichtlinien-Gesetz, 3. Aufl., Frankfurt am Main.

TROMMSDORFF, V. / SCHNEIDER, P. (1990): Grundzüge des betrieblichen Innovationsmanagements, in: Trommsdorff, V. (Hrsg.): Innovationsmanagement in kleinen und mittleren Unternehmen – Grundzüge und Fälle – Ein Arbeitsergebnis des Modellversuchs Innovationsmanagement, München.

UNSELD, M. (1976): Theoretische Überlegungen zur Erweiterung der Aussagefähigkeit des Lageberichtes im Rahmen der Geschäftsberichtserstattung, Diss., München.

URL, T. / WÖRGÖTTER, A. (Hrsg.) (1995): Econometrics of Short and Unreliable Time Series, Heidelberg.

UTTERBACK, J.M. (1971): The Process of Innovation: A Study of the Origination and Development of Ideas for New Scientific Instruments, in: IEEE-Transactions on Engineering Management, Vol. EM-23, S. 3-9.

VON HIPPEL, E. (1988): The Sources of Innovation, Oxford.

VON WYSOCKI, K. (1990): Aussagefähigkeit des Lageberichts, in: Coenenberg, A.G. (Hrsg.): Bilanzanalyse nach neuem Recht, 2. Aufl., Landsberg am Lech, S. 257-273.

VEDIN, B.A. (1980): Large Company Organization and Radical Product Innovation, Lund, Goch, Bromley.

VEIT, R. (1994A): Die Behandlung von Forschung und Entwicklung im Rechnungswesen, in: WISU Kompakt, Heft 7, S. 591-594.

VEIT, R. (1994B): Zur Bedeutung formeller Bilanzpolitik, in: Der Betrieb, 47. Jg., S. 2509-2514.

VEIT, R. (1997): Funktion und Aufbau des Berichts zu Zweigniederlassungen, in: Betriebs-Berater, 52. Jg., S. 461-464.

VEIT, R. / BERNARDS, O. (1995): Anforderungen an die Segmentberichterstattung im internationalen Vergleich, in: Die Wirtschaftsprüfung, 48. Jg., S. 493-498.

VOLK, G. (1987): Das Informationsinteresse der Jahresabschlußadressaten, in: Betriebs-Berater, 42. Jg., S. 723-728.

WALTER (1979): Die Ursachenanalyse des technischen Fortschritts, in: Wirtschaftswissenschaftliches Studium, Heft 9, S. 421-426.

WENZLER, C. (1994): Die Komponenten des Geschäftsberichts – Abgrenzung und Prüfung unter Berücksichtigung des freien Teils, in: Coenenberg, A. G. / von Wysocki, K. (Hrsg.): Beiträge zum Rechnungs-, Finanz- und Revisionswesen, Frankfurt am Main et al.

WERNER, U. (1990): Die Analyse des Lageberichts als Instrument empirischer Zielforschung, Dargestellt am Beispiel deutscher Rückversicherungsunternehmen, in: Zeitschrift für betriebswirtschaftliche Forschung, 42. Jg., S. 1014-1035.

WIRTSCHAFTSPRÜFER-HANDBUCH (1992): 10. Aufl., Band I, Düsseldorf.

WITT, U. (1987): Individualistische Grundlagen der evolutorischen Ökonomik, Tübingen.

WITTE, E. (1973): Organisation für Innovationsentscheidungen, Göttingen.

WITTE, E. (1979): Die Verfassung des Unternehmens als Gegenstand betriebswirtschaftlicher Forschung, in: Die Betriebswirtschaft, 38. Jg., S. 331-340, wieder abgedruckt in: Chmielewicz, K. / Coenenberg, A.G. / Köhler, R. / Meffert, H. / Reher, G. / Szyperski, N. (Hrsg.) (1981): Unternehmensverfassung, DBW-Schwerpunkt, Stuttgart, S. 3-12.

WÖHE, G. (1990): Einführung in die allgemeine Betriebswirtschaftslehre, 17. Aufl., München.

ZIMMERMANN, E. (1972): Das Experiment in den Sozialwissenschaften, Stuttgart.

ZIMMERMANN, K.F. / SCHWALBACH, J. (1991): Determinanten der Patentaktivität, in: WZB Wissenschaftszentrum Berlin für Sozialforschung, Discussion Paper.